U0351056

未来互联网体系结构与协议

〔美〕Byrav Ramamurthy   〔美〕George N. Rouskas
〔印〕Krishna Moorthy Sivalingam   编著

徐贵宝　杨　帆　马　飞　姜春宇　译

科学出版社

北京

图字:01-2013-3751 号

内 容 简 介

随着对容量、服务质量、速度以及可靠性要求的不断提高,现有互联网系统已经疲于应对,人们也开始对它重新审视。本书从设计、架构、协议、机制等几个方面,集成了本领域相关专家最新的创新性贡献,使得研究人员可以成功构建出下一代互联网。本书视角广泛,涉及的话题既包括有线和无线介质的物理层/传送层创新成果,也包括设备层和子系统层面的新型交换和路由的最佳范例。本书还讨论了在日益复杂的环境中,数据传送层应该选择使用 TCP 还是 UDP,并讨论了 novel 模型及其理论基础,以便于理解网络的复杂性。最后,还讨论了定价和网络经济等内容。

本书可供需要了解设计、构建、运营下一代互联网的高校学生、研究人员以及相关从业人员参考。

图书在版编目(CIP)数据

未来互联网体系结构与协议/(美)拉马默蒂(Ramamurthy, B.)等编著;
徐贵宝等译.—北京:科学出版社,2015.3
书名原文:Next-generation internet:architectures and protocols
ISBN 978-7-03-043800-3

Ⅰ.①未… Ⅱ.①拉… ②徐… Ⅲ.①计算机网络-网络结构 ②计算机网络-通信协议 Ⅳ.①TP393.02②TN915.04

中国版本图书馆 CIP 数据核字(2015)第 052755 号

责任编辑:刘凤娟 / 责任校对:钟 洋
责任印制:徐晓晨 / 封面设计:耕 者

科 学 出 版 社 出版
北京东黄城根北街 16 号
邮政编码:100717
http://www.sciencep.com

北京京华虎彩印刷有限公司 印刷
科学出版社发行 各地新华书店经销
*
2015 年 3 月第 一 版 开本:720×1000 1/16
2018 年 6 月第三次印刷 印张:23 3/4
字数:450 000
定价:128.00 元
(如有印装质量问题,我社负责调换)

献给我的母亲 Lalitha Ramamurthy 女士

——Byrav Ramamurthy

献给 Magdalini 和 Alexander

——George N. Rouskas

献给我的家人

——Krishna Moorthy Sivalingam

编著者简介

Byrav Ramamurthy 是内布拉斯加林肯大学计算机科学与工程系助理教授，由学生选出的最佳教学奖获得者，著作包括《WDM 光网络设计》（2000）、合著《数据网络组通信安全》（2004）等。研究领域包括光网络、无线/传感网络、网络安全、分布式计算和电信网络等。

George N. Rouskas 是北卡罗来纳州立大学计算机科学系教授，曾获得多项科研与教学奖，包括美国自然科学基金委员会颁发的杰出青年奖（NSF Career Award）、北卡罗来纳州立大学优秀毕业生等，是北卡罗来纳州立大学杰出教师会成员，著作有《互联网层级服务》（2009）。研究领域包括网络体系架构与协议、光网络和性能评测等。

Krishna Moorthy Sivalingam 是印度理工学院（马德拉斯）计算机科学与工程系教授，此前曾是马里兰大学巴尔的摩分校教授，并在朗讯技术公司和 AT&T 贝尔实验室从事过研究工作，出版 3 本著作，并拥有 3 项无线网络方面的专利。研究领域包括无线网络、无线传感网、光网络和性能评测等。

为本书做出贡献的人还有：

Mohamed A. Ali，纽约市立大学，美国

Neophytos Antoniades，纽约市立大学，美国

Anish Arora，俄亥俄州立大学，美国

Onur Ascigil，肯塔基大学，美国

Marcelo Bagnulo，马德里卡洛斯三世大学，西班牙

Ilia Baldine，复兴计算研究所，美国

Kenneth L. Calvert，肯塔基大学，美国

Mung Chiang，普林斯顿大学，美国

Davide Cuda，都灵理工大学，意大利

Rudra Dutta，北卡罗来纳州立大学，美国

Georgios Ellinas，塞浦路斯大学，塞浦路斯

Joseph B. Evans，堪萨斯大学，美国

Alberto García-Martínez，马德里卡洛斯三世大学，西班牙

Roberto Gaudino，都灵理工大学，意大利

Guido A. Gavilanes Castillo，都灵理工大学，意大利

James Griffioen，肯塔基大学，美国

Aparna Gupta，伦斯勒理工学院，美国

Andrei Gurtov，奥卢大学，芬兰

Antonis Hadjiantonis，尼科西亚大学，塞浦路斯

Thomas R. Henderson，波音公司，美国

Alden W. Jackson，BBN 科技公司，美国

John Jacob，BAE 公司，美国

Suyang Ju，堪萨斯大学，美国

Xi Ju，俄亥俄州立大学，美国

Shiv Kalyanaraman，IBM 研究院，印度

Koushik Kar，伦斯勒理工学院，美国

Frank Kelly，剑桥大学，英国

Ahmad Khalil，纽约市立大学，美国

William Leal，俄亥俄州立大学，美国

Will E. Leland，BBN 技术公司，美国

Baochun Li，多伦多大学，加拿大

Zongpeng Li，卡尔加里大学，加拿大

John H. Lowry，BBN 技术公司，美国

Walter C. Milliken，BBN 技术公司，美国

Biswanath Mukherjee，加州大学戴维斯分校，美国

John Musacchio，加州大学圣克鲁斯分校，美国

Fabio Neri，都灵理工大学，意大利

Pekka Nikander，爱立信研究院，芬兰

P. Pal，BBN 技术公司，美国

Gaurav Raina，印度技术大学马德拉斯分校，印度

Byrav Ramamurthy，内布拉斯加林肯大学，美国

Subramanian Ramanathan，BBN 技术公司，美国

Rajiv Ramnath，俄亥俄州立大学，美国

K. Rauschenbach，BBN 技术公司，美国

Anusha Ravula，内布拉斯加林肯大学，美国

Abu（Sayeem）Reaz，加州大学戴维斯分校，美国

Cesar A. Santivanez，BBN 技术公司，美国

Galina Schwartz，加州大学伯克利分校，美国

Lei Shi，加州大学戴维斯分校，美国

Mukundan Sridharan，俄亥俄州立大学，美国

Francisco Valera，马德里卡洛斯三世大学，西班牙

Iljitsch van Beijnum，IMDEA 网络公司，西班牙

Jean Walrand，加州大学伯克利分校，美国

Damon Wischik，伦敦大学学院，英国

Daniel Wood，Verizon 联邦网络系统公司，美国

Tilman Wolf，马萨诸塞大学阿默斯特分校，美国

Hong Xu，多伦多大学，加拿大

Yung Yi，韩国科学技术高级研究院（KAIST），韩国

Song Yuan，肯塔基大学，美国

Murat Yuksel，内华达大学里诺分校，美国

Wenjie Zeng，俄亥俄州立大学，美国

Hongwei Zhang，俄亥俄州立大学，美国

前　言

　　随着第一个大型计算机网络 ARPANET 的研发,计算机网络领域在过去的四十年里有了巨大的发展。互联网几乎在全世界成为日常生活不可缺少的一部分,并且在各领域的影响被广泛认同。虽然如今 TCP/IP 协议栈和分组交换构成了互联网技术的核心,然而当我们把目光转向包括多媒体传输(IPTV 系统)、社交网络和 P2P 网络等在内的下一代网络应用的时候,这种固有模式正受到挑战。当前互联网出现了严重的局限性,包括不能为高速移动设备提供 QoS,以及在周期性断开网络上的可靠通信和高带宽等。

　　因此,基于过去的四十年学到的关于计算机网络的知识,我们发现有个急迫的问题,那就是互联网的整个体系结构是否应该自底向上地重新设计。这经常称为互联网设计的清盘(clean slate)方法。在 2005 年,美国国家科学基金会(NSF,www. nsf. gov)启动一项名为未来互联网网络设计(Future Internet Network Design,FIND)的研究项目,将科研界的目光集中在这些活动上。类似的基金项目也在欧洲未来互联网研究与实验(Future Internet Research and Experimentation,FIRE)、亚洲和全球其他地区开始活跃。本书尝试节选一些在下一代互联网设计方面具有开拓性的努力成果,那些希望理解和建设下一代互联网的创新性架构和协议的研究人员、工程师、学生和从业者,可以将本书作为一个起点。

作　者

本 书 结 构

本书分为四部分,深入探讨下一代网络的若干方面。

第一部分,题为"使能技术",由五个章节组成,叙述下一代网络设计和开发的技术创新。

第1章,"T比特分组交换机的光学交换结构",叙述了在高速分组交换机和路由器中用光子技术实现子系统。使用光学互联的新的结构仍然完全和现有的网络设施兼容。对于这些结构,作者基于目前可用的组件对它们的实现进行可拓展性分析和成本分析。

第2章,"宽带接入网络:现在和未来的方向",叙述了让光纤的高容量更贴近用户实际应用的长距离无源光网络(Long-Reach Passive Optical Network,LR-PON)技术。作者提出并研究了将光学和无线接入技术整合在一起的无线光纤宽带接入网络(Wireless-Optical Broadband Access Network,WOBAN)。

第3章,"IP/WDM网络的光学控制平面和一种新型统一控制平面架构",概述了目前在光网络中用于控制面的协议。作者也提出并研究了一种新型的统一控制面架构,该架构用于IP-over-WDM网络,这种网络管理路由器和光交换机。

第4章,"认知路由协议及体系结构",叙述无线网络的运行,其中认知技术变得越来越普遍。作者展示认知路由协议和相应的协议架构。特别地,作者提出并研究了认知无线网络中的移动感知路由协议(Mobility-Aware Routing Protocol,MARP)。

第5章,"网格组网",叙述网格网络,它实现计算、存储、通信和世界上其他网格资源的大规模共享。本章讨论基于光路交换(OCS)和光突发交换(OBS)的网格网络。同时,作者叙述网格网络中资源调度的方法。

第二部分,题为"网络架构",由五个章节组成,提出并研究了下一代网络新的架构特色。

第6章,"主机标识协议概览",叙述一系列协议,它们通过在IP层和传输协议之间插入名称空间来增强原始的互联网体系结构。名称空间由加密标识符组成,这些标识符用于标识应用的端点,继而将名称和(IP地址的)定位器分离。

第7章,"合约交换:管理跨域动态",介绍合约交换,它是一种允许考虑经济性和灵活性的新范型,而这些特点对于现在的互联网体系却不太可能具备。特别地,合约交换允许用户最大限度地表明他们的价值选择,并且允许提供者管理在对实施和部署新的QoS技术的投资中产生的风险。

第 8 章，"PHAROS：下一代核心光纤网络架构"，展示了 P 比特级高敏捷性鲁棒光学系统（Petabit/s Highly-Agile Robust Optical System，PHAROS），它是一种未来核心光网络的体系结构框架。PHAROS 是 DARPA 核心光网络（CORONET）项目的一部分，展望一种高度动态的网络。这种网络具有如下特点：对波长和 IP 服务的支持、非常迅速的装载和卸载、对多个并发的网络故障的弹性，以及对受保护服务的空间的高效利用。

第 9 章，"网络服务的定制化"，提出了在网络中部署定制的处理功能作为一种增强互联网架构的性能的途径，从而适应新协议和通信范型。本章叙述一种网络服务架构，它为从终端用户的角度来指定数据通路功能提供合适的抽象，并且讨论与路由和沿路径的服务组合相关的技术挑战。

第 10 章，"支持互联网创新和演变的架构"，认为虽然当今的互联网体系结构具有有效的设计，但是本质上在推进演化方面并不十分有效。为达到后面的目标，它引进 SILO 结构——一种元设计（meta-design）框架，在这个框架内系统设计可以改变和演进。SILO 通过给每个流提供精细和可重复使用的服务，归纳协议层概念。SILO 通过显式的控制接口为跨层交互提供支持，并且将策略与机制分离而使得彼此都可以独立演进。

第三部分，题为"协议与实践"，涉及路由层协议和传感器网络基础设施的各个方面。

第 11 章，"网络层中的分离路由策略"，介绍一种网络层设计，使用单调的端点标识符空间，并且将路由选择功能与转发、寻址和其他的网络层功能分离。这个设计是作为 PoMo（Postmodern Internet Architecture）项目的一部分所研究的，该项目由肯塔基大学、马里兰大学和堪萨斯大学合作进行。本章也展示了通过使用通道服务在现今的互联网协议顶层运行来进行的实验评估的结果。

第 12 章，"多路径边界网关协议：动机和解决方案"，讨论了在 BGP 路由协议大范围使用的背景下，在下一代互联网中使用多路径路由的动机。本章接下来展示一套提议的机制，可以和已有的 BGP 基础设施交互操作。同时也展示域内和域间多路径路由的解决方法。这些机制作为正在进行的 TRILOGY 试验床的一部分来实现，是由欧洲委员会资金支持的一个研发项目。

第 13 章，"显式拥塞控制：命令、公平和准入管理"，展示显式拥塞控制机制的理论结果。对于现今使用的 TCP 显式拥塞控制机制有一种有前景的替代方案。使用显式拥塞控制的协议的例子包括 ECP（Explicit Control Protocol）和 RCP（Rate Control Protocol）。本章展示一种比例均衡的速率控制协议和一种进入许可管理算法，该算法在资源利用最大化和突发到达准入之间做了权衡。

第 14 章，"KanseiGenie：用于无线传感器网络结构的资源管理和可编程性的软件基础设施"，展示一种软件框架，允许用户群体基于部署的无线传感器节点网络来开发应用。该框架通过使用对节点资源的切割和虚拟化,使得传感器节点被多个应用所共享。这个项目作为 NSF GENI 提议的一部分已经实现,并且注定会改变未来传感器网络运作的方式。

第四部分,题为"理论和模型",讲解了可适用于下一代互联网协议设计的理论基础和模型。

第 15 章,"互联网交换机的缓存和调度理论",展示了在下一代路由器/交换机设计中使用小缓冲区的有趣的理论结果,同时也展示路由器的缓冲区尺寸和 TCP 的拥塞控制机制之间交互的结果,以及对路由器端流量到达波动的基于排队论的分析结果。通过这些结果,展示一种主动的排队管理机制。

第 16 章,"随机网络效用最大化和无线调度",讨论网络效用最大化(Network Utility Maximization,NUM),作为适用于动态网络环境的优化分解原理分层的改进。本章对这个研究领域进行分类,调查过去几年中获得的关键性成果,并讨论一些悬而未决的问题。本章也突出在无线调度领域最近的进展,无线调度是无线网络产生协议栈的最具挑战的模块之一。

第 17 章,"双向网络和对等网络中的网络编码",调查网络编码原理对双向和 P2P 网络的应用。随着 P2P 网络使用的增长,研究网络编码在这些网络中如何作用是非常重要的。本章讨论了在这些网络中网络编码的基本限制,得出性能边界。对于 P2P 网络,本章展示了对协作媒体流传输和协作内容分发的实际的网络编码机制。

第 18 章,"网络经济:中立性、竞争和服务差异化",认为现今互联网并没有发挥出全部潜力,因为对于日益重要的很多应用,它所提供的服务质量不充足或者不连续。作者探索定价怎样帮助揭露隐藏的外部效应,并且通过在内容提供者、ISP 和用户之间构造补偿机制以更好地排列个人和系统级的目标,创造正确的激励。作者也讨论了对于补救那些在用户有不同的要求或效用功能时出现的问题中,服务差异化所处的角色。

致　　谢

非常感谢本书各个章节作者的辛勤工作。没有你们的帮助与合作，本书就不可能出版。这里真诚地感谢所有人所做出的贡献。

非常感谢美国自然科学基金委在项目 CNS-0626741 中对我们工作的支持。

感谢剑桥大学出版社为本书提供出版的机会。尤其感谢数理工程部出版主任 Philip Meyler 以及 Sabine Koch、Sarah Matthews、Sarah Finlay、Jonathan Ratcliffe、Joanna Endell-Cooper 和剑桥 TEXline 的员工，感谢你们在出版工作中自始至终的指导。

感谢内布拉斯加大学(林肯分校)的 Yuyan Xue 小姐和 Joyeeta Mukherjee 女士帮助我们组织本书材料。

感谢谷歌公司的 Google Docs 和 Google Sites 服务，促进本书编著与作者之间的合作与沟通。

感谢我们各自的单位为我们提供必要的计算机等设备。

目　　录

第一部分　使能技术

第二部分　网络架构

第三部分　协议与实践

第四部分　理论和模型

第一部分
使能技术

第1章 T比特分组交换机的光学交换结构

Davide Cuda,Roberto Gaudino,Guido A. Gavilanes Castillo,Fabio Neri
都灵理工大学(Politecnico di Torino),都灵,意大利

不论过去、现在还是未来,交换节点都是通信基础设施的一个关键元素。在最近几年,与电路交换相比,分组交换处于统治地位,因此现今的交换节点通常是分组交换机和路由器。虽然在交换领域光技术的更深层次的突破将最有可能引入电路交换的形式,它更适合光领域中的实现,而且在长期看来光交叉连接(cross-connect)[1,7.4节]可能不再扮演重要角色。因此,本章仍关注高性能分组交换机。

尽管在通信市场上几经沉浮,但是需要用网络传输的信息的量仍随着时间持续增长。新应用与P2P模式的成功和大接入带宽的实现(xDSL和无线宽带上的几Mbit/s,通常是每个用户连接高至十倍或百倍Mbit/s,正如现在的无源光网络(Passive Optical Network,PON)所提供的那样),总体上正对互联网和网络基础设施产生持续的流量增长。流量增长速度很快,一些研究表明,它比电子技术的增长速度(如摩尔定律体现的那样,每18个月性能和容量都将成倍增长)更快。

光纤是交换节点之间链路上的主要技术。虽然每根光纤几十Tbit/s的理论容量实际上从未达到,但是仍然有了高信息密度的商业实现:每个波长信道上10~40Gbit/s,即100Gbit/s的速度在WDM(波分复用)传输系统中是正常的,每个光纤可以携带最多几十个信道,以至于每个光纤可以达到Tbit/s级的信息速率。

今天市场上的分组交换机和路由器有了非常好且成熟的商业产品,总交换容量可以达到Tbit/s级。如今这些设备在电子领域完全实现:从光纤中受到的信息在线卡(linecard)中转换给电子领域,在这里分组被处理、为解决冲突而存储、通过交换结构交换给线卡中合适的输出端口,在线卡中它们又被转换回光领域以便传输。

快速的流量增长引发了对分组交换机和路由器的电子实现的容量的关注,因为要跟进待处理和交换的信息量。高容量分组交换机和路由器的不断演进,如今让最新的实现方式接近电子设备的基本物理极限,主要是这几个方面:最大的时钟频率,每个硅芯里门的最大数量,功率密度,功耗(典型地,当今大型路由器需要几十千瓦的功率供应;一个经常引用的例子是CRS-1系统[2])。新的每一代交换设备有更高的组件复杂度,也比上一代更耗电。现在的体系结构的趋势是将交换结

构和线卡分离,并且在它们之间经常会使用光学点对点的互连(如文献[3]的CRS-1系统)。这个方案导致较大的占地面积(现在的大型交换机通常是多机架(multi-rack)),又因为大量的活跃设备造成严重的可靠性问题,而且极其耗电。

在研究界正在进行一场关于如何克服这些限制的活跃的讨论。如今光技术在实际中受限于传输功能的实现,而且在商业产品中很少能找到光电交换设备。然而一些研究者认为光技术也可以给交换功能的实现带来巨大的好处:随着更高容量具有更好的扩展性,更高的可靠性,在内部交换机连接和背板上具有更高的信息密度,减少了占地面积和能耗[7,8]。

本章①考虑光子技术实现在分组交换机和路由器中的子系统,最近已经由一些学术界和产业界的研究组织所完成。特别地,考虑一个中期的情景:依据互联网网络模式的分组交换仍然占主导地位。因此,根据现有的格式和协议(如IP、以太网、packet over Sonet),假设分组在输入端口处被接收。为了处理分组和解决冲突,进一步假设在线卡的电子域中分组被转换。提出在线卡之间使用光互连,从而实现交换机内部的光学交换结构。在输出线卡处,分组被转换回传统的格式和协议,这样新的架构仍然与现在的网络基础设施兼容。对于这些架构,会评估可以达到的最大的交换容量,也会根据现有的离散组件来估计实现的成本(与相应的比例定律)。

1.1　光学交换结构

为了研究光技术对于分组交换设备中交换结构实现的适用性,关注三个光学互连体系结构,它们属于熟知的通常称为"可调谐的发射端,固定的接收端"(Tunable Transmitter, Fixed Receiver, TTx-FRx)的家族,在过去被广泛研究(这三个架构在欧洲 e-Photon/One 项目中被研究[9,10])。特别地,基于"广播和选择"(broadcast-and-select)或"波长路由"(wavelength-routing)技术,考虑光学互连架构通过一个完全的光学系统来实现分组交换,在这个系统中使用波分和空间复用。实际上,WDM 和空间复用已经证明会最好地利用光域的不同特性。

我们的架构方案是这样的,交换决策可以完全地由线卡处理,使分布式调度算法能够使用。然而不会涉及控制和资源分配算法,而是关注交换结构的设计,这样会在某种程度上详细地考虑物理层可行性、扩展性问题和关于用现有组件实现的成本。

①　本章开始的部分出现在文献 [4]～[6]。这项工作由 Network of Excellence BONE ("Building the Future Optical Network in Europe")部分地支持,由欧洲委员会通过 the Seventh Framework Programme 提供资金。

　　在过去的 $10\sim15$ 年中发布的许多光交换实验使用光学处理技术,例如,波长转换或 3R 再生[1,第3章],甚至光学标签识别,或者全光交换控制,而且在实验室环境中被多次成功地证明。然而它们离商用可行性还差得远,因为它们需求的光学器件要么还处于婴儿期,要么过于昂贵。我们采用一种保守的方式,将注意力限制在如今可行的架构上,因为它们需求的只是在本书出版时可用的商业光学器件。具有纳秒转换时间的快速可调激光器可能是唯一的重要特例,因为它们在商业上还没有真正成熟,虽然它们的可行性已经在很多实验性项目[7]中被证明并在市场上出现第一批产品。

　　本章中考虑的光学交换结构的架构展示在图 1.1 中:N 个输入线卡将分组发送到一个光学互连结构,这个互连结构使用 WDM 和光学空间复用技术向 N 个输出线卡提供连通性。该光学交换结构被整理在 S 个交换平面,一部分输出线卡连接到这些平面。如同主要提到分组交换,快速光学交换机(或者笼统地讲,平面分布子系统)允许输入线卡选择平面,该平面能够基于逐包(packet-per-packet)机制连接到指定输出线卡。显然,在电路交换下较慢的交换速度就足够了。在每个平面中,波长路由技术选择合适的输出。因此在每个输入线卡处,分组交换由一个快速可调激光器(即在波长域中)控制;对于 $S>1$,由一个快速光交换机(即在空间域中)控制。每个线卡都装备有一个可调发射端(TTx)和一个固定波长突发接收端(Burst-Mode Receiver,BMR),以一个 WDM 信道的数据速率进行工作。突发模式工作需要基于逐包机制。注意,TTx 和 BMR 最近在市场上已经出现,可以用来满足对灵活 WDM 系统的需求(对于 TTx)和对无源光网络(PON)中上行接收端的需求(对于 BMR)。

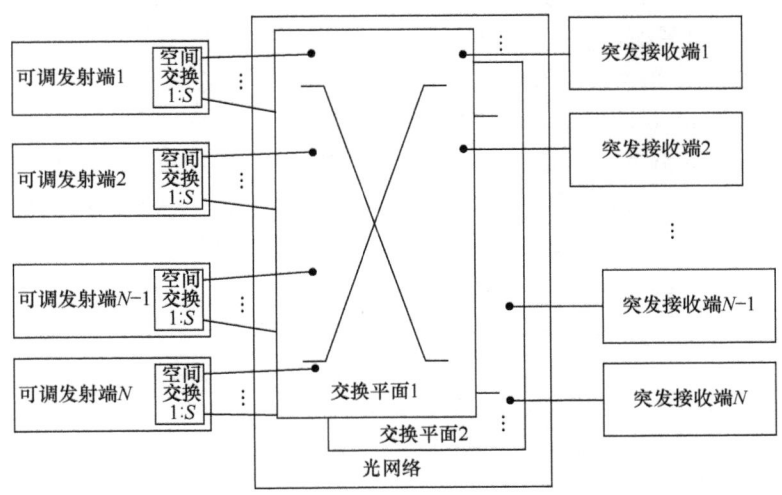

图 1.1　多平面光学结构架构

简要地①,假设所有的新架构都有同步和时隙的特征,像文献［4］和文献［5］中表述的那样:所有的线卡都根据一个统一的时钟信号进行同步,该信号可以光学地或电子地分布。

分组传输调度时,在一个时隙内至多一个分组被发送给每个接收端(即冲突在发送端被解决)。分组调度在当今大多数的分组交换机中可以用一种集中化的方式来实现。在这种情况下,电子调度器是必需的,进而在接收从线卡传来的状态信息后,它给每个时隙决策一个新的排列,即输入/输出端口连接的模式。集中化机制在吞吐量上可能提供出色的性能表现,但是调度器实现的电子复杂度可能限制了可达到的性能的上限[8],而且集中化的仲裁机制要求信号带宽收集状态信息并分发调度决策,这将由于传输这些信息和执行调度算法花费时间而导致延迟。由于这个原因,分布式调度机制的实现成为评价提议的光学互连架构真实价值的关键问题。已经有和本章所提出的架构类似的方案,是仅使用本地可用信息在线卡之间达到良好连接的分布式机制(如文献[11]和文献[12])。它们在信号发送过程中避免带宽浪费,也限制调度算法的复杂度,因而可以改善整个结构的可扩展性。

激光器调谐范围,即发射端需要调谐的波长的数量,是一个实际的限制因素。即使对实验室原型,可调谐激光器的最大调谐范围也就是几十个波长的排列[13]。结果是,当线卡的数量 N 很大时,波长维度本身不能确保输入/输出的连通性。多个交换平面,即空间多样性维度,实际上被引入来克服这个限制。这样做是因为每个交换平面上相同的波长可以重复使用,如果 S 是交换平面的数量,那么波长可调谐性(tunability)应该等于 N/S(而不是 N)。

在考虑的三个架构中,如图 1.2～图 1.4 所示,发射端通过合适的光学分布阶段到达 S 个不同平面,这些阶段实际上将三个架构区分开。在交换平面的输出端,一个 $S:1$ 的光学耦合器收集分组,这些分组经过掺铒光纤放大器(Erbium Doped Fiber Amplifier,EDFA)放大,然后经过一个 WDM 多路输出选择器(demultiplexer)分发给 N/S 个接收端。这些结构的体系架构被设计成这样后,对于所有的输入/输出路径,耦合器的数量和分组必须经过的设备的数量是相同的。因此 EDFA WDM 放大阶段可以对所有波长信道增加相等的增益,所有的分组以相同的功率电平到达。

1.1.1　波长选择架构

这个架构,如图 1.2 所示,最开始提出是为了 e-Photon/One 项目[9]中的光学分组交换 WDM 网络。这种光学交换结构通过"广播和选择(broadcast-and-se-

---

① 这个假设并不是严格必要的,但是引入它是为了以更简要的方式来描述交换结构的运行过程。

lect)"阶段连接 N 个输入/输出线卡；N/S 个 TTx 在 WDM 信号中通过一个 N/S：1的耦合器被复用；然后这个信号通过一个 1：S 的分离器被分成 S 个副本。每个副本通过波长选择器被接口到一个不同的交换平面，波长选择器由一对多路分配器(demux)/多路选择器(mux)组成并且被 N/S 个半导体光学放大器(Semiconductor Optical Amplifier,SOA)门所构成的序列分隔开,选择器用于平面和波长的选择。

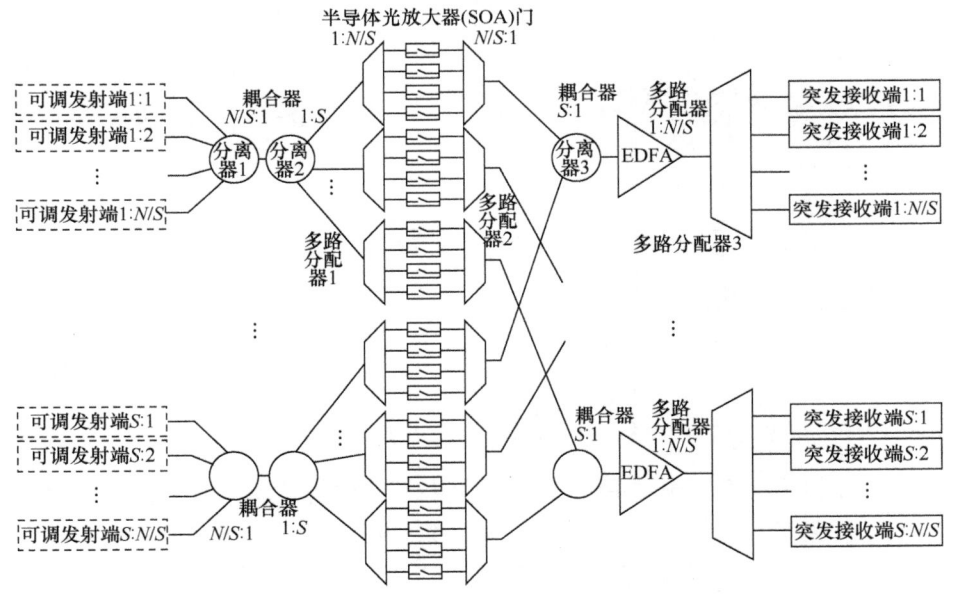

图 1.2　波长选择架构

波长选择(Wavelength-selective,WS)架构是模块化的架构。由于在一组输入线卡里所有的发射端必须使用不同的波长,位于同一个输入组的发射端就不可能发射到位于不同的(接收相同波长的)交换平面的输出端口。合适的调度策略可以部分地解决这个问题,但是在此不讨论它们。

1.1.2　波长路由架构

在这种情况中(图 1.3),利用作为分布阶段主要组件的阵列波导光栅(Arrayed Waveguide Grating,AWG)的波长路由特性来选择平面和目的地:不需要空间交换机。每个采集阶段给特定的平面聚集了所有分组。

AWG 的传递功能[14]展示周期路由特性:周期性重复的自由光谱范围(Free Spectral Range,FSR)中的若干个同源波长被相同的路由选择到同一个 AWG 输出端。波长路由（Wavelenghth-routing，WR）结构可以采用这种特性也可以不采用，冲突会相应地影响到调谐范围和串扰。

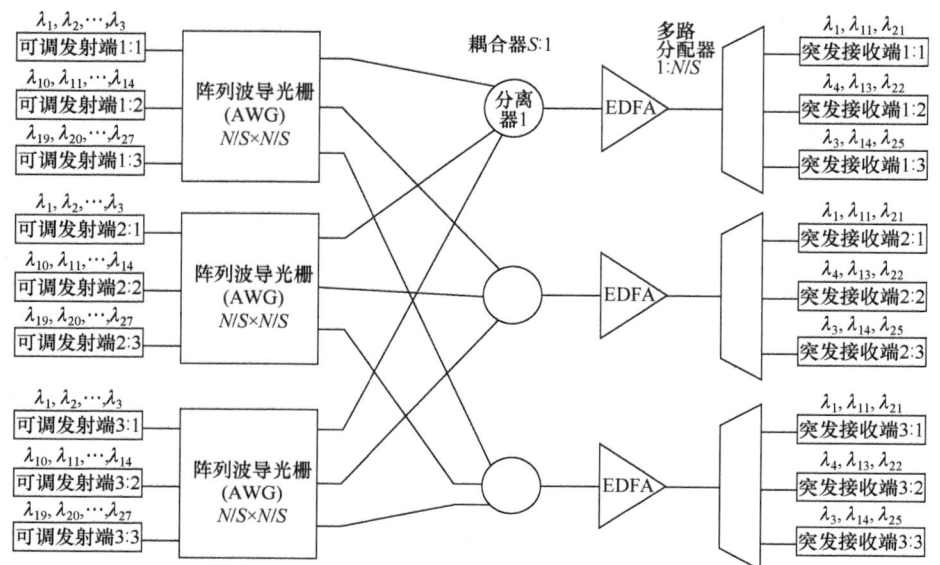

图 1.3　波长路由零串扰架构

前一种情况（即完全采用 AWG 周期特性）称为 WR 零串扰（WR Zero-Crosstalk，WR-ZC），图 1.3 展示了一个 WR 架构在 $N=9$ 和 $S=3$ 时的例子。注意到在 N/S 个发射端中的每一个在不同的 FSR 中都是用了 N 个波长。换句话说，有 N/S 个 FSR，每个包括 N 个波长。每个发射端的可调谐范围是 N，每个接收端对应 N/S 个不同波长（对于接收端，这不是真正的限制，因为光电二极管的光学带宽实际上非常大）。通过采用 AWG 的周期特性，可以避免线卡在 AWG 的不同输入端口重复使用相同的波长。优势在于在光学结构中没有引入相干串扰[4]，只是出现了带外串扰（out-of-band crosstalk）带来可以忽略不计的惩罚（1.2.1节）。虽然这种方案关于物理层减损几乎是最优的，但 AWG 必须在 N/S 个 FSR 上具有几乎相同的传递功能，并且 EDFA 放大带宽必须显著地增加。

如果 AWG 周期特性只是部分采用（简称为 WR），并且系统运行被限制在一个 FSR 中（所有的 TTx 都具有相同的可调谐性 N），可能会有一些带内串扰，这在两个或以上 TTx 同时使用相同波长的时候会严重限制可扩展性[4]。然而，避免同时在过多不同结构输入端使用相同波长的合适的分组调度算法[15]，可以避免交换结构运行在高串扰的条件下。

1.1.3　平面交换架构

在平面交换(Plane-switching,PS)结构中,如图 1.4 所示,分布阶段在线卡中实现,通过用一个 1∶S 的分离器将传输的信号分离成 S 个副本,然后把这些信号发送给 SOA 门。一个希望将分组传输给一个给定输出端的给定输入端必须首先通过关掉除了与目标平面关联的那一个之外的所有的 SOA 门来选择目标平面,然后使用波长可调谐性来到达目标平面的目标输出端口。耦合阶段由两个垂直的部分组成:第一个是由输入端到达所有平面的一个分布阶段;第二个是给每个分布平面聚集分组的一个收集阶段。每个平面整合了从 N 个输入线卡而来的最多 N/S 个分组。

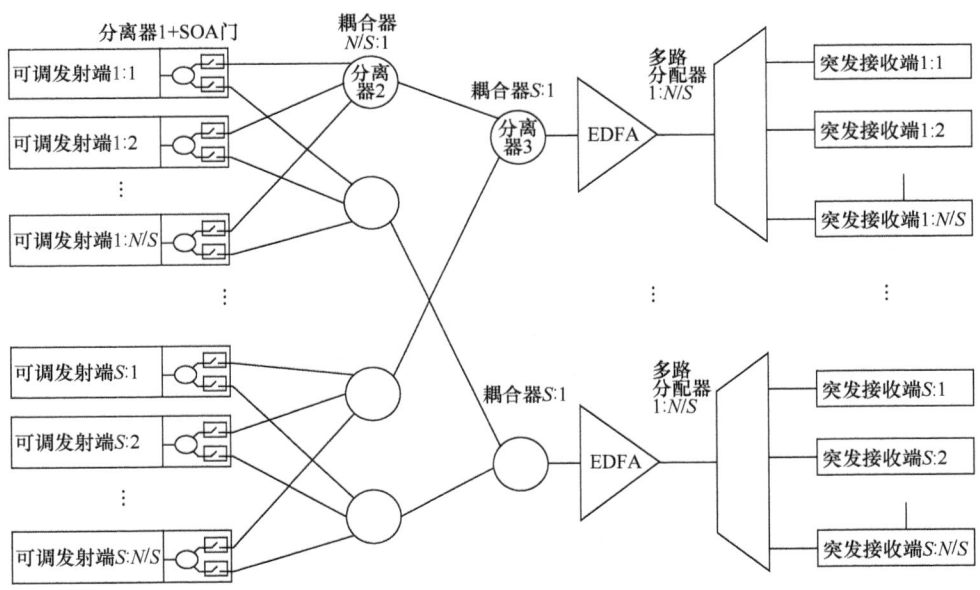

图 1.4　平面交换(PS)架构

1.2　光学设备建模

以往的光学结构中,除了纯线性光放大之外,都不具有任何信号再生机制。使用文献[1]中引入的通用术语,在光学结构内部最多有信号的 1R 再生,虽然不包括 2R 和 3R 再生。当增加端口数量 N 或平面数量 S 的时候,物理层减损可能会累积。这样一来,所使用的光学设备的特性化对于有效评价每个架构最终的扩展性就变得非常关键。在进行本章所描述的分析中,请注意基于理论上的插入损耗值的一阶可扩展性评价可能会给出不真实的结果。举个例子,WR 架构中的

AWG有插入损耗,该损耗在一级近似中并不依赖于输入/输出端口的数量,进而导致理论的"无限可扩展性"。显然,需要一种更准确的二阶评价,它能够捕获其他的能够描述商业设备特性的重要影响,如偏振依赖、过剩损耗、信道均匀性和串扰。尽管这些影响本来的性质不同,但是它们全部都可以表达成一个与输入/输出等效的功率代价,该功率代价表示真实的物理功耗和由其他二阶传输减损所带来的等效功率代价,如下所述。我们的研究只关注光学组件,由于短距离的原因,在提议的架构中光纤相关的影响(如色散、衰减、非线性、交叉相位调制等)可能是可以忽略不计的。

1.2.1 物理模型

我们的分析中考虑了如下的物理层影响。详见文献[4]。

插入损耗(Insertion Loss,IL):总的最坏情况的功率损耗,它包括关于内部散射的所有的影响,内部散射是由于分离过程和非理想的分离条件,如材料缺陷或制造失准。在n端口分离器中,分离过程有一个随着dB增长的最小理论损耗,但是由于非理想因素造成的额外损耗也必须考虑,常称为过剩损耗(Excess Loss,EL)。

均匀性(Uniformity,U):特别是多端口设备具有大的波长范围,不同的波长有不同的传输系数。在整个WDM梳状波上,传输条件在中心信道和边界信道之间有微小的变化。在某些组件的不同空间段中出现类似的不均匀行为。这些差异由均匀性代价组件(U penalty component)所考虑,它常称为输入端和输出端之间所有路径中全部波长范围上最大的IL变化。

偏振依赖损耗(Polarization Dependent Loss,PDL):光经过设备的衰减,由于构造的几何尺寸或者材料不规则,依赖于它的偏振状态。由偏振影响造成的损耗被认为是最坏传输情况下的代价。

串扰(Crosstalk,X):从WDM解复用端口中出来的信号总是包含一定量的功率,它属于穿过设备的其他信道而不是有用的信号。这个现象通常称为串扰。对于一个给定的波长为λ的有用信号,串扰分为两类[1]:当杂散的干涉信道的波长在频谱上不同于λ时,是带外串扰;当等于λ时,是带内串扰。对于同量的串扰功率,后者的情况对于整体性能更为关键[16]。在接收端处两种串扰依据干涉功率的量转化为功率代价。

对于带外串扰,也称为不相干串扰,来自相邻波长信道的贡献通常比来自非相邻信道的贡献要高。根据在文献[17]中表现的形式,总的串扰相关功率水平,用无量纲的线性单位表达可以近似地写为

$$X(w) = 2X_A + (w-3)X_{NA} \tag{1.1}$$

式中,$X(w)$是一个给定端口上表现的串扰功率的总量,归一化为该端口外有用信号的功率;w是波长信道的数量,典型地等于设备端口数n。任何WDM滤波设

备,例如,WDM 多路分配器、1∶n 的 AWG 和光学滤波器,都表现出带外串扰,因为它们传输/拒绝带外信号的能力不像理想的阶跃传递函数那样。同样地,不相干串扰在所有提出的架构中都有展现。对于相邻和不相邻,多路选择器的典型值[7]分别是−25dB 和−50dB。上述等式可以转换成等效的功率代价(以 dB 为单位),标为 OX。根据文献[17] 中展示的逼近,等于:

$$OX(w)|_{dB}=10\log_{10}(1+X(w)) \tag{1.2}$$

带内串扰,或相干串扰,是由来自其他的与本信道工作在相同波长的信道的干涉引起的。在 WR 的情况下,许多 AWG 端口的输入端可以同时产生相同的波长。由于 AWG 实际的传递函数,一些带内功率泄露到其他的设备端口,这种现象在数据表中被描述成相邻/不相邻端口串扰(分别是 X_A 和 X_{NA},为物理端口定义,而不是像波长信道那样为不相干串扰定义)。对于其他架构,空间交换并非理想,因而一小部分有用的线卡输入功率泄露到其他的交换平面,在 1.2.3 节中会给出解释。这种串扰因其带内特征而典型地高,接收端中优化的决策阈值的等效 IX功率代价(以 dB 为单位)可以被估计为

$$IX(n)|_{dB}=-10\log_{10}(1-X(n)Q^2) \tag{1.3}$$

式中,Q 是线性单位中目标启发性的品质因数,决定目标的误码率(Bit Error Rate,BER)(典型地,对于在和之间的误码率,Q 在线性尺度上处于 6~7 的范围内);$X(n)$ 代表归一化的串扰功率,该串扰功率相对于我们考虑的有用信号,从其他 n 个带内源(如多平面非理想交换机,或 AWG 设备中空间相邻端口之间的串扰)而来(1.2.3 节)。

1.2.2　设备特征化

之前描述的功率代价促使了具有给定的端口数量 n 的无源光器件的依据总功率代价的特征化,总功率代价包括所有的由组件引起的被动损失,加上由串扰减损引起的等效损失。我们用 $L_{Dem}(n)$,$L_{Spl}(n)$,$L_{AWG}(n)$ 来分别表示由多路选择器/多路分配器,耦合器/分离器和 n 端口 AWG 引起的"等效"损失。为估算这些功率代价,通过分析大量的商用设备数据表[18-20],开展一项详细的研究来找到对实际商用设备的合理值。结果为不同设备的每个参数收集典型的实际值。同时,使用线性回归和对数回归的方法来导出适用于数据表值并能够估算未知值的分析公式。对于相同的设备类型,在不同厂商的数据表中所报告的值通常非常相似,而且经常由一些相关国际标准的规范所规定。例如,大多数商用的 1∶n 分离器具有由现行PON 标准所设定的值。因此,考虑的值可以假设为在不同的光学器件厂商间相当宽泛和连续。

举个例子,图 1.5 中展示了对耦合器/分离器设备的估计损失。这些图形展示了 1.2.1 节中所述的每个影响的贡献和产生的总的等效功率代价。在两种情况

下,理想的 lg$n$ 状损失相对于如 U、PDL、EL 这样的其他参数来说处于主导地位。然而,随着端口数量的增加,二阶系数的相关贡献也增加,如 20 个端口比理想情况多贡献了 3~4dB 的额外代价。

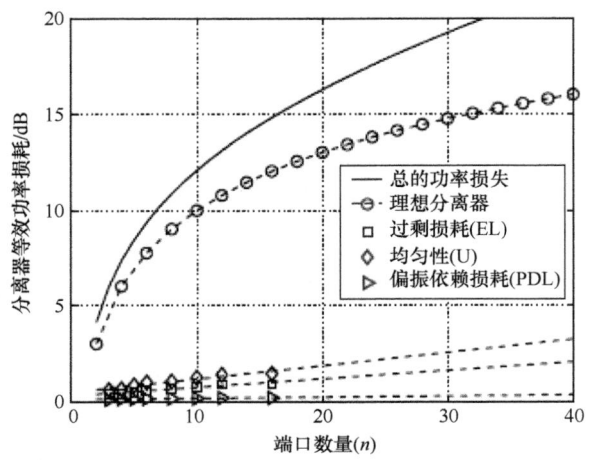

图 1.5　1∶n 耦合器/分离器的功率代价

　　图 1.6 展示了 AWG 的特征化。虽然这些器件的功率代价由于波长路由的性质应该与端口数量无关,注意到由数据表导出的 IL 值显示了一种与以对数形式贡献于功率代价的端口的数量的相关性。更值得注意的是,带外串扰的影响可忽略不计,然而带内串扰在 $n∶n$ AWG 的情况中具有重要的影响。这种情况下,串扰使功率代价指数增长,将 AWG 器件的实际有用尺寸限制在 10~15 个(导致了

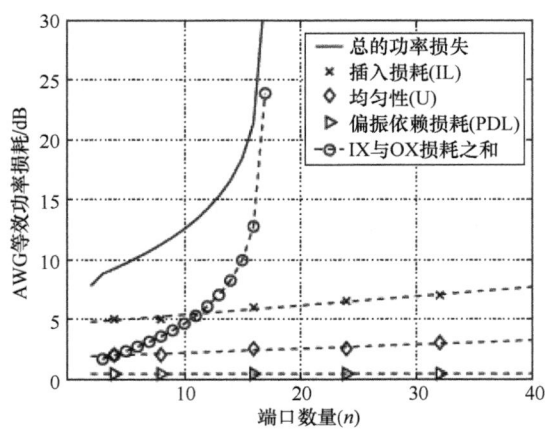

图 1.6　$n∶n$ AWG 的功率代价

13～18dB 的等效损失）。这个相当强的限制在几个实验工作中被证实,如文献[7]和文献[16],并且与许多在交换架构上的研究形成对比。在这些研究中,具有大数量端口的 AWG 被认为是大型光学交换机实现中的非常有前途的组件。

可调谐发射端在这些架构中是一个关键的组件。它们被模拟成以给定的光学信噪比(Optical Signal-to-Noise Ratio,OSNR)为特征的源,这个光学信噪比是有用激光功率和由激光器内的自发辐射所形成的本底噪声(noise floor)之间的比率。虽然在标准的 WDM 传输中的影响可以忽略不计,但在随后的展示中,我们会看到,对于非常大的光学结构来说,由于 N 个激光的出现,即使其中每个都具有一个较低的(但不能忽略的)本底噪声,它也可能是相关的。

对于接收端,为了进行不同比特率下的可扩展性,进行了文献[21]中使用的分析,它根据许多不同的商用数据表,推导得出对于十倍比特率 R_b 的增长,有一个对比特率 3.5dB 的敏感度斜率。根据这个模型,并且假设一个给定的敏感度(10Gbit/s),其他比特率下的接收端敏感度以 dBm 为单位估算如下:

$$P_S(R_b)\,|\,\mathrm{dBm} = P_S(10\mathrm{Gbit/s})\,|\,\mathrm{dBm} + 13.5\log_{10}\frac{R_b}{10\mathrm{Gbit/s}} \qquad (1.4)$$

所有这些架构显示了一个共同的放大和解复用输出阶段。关于 EDFA 放大器,假设这些 EDFA 工作在饱和状态下,即 EDFA 表现出一个恒定的输出功率,并将它同时分给经过的 N/S 个信道。标称的 EDFA 输出功率假设为 $P_{\mathrm{tot,out}}^{\mathrm{EDFA}}$,它可以通过增益锁定技术来设置。用 A_{EDFA} 代表 EDFA 的功率增益。用于噪声计算的 A_{EDFA} 通过总的 EDFA 输出功率 $P_{\mathrm{tot,out}}^{\mathrm{EDFA}}$ 和总的 EDFA 输入功率 $P_{\mathrm{tot,in}}^{\mathrm{EDFA}}$ 的比率得到。进而通过噪声系数 F_{EDFA} 来对 EDFA 特征化。

最后,关于基于 SOA 的空间交换机,将分析基于仅有的几个市场上可买到的特别基于 SOA 的交换机[22]之一的特征上。在"开"的状态下,SOA 被假设具有一种以噪声系数为特征的噪声行为。在"关"的状态下,要考虑实际的交换"消光比"(Extinction Ratio,ER)。这个比率与大型多平面的方案有关,因为它产生带内串扰和带外串扰。此外,为全交换假设一种增益透明条件,这里 SOA 增益补偿 1:S 分离器的被动损失,这个分离器用来在线卡内部实现空间交换。

1.2.3　多平面的具体问题

当考虑多平面架构时必须介绍一些注意方面。

交换消光比(switching extinction ratio):由于基于 SOA 的交换设备的有限消光比,跨平面串扰在 EDFA 之前出现。在最坏情况下,串扰贡献数量是每个平面的一个带内组成部分,串扰的影响由之前的式(1.3)中相干表达式 IX 来给出,这里它取决于 S 和标称的消光比 ER(用线性单位)。由于这个影响,多平面布局下的串扰代价可以估算为

$$IX(S)|dB=-10\log_{10}(1-(S-1)ERQ^2) \tag{1.5}$$

交叉本底噪声积累(cross noise floor accumulation):通常作为光源的激光器和 SOA 工作在"开"的状态下产生放大自发辐射(Amplified Spontaneous Emission,ASE),它又被依次发送到选择的平面。虽然产生的本底噪声水平单独来看相当低,但是它们所有的频谱叠加,对于大量的平面,这个噪声会积累,导致了对可扩展性的固有限制。在模型中考虑到这个现象,我们考虑每个平面上本底噪声源的最大数量(对应于所有线卡传输),并评估每个交换平面上相应的噪声积累。

交换平面的最优数量(optimum number of switching planes):交换平面最优数量 S 的选择是一个关键的设计选择,取决于下面一些要素:①大的 S 带来了减少 TTx 可调谐性的优点,但它增加了相干串扰的数量;②较小的 S 值减少了光学组件的数量,因此降低了整体复杂度;③非常大和非常小的 S 值都带来了较大的过剩损耗,从而减少了功率预算。

数值分析表明有一个最优的 S 值,它也依赖于线卡比特率,并粗略地接近;这个 S 值表现输出端的最大 OSNR,因此允许关于聚合带宽的更好的可扩展性。

1.3　可扩展性分析

考虑到物理减损和前面提到的其他影响,对 1.1 节所描述的光学交换结构的可扩展性和可行性的研究,以典型值假定描绘光学器件行为的特征的参数。

在我们的架构中,物理可扩展性被接收端的光电二极管处的有用信号功率,以及在 EDFA 输出端出现的 ASE 噪声共同限制。首先,接收的信号功率必须比接收端的敏感度更大。因此,所考虑的架构具有相同的输出 EDFA 放大阶段,在每个输出端必须保持如下:

$$P_{ch,out}^{EDFA}|dBm-L_{Dem}(N/S)|dB-\mu \geqslant P_S|dBm \tag{1.6}$$

式中,$P_{ch,out}^{EDFA}|dBm=P_{tot,out}^{EDFA}|dBm-10\log_{10}(N/S)|dB$ 是放大后每个信道的功率;μ 是所留的 3dB 的边限,考虑到组件老化,突发模式接收器相对于标准连续接收器的代价,激光未对准,以及其他可能使接收信号衰减的现象。假定用一个典型值 17dBm 给 EDFA 总输出功率 $P_{tot,out}^{EDFA}$,在 10Gbit/s 的情况下,$P_S=-26$dBm,并且使用式(1.4)推导在其他比特率下的接收端敏感度。

关于 WDM 可调谐传输器,假定平均传输功率 P_{TX} 是 3dBm。一般地,典型的可调谐激光峰值输出功率达到+10dBm,但需要考虑由外部调制器引起的 6~7dB 的等效损失(3dB 由于开/关按键,3~4dB 由于附加的插入损耗)。

关于(在 PS 和 WS 架构中使用的)基于 SOA 的门,在"关"状态下,为了从式(1.5)中计算串扰代价而假定 SOA 的 ER 值为 35dB。

虽然敏感度约束对于所有考虑的架构是相同的,但噪声相关的约束却不是,需要一个被普遍接受的值为 17dBm 的最小光学信噪比 T_{BER}（在等于该比特率的带宽上定义），保证目标值 T_{BER} 是 10^{-12}。

WDM 可调谐传输器随后被模拟，作为以给定光学信噪比为特征的光源，该光学信噪比 $OSNR_{TX}$ 是有用激光功率和由于激光器内的自发辐射所引起的噪声功率之间的比率。用激光器的 $OSNR_{TX}$，计算出等效噪声功率频谱密度（N_{OTX}）为 $OSNR_{TX} = R_{TX}/N_{OTX}B$。假设一个白噪声行为其范围包括从 $OSNR_{TX} = 40dB$ 的典型值到一个 0.1 nm 的参考带宽 B（单位 Hz）上的 60 dB 的理想值。

每个架构都评估噪声频谱密度（用线性单位，f 是以 Hz 为单位的光频率）。一般地，在等于比特率的带宽上的噪声功率可以表示为 $P_N = \int_{R_b} G_N(f)\mathrm{d}f$。

用来表示放大器的输出噪声频谱密度[17]：

$$G_{N,\text{out}}^{\text{Amp}}(f) = G_{N,\text{in}}^{\text{Amp}}(f) \times A_{\text{Amp}} + hf(A_{\text{Amp}} - 1) \times F_{\text{Amp}} \qquad (1.7)$$

式中，h 是普朗克常量；A_{Amp} 和 F_{Amp}（Amp = EDFA 或 Amp = SOA）分别是放大器增益和噪声系数；$G_{N,\text{out}}^{\text{Amp}}(f)$ 是进入放大器的噪声功率频谱密度。光学放大器噪声系数的典型值是 $F_{\text{EDFA}} = 5dB$ 且 $F_{\text{SOA}} = 9dB$。

最后的 EDFA（对所有架构是通用的）的情况中，对于每个架构是不同的，对于 WS、PS 或 WR 结构，我们分别称为 $G_N^{\text{WS}}(f)$，$G_N^{\text{PS}}(f)$ 或 $G_N^{\text{WR}}(f)$。下述由它们导出。

总的 EDFA 噪声功率可以由 $G_{N,\text{out}}^{\text{EDFA}}(f)$ 在整个带宽上积分来得到。因此，OSNR 约束可以最终表达为

$$P_{\text{ch,out}}^{\text{EDFA}} |\text{dBm} - P_{N,\text{out}}^{\text{EDFA}}|\text{dBm} - \mu \geqslant T_{\text{OSNR}}|\text{dB} \qquad (1.8)$$

式中，μ 与式（1.6）中具有相同的含义。

对三种架构的 $G_{N,\text{out}}^{\text{EDFA}}(f)$ 的估计如下。

WS 架构在 Spl_1 之后开始积累噪声（图 1.2），即在 TTx 之后的第一个耦合器之后。这是由于从属于同一个输入组的 N/S 个 TTx 而来的 N/S 个信号的耦合。因此，在 Dem_1 之后的噪声功率频谱密度 $G_{N,\text{out}}^{\text{Dem}_1}(f)$ 对于每个信道来说可以表示为

$$G_{N,\text{out}}^{\text{Dem}_1}(f) = \frac{N_{OTX}}{L_{\text{Spl}_1}(N/S)} \times \frac{N}{S} \times \frac{1}{L_{\text{Spl}_2}(S)L_{\text{Dem}_1}(N/S)} \qquad (1.9)$$

由所有 N/S 个 SOA 引起的带外噪声滤波后传送。因此，影响任意一个信道的噪声贡献必须对来自它本身和所有其他 $N/S - 1$ 个最多在 Spl_3 之后出现的信道的影响负有责任。

像 1.2.1 节中所讨论的，为了给通过的噪声的传送建模，影响一个信道的（在最坏情况下）总的噪声贡献修正为 $X_{\text{OSNR}} = 1 + 2X_A + (N/S - 3)X_{NA}$，这里 X_A 和 X_{NA} 是处于相邻和不相邻信道的信道隔离度（channel isolation ratio）。因此噪声功率频谱密度可以写为

$$G_N^{WS}(f) = \frac{G_N^{Dem_1}(f)G_{SOA} + hf(G_{SOA}-1)F_{SOA} \times X_{OSNR}}{L_{Dem_2}(N/S)L_{Spl_3}(S)} \qquad (1.10)$$

在 WR 架构中,由于 AWG 波长路由的特征,所有的显卡输入端在所有波长上有噪声贡献。这些噪声贡献通过所有的 AWG 输出端口作为正常信号传送。因此,每个平面上有 N 个噪声源出现并在 Spl_1 之后累积,得

$$G_{N,out}^{WR}(f) = N_{0TX} \times \frac{N}{L_{AWG}(N/S)L_{Spl_1}(S)} \qquad (1.11)$$

对于 PS 架构,需要考虑由 TTx 产生的本底噪声的积累。实际上,一个发射端信号通过第一个耦合器被复制到 S 个 SOA 门。因此,出现在每个 SOA 输入端的噪声功率频谱密度等于 $G_{N,in}^{SOA}(f) = N_{0TX}/L_{Spl_1}(S)$。因此,在 Spl_3 之后的所有噪声为

$$G_N^{PS}(f) = \frac{G_{N,in}^{SOA}(f)G_{SOA} + hf(G_{SOA}-1)F_{SOA}}{L_{Spl_2}(N/S)L_{Spl_3}(S)} \times \frac{N}{S} \qquad (1.12)$$

式中,右边的项是每个交换平面上的本底噪声积累。

1.4 成 本 分 析

在交换容量的可扩展性之后,对所考虑的架构的评估不能忽略它们实现的复杂度。本节中评价我们的交换结构的资本支出(Capital Expenditure,CAPEX):考虑了每个器件的成本模型,这个模型之后用于评价整个架构的成本,得到对光子组件成本的一个粗略的"材料清单"(bill of material)的估计。通过这样做,基于离散组件考虑实现,而忽略掉集成和大规模生产的经济影响。模型中的组件成本依赖于现在的市场情况(离散组件、非芯片集成、非规模经济)。因此,它们应该用于评估不同架构的相关成本的粗略指南。我们的目标是调查影响光学结构成本的主要因素,并为设计这些架构时需要做出的最优价格选择提供深刻见解。

在我们的分析中,考虑了每个器件工作带宽有限这一实际情况,因此通常只有有限数量的波长能够被放大或路由。特别地,市场上可买到的 EDFA 和 AWG 设计上通常用于 C(1535~1565 nm),L(1565~1600nm),XL(1600 nm 以上)或 S(1535 nm 以下)频带(按照优先部署的顺序)之一。

分离器、多路选择器和多路分配器。假设影响分离器和多路选择器/多路分配器成本的主要因素是它们的端口数量 n。从市场数据[23](2008 年夏季)中,通过使用最小方差(MSE)拟合方法,推导出下面的成本模型:

$$C_{Spl}(n) = \frac{100}{4^{\frac{1}{1.7}}} \times n^{\frac{1}{1.7}} (美元) \qquad (1.13)$$

图 1.7 展示光学分离器真实的和拟合的市场成本。为了简化,但也顺应市场

价格[23],假设多路选择器/多路分配器成本和分离器类似,由系数 α_{Dem} 缩放,即

$$C_{\text{Dem}}(n) = \alpha_{\text{Dem}} \times C_{\text{Spl}}(n) \tag{1.14}$$

式中,我们的计算中 $\alpha_{\text{Dem}} = 10$。例如,假设 40 端口分离器的成本是 400 美元,于是 40 端口 WDM 多路选择器就是 4000 美元。

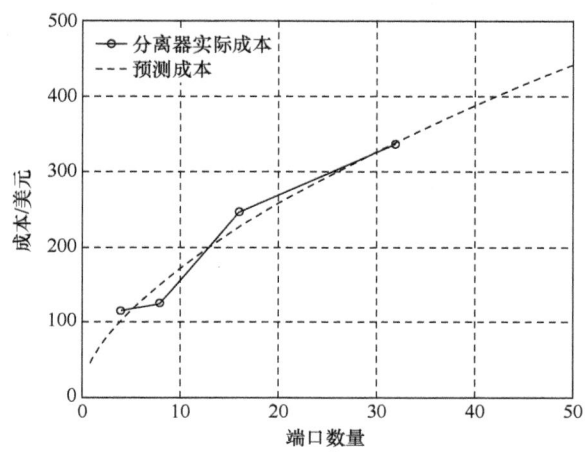

图 1.7　分离器的预测模型和市场数据对比

阵列波导光栅(AWG)。AWG 成本取决于端口数量和它必须能够路由的波长的数量,因此取决于 FSR 的数量,在这些 FSR 上 AWG 传递函数(Transfer Function,TF)需要近似常量。我们试探性地假设 AWG 对端口数量的依赖性遵循多路选择器/多路分配器的原理,由系数 $\beta_{\text{AWG}} = 2.5$ 缩放。设 N_{FSR} 是 FSR 的端口数量,其中 FSR 上的 AWG TF 是平坦的。在 WR 架构中,如果 AWG 周期性质被用来避免串扰(WR-ZC 型),那么 $N_{\text{FSR}} = (N/S)^2$;否则(WR 型),$N_{\text{FSR}} = N/S$。对于市场上可买到的 AWG,传递函数 TF 在 AWG 设计的带宽外急剧下降;因此,AWG TF 被假设成最多在 3 个 FSR 上是近似平坦的。如果一个架构需要更宽的 TF,那么假设更多的 AWG 必须被并行使用。整个 AWG 成本模型为

$$C_{\text{AWG}}(n, N_{\text{FSR}}) = \left[1 + \left(\frac{N_{\text{FSR}} - 1}{3} \right) \gamma_{\text{AWG}} \right] \beta_{\text{AWG}} C_{\text{Dem}}(n) \tag{1.15}$$

式中,$\gamma_{\text{AWG}} = 1.5$;实际上增加更多并行 AWG 的成本比简单地增倍 AWG 的数量的成本要大(需要一些其他器件,如分离器或滤波器)。

激光器和发射器。许多生产商声称制造便宜的可调谐激光器的技术很快就可用了,并且它们的成本会比固定激光器成本的两倍还要低。因此,如果 $C_{f\text{-TX}} \approx$ 1000 美元[23](一种悲观的假设,未考虑将来大量生产而产生的可能的折扣)是比特率为 $R_{\text{fix}} = 1\text{Gbit/s}$ 的固定激光器的成本,假设一个可调谐激光器比工作在相同比特率下的固定激光器要贵 $\delta_{t\text{-TX}} = 1.5$ 倍。

对于比特率,保守地假设发射器的成本与比特率呈线性比例,并且遵守以太网市场规则,该规则预测在 10 倍带宽下成本增长 3 倍。

关于可调谐范围,假设快速可调谐激光器很快可用于 C、L、XL、S 频带。当需要的可调谐性超过保证的可调谐性一个频带时,发射器增加一个额外的激光器。例如,如果需要可调谐性范围在 1530～1590nm,则部署两个激光器(一个在 C 频带上可调谐,另一个在 L 频带上可调谐)。最后,总的 TTx 成本可以评估如下:

$$C_{t\text{-}TX}(W,R_b) = \left(1 + \left[\frac{W-1}{W_b}\right]\alpha_{TX}\right)\delta_{t\text{-}TX}C_{f\text{-}TX} \times \frac{2}{9}\frac{R_b}{R_{fix}} + \frac{7}{9} \tag{1.16}$$

式中,W 是发射器需要能够调谐的波长的数量;W_b 是每个频带中波长的数量;R_b 是发射器比特率。对于多频带的情况,设定一个倍数系数 $\alpha_{TX}=1.3$,因为集成多于一个并发激光器的成本比集成激光器的数量和单个激光器的成本的简单乘积要大。

光学放大器通常用 EDFA 或 SOA 实现。在我们的光学结构中,SOA 被用于开/关门来进行快速平面选择,它们需要一次只处理一个波长。因此对于 EDFA,将带宽考虑为一个成本因素。因此 SOA 成本设定为 $C_{SOA}=1000$ 美元(制造一个 SOA 需要的复杂度和技术不应该超过制造一个激光器太多)。如今市场上可买到的 EDFA 被设计为在四种不同的光学频带之一上运行。因此,如果需要大的带宽,那么要使用额外的并发 EDFA,器件的成本可以表达为

$$C_{EDFA}(W) = \left(1 + \left[\frac{W-1}{W_b}\right]\alpha_{EDFA}\right)C_{fix} \tag{1.17}$$

式中,$C_{fix}=10000$ 美元,是为单个频带、增益箝制平整的 EDFA 所假设的成本;W 是需要被放大的信道的数量,W_b 是单个光学频带中波长的数量,$\alpha_{EDFA}=1.5$。

我们现在来计算每个架构的成本,忽略掉最终 EDFA 之后的接收器部分,其对每个考虑的架构都相同并且等于 $S \times C_{Dem}(N/S) + N \times C_{BMR}$,这里 C_{BMR} 是一个 BMR 的成本。

我们的具有 N 个端口和 S 个平面的架构的成本为

$$C^{WS} = N \times C_{laser}(N/S,R_b) + S \times C_{Spl}(N/S) + 2S \times C_{Spl}(S)$$
$$+ 2S^2 \times C_{Dem}(S) + (NS) \times C_{SOA} + S \times C_{EDFA}(N/S) \tag{1.18}$$

$$C^{WR} = N \times C_{laser}(N,R_b) + S \times C_{AWG}(N/S,N/S) + S \times C_{Spl}(S) + S \times C_{EDFA}(N)$$
$$\tag{1.19}$$

$$C^{WR\text{-}ZC} = N \times C_{laser}(N,R_b) + S \times C_{AWG}(N/S,(N/S)^2)$$
$$+ S \times C_{Spl}(S) + S \times C_{EDFA}(N^2/S) \tag{1.20}$$

$$C^{PS} = N \times C_{laser}(N/S,R_b) + (S+N) \times C_{Spl}(S) + (NS) \times C_{SOA}$$
$$+ S^2 \times C_{Spl}(N/S) + S \times C_{EDFA}(N/S) \tag{1.21}$$

注意到发射器对所有考虑的架构的成本都有重要影响,而且 PS 和 WS 的成

本被 SOA 深刻影响，WR 架构的成本主要被 AWG 所影响。WR-ZC 可能比 WR 成本更高。实际上，它需要一个更大的可调谐范围、一个更大的 EDFA 带宽和一个更大的 AWG 数量（为了更全面地开发 AWG 周期性质）。

1.5　结　　果

1.5.1　总交换带宽的可扩展性

首先讨论所考虑的光学结构的可行性和可扩展性。每个架构都从它的总带宽角度来评价，总带宽取决于 R_b、S 和 N。给定一组线比特率，计算可达到的最大带宽（对应于可以支持的线卡的最大数量）。对于所有架构，发现主要的限制效应是接收端的 OSNR，即可以达到的最大带宽主要被光学噪声积累所限制，而不是被接收端的敏感度。

虽然交换平面的数量 S 原则上可以从 $1 \sim N$ 分布，对于满足式（1.6）和式（1.8）的架构配置（可行配置），三元组 (N, S, R_b) 有一个值使总容量最大。对于式（1.10）～式（1.12）的分母中的 S 和 N/S，来自 S 的损失和来自的损失的相关性是决定平面数 S 最优（即导致接收端最大 OSNR）值的主要因素。对于 PS 架构，平面数量的影响可由图 1.8 中看出，总交换容量根据 S 绘制，对应线卡比特率为 2.5Gbit/s、10Gbit/s、40Gbit/s 和 100Gbit/s。最好的配置达到 5Tbit/s 的总容量。对增长的 S 值，锯齿状的下降现象是当分离/耦合损失、串扰和 OSNR 超过可行性约束时，线卡数量 N 的减少。

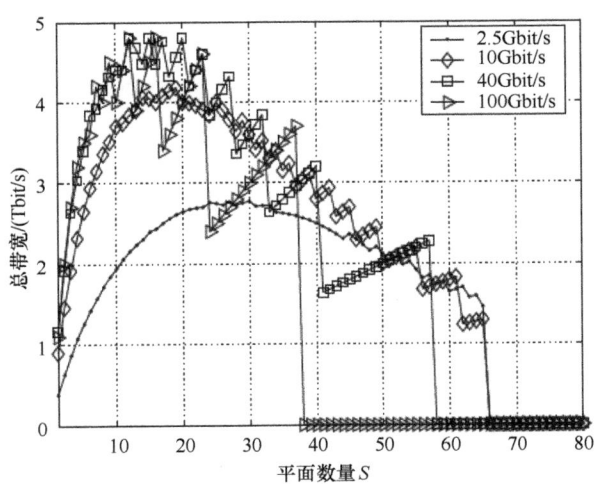

图 1.8　PS 架构在不同的线卡比特率下总带宽对平面数量 S 的函数

标称的发射端 $\mathrm{OSNR_{TX}}$ 是结构中最早的噪声贡献，深刻地影响光学结构的可扩展性。图 1.9 显示了不同比特率下可达到的最大总带宽对 $OSNR_{TX}$ 的图像,每种情况中交换平面是最优数量。首先,对于低比特率,WS 和 PS 架构的性能与 TTx 噪声无关;然而对于较高比特率,$OSNR_{TX}$ 越好,可达到的最大带宽越大。但是它们的性能对发射端噪声的关联性非常弱。实际上本底噪声源的数量等于 N/S。相反地,WR 和 WR-ZC 的性能被 $OSNR_{TX}$ 所深刻影响。如果发射端噪声非常低,WR 和 WR-ZC 达到几十 Tbit/s 的最大总带宽的最大值。但是随着 OS-NR_{TX} 接近真实值,性能严重降低。这些架构中所有 N 个源(而不是像 WS 和 PS 情况下的)的本底噪声随着信号通过光学结构传送而逐渐累积。直到今天,甚至技术先进的发射器表现最多 40dB(图 1.8 中用到的值)的 OSNR。因此,PS 和 WS 可能是在不久的将来实现光学结构的最佳方案。

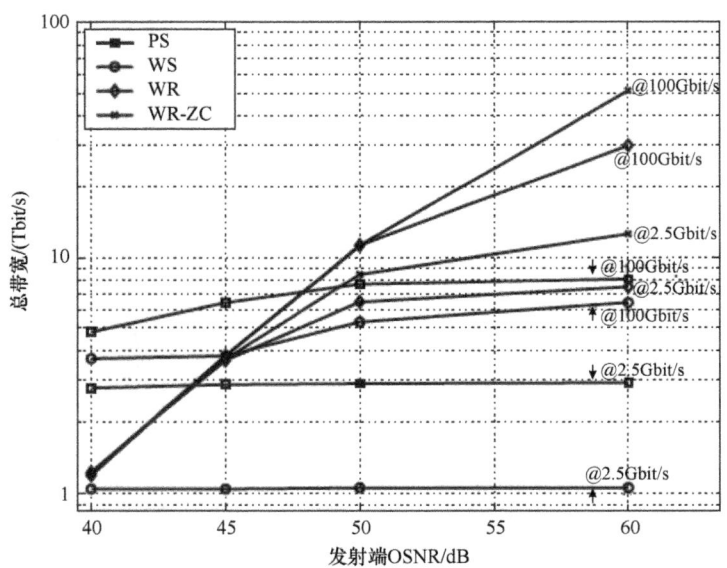

图 1.9　不同架构中对 2.5 和 100Gbit/s 的线卡比特率的总带宽作为 TTx 噪声的函数

1.5.2　CAPEX 估计

图 1.10 显示了对 $OSNR_{TX}=50dB$ 具有特征的 TTx 的不同总带宽(从 1～5Tbit/s)的情况下,各架构对 R_b 的相关成本。不同的标志形状表示不同的架构,不同的线条类型表示不同的总容量。给定比特率和总带宽,对于所有可行配置,成本通过 1.4 节中展示的模型来计算。图中随后显示了对于相同比特率的最小成本的曲线。对于 PS、WS 和 WR 架构,成本随着比特率增长而严重下降。即使更高比特率的发射端(和接收端)更贵(假设成本随比特率线性变化),我们的计算表明,成本的节约是由于发射器、分离器、放大器和 SOA 的数量下降超过较高比特率发

射器(和接收器)的额外成本。WR 结构成本下降是因为随着更高的比特率,需要更低的可调谐性和更少的 AWG 数量。与图 1.9 所表现的结果一致,对于具有真实 OSNR 的发射器,图 1.10 表明 WR-ZC(特别地)和 WR 能够比 PS 和 WS 架构支持更高的总带宽。实际上,虽然它通常更贵,但是 WR-ZC 交换结构达到了 8Tbit/s 的交换容量。

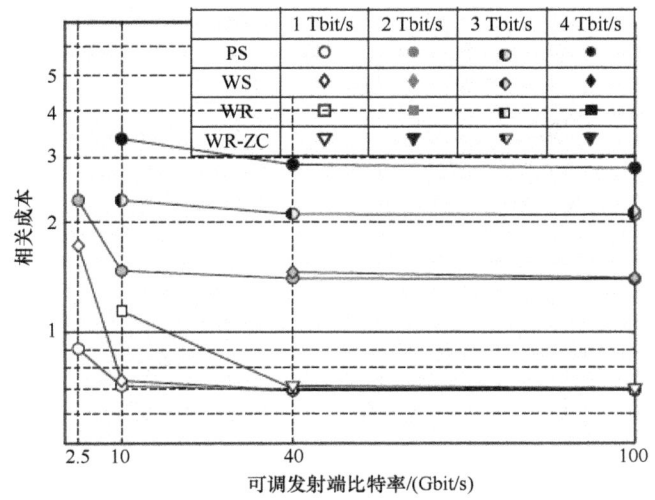

图 1.10　对于不同的总带宽成本与发射端比特率的关系

有趣的是,成本随着总容量呈线性或低于线性地增长。

以上的讨论集中反应在图 1.10 中曲线的相对趋势中,因为成本的绝对值仍然非常高:纵轴尺度归一到一百万美元。然而必须注意我们的成本分析考虑的是今天市场上可买到的离散组件。可以合理地预测规模经济效应,技术改进和光学组件的更大集成,会在不久的将来显著地降低成本。

1.6　结　　论

本章涉及了物理层约束和使用在未来的高容量分组交换机中的光学交换结构的实现成本。在波长和空间维度的使用上探索折中办法,优化基于市场上可买到的光学器件的简单交换架构的设计。为了克服现在激光可调谐性和放大器带宽的技术限制,引入空间多样性,把结构分割成多个交换平面,从而能够重新使用波长。

进行可行性和可扩展性研究来评估所考虑的光学结构的最大总带宽,其被证明能够支持几 Tbit/s 的总容量,而且光学器件(与电子器件相比)距离它们固有的物理限制还远,它们仍然可以被改进(如通过减少组件的噪声或增加器件的带宽),

这样光学结构的容量会进一步增加。不幸的是,这些改进在今天并没有强大的市场需求来支撑。

除了可扩展性分析,对所考虑的光学结构进行简单的 CAPEX 估计。虽然高成本仍然是一个事实,但是趋势表明了与总交换容量的一种近似次线性的关联性,以及一种与线比特率(特别是部署少量的高比特率线卡比若干个低比特率线卡更方便)的有限关联性。几种光学器件仍然处于商业成熟度的初始阶段,而且离降低成本还有很大距离。假设更大的芯片光子集成,规模经济和批量折扣可以降低器件成本。

本章没有讨论的其他使用光技术的优势,是由于交换机中板面和机架之间的物理距离带来的可以忽略的损害,还有可能降低功耗。

概括地说,考虑到交换架构中的电子技术正在接近固有的物理极限,而且对降低光学结构的成本仍有空间,光技术在未来高性能分组交换机和路由器的实现上可能扮演重要角色。

最后,必须注意到经常会有阻止在交换领域的早期引入光技术的文化障碍:多数器件制造商在电子设计上具有强大的技术,他们对于将电子产品推向极限更有信心,而不是在设计、制造和客户保障链上采用新技术,因为这需要新的技能。

参 考 文 献

[1] R. Ramaswami, and K. N. Sivarajan, Optical Networks-A Practical Perspective, second edition, Morgan Kaufman, 2002.

[2] Online: www. cisco. com/en/US/prod/collateral/routers/ps5763/prodbrochure0900aecd800f8118. pdf.

[3] Online: www. cisco. com/en/US/docs/routers/crs/crs1/mss/16 slot fc/system description/reference/guide/msssd1. pdf.

[4] J. M. Finochietto, R. Gaudino, G. A. Gavilanes Castillo, F. Neri, "Can Simple Optical Switching Fabrics Scale to Terabit per Second Switch Capacities?", IEEE/OSA Journal of Optical Communications and Networking (JOCN), vol. 1, no. 3, 2009, B56-B69, DOI: 10. 1364/JOCN. 1. 000B56.

[5] J. M. Finochietto, R. Gaudino, G. A. Gavilanes Castillo, F. Neri, "Multiplane Optical Fabrics for Terabit Packet Switches," ONDM 2008, Vilanova, Catalonia, Spain, March 2008.

[6] D. Cuda, R. Gaudino, G. A. Gavilanes Castillo, et al., "Capacity/Cost Tradeoffs in Optical Switching Fabrics for Terabit Packet Switches," ONDM 2009, Braunschweig, Germany, February 2009.

[7] J. Gripp, M. Duelk, J. E. Simsarian, et al., "Optical Switch Fabrics for Ultrahigh-capacity IP Routers," Journal of Lightwave Technology, vol. 21, no. 11, 2003, 2839-2850.

[8] N. McKeown, "Optics inside Routers," ECOC 2003, Rimini, Italy, September 2003.

[9] Online: www. e-photon-one. org/ephotonplus/servlet/photonplus. Generar.

[10] C. Matrakidis, A. Pattavina, S. Sygletos, et al. , "New Approaches in Optical Switching in the Network of Excellence e-Photon/ONe," Optical Network Design and Modeling (ONDM) 2005, Milan, Italy, February 2005, pp. 133-139.

[11] M. Ajmone Marsan, A. Bianco, E. Leonardi, L. Milia, "RPA: A Flexible Scheduling Algorithm for Input Buffered Switches," IEEE Transactions on Communications, vol. 47, no. 12, December 1999, 1921-1933.

[12] A. Bianco, D. Cuda, J. M. Finochietto, F. Neri, C. Piglione, "Multi-Fasnet Protocol: Short-Term Fairness Control in WDM Slotted MANs," Proc. IEEEGLOBECOM 2006, November 2006.

[13] A. Bhardwaj, J. Gripp, J. Simsarian, M. Zirngibl, "Demonstration of Stable Wavelength Switching on a Fast Tunable Laser Transmitter," IEEE Photonics Technology Letters, vol. 15, no. 7, 2003, 1014-1016.

[14] K. A. McGreer, "Arrayed waveguide gratings for wavelength routing," IEEE Communications Magazine, vol. 36, no. 12, 1998, 62-68.

[15] D. Hay, A. Bianco, F. Neri, "Crosstalk-Preventing Scheduling in AWG Based Cell Switches," IEEE GLOBECOM '09, Optical Networks and Systems Symposium, Honolulu, Hawaii, USA, December 2009.

[16] H. Takahashi, K. Oda, H. Toba, "Impact of Crosstalk in an Arrayedwaveguide Multiplexer on N × N Optical Interconnection," Journal of Lightwave Technology, vol. 14, no. 6, 1996, 1097-1105.

[17] G. P. Agrawal, Fiber-Optic Communication Systems, John Wiley & Sons, 2002.

[18] Online: ACCELINK, 100GHz DWDM Module, Product Datasheet, www. accelink. com.

[19] Online: JDSU, WDM Filter 100 GHz Multi-channel Mux/Demux Module, Product Datasheet, www. jdsu. com.

[20] Online: ANDevices, N × N AWG multiplexers and demultiplexers Router Module, Product Datasheet, www. andevices. com.

[21] E. Sackinger, Broadband Circuits for Optical Fiber Communication, John Wiley & Sons, 2005.

[22] Online: Alphion, QLight I-Switch Model IS22, Advance Product Information, www. alphion. com.

[23] Taken online from: www. go4fiber. com, Product Datasheets.

第 2 章　宽带接入网络:现在和未来的方向

Abu (Sayeem) Reaz，Lei Shi，Biswanath Mukherjee
加州大学戴维斯分校(University of California-Davis)，美国

互联网用户和他们新兴的应用需要高速率(high-data-rate)接入网络。今天的宽带接入技术,特别是在美国,是数字用户专线(Digital Subscriber Line,DSL)和光缆调制解调器(Cable Modem,CM)。但是它们有限的容量对于一些新兴的服务,如 IPTV 颇为不足。这就创造了对光纤接入(Fiber-to-the-X,FTTX)网络——通常采用无源光网络(PON)——的需求,让高容量光纤更接近用户。长距离 PON通过使用光学放大器和 WDM 技术扩展 PON 的覆盖范围,可以减少 FTTX 的成本。因为互联网用户希望尽可能的不被束缚(并且机动),所以无线接入技术也需要考虑。因此,为了利用光网络的可靠性、健壮性和高容量,以及无线网络的灵活性、机动性和降低成本,提出无线光学宽带接入网络(Wireless-Optical Broadband Access Network,WOBAN)。本章讨论这些话题。

2.1　引　　言

接入网络将终端用户连接到直接的服务提供商和核心网络。客户对带宽密集型服务日益增长的需求正在加速对一种高效的节约成本的"最后一英里"接入网络的设计需求。传统的"四重奏"(quad-play)应用,包括语音、视频、互联网和无线服务,需要通过接入网络以令人满意的和经济的方式传递给终端用户。高速率互联网接入,称为宽带接入,因此对支持今天和以后新兴的应用需求非常必要。

2.1.1　当前的宽带接入方案

美国最广泛部署的宽带接入技术是 DSL 和光缆调制解调器(Cable Modem,CM)。DSL 与电话线使用相同的双绞线布线,并且需要在客户处安装 DSL 调制解调器,在通信中控(Central Office,CO)处安装 DSL 接入复用器。基础 DSL 设计上与综合业务数字网(Integrated Services Data Network,ISDN)兼容,并且有160kbit/s 的对称容量。非对称数字用户专线(Asymmetric Digital Subscriber Line,ADSL)是 DSL 最广泛的部署形式,并提供了最多 8Mbit/s 的下行带宽和512kbit/s 的上行带宽。此外,CM 使用有线电视(Community AntennaTelevision,

CATV)网络,这个网络最初是用来向用户的电视机传送模拟广播电视信号。CATV 网络通过在同轴电缆里设置一些射频(Radio Frequency,RF)信道进行数据传输,进而提供互联网服务。

虽然这些网络提供的带宽比起 56kbit/s 的拨号线路有了显著改进,但如此低的带宽也让用户抱怨很久,而且由于低带宽存在于上行和下行两个方向,所以接入网络是向用户提供如 VoD(Video-on-Demand)、互动游戏和双向视频会议的宽带服务的主要瓶颈。虽然传统 DSL 的一些变形,如 VDSL 可以支持更高的带宽(VDSL 支持最多 50Mbit/s 的下行带宽),但是这些技术也引入其他的缺陷如 CO 和终端用户之间的短距离阻碍它们的大规模部署。

对带宽的爆炸性需求导致新的接入网络架构,它拉近高容量光纤与住户和小企业的距离[1]。光纤接入(FTTX)模型——光纤到户(Fiber to the Home,FTTH),光纤到路边(Fiber to the Curb,FTTC),光纤到驻地(Fiber to the Premises,FTTP)等——为给用户提供空前的接入带宽(至多每个用户 100Mbit/s)提供了可能。这些技术旨在提供光纤直接到住户,或非常接近住户,之后如 VDSL 或无线等技术可以继续接管。

2.1.2　无源光网络

FTTX 方案主要基于无源光网络(Passive Optical Network,PON)[2]。PON 是一点到多点的光纤网络,其中无动力的无源光学分离器被用于支持单个光纤服务多个驻地,典型的为 16~32 个。PON 设计为本地环状传输而不是长距离传输,它们将光纤带给用户并提供更高的速度。PON 是高性能节约成本的宽带接入方案。这是因为当使用具有巨大带宽的光纤为终端用户提供高速数据服务时,只需在用户终端机中使用有源元件。最近几年的 PON 发展包括以太网 PON(EPON)[3],ATM PON(APON)[4],宽带 PON(BPON)[5](它是基于 APON 的一个标准),千兆比PON(GPON)[5](它也基于 ATM 交换)和波分多路复用 PON(WDM-PON)[6]。

PON 由服务提供商 CO 出的光线路终端(Optical Line Terminal,OLT)和终端用户附近的光网络单元(Optical Network Units,ONU),如图 2.1 所示。

ONU 和 OLT 之间的典型距离是 10~20km。在下行方向(从 OLT 到ONU),PON 是一点到多点的网络。典型的 OLT 在任何时候都有连接到它的可用的整个下行带宽。在上行方向,PON 是多点到一点的网络:即多个 ONU 向一个 OLT 传输,如图 2.2 所示[3]。无源分离器/组合器的方向性质决定一个 ONU传输不会被其他 ONU 探测到。然而,同时从其他 ONU 发送的数据流仍然可能冲突。因此,在上行方向(从用户到 CO),PON 应该采用某些信道分离机制来避免数据冲突,并良好地共享信道容量和资源。

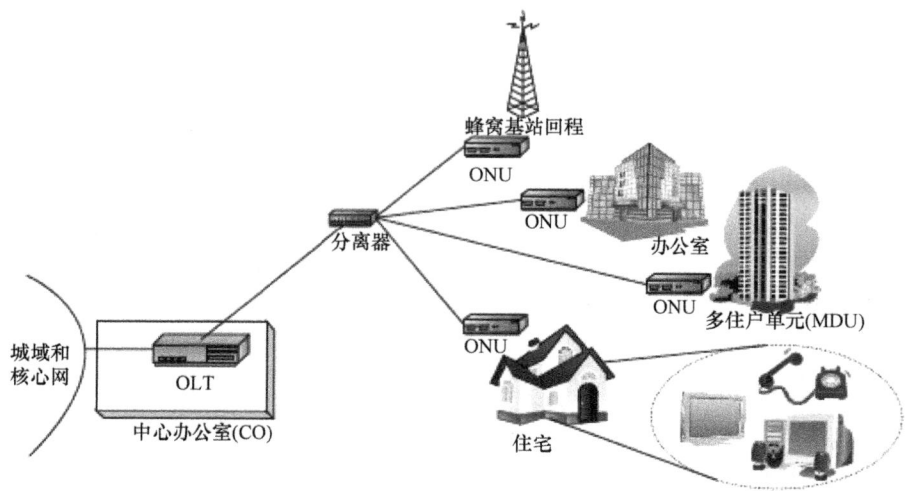

图 2.1　PON

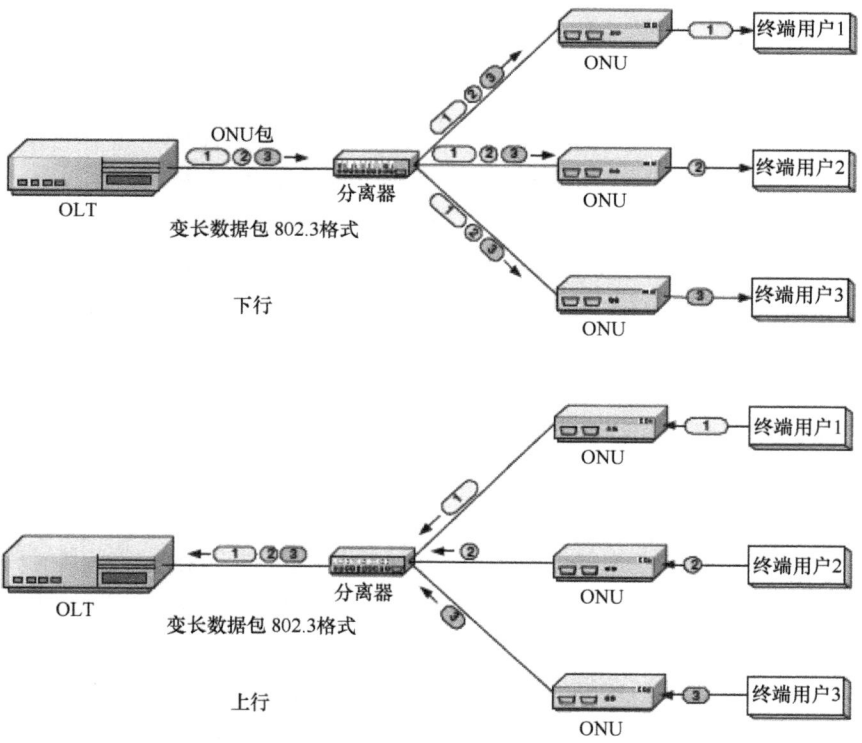

图 2.2　一个典型的 PON 中下行和上行的数据流

分离 ONU 上行信道的一个可能的方法是使用波分多路复用（WDM），每个 ONU 运行在一个不同的波长上，已经提出几个基于 WDM-PON 的替代方案，也就是波长路由 PON（WRPON）[6]，其使用阵列波导光栅（Arrayed Waveguide Grating, AWG）取代波长无关的光学分离器/组合器。时分多路复用 PON（TDM-PON）是信道分离的另一个方案。在 TDM-PON 中，如果来自几个 ONU 的同时传输没有合适的控制机制，则会在到达组合器的时候冲突。为了避免数据冲突，每个 ONU 必须在它本身的传输窗口（时隙）内传输。

TDM-PON 的一个主要优点是所有 ONU 可以运行在相同波长，而且可以使用相同元件。几个基于 TDM-PON 接入网络的架构已经标准化。ITU-T G. 983 是第一个 PON 标准，描述 APON 和 BPON。ITU-T G. 984 对 GPON 进行标准化。IEEE 802.3ah 标准化了 EPON 或 GEPON，IEEE 802.3aw 标准化了 10Gb 以太网 PON（10G-EPON），它也与 WDM-PON 兼容。

2.1.3　扩展范围：LR-PON

为了扩展光纤到达范围，长距离无源光网络（LR-PON）[7] 作为一种更节约成本的宽带光学接入网络方案被提出。LR-PON 通过采用光学放大器和 WDM 技术，将上述 PON 的覆盖范围从传统的 20 千米扩展到 100 千米或更大。通常的 LR-PON 架构包括一个连接 CO 和本地用户交换的扩展的共享光纤，以及将用户连接到共享光纤的的光学分离器。与传统 PON 相比，LR-PON 巩固了多个 OLT 和它们所处的 CO，因此先驻地减少网络相应的业务支出（Operational Expenditure, OpEx）。通过地理扩展，LR-PON 将光学接入和城域网整合到一个集成系统中。因此，通过将同步数字体系（Synchronous Digital Hierarchy, SDH）替换为一个标准光纤，也节约成本。通常 LR-PON 可以通过减少设备接口、网络元素甚至节点来简化网络[7]。图 2.3 显示了 LR-PON 的体系结构。

虽然扩展 PON 到达范围的想法已经存在一段时间，但最近才被强调，那是因为光学接入迅速渗透到住户和小企业市场，而且电信网络需要一种整合城域网和接入网络的架构。图 2.4 显示了 LR-PON 怎样简化电信网络。传统的电信网络由接入网络、城域网和骨干网（也称为长距离或核心网）组成。然而随着长到达宽带接入技术的成熟，传统的城域网逐渐被吸纳接入。电信网络体系结构可以用接入头端和靠近骨干网的 CO 来进行简化。因此，网络的资本支出（Capital Expenditure, CapEx）和业务支出（OpEx）由于管理更少的控制单元的需要可以显著减少。

LR-PON 这个词并不完全准确，因为它在 OLT 和 ONU 之间的组件不是全部为无源。但是这个词在文本中被相当广泛地使用，表现 LR-PON 是从传统的使用有限个有源元件的 PON 系统衍生而来。

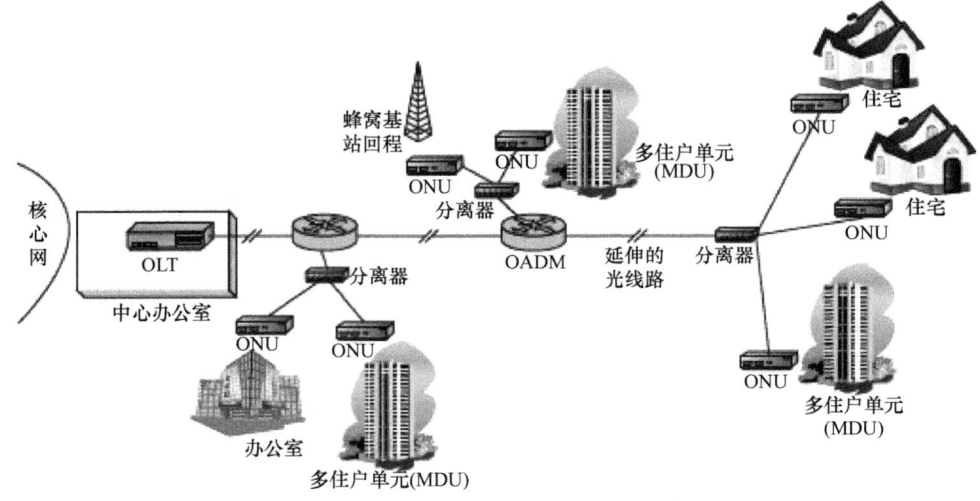

图 2.3　LR-PON

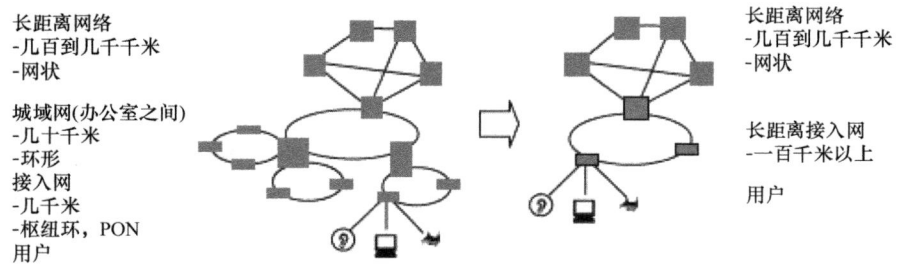

图 2.4　LR-PON 简化电信网络[8,9]

2.2　技术和演示

2.2.1　使能技术

1. 双阶段中间放大

光学放大器引入放大自发辐射（Amplified Spontaneous Emission，ASE）[10]，这是光学放大机制的一个副作用。ASE 可能会影响系统性能，因为 LR-PON 的高度分隔会显著减弱信号，并且光信号功率在放大器输入端会非常低。引入双阶段中间放大[11]来解决这个问题。在这个方案中，第一阶段由一个低噪声前置放大器组成，它通过将 ASE 保持在一个低水平来产生高信噪比；第二阶段由放大器组成，用足够的功率放大光信号，抵消光纤中 OLT 和本地分离器（100 千米或更远）之间的大规模衰减。

2. EDFA 增益控制/SOA

掺铒光纤放大器(Erbium-Doped Fiber Amplifier,EDFA)[12]用来增强光纤中光信号的强度。EDFA 具有低噪声、高功率增益和宽广的工作带宽,这些使其在采用 WDM 的 LR-PON 中非常有益。但是由于 LR-PON 中上行时分多址接入(Time-Division Multiple Access,TDMA)流的突发性质,EDFA 相对较慢的调整增益的速度使其不利。引入增益控制,它使用光学增益箝位(optical gainclamping)或泵功率变化(pump power variation)。例如,一个辅助波长(用来改进 ED-FA 增益的较短的额外的波长),它检测有效负载波长(运送数据的波长)并根据传输的上行分组进行调整,这样 EDFA 的总输入功率保持恒定。因此,EDFA 在脉冲宽度内保持恒定。研究者也研究半导体光放大器(Semiconductor Optical Amplifier,SOA)[10,13],它可以更快速地调整,并使用让它更具成本优势的其他光学元件来为单片集成或混合阵列集成[14]提供可能。

3. 反射 ONU

为了降低 CapEx 和 OpEx,标准 PON 在 ONU 中会选择更低成本的非制冷发射器,然而非制冷发射器是随温度而变的,并反过来发送一个可能有 20 纳米偏移的波长[15]。在采用 WDM 的 LR-PON 中,为了满足大量的流量,波长偏移变得非常关键,特别是对于像光学滤波器这样的元件。一种可能的技术是反射 ONU(Reflective ONU,R-ONU)[16],它从外面(可以是下行光载波或本地交换处共享的光源)进来的光载波上产生上行信号,视同反射 SOA(Reflective SOA,RSOA)调制解调器。

4. 突发式接收器

不同的 ONU OLT 距离意味着从 ONU 到 OLT 的信号的不同传播衰减,这反过来可能导致从 OLT 处的 ONU 发出的突发分组的变化直流电平。突发式接收器的设计就是这个目的。IEEE 82.3ah 中 EPON 网络描述了 1Gbit/s 的突发式接收器的设计,而 10Gbit/s 或 10G 下行/1G 上行混合目前在 IEEE 802.3av 的 10Gbit/s EPON 中描述。研究者做出了成果,例如,一种使用多阶段前馈(feed-forward)架构来减少直流偏置的新型 10Gbit/s 突发式接收器[17],还有一种对于 10Gbit/s TDM-PON 系统的高灵敏度雪崩光电二极管(Avalanche Photodiode,APD)[18]。

2.2.2　LR-PON 的演示

LR-PON 有几种演示。ACTS-PLANET(Advanced Communication Technologies and Services-Photonic Local Access Network)[19]是一个欧盟资金支持的项目。该项目研究类 G. 983 APON 系统在网络覆盖、分离因素、可支持的 ONU 数量和传输速率等方面的可能的升级。实现的系统从 2000 年第一季度开始,支持总共 2048 个 ONU 并覆盖 100 千米范围。英国电信(British Telecom)演示了 LR-PON,它具有 1024 路分离、100 千米覆盖,以及在上行和下行方向的 10Gbit/s 传输速率[20]。1024 路分离是由在下降段(drop section)中的两个 N∶16 和一个 N∶4分离器的串联构成的。系统包括 OLT 与本地交换之间的一个 90 千米馈线段(feeder section),以及本地交换与终端用户之间的一个 10 千米下降段。爱尔兰考克大学(University College Cork)的光子系统组在文献[16]和文献[21]中演示了混合的 WDM-TDM LR-PON。这项工作支持多个波长,每个波长对(上下行)能支持一个长距离(100 千米)、大分流比(256 个用户)的 PON 区段。另一个演示是由 ETRI 进行的,一个韩国政府资金研究机构,开发了一种混合的 LR-PON 方案,称为 WE-PON(WDM E-PON)[22]。在 WE-PON 中,16 个波长在一个环中传输,它们可以被添加或者通过环上的远程节点(Remote Node,RN)来舍弃到本地 PON 区段。RN 的一种可能的设计包括 OADM 和光学放大器。由于分离器的分流比是 1∶32,这个系统可以支持 512 个用户。

2.3　LR-PON 研究的挑战

2.3.1　低成本器件:无色 ONU

在 LR-PON 的开发中,WDM 发射器,特别是在用户端,被认为是最关键的元件,因为用户的发射器应该与一个关联的 WDM 信道精确校准。传统的方案通常采用具有定义完善的波长的激光器如分布式反馈(DFB)激光器,此外也意味着选择对于 LR-PON 系统的每个波长信道具有合适波长的激光器是必要的。这种源中固有的波长选择性需要网络运营商为每个波长信道储备备用的波长源,于是增加了网络运营和维护的成本[23]。

一种确保成本最低的方法是使用无色 ONU,它允许在用户端所有的 ONU 中使用相同的物理单元,提出几种 ONU 的无色再调制方案,所有方案都从 OLT 二次调制激光器。例如,频谱分割的 LED[24],波长为种子的(wavelength-seeded) RSOA[25]和 ASE 注入的法布里珀罗激光二极管(Fabry-Perot Laser Diode,FP-LD)[26]。由于频谱分割的 LED 和 RSOA 分别遭受低功率和高封装成本,研究者主要关注 ASE 注入的 FP-LD,它满足低成本无波长选择的发射器的需要,并且可能在没有任何波长校准的情况,使低成本 LR-WDM-PON 成为可能。

2.3.2　资源分配:多线程轮询的动态带宽分配

由于多个 ONU 可以共享相同的上行信道,ONU 之间的动态带宽分配(Dynamic Bandwidth Allocation，DBA）是必要的。考虑到 LR-PON 在 CapEx 和 OpEx 中的益处和它从传统 PON 的衍生，上行带宽分配由 OLT 控制和实现。

PON 中使用两种带宽分配机制：状态报告机制和非状态报告机制。虽然非状态报告机制的优势在于对 ONU 没有要求和不需要 OLT 与 ONU 之间的控制回路，但是 OLT 不知道如何在几个需要更多带宽的 ONU 上分配带宽。

为了支持状态报告机制和 OLT 中的 DBA 仲裁，提出的 LR-PON 中的 DBA 算法是基于 IEEE 802.3ah 标准中规定的多点控制协议（Multi-Point Control Protocol，MPCP）。该 DBA 算法与 MPCP 一起工作。OLT 需要首先接收所有 ONU 的 REPORT 消息，然后把 GATE 消息传送给 ONU 来通知分配给它们的时隙[27]。结果是上行信道将会在轮询周期（两个请求之间的持续时间）k 中从最后一个 ONU 传输得到的最后一个分组和轮询周期 $k+1$ 中从第一个 ONU 传输得到的第一个分组之间保持空闲。

为了防治增加的往返时间（Round-Trip Time，RTT）的不利影响，文献［28］中提出多线程轮询（multi-thread polling）算法，几个轮询进程（线程）并行工作，且每个线程与传统 PON 中提出的 DBA 算法兼容。图 2.5 显示多线程轮询的一个例子（展示两条线程），并将它与传统 DBA 算法（也称为单线程不停止轮询）比较。如图 2.5 所示，单线程轮询的空闲时间[27]被消除，因为在单线程轮询中引发空闲时间的当前线程上，当 ONU 等待从 OLT 发来的［GATE］消息时，它们可以同时传输在另一个线程中调度的上行分组。这对所有共享相同上行波长的 ONU 都有效。

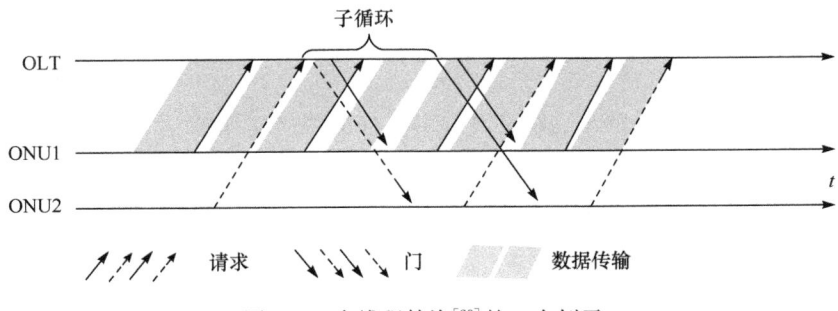

图 2.5　多线程轮询[28]的一个例子

2.3.3　流量控制：行为感知的用户指定

假设有 N 个用户和 M 个信道，典型的 $N \gg M$。为了减少成本，用户装备固定收发器，所以用户指定就是一个求哪个用户在哪个信道上被服务的规划问题。

如果所有用户行为相同，则用户指定是一个简单的问题，所以可以给每个用户分配相同的带宽。但是这种方法不充分，因为不同的用户以不同的方式使用网络，特别是当考虑 LR-PON 时,它有一个相对大的覆盖范围和大量用户。例如,商业用户在白天需要高带宽而夜间需要得少。反之,住户用户在晚上有大带宽需求而白天少。典型商业用户和住户用户的网络使用行为没有什么不同,文献[29]中开发了一种高效的用户指定方案,其中行为互补的用户被指定给同一个波长来共享网络资源,这样一天中大多数的时间都能达到高度的信道利用,如图 2.6 所示,因此减少了信道(和成本)。

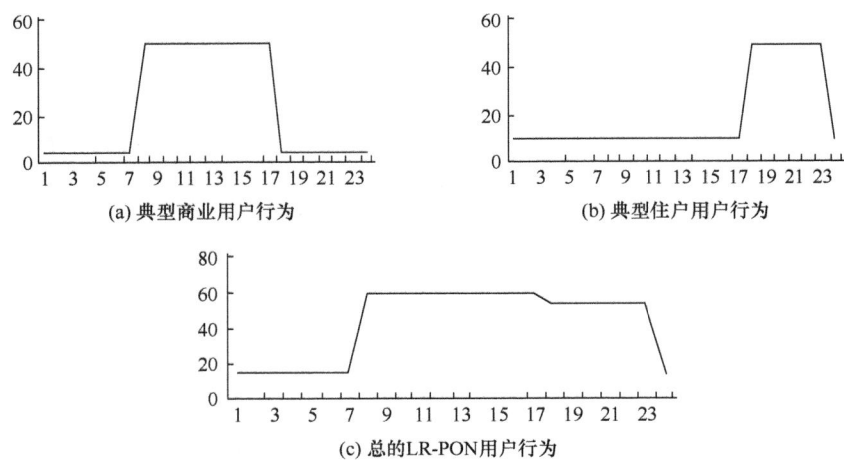

图 2.6　同一个波长上通过指定一个典型商业用户和一个典型住户用户达到的高效率
(x 轴表示一天中的小时($1\sim24$),y 轴表示在一个时刻上需要的带宽)

2.4　到达终端用户:无线光学宽带接入网络

　　将无线接入技术与 PON 或 LR-PON 结合扩展了宽带接入网络的覆盖范围,也给用户提供了随时随地的接入和机动性。最近的产业研究[30]发现有线和无线网络技术必须被当成一个整体来创造一个灵活的、以服务为中心的网络体系结构。因此,无线光学宽带接入网络(Wireless-Optical Broadband Access Network,WO-BAN)[31]获得两个世界的最佳之处:①可靠性、健壮性和有线光通信的高容量;②灵活性和无线网络的节约成本。

2.4.1　WOBAN 体系结构

　　WOBAN 包括一个在前端的无线网络,它由一个后端的光网络支持(图 2.7)[31]。它的光学回程线路使它能够支持高容量,而它的无线前端使用户具有不受限制的接入,后端可以是 PON 或 LR-PON。在标准的 PON 架构中,ONU通常服务终端用户。然而,对于 WOBAN,ONU 连接到 WOBAN 的无线部分的无线基站(Base Station,BS)。直接连到 ONU 的无线 BS 以无线"网关路由器"出名,因为它们是光学世界和无线世界的网关。除了这些网关,WOBAN 的无线前端包括其他的无线路由器/BS 来高效管理网络。因此,WOBAN 的前端本质上是具有若干个无线路由器和一些网关(用来连接 ONU 并最终通过 OLT/CO 连接到互联网的其他部分)的多跳无线 mesh 网络。WOBAN 的无线部分可以采用标准技术如 WiFi 或 WiMax。由于 ONU 放置得离 CO 较远,可以期望跨 BS 的高效的具有更小范围却更高带宽的频谱重使用。因此,WOBAN 可能会支持具有高带宽需求的大量用户群[31]。

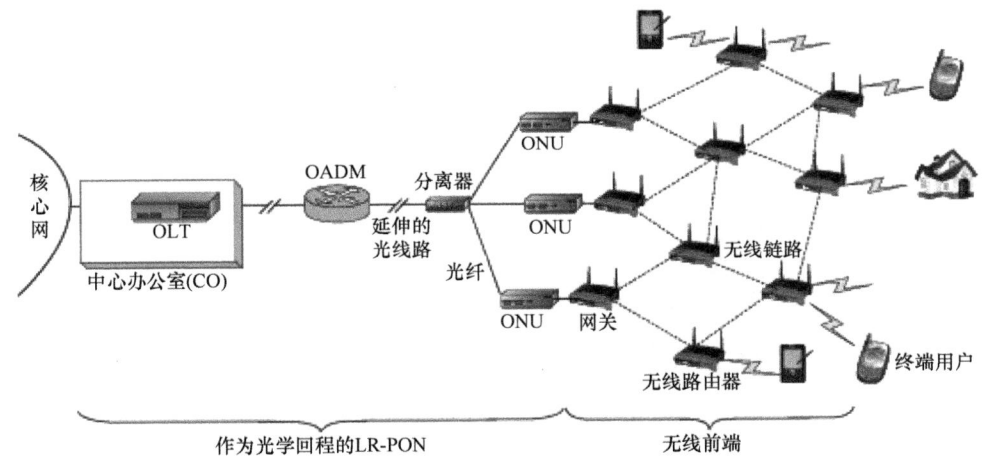

图 2.7 WOBAN 的体系结构

2.4.2 WOBAN 的动机

WOBAN 对于有线光网络和无线网络的优势,使这种网络的研究和部署更有吸引力[31]。

(1) WOBAN 中的终端用户被无线覆盖。因此,WOBAN 与有线网络相比更节约成本。WOBAN 架构(图 2.7)表明对于覆盖终端用户,昂贵的 FTTH 连接不是必需的,因为为每个用户安装和全程维护光纤的成本很高。反之,光纤可以达到接近驻地,然后使用低成本的无线方案来连接用户。

(2) WOBAN 是灵活的宽带接入网络,因为它的无线部分允许 WOBAN 中的用户无缝连接任意无线 BS。这在 WOBAN 内部支持移动性时,给终端用户提供"随时随地"的连接性。

(3) WOBAN 由于它的"自组织"性质,比传统的有线网络更健壮。在传统的 PON 中,如果连接分离器和 ONU 之间的光纤损坏(图 2.1),则那个 ONU 就不可用了。更糟的是,如果从 OLT 到分离器的光纤损坏,则所有的 ONU(和用 ONU 服务的用户一起)将失效。但是在 WOBAN 中,因为用户具有形成一个多跳 mesh 网络拓扑的能力,无线连通性自身调整以便于用户找到一个相邻的可用的 ONU,与 ONU 通信,并反过来与 CO 中的另一个 OLT 通信[32]。

(4) WOBAN 也比传统的无线网络更健壮,因为用户可以通过任意 ONU 接入光学主干网。WOBAN 的这种"选播"(anycast)性质[33]使用户能够在甚至部分无线网络故障时保持连通性,只要它能够连接到一个 BS。

(5) WOBAN 适用于快速简单的部署。在世界上许多地方,由于复杂的地形和更高的成本,将光纤部署到终端用户可能并不可行。WOBAN 允许光纤使用 PON 或 LR-PON 到达接近用户驻地。然后它通过低成本、可简单部署的无线方案扩展到终端用户。

2.4.3　WOBAN 研究的挑战

1. 集成路由

WOBAN 的无线 BS 从终端用户收集数据流,并运送到 WOBAN 的光学部分,可能使用多跳,但数据流在每个无线 BS 处也有延迟。每个无线 BS 的有限广播容量限制了从 WOBAN 的无线节点发出的每条外向链路的容量。因此,WOBAN 的无线前端中延迟和容量限制是主要的约束[33]。

为了从 WOBAN 获得理想的性能,WOBAN 的无线和光学部分的一个集成路由(integrated routing)被提出,称为容量和延迟感知路由(Capacity and Delay Aware Routing,CaDAR)[33]。在 CaDAR 中,每个无线 BS 周期性地公布无线连接的状态(Link-State Advertisement,LSA)。基于 LSA 信息,它在外向链路中最优地分配无线 BS 的广播容量。然后它通过计算在无线和光链路上的延迟,选择通过整个 WOBAN 的最短延迟的路径来对分组进行路由选择。这种集成路由是 CaDAR 能够支持网络中更高的负载并最小化分组延迟。

2. 容错

风险和延迟感知路由算法(Risk-and-Delay Aware Routing Algorithm,RADAR)[32]的提出是用来管理 WOBAN 的容错。RADAR 最小化 WOBAN 的无线前端中的分组延迟,并减少多种故障情形的丢包:网关故障、ONU 故障和 OLT 故障。它利用无线链路的 LSA 信息来找到一个无线 BS 和一个网关之间的最短延迟路径,并在这条路径上发送分组。它在每个无线 BS 上保持一个风险列表(Risk List,RL)。如果发生故障,RL 就随之更新,则之后的分组被重新进行路由选择。

3. 方向性

按照需求的方向性(Directionality as Needed,DAN)[34]是在使用方向性天线的 WOBAN 的 WMN 中的一个简单的连通性算法。它在最小网络设计成本和不同链路中的最小干扰这两个目标之间达到很好的平衡。给定无线 BS 的位置和想要的连通性,DAN 只适用最小的有线设施来提供连通性。它假设每个无线 BS 都装备一个能够波束转换的广播。它为每个节点决定波束宽度,也决定每条链路将要使用的功率电平和具体的波束指引。

2.5 结 论

终端用户对带宽密集型应用的需求的增长正在使宽带接入网络变得重要起来。FTTH 是通过可靠地提供足够高的带宽来满足下一代应用需求的唯一技术。PON 已经成为一种流行的低成本、高带宽宽带接入方案,由于它的无源基础设施、在共享光纤上一点对多点的通信和快速非破坏性的供应。使能技术如高效放大器、接收器和反射 ONU 已经使扩展 PON 的范围和创建 LR-PON 成为可能。它具有 PON 高度节约成本的好处,并降低 CapEx 和 OpEx,而且它将接入网络与核心网络直接相连。LR-PON 需要低成本器件、高效的资源分配和智能的用户管理来成功地覆盖更大面积和更多用户。

今天的终端用户想要便捷地接入他们的应用。通过使用 WOBAN 在无线网络上将光纤范围扩展到用户,给用户提供机动性和无线的灵活的接入。在光学和无线链路上的集成路由,对光学无线器件和链路故障的集成的故障管理,以及通过方向性高效的无线资源管理,使得 WOBAN 成为给用户提供宽带接入的一种优秀选择方案。

参 考 文 献

[1] Wegleitner, M. (2007). Maximizing the impact of optical technology, Keynote Address at the IEEE/OSA Optical Fiber Communication Conference.

[2] Telcordia (2006). Passive Optical Network Testing and Consulting. www. telcordia. com/services/testing/integrated-access/pon/.

[3] IEEE 802. 3ah (2004). EPON-Ethernet Passive Optical Network. www. infocellar. com/networks/new-tech/EPON/EPON. htm.

[4] Yano, M. , Yamaguchi, K. , and Yamashita, H. (1999). Global optical access systems based on ATM-PON, Fujitsu Science and Technology Journal, 35:1,56-70.

[5] Nakanishi, K. , Otaka, A. , and Maeda, Y. (2008). Standardization activities on broadband access systems, IEICE Transactions on Communication, E91B:8,2454-2461.

［6］Banerjee, A., Park, Y., Clarke, F., et al. (2005). Wavelength-division multiplexed passive optical network (WDM-PON) technologies for broadband access: a review [invited], OSA Journal of Optical Networking, 4:11, 737-758.

［7］Song, H., Kim, B., and Mukherjee, B. (2009). Long-reach optical access, in Broadband Access Networks, ed. Shami, A., Maier, M., and Assi, C., pp. 219-235. Springer.

［8］Mukherjee, B. (2006). Optical WDM Networks. Springer.

［9］Gerstel, O. (2000). Optical networking: a practical perspective, Tutorial at the IEEE Hot Interconnects 8.

［10］Keiser, G. (2000). Optical Fiber Communications. McGraw-Hill.

［11］Deventer, M., Angelopoulos, J., Binsma, H., et al. (1996). Architecture for 100 km 2048 split bidirectional Super PONs from ACTS-PLANET, Proceedings of the Society of Photo-Optical Instrumentation Engineers (SPIE), 2919,245-251.

［12］Encyclopedia of Laser Physics and Technology (2008). Erbium-doped Fiber Amplifiers. www. rp-photonics. com/encyclopedia. html.

［13］Suzuki, K., Fukada, Y., Nesset, D., and Davey, R. (2007). Amplified gigabit PON systems [Invited], OSA Journal of Optical Networking, 6:5, 422-433.

［14］Paniccia, M., Morse, M., and Salib, M. (2004). Integrated photonics, in Silicon Photonics, ed. Pavesi, L. and Lockwood, D., pp. 51-121. Springer.

［15］Shea, D. and Mitchell, J. (2007). Long-reach optical access technologies, IEEE Network, 21:5, 5-11.

［16］Talli, G. and Townsend, P. (2006). Hybrid DWDM-TDM long-reach PON for next-generation optical access, IEEE/OSA Journal of Lightwave Technology,24:7, 2827-2834.

［17］Talli, G., Chow, C., Townsend, P., et al. (2007). Integrated metro and access network: PIEMAN, Proceedings of the 12th European Conf. Networks and Opt. Comm., 493-500.

［18］Nakanishi, T., Suzuki, K., Fukada, Y., et al. (2007). High sensitivity APD burst-mode receiver for 10 Gbit/s TDM-PON system, IEICE Electronics Express, 4: 10, 588-592.

［19］Voorde, I., Martin, C., Vandewege, J., and Qiu, X. (2000). The super PON demonstrator: an exploration of possible evolution paths for optical access networks, IEEE Communication Magazine, 38:2, 74-82.

［20］Shea, D. and Mitchell, J. (2007). A10 Gb/s 1024-way split 100-km long reach optical access network, IEEE/OSA Journal of Lightwave Technology,25:3, 685-693.

［21］Talli, G. and Townsend, P. (2005). Feasibility demonstration of 100 km reach DWDM Super PON with upstream bitrates of 2. 5 Gb/s and 10 Gb/s, Proceedings of the IEEE/ OSA Optical Fiber Communication Conference, OFI1.

［22］ETRI (2007). WDM E-PON (WE-PON). Working Document.

［23］Shin, D., Jung, D., Shin, H., et al. (2005). Hybrid WDM/TDM-PON with wavelength-selection-free transmitters, IEEE/OSA Journal of Lightwave Technology, 23: 1, 187-195.

[24] Jung, D. , Kim, H. , Han, K. , and Chung, Y. (2001). Spectrum-sliced bidirectionalpassive optical network for simultaneous transmission of WDM and digital broadcast video signals, IEE Electronics Letters, 37, 308-309.

[25] Healey, P. , Townsend, P. , Ford, C. , et al. (2001). Spectral slicing WDMPON using wavelength-seeded reflective SOAs, IEE Electronics Letters, 37,1181-1182.

[26] Kim, H. , Kang, S. , and Lee, C. (2000). A low-cost WDM source with an ASE injected Fabry-Pérot semiconductor laser, IEEE Photonics Technology Letters, 12:8, 1067-1069.

[27] Kramer, G. (2005). Ethernet Passive Optical Networks. McGraw-Hill Professional.

[28] Song, H. , Banerjee, A. , Kim, B. , and Mukherjee, B. (2007). Multi-thread polling: a dynamic bandwidth distribution scheme in long-reach PON, Proceedings of the IEEE Globecom, 2450-2454.

[29] Shi, L. and Song, H. (2009). Behavior-aware user-assignment in hybrid PON planning, Proceedings of the IEEE/OSA Optical Fiber Communication Conference, JThA72.

[30] Butler Group (2007), Application Delivery: Creating a Flexible, Servicecentric Network Architecture. www. mindbranch. com/Application-Delivery-. Creating-R663-21/

[31] Sarkar, S. , Chowdhury, P. , Dixit, S. , and Mukherjee, B. (2009). Hybrid wireless-optical broadband access network (WOBAN), in Broadband Access Networks, ed. Shami, A. , Maier, M. , and Assi, C. , pp. 321-336. Springer.

[32] Sarkar, S. , Mukherjee, B. , and Dixit, S. (2007). RADAR: risk-and-delay aware routing algorithm in a hybrid wireless-optical broadband access network(WOBAN), Proceedings of the IEEE/OSA Optical Fiber Communication Conference, OThM4.

[33] Reaz, A. , Ramamurthi, V. , Sarkar, S. , et al. (2009). CaDAR: an efficient routing algorithm for wireless-optical broadband access network (WOBAN), IEEE/OSA Journal of Optical Communications and Networking, 1:5, 392-403.

[34] Ramamurthi, V. , Reaz, A. , Dixit, S. , and Mukherjee, B. (2008). Directionality as needed-achieving connectivity in wireless mesh networks, Proceedings of the IEEE ICC, 3055-3059.

第 3 章　IP/WDM 网络的光学控制平面和一种新型统一控制平面架构

Georgios Ellinas[1], Antonis Hadjiantonis[2], Ahmad Khalil[3], Neophytos Antonia-des[3], Mohamed A. Ali[3]

[1] 塞浦路斯大学(University of Cyprus),塞浦路斯

[2] 尼科西亚大学(University of Nicosia),塞浦路斯

[3] 纽约市立大学(City University of New York),美国

有效的光学控制平面在传输网的设计和部署中非常重要,因为它提供途径来进行智能配置、恢复和管理网络资源并反过来使资源更高效利用。本章提供了当今在光网络中用于控制平面的协议的概况,然后探索管理路由器和光交换机的 IP-over-WDM网络的一种新型统一的控制平面架构,也展示了这种控制模型的配置、路由和信令协议,它的好处包括对域间路由/信令的支持和在任意程度下恢复的支持。

3.1　引　　言

在过去的二十年间,光通信经历了演进,从提供传输容量达到更高的传输水平,例如,从以 IP 为中心的基础设施中的路由器间连通性,到为高效的指向和点击服务提供必需的智能,并为潜在的光纤或节点故障提供弹性经。这成为可能是由于具有必需的智能来高效管理这些网络的光学网络元件的出现。基于波分多路复用(WDM)的光传输网络现今的部署遇到了挑战,即容纳显著增长的 IP 数据流,同时提供新型服务,如非常高带宽电路和需求带宽的快速供应与恢复。

运营商在设计和部署传输网络上最重要的考虑之一是可以用来建立动态的、可扩展的和可管理的骨干网络的有效控制平面的设计和实现,反过来骨干网络可以为用户支持节约成本,并且提供可靠的服务。光学控制平面的职能是支持诸如为连接提供指向和点击、保护和对故障的恢复、流量工程这样的功能。这些功能可以优化网络性能,降低运营成本,并允许引入新的应用和服务,以及跨不同运营商网络的多厂商互操作性。

本章提供了当今在光网络中用于控制平面的协议的概况,然后探索 IP-over-

WDM 网络的一种新型统一的控制平面架构。3.2 节通过概述支持光网络目前的和提议的控制平面功能的 GMPLS 框架,展示光网络控制上现有的链路管理、路由和信令协议。读者应注意这是一个不断演进的课题领域,标准机构不断有新的建议和提案,这些机构包括 Internet Engineering Task Force(IETF),Optical Inter-working Forum(OIF)和 International Telecommunication Union(ITU)等。因此,本章首先提供用于光学控制平面的基本方法和思想。对关于光控制平面的协议和标准的更详细的描述,读者可以参考专用于这个课题的书籍[11,21]。3.3 节提供了对IP/WDM互连的导论,并展示了为该架构所提议的不同的控制范式。3.4 节展示了管理路由器和光交换机的基础设施的一种统一的基于层的光学控制平面,并解释了它对于传统方法的优势。这种控制模型的配置、路由和信令协议也在 3.4 节中展现,还有它的好处,包括对域间路由/信令的支持和在任意程度下恢复的支持。本章的 3.5 节提供了一些结论性评论。

3.2　光学控制平面设计概述

对于 IP 网络,分布式管理方案如多协议标签交换(Multi-Protocol Label Switching,MPLS),被用来提供必要的控制平面来确保自动配置、维护连接和管理网络资源(包括提供 QoS 和流量工程(Traffic Engineering,TE))。在最近几年,行业组织如 OIF 和 IETF 不断进行对 MPLS 框架的扩展,不仅支持进行分组交换的器件,也支持进行时间、波长和空间交换的器件(通用的 MPLS(Generalized-MPLS,GMPLS))[4,40]。因此,GMPLS 现在可以为波长路由光网络用于控制平面。GMPLS 包括为 MPLS 流量工程开发的信令和路由协议的扩展[35],也支持链路管理的新特性。

3.2.1　链路管理协议

GMPLS 中的链路管理协议(Link Management Protocol,LMP)主要功能是邻居发现(neighbor discovery)(网络中连通性的自动判定),这随后用于网络中最新的拓扑和资源发现(用于不透明的和透明的网络架构)[39]。LMP 进行的其他任务包括控制信道的管理、链路捆绑和链路故障隔离。由邻居发现协议收集的信息包括连接两个节点的光纤链路(长度、可用带宽等)、节点、端口和链路标识参数等的物理性质。关于这些参数的信息交换可以通过带外控制信道、带内信令或一个完全分离的带外数据通信网(Data Communications Network,DCN)来达到。当网络拓扑被确定时,这个信息或者存于中心位置(中心网络管理器),或者分布在随后将被路由协议用来为各种网络连接判定路由选择路径的网络节点上(分布式网络控制)(3.2.2 节)。

　　　LMP 在相邻节点间使用"Hello"和"Configuration"消息的周期性交换,这样每个节点得到了关于它的邻居的必需的信息。这些消息也被用于监控用于 LMP 会话的通信信道的健康程度。为了使大量光纤链路连接的相邻节点之间的信息交换最小化,使用一种"链路捆绑"技术来捆绑具有相同特征的链路来达到路由选择目的[36]。这种链路组称为一个"TE 链路"(具有一个相应的 TE 链路 ID)。另外一个机制,即链路验证,后来被用于分离不同连接所使用的组件链路。由于 LMP 在相邻节点的物理邻接上具有信息,它也可以用来在网络故障(光纤链路切断、激光器故障等)时隔离错误。对于被传输到下行的错误,一种简单的"回溯机制"被用在上行方向来判定错误发生的位置。

3.2.2　GMPLS 路由协议

　　　为了在光网络中实现 GMPLS 路由协议,用于 MPLS 的路由方法的扩展,例如,带有流量工程(TE)扩展的开放式最短路径优先(Open Shortest Path First,OSPF)协议(OSPF-TE),在文献[14]、[29]、[31]、[37]、[41]、[42]、[47]中使用。OSPF 是一个分布式的,链路状态最短路径路由算法(基于用来计算从一个节点到其他所有节点的最短路径树的 Dijkstra 算法[18]),在每个节点上为了路由选择目的而使用一个表。这些表包含完整的网络拓扑和其他链路参数(如链路成本)。这些信息是经由 LSA(Link State Advertisement)通过交换节点之间链路状态信息而创建。在这些网络类型中,为了成功地为一条光学连接进行路由选择,链路上的信息是必需的。例如,光传输减损和波长连续性(对于透明连接)[16,17,46],比特率和调制格式(对于非透明连接),带宽可用性等,当为一个光学连接进行路由选择时必须考虑进来。当网络中发生改变时(即一个新节点或链路加入网络)每个节点上的拓扑信息被修改,或者被周期性地更新(如每 30 分钟),确保拓扑信息是正确且最新的。

　　　OSPF 也支持在网络被划分为具有层次结构的多个区域情况下的分层路由。如果路由选择跨多个区域,无信息、完整信息或概要信息可以在不同区域间流通。例如,在概要信息分布的情况中,概要的 TE LSA 会被分发到整个自治系统(AS)[14,35,47]。

　　　虽然 MPLS 路由选择基于逐跳(hop-by-hop)实现,在光网络中路由选择是基于源的(显式的从源节点到目标节点)。而且,对光连接进行路由选择需要一些具体的要求(减损、波长连续性、链路类型等),不同节点间的链路数量可能非常大。因此,几个对用于 MPLS 的 OSPF-TE 的扩展在光网络中实现 GMPLS 路由协议的情况下是必需的。对 OSPF-TE 的最重要的扩展如下。

　　　(1) 链路状态信息传播:额外信息通过非透明 LSA 发布,这些 LSA 或者是专用于光网络的,或者是为了保护而需要的[37]。这些信息包括一条链路的保护类型、编码类型、带宽参数、成本度量、界面交换功能描述符、共享风险链路组（Shared Risk Link Group，SRLG）。

（2）链路捆绑：如前面讨论的，链路捆绑是一种为了路由选择将具有相同性质的若干并行链路合并为一个称为 TE 链路的逻辑组的技术[36]。当使用链路捆绑时，显式路由选择只考虑 TE 链路而不是捆绑中的个体链路。用来对连接进行路由选择的具体链路在信令相关过程中只被局部考虑。

（3）嵌套的标签交换路径（Label Switched Path，LSP）：LSP 中通过引入"光 LSP"创建的一种层次结构，这里"光 LSP"是具有相同源和目标节点的 LSP 的组[6,37,38]。如果光 LSP 的带宽可以支持它们，则一些 LSP（具有不同带宽值）现在可以使用这种光 LSP。

3.2.3　GMPLS 信令协议

光网络中有两种信令：在客户端和传输网络之间的信令（发生在用户-网络界面（User-Network Interface，UNI）[48]），以及在中间网络节点之间的信令（发生在网络-网络界面（Network-Network Interface，NNI））。使用在 UNI 处的信令可以使用户请求跨传输网络的连接，指定连接的带宽、服务等级（Class of Service，CoS）要求和连接的保护类型等这样一些参数。在决定一条路线之后，信令需要建立、保持和拆卸一个连接，而且在错误发生时，也使用信令恢复连接。一种增强的具有流量工程（TE）扩展的资源预留协议（Resource Reservation Protocol，RSVP）（RSVP-TE）是可以用于光网络的一种可能的信令协议[8]。

1. 对 GMPLS 的 RSVP-TE 的扩展

RSVP 是一种信令协议，使用由路由协议（如 OSPF）计算出的路径来为会话的建立预留必要的网络资源（在具有 QoS 要求的 IP 网络中支持点对点和广播流）[12]。在 RSVP 中包含会话的流量特征信息的 Path 消息，从源被下行地发送给目标，并且被每个中间节点处理。目标节点之后沿着路径返回一个 Resv 消息，它在下行链路上分配资源。当预留完成时，数据可以根据具体的 QoS 需求从源流动到目标。为达到不同目的，RSVP 也使用其他消息类型，包括错误通知（PathErr 和 ResvErr），连接建立确认（ResvConf）和删除预留（PathTear 和 ResvTear）。

RSVP-TE 支持 LSP 隧道的建立和管理（包括指定显式的路线和指定 LSP 的流量特征和属性）。它也支持错误检测功能，通过在邻接的标签交换路由器（Label Switched Routers，LSR）之间引入一个"Hello"协议[5]。当 RSVP 为 GMPLS 支持被扩展时，它改变为电路交换而不是分组交换连接，而且它提供控制平面和数据平面之间的独立性。为此，在 RSVP-TE 中定义新的标签格式来支持各种交换和多路复用类型（如波长交换、波段交换、光纤交换等）[7,9]。因此，GMPLS RSVP-TE

中定义了几种新的对象,例如,广义标签请求(generalized label request)对象,包含 LSP 编码类型、交换类型、广义协议 ID(有效负载的类型)、源和目标端点与连接带宽;上行标签(upstream label)对象,用于双向连接(在 MPLS RSVP-TE 中不被支持);界面识别(interface identification)对象,识别标签被分配的数据链路。这对于控制平面与数据平面分离的光系统非常重要。

2. 光路建立的信令

像在 MPLS 网络中,Path 和 Resv 被用来建立光网络中的光路,通过使用 GMPLS RSVP-TE[30]。Path 消息现在携带关于将要提供的连接的额外信息(LSP 隧道信息、显式路线信息等),并被从源到目标节点下行转发,在中间节点被处理。当消息到达目标节点,一个上行转发的 Resv 消息被创建。在每个中间节点处理 Resv 消息时,交叉连接被设置用来建立双向的连接。与 IP 网络中的信令比起来,在光网络中 DCN 不是必须使用数据传输链路。

3. 保护/恢复的信令

在提供保护的网络中,GMPLS 信令可以被用来在连接配置阶段提供二级保护路径。在电抗保护的情况下(预计算备用的路径以防发生故障),当故障发生时这个路径被源检测到(在包含故障连接信息的 Notify 消息的帮助下),GMPLS RSVP-TE 以在光网络中提供常规路径相同的方式激活预计算的保护路径[7]。

3.3　IP-over-WDM 组网体系结构

互联网流量的显著增加,伴随着由 WDM 提供的传输容量的充裕,标志了一个新的组网范式的开始,其中整合数据和光网络的目标是必不可少的。一个简化的 IP/WDM 双层组网架构合并了 IP 传输和光传输的长处,其中 IP 可以在 WDM 之上直接实现,跳过所有中间层技术,是实现这样一个目标的关键[1,22,44,45]。WDM 光网络技术和以数据为中心的设备的提升,例如,IP/MPLS 路由器,进一步增加了对这些层如何最优地交互这一话题的关注。

"数据直接在光结构上"的概念被一项承诺所激励,即不必要的网络层的消除会导致网络成本和复杂度的巨大降低。这导致从多层组网架构(如 IP/ATM/SONET/WDM)向双层 IP/WDM 组网架构的迁移,其中高性能路由器直接连接到光传输网络(Optical Transport Network,OTN),于是减弱同步数字体系(Synchronous Digital Hierarchy,SDH)/同步光纤网(Synchronous Optical Network,SONET)的角色。虽然一些层被消除了,但由中间层提供的重要功能(ATM 中流量工程,SONET 中多路复用和快速恢复)在未来 IP/WDM 网络中必须保持。这可以由三种方法之一来实现:①在 IP 层和光层之间分散功能[51];②把它们向下移动到光层;③把它们向上移动到 IP 层[10,23,50]。

提出了几种对于客户端层(IP 路由器)如何与光层交互来达到端到端的连通性的架构方案。这些方案中,主导的是叠加覆盖、P2P 和增广模型[4,13,40,45]。

3.3.1　叠加覆盖模型

叠加覆盖(overlay)模型是在客户端与传输层之间最简单的交互模型,完全分离地处理两个层(光层和 IP 层)。客户端路由器从光网络中请求高带宽连接,经由用户-网络界面(UNI),OTN 向客户端 IP/MPLS 层提供光路服务。因此光层中光路的收集定义了虚拟网络的拓扑,该虚拟网络互连了 IP/MPLS 路由器与不知道光网络拓扑或资源的路由器。叠加覆盖模型最适用于多域网络,不同的域在不同的管理控制下,在域之间没有拓扑和资源信息的交换。在这种情况中,对维护拓扑和控制光传输与客户端层之间的隔离的需要,由网络基础设施指定。虽然这个模型简单、可扩展,而且最适用于当今通信网络基础设施,但它的简单也导致网络资源使用的低效,因为层之间没有状态和控制信息的交换。

3.3.2　点和增广模型

在点模型中,传输层和客户端层中的网络元件(即光学交叉连接(Optical Cross-Connect,OXC)和 IP/MPLS 路由器)作为点,使用一个统一的控制平面来建立路径,该路径可以遍历任意数量的具有对网络资源完整认知的路由器和 OXC。因此,从路由选择和信令的角度来说,在 UNI、NNI 和路由-路由界面之间没有不同,所有的网络元件都是直接的点,并且完全知道网络拓扑和资源。使用增强的内部网关协议(IGP),例如,被 GMPLS 支持的 OSPF(在 3.2.2 节中描述),边界路由器可以在两个层上收集资源使用信息。点模型支持一种集成的路由选择方法,它考虑在两个层的资源和拓扑信息的结合认知[15]。与叠加覆盖模型相比,点模型在网络资源使用上更高效,而且它改进了在使用不同技术的网络元件之间的故障的协调和管理。然而点模型不像叠加覆盖模型那样可扩展,因为网络元件需要处理大量的控制信息。这个模型对近期部署也不太现实,因为传输和服务的基础设施的提供商很不可能允许互相完全接触彼此的拓扑和资源,而这些是这个模型实现所必需的。

最后,增广方法结合点模型和叠加覆盖模型,一些客户端网络元件作为到传输网络元件的点,而其他的客户端网络元件被隔离并通过 UNI 通信。

3.4　光学控制平面设计的一种新方法：
一种光学层结构统一的控制平面架构

理想情况下,控制平面功能应该被集成和实现在一个且仅一个层上。然而有一类想法赞成将网络智能向上移动到 IP 层(在光交换机上放置路由器的智能)[22,23,50,51],本节所描述的模型证明了将网络功能和智能向下移动到光层(在路由器上放置光交换机的智能),在简单性、可扩展性、总体成本节约和近期部署的可行性上更引人注目。特别地,这个模型使用光学层结构控制平面,该控制平面在客户端层和传输层两个层上管理网络元件(类似于点模型),却仍然保持层间的完全分离(类似于叠加覆盖模型)。这就是说统一的模型保持了两种模型的优势并避免了它们的限制[32,33]。

在这个架构中,光核心可以被认为是一个成员(OXC 控制器)对外部域完全隐藏的 AS。换句话说,在这个架构中,逻辑层和物理层都属于一个单个的管理域,并且所有的网络智能都属于光层。在这个模型中,GMPLS 可以支持统一的控制平面来提供全波长(full-lambda)和子波长(sub-lambda)路由选择、信令和生存性功能。用这个统一的控制模型,所有网络资源是可见的,在配置、恢复和管理连接上可以达到更高效的资源利用。这是因为该模型支持一种集成的路由选择/信令方法,其中在 IP 层和光层上的资源和拓扑信息的结合认知被考虑进来(3.4.2 节的第 1 部分和第 2 部分)。改进这种统一的互连模型也为实现一些重要的新型应用(3.4.2 节的第 3 部分)打开新的通道,这些应用可以激烈地提高和改变下一代光互联网的构想。

(1) 网络能够跨多个 AS 被端到端地管理(从接入网络经过城域网和核心网到另一个接入网络)。

(2) 物理层能在任意程度下(子波长(sub-lambda)和/或全波长(full-lambda))恢复链路/OXC 和路由器的故障。

(3) 现在可以开发出光以太网(GigE/WDM)网络基础设施,其中原以太网框架被直接在 WDM 上映射,通过将以太网技术的简单性和节约成本与基于 WDM 的光传输层的最高智能相结合。

3.4.1　统一控制平面的节点架构

图 3.1 描绘了统一控制平面设计的光节点架构。可以看出,这个架构由三部分组成:一个用于电子交叉连接(Electronic Cross-Connections,EXC)的主干 IP/MPLS 路由器,图中表现为子波长交换机;一个 OXC 交换机(λ 光交换机);一个 IP/MPLS 感知的、非流量承载的 OXC 控制器模块。主干 IP/MPLS 路由器属于

光路由器,并且可以产生和终止流到/来自光路的流量,而 OXC 行使波长交换功能。光纤上一个进入的波长多路复用信号首先被解复用,然后基于它的波长信道,或者被光交换(即如果在这个光节点处没有被终止,则继续在同一个光路上传播),或者被传送给主干 IP/MPLS 交换机来进行电子处理。该信号或者被交换并添加到一个新的光路(在多跳逻辑路由选择的情况下),或者被传送到客户端网络,即到运行在客户端层上的局部 IP/MPLS 路由器(如果这是出口光节点)。

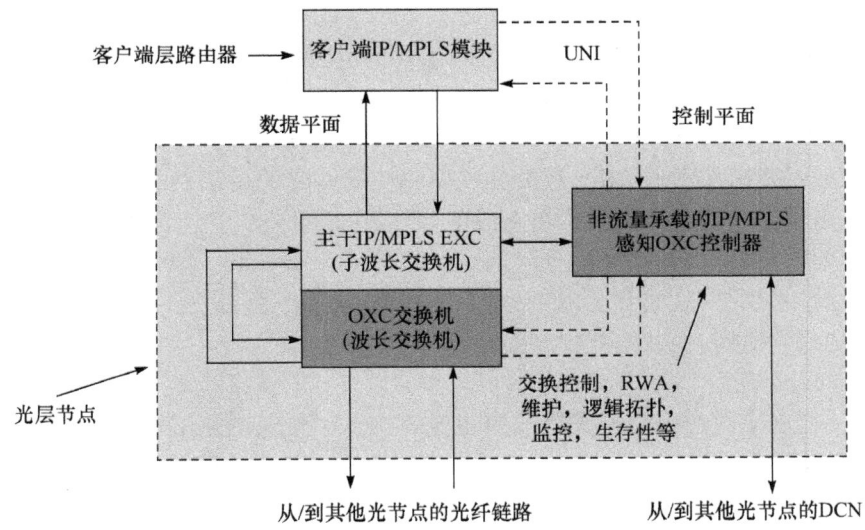

图 3.1　统一控制平面的节点架构

这个模型的主要智能组件是 OXC 控制器。它用来创建、维护和更新物理的和逻辑的连通性,而且光节点通过它能够提供按需的光路(全波长信道)和低速(子波长)连接请求。客户端 IP/MPLS 路由器的职责是,经由一个预定义的包含一个服务水平协议(Service Level Agreement,SLA)来管理服务请求细节的 UNI,简单地从 OTN 请求一个服务。注意,这是与点模型实现的对比,在点模型中,行使如此功能的是流量承载边界路由器。在 GMPLS 支持下,在 OXC 之间运行用 IGP 如 OSPF(适宜地提高对 WDM 网络的支持),两个层的资源使用信息可以被 OXC 控制器收集,而且 OXC 控制器可以通过一个 DCN 来彼此通信。

3.4.2　光学层结构配置

在这个模型中,OTN 用来提供这项服务,但用它认为是最佳的任何方式。例如,它可以开启一条或更多光路来服务新流量;使用一条或更多光路来将新流量多路复用;使用已有光路与新建光路的结合来服务新流量(混合配置)。

1) 物理配置

物理配置是用来解决路由和波长分配(Routing and Wavelength Assignment, RWA)问题的。正如名字所示,它由两个子问题组成,处理路径发现(路由选择)和在光纤链路上分配波长信道。许多解决 RWA 问题的方法已经被提出,包括分别处理子问题,或想同时解决。当试图一起解决 RWA 问题时,可以使用一种动态的路由和波长分配算法,通过在每层代表一个波长的多层图中使用动态路由选择。

2) 逻辑配置

通过将已建立的光路看成包含逻辑(虚拟)拓扑的方向性逻辑链路来达到逻辑配置。每当一个呼叫被试图局部响应时就建立逻辑拓扑,因为每次当一条光路建立或拆卸时拓扑就会改变。当调用逻辑配置机制时,逻辑拓扑会被顺序地检查跨越单个逻辑链路(单跳)或多个逻辑链路(多跳)的路线的可用性。逻辑拓扑(逻辑路由)上的路由选择算法的逻辑链路成本,可以在呼叫被响应以后基于链路的标准化使用带宽。当逻辑拓扑被检查时,也进行"修剪"(pruning)(没有足够带宽来响应该呼叫的逻辑链路,或源于/结束到一个其 IP 模块剩余速度不足以转发该呼叫的节点的逻辑链路,会从拓扑中删除)。

3) 混合配置

统一控制平面使用一种集成的路由选择方法,该方法结合跨层的资源信息。所以,呼叫可以被响应作为物理的和逻辑的路由选择的混合体(混合配置),来最小化网络资源使用[25]。图 3.2 描绘了混合配置的概念。在每条链路上有两个可用的波长信道(λ_1 和 λ_2),并且每个呼叫是一个子波长请求。假设从节点 A 到节点 E 的呼叫 1 首先到达网络,以波长 λ_1 建立在节点 A 和 E 之间的光路(通过调用 RWA)来响应它。然后呼叫 2 到达网络,请求从节点 B 到节点 C 的服务。由于在节点 B 和节点 C 之间没有逻辑连通性(之前建立的光路),这个呼叫只能通过一条

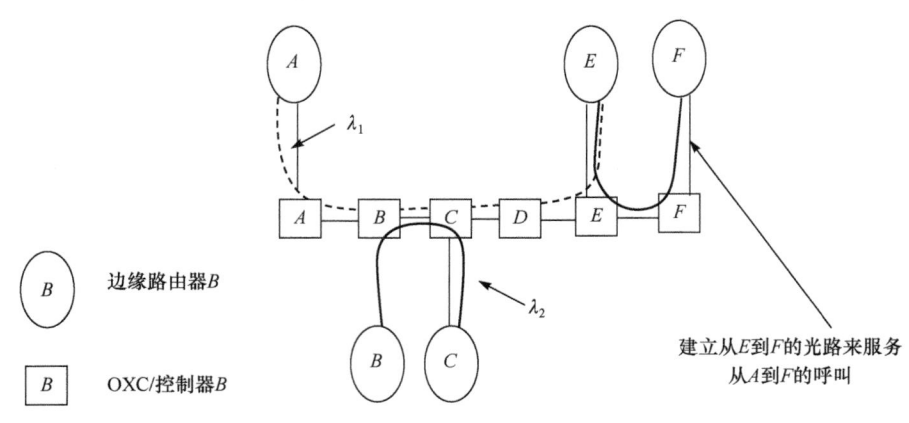

图 3.2　混合配置的概念

新光路上的 RWA 来响应,如图 3.2 所示(以波长 λ_2)。现在假设呼叫 3 到达网络,请求从节点 A 到节点 F 的服务。由于节点 B 和 C 之间的链路在波长水平上完全被使用,并且在节点 A 和 F 之间不存在逻辑连通性,传统上这个呼叫会被阻止。在混合配置方法下,光核心知道逻辑的和物理的拓扑,而且可以使用在节点 A 和 E 之间已经建好的光路,并通过 RWA 以波长简单地完成从节点 E 到节点 F 剩余的部分。

　　注意到混合配置的概念在文献[49]中被含蓄地引入,其作者提出一种集成模型用来在光网络上将客户端流量整理到动态逻辑拓扑上;另一种集成的路由选择方法(基于最大流最小割(max-flow, min-cut)定理)在文献[34]中提出,其中混合配置方案的概念再次被含蓄地引入。这两种方法都不能解决熟知的可扩展性问题,由于在 IP 层和光层之间需要交换大量的状态和控制信息。这迫使文献[34]的作者只考虑有限个网络节点作为可能的进入-流出配对,而文献[49]的作者通过引入协作组(Collaboration Group,CG)的概念也考虑更少量的网络节点,并将客户端节点的 CG 定义为位于一定数量物理连接上的一系列客户端节点。在 3.4.2 节的第 1 部分中展示的集成路由选择方法,除了简单 UNI 的两层,却要求在两层的边界之间没有信息交换。因此,它转移了从 IP 层(流量承载边界路由器)到光层(IP/MPLS 感知的非流量承载的 OXC 控制器)的大部分的智能和负荷。这使得统一光学层结构模型更简单、更便宜,且最重要的是部分地缓解了可扩展性问题。有几种算法可以用来实现混合配置方案。下面描述了其中三种算法[25],本章也展示了这些技术的性能分析。

　　(1) 最短路径穷举搜索(Shortest Path Exhaustive Search,SPES)算法。混合配置方法的目标是找到一个中间节点(图 3.2 中的节点 E),它将源到目标的路径分割成一个逻辑段(从已有的逻辑拓扑中获得)和一个物理段(用 RWA 来创建)。SPES 算法是一种贪婪算法,它找到源(S)和目标节点(D)之间的最短路径(最少的跳数),然后对于该路径上的每个中间节点(I),它试图找到从 S 到 I 或从 I 到 D 的具有足够剩余带宽来多路复用新的连接请求的光路。如果搜索成功,则它在找到的光路上多路复用新连接,而对于路径剩下的部分,它试图建立一条新光路(RWA-物理配置)。如果 RWA 成功,则算法存储找到的混合路径,并重复这个过程直到所有中间节点被检查完毕。最后,这个算法选择对即将建立的新光路具有最小跳数的混合路径。

　　(2) 网络范围的穷举搜索(Network-Wide Exhaustive Search,NETWES)算法。这个算法是 SPES 的一般化,在整个网络上搜索中间节点,这些节点与那些可以用来多路复用新的连接请求的光路有关联。通过将网络分隔成两个区域来更形象地说明:一个包含了与节点 S 之间存在已有光路的那些节点(除了节点 D,即使存在一条光路到节点 D),一个具有剩下的节点(包括节点 D),如图 3.3(a)所示。

这个算法对于第一个分隔中的节点存储了找到的混合路径,并为第二个分隔重复这个过程,第二个分隔中候选中间节点是那些具有到节点 D 的已有路径的节点,如图 3.3(b) 所示。最后,算法在所有储存的混合路径中选择了对即将建立的新光路具有最小跳数的混合路径。

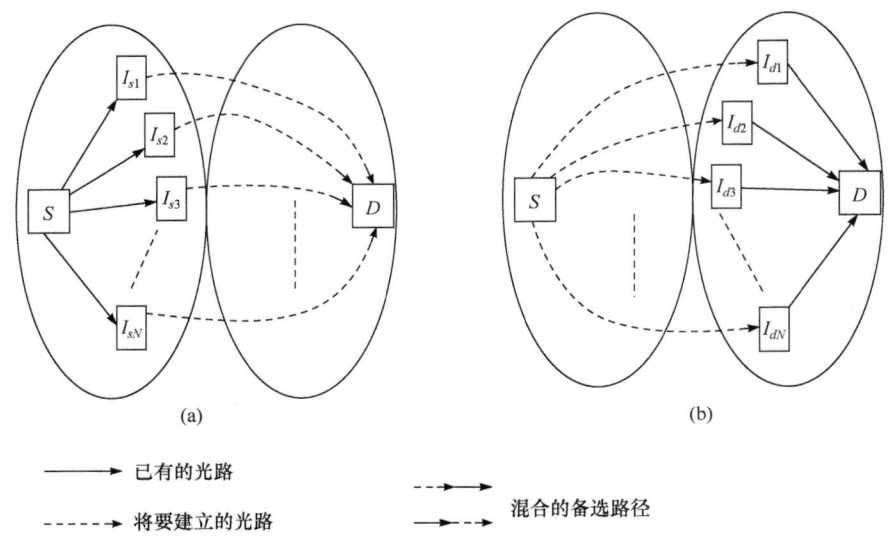

(a)　　　　　　　　　　　　　　　　　　　　(b)

已有的光路

将要建立的光路

混合的备选路径

图 3.3　NETWES 拓扑分隔

(引自文献[25],Figure 2. Copyright 2004IEEE. 由 The Institute of
Electrical and Electronics Engineers Inc. 授权使用)

(3) 最短路径上首次命中(First-Fit on Shortest Path,FFSP)算法。除了 NETWES 和 SPES,可以使用另一种 FFSP 算法。它与 SPES 和 NETWES 相似,当在 S 和 D 之间的最短路径上第一条成功的混合路径被找到时终止。因此这种情况中没有强制的优化。

4) 性能评估

本节展示了统一控制平面模型的性能在混合配置方面的一些结果。一种基于 mesh 的包括 14 个节点和 21 个双向链路(具有 4 个光纤(每个方向 2 个)且每个光纤上有 4 个波长)的 NSF 网络被用于仿真,一起使用的有一种动态流量模型,其中呼叫请求以泊松过程到达每个节点且会话保持时间呈指数分布。波长信道容量是 OC-48($\approx$2.5Gbit/s),而且子波长请求的比特率需求是在 400Mbit/s 左右、标准差 200Mbit/s 的正态分布,是 50Mbit/s 的倍数。顺序配置是用来服务一个给定请求的方法。例如,LOG-HYB-RWA 的意思是首先进行逻辑搜索,如果失败了,则调用混合算法,如果仍失败了,则调用 RWA 算法。如果所有三个算法按顺序都失败了,则连接请求(呼叫)就被阻止。

图 3.4(a) 比较了对于混合方法,FFSP、NETWES 和 SPES 算法的性能[25]。显然网络范围搜索(NETWES)得到了更好的结果,由于它基于穷举搜索优化了中间节点的选择。图 3.4(b)展示了提供一个呼叫服务时改变连续搜索顺序的影响[25]。从图中可以看出,LOG-HYB-RWA 的搜索顺序显示了最好的性能。为了图像清晰,六个可能的顺序中只有三个被描绘出来。从这些看出,显然在 RWA 之前使用混合方法是重要的,因为这完善了逻辑拓扑连通性。

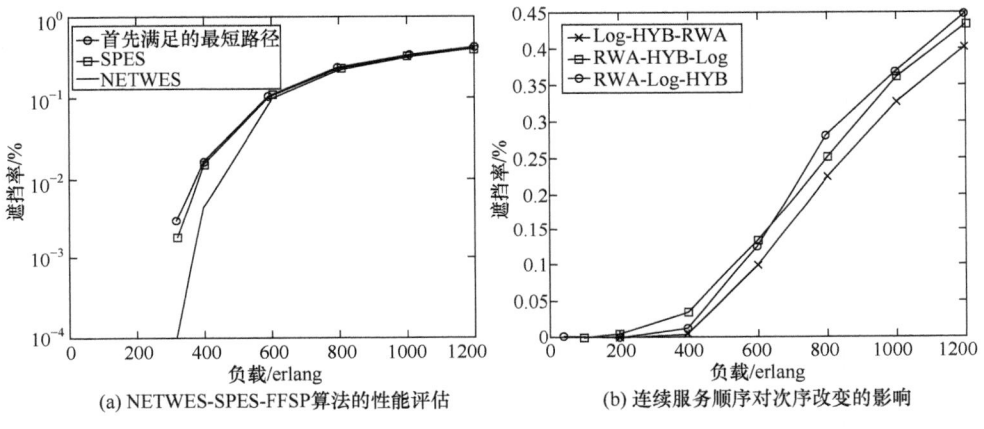

图 3.4

(引自文献[25],分别是 Figure 5 和 3,Copyright 2004 IEEE. 由 The Institute of Electricaland Electronics Engineers Inc. 授权使用)

图 3.5 比较了传统的顺序搜索(LOG-RWA 或 RWA-LOG)[25]与带有混合配置的搜索(LOG-HYB-RWA)的性能。这些结果证明了混合方法的出现显著改善网络的性能,因而进一步验证了对支持混合配置的统一控制平面的需要。

1. 集成的路由选择算法

为了协助上面描述的混合配置,需要一种集成的动态路由选择算法。这个算法合并了在 OXC 控制器上保存的光层和 IP 层的网络拓扑与资源信息。不像点模型和其他集成方法[2,15]那样很大一部分信息在层间被交换,在这个集成路由选择方法中只需要被简单 UNI 要求的信息交换,因而使这种统一模型更简单,而且缓解了与点模型相关的可扩展性问题。一种集成的有向的分层图被用来建立网络模型,每层对应一个波长信道[34]。从源到目标的一个特定波长上的一条光路,被建模成一个连接这些节点的"贯通路径"(这是 IP 层的一个逻辑链路,且其他所有层必须知道这条光路)。与这条路径对应的物理链路和与所用波长对应的层,之后从图中被删除。图 3.6 显示了每个光纤有两个波长的四节点(因此建立了一个两层模型)网络的一个例子。如果一个需要 m 个带宽单位的呼叫请求($m<W,W$ 是全

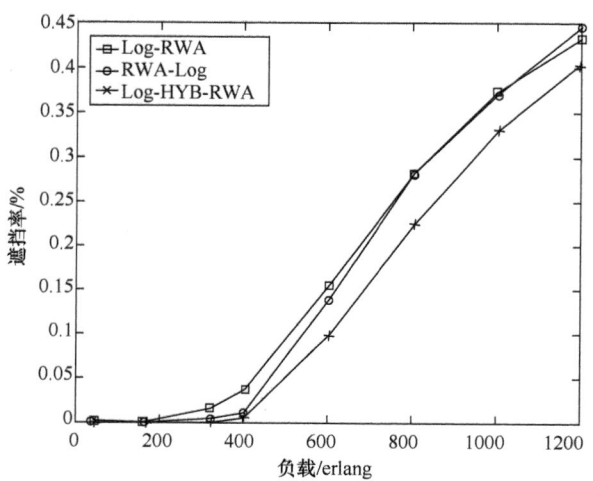

图 3.5 引入混合配置的影响

(引自文献[25]，Figure 4. Copyright 2004 IEEE. 由 The Institute of
Electrical and Electronics Engineers Inc. 授权使用)

波长容量)在从节点 A 到节点 C 的连接上到达，则它在路径 A-B-C 上以 λ_1 建立。这些链路随后从图中被删除，并且这个层在节点 A 和 C 之间建立一条逻辑链路，其(剩余)带宽为 C_{path}。在这个算法中，当逻辑链路回到满容量时(由于连接断开事件)，该逻辑链路被删除而且相应的物理链路被复原状态。

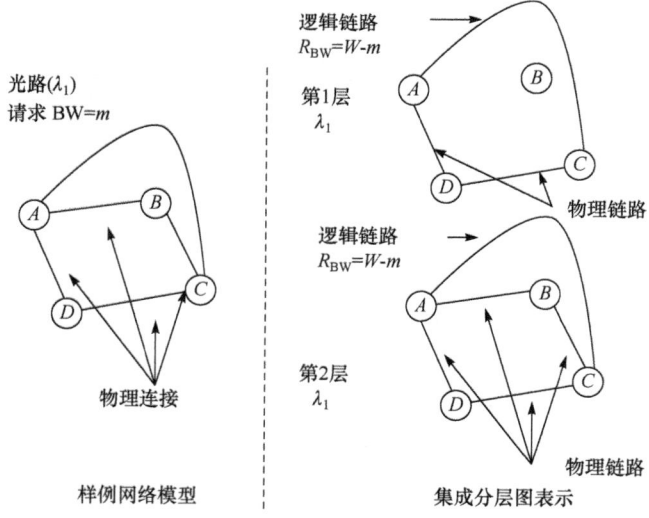

图 3.6 集成分层图的表示

(引自文献[32]，Figure 2. Copyright 2003 IEEE. 由 The Institute of
Electrical and Electronics Engineers Inc. 授权使用)

在这个集成图中的路由选择可以用任意路由算法实现(如 Dijkstra 最短路径算法),路由选择路径可以遍历物理和逻辑链路。链路成本可以是一些参数的函数,参数如跳数、剩余(可用)带宽容量等。通常一个路径的总成本 C_{path},将是逻辑和物理链路的合并的总成本。分配链路成本的不同方法将导致在集成图中不同的路由选择结果。例如,如果路由选择是用来最小化剩余带宽,那么就会希望物理链路一直被希望在逻辑链路上,因为物理链路提供最大的可用带宽。成本度量的目标应该是得到最好的性能的结果,而不限制搜索的顺序(使用物理链路而非逻辑链路)[32]。

2. 集成的信令组件

连接的提供需要算法做路径选择(3.4.2 节的第 1 部分),并且需要信令机制在网络中沿着已选择的路径请求和建立连通性。大多数的由标准机构和研究团体发布的基于 MPLS/GMPLS 的路由选择和信令算法与协议,被开发用来提供或者只在光层的全波长信道(光路)(找到一条路线并分配一个波长),或者只在 IP/MPLS 层(逻辑层)的分组/LSP。注意每层支持它自己的一套路由选择和信令协议,每套都完全互相独立。虽然在利用统一控制平面(如点模型)将光层与 IP/MPLS 层集成到运行单个路由和信令协议实例的单个管理域中[32,33,40,45,52]方面,已经有人做了大量的工作,但是可以在单个域中以一种统一的方式同时提供全波长(光路)和子波长(LSP)连接请求的集成信令协议的实现,只是在最近才由文献[26]和文献[28]所提出(文献[28]描述了在 GigE/WDM 架构情形下的信令协议)。本章叙述了对信令方法的简要概述,该信令方法用于完全在光层上实时提供多样的流量程度(基于每个呼叫,包括全波长和子波长流)。在文献[27]和文献[28]中可以找到用于统一控制平面的集成信令协议的详细描述。

信令方法的主要特征是为子波长流的每个分组都在标签堆栈中预设了 n 个电子标签,假如这个流将要从源到目标经过 n 条光路被路由选择。标签堆栈以后进/先出(LIFO)的顺序被组织,转发决策在堆栈内只基于顶层标签。电子标签只对进行分组交换的 IP/MPLS 模块有意义(数据平面)。由于 OXC 控制器处理整个控制平面,它的职能是通过执行合适的协议来进行标签指定和标签分发(控制平面)。容纳呼叫的信令通过为每个成功建立的光路在源和目标 IP/MPLS 模块注册一个电子标签来得到。这不包括只对 OXC 控制器有意义且基于波长连接了输入端口和输出端口(即<[input port]$_i$ 在 λ_j 上,[input port]$_k$ 在 λ_j 上>)的"物理"标签。

1) 对纯物理配置的信令

本节描述了使用即将为其建立的光路的连接服务的信令机制。当一个呼叫请求通过 UNI 在 OXC 控制器处被接收,配置算法(RWA)运行并且返回一条路径。然后可以用类 GMPLS 信令算法来(向前探测、向后预留机制来符合基于 GMPLS

的信令标准)建立光路(光路由一系列物理链路和它们上面的一个可用波长所识别)。遍历路径的中间 OXC 交换机配置它们的输入和输出端口连接(基于所选的波长),控制其将一个唯一的电子标签指定给它们与进入和外出 IP/MPLS 模块之间通信的光路。进入模块之后在流中把电子标签贴在每个分组上。在外出那一面,IP/MPLS 模块剥去这个电子标签,并且由于堆栈中没有其他的电子标签,它把分组甩给本地网络。

2) 对纯逻辑配置的信令

本节描述了对于通过在一条或更多已有光路上使用时间复用来被服务的连接的信令机制。由于已有光路已经使电子标签与它们的进入和外出模块通信,一旦控制器决定所选路线将使用一条或更多已有光路,则需要沿着这些光路的简单预留。如果预留成功,则源控制器指导它的模块从最后一个光路标签开始将 n 个电子标签堆叠到流的每个分组,这些分组对应于该呼叫将会使用的 n 个光路。中间模块剥去它接收到的"最外面的"电子标签,堆栈(对应于其进入模块是这个中间模块的光路)中下一个标签,指导它将流添加到下一条光路。这个过程持续到外出节点,这里 IP/MPLS 模块剥去了最后一个电子标签,接着将分组甩给本地网络。

3) 混合配置的信令

对于被返回的需要建立新光路部分的信令,像对纯物理配置的信令那样进行处理,这里每个新光路将一个电子标签注册到它的进入和外出模块。路径的已有部分只需要沿着这些模块之上的带宽预留进行即可。然后,像对纯逻辑配置的信令那样,呼叫的进入节点从最后一个光路标签开始堆叠电子标签,中间模块一个接一个地剥去这些标签,直到目标节点剥去最后一个标签,然后将分组甩给本地网络。

4) 一个直观的例子

考虑图 3.7 中带有一个从节点 B 到节点 D 的呼叫请求(呼叫 1)的简单网络。控制器在进行配置算法后,通过节点 C 返回一个在波长 λ_1 的 RWA 路径(纯物理配置)。节点 C 处的中间 OXC 交换机随后被配置,并且一个电子标签(称为 l_1)被发送给模块 B 和 D。模块 B 之后需要把标签 l_1 贴给所有的以节点 D 为终点的并且要使用 λ_1 光路的分组(注意一个新的流,即使它最终要到同一个目标节点,也需要一个新的给 OXC 控制器的 UNI 请求)。

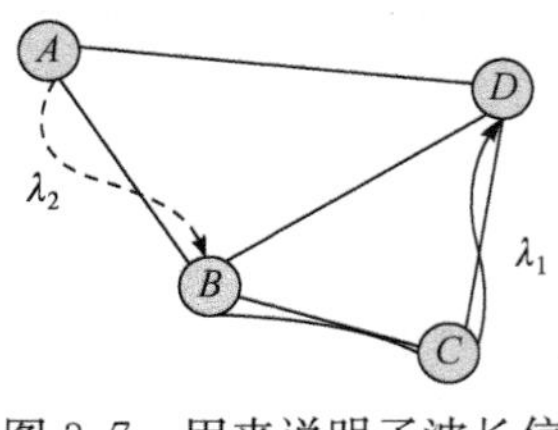

现在假设由于光路有流量在上面,一个新请求到达节点 A 并向节点 D 请求(通过 UNI)服务(呼叫 2)。控制器在执行配置算法后,决定最好在混合路径(A-B-C-D)上为这个新请求服务。这使得以 λ_2 波长建立一条新的 A-B 光路和在 B-C-D 上重使用已有的 λ_1 光路成为必需(混合配置),假如 λ_1 光路有足够的剩余带宽来

图 3.7　用来说明子波长信令方案概念的一个试验网络

容纳呼叫 2 的请求。然后,λ_2 光路被建立,电子标签 l_2 被发送给它的进入和外出模块(即分别到模块 A 和模块 B),而且控制器 A 指导模块 A 将标签 l_1 和 l_2 堆叠到所有最终去向节点 D 的分组。然后,中间模块 B 剥去标签 l_2 并读取标签 l_1,标签指导它自动地将流量添加到和标签关联的外向光路(λ_1 光路)。

　　最后,一个呼叫到达网络并请求从节点 A 到节点 B 的服务(呼叫 3)。控制器在执行配置算法(并检查是否有足够的剩余带宽)后,返回重使用从节点 A 到节点 B 的光路的一条逻辑路径(纯逻辑配置)。在光路 λ_2 上的预留之后,控制器 A 指导模块 A 对这个新的流只附上标签 l_2。在节点 B 处,这个标签被剥离,而且由于没有其他的标签读出,这个流被弃用。图 3.8 中,这个过程在节点 C 和 B 处被描绘出来。在图 3.9 中,将上述的情况在数据分组的层级上描绘出来。图 3.9 中,分组 1 和 3 属于呼叫 2,分组 2 和 4 属于呼叫 3,分组 5 和 6 属于呼叫 1。

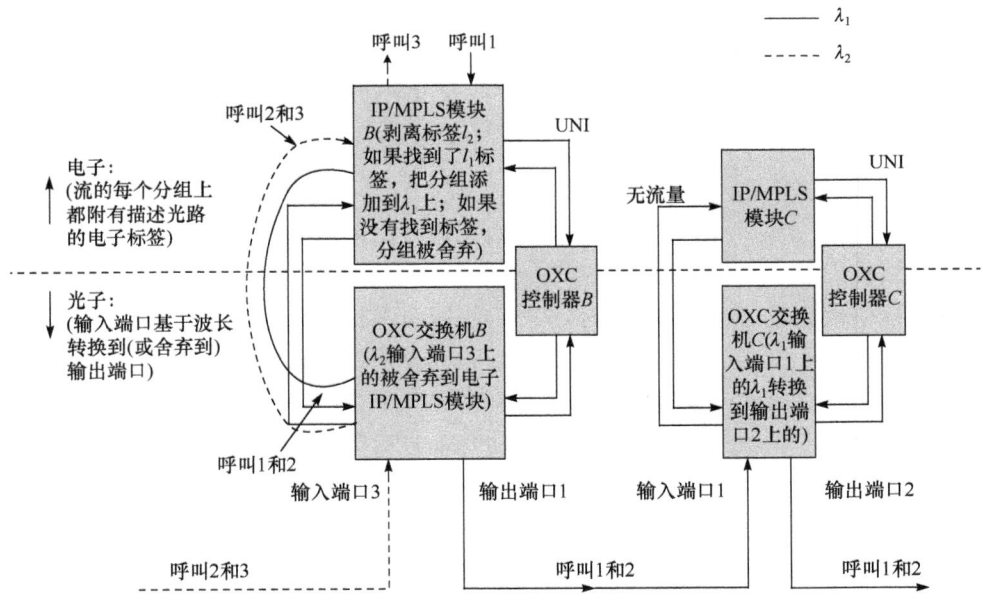

图 3.8　节点 B 和 C 处的子波长信令的处理

3. 统一光学层结构控制模型的好处

1) 端对端在线域间路由选择/信令

　　在很大程度上,今天的互联网是一套自治的、互相连接的、互操作的网络,它运行在物理通信基础设施之上,该基础设施主要被设计用来携带语音通话的。互联网是由主干网提供商、企业网络和区域的互联网服务提供商(ISP)组成的层级结构。最终向终端用户提供连接的地区 ISP,连接到区域 ISP。这种层级结构导致互

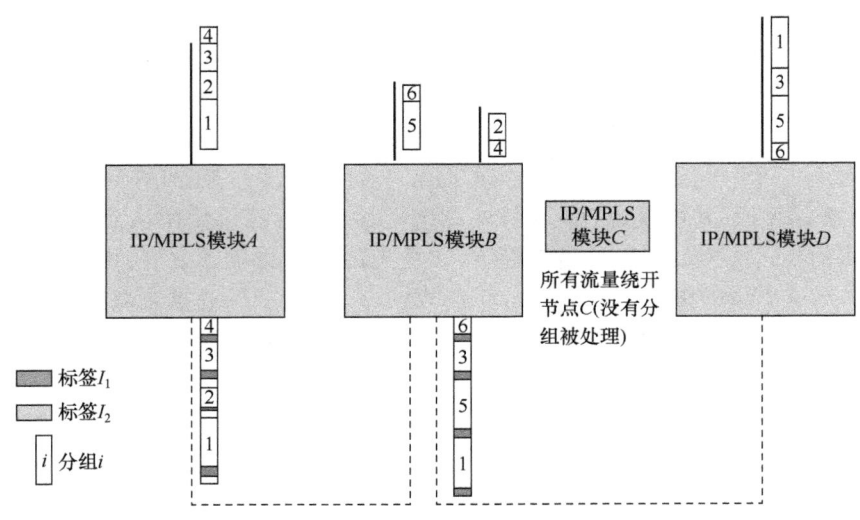

图 3.9　分组层级的子波长信令的处理(IP/MPLS 模块)

联网在子网必需互连的那些点上的拥塞。互联网的分散性质意味着网络提供商之间只有有限的协作,这个事实加剧了与网络性能有关的问题。这些问题被称为"热土豆路由"进一步证明,这里主干网提供商在最近的流交换节点处,通常是一个公共的网络接入点(Network Access Point,NAP)[3],将目标是另一个主干网的信息流尽可能快地完成处理。这创建了非对称的流,并引起公共 NAP 处的拥塞,导致性能下降。这个事实也限制了提供商对端到端服务质量的控制等级。更加复杂的问题是上面讨论的大多数基于 GMPLS 的路由选择和信令技术[19,20,40,45],本来是开发用来处理 IP-over-optical 网络中实时供应的问题,结果被开发成在全波长容量下提供连接请求且只运行在单个 AS 边界之内,即"OTN"。

　　作为对比,统一光学层结构控制平面允许能够被端对端地管理的网络设计(从接入网络经由城域网和核心网到达另一个接入网络),跨多个属于不同管理域的光域(Optical Domain,OD)。为了说明这个架构的概念,使用了图 3.10 所示的任意网络拓扑,它由属于不同管理域的三个光网络组成。每个 OD 由通过一般 mesh 拓扑中的 WDM 链路互相连接的多个 OXC 所组成。如前所述,OXC 的智能在于它们的控制器,这些控制器能够进行路由选择和波长分配(RWA),并且能用已有光路(域内逻辑连通性)维护数据库。与 OD 相连的是高性能主干 IP 路由器,流量请求分别产生于并终止于这些路由器。互连了多个光核心的路由器被定义成网关路由器(Gateway Routers,GR)(图 3.10 中的路由器 R_4,R_5,R_6 和 R_7)。需要两个步骤来达到跨这些域的端到端连通性,即初始化阶段和配置阶段。

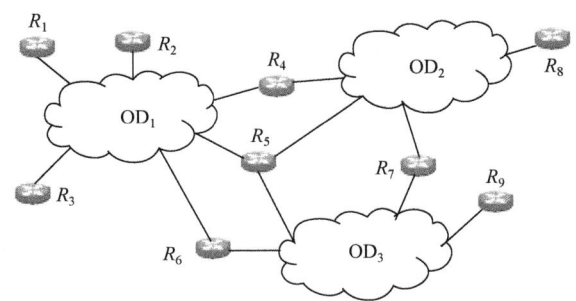

图 3.10　一个任意的多域拓扑

（1）初始化阶段

在初始化阶段中，OXC 传播关于与它们相连的边界路由器的存在性的信息。因此，路由器通过一个域内连通性的表是可以识别连接到同一个 OD 的可到达的路由器。在这种情况下，每个边界路由器用对应的边界 OXC 运行一个有限可到达性协议，并获得每个属于同一个 OD 的其他边界路由器的地址。使用这个信息，一套初始的 IP 路由相邻度在边界路由器之间被建立。然后边界路由器在它们当中运行一个 IP 路由协议，来决定通过与它们相连的 OD 能够到达的所有的 IP 目的地（非常需要注意的是 GR 被所有与它们相连的 OD“看到”）。在初始化阶段中的下一个步骤是，GR 要将它们的域间连通性表从一个 OD 发布到其他所有与它们相连的 OD，将它们自己称为网关点。然后可以定义一个全局拓扑（Global Topology，GT），它将 OD 看成是互连了所有路由器的黑盒交换机。例如，对于图 3.10，在初始化阶段完成之后，路由器保存了表 3.1 中所示的全局拓扑数据库。

表 3.1　对于图 3.10 中用例的全局拓扑数据库

OD 服务于	GR 连接了
$OD_1 : R_1, R_2, R_3, R_4, R_5, R_6$	$R_4 : OD_1, OD_2$
$OD_2 : R_4, R_5, R_7, R_8$	$R_5 : OD_1, OD_2, OD_3$
$OD_3 : R_5, R_6, R_7, R_9$	$R_6 : OD_1, OD_3$
	$R_7 : OD_2, OD_3$

（2）配置阶段

当请求到达一个路由器（请求可能源于这个路由器，或者源于全局拓扑中的另一个路由器。在后者情况下，路由器是一个 GR），该路由器检查目标是否属于它本身的 OD：如果是，则它经由一个定义的 UNI 从它的 OD 请求服务，OD 会通过建立一个光路、使用已有光路或合并两种光路来配置这个请求，如果没有光源可以分配，则呼叫被阻止；如果不是，则路由器询问它的全局拓扑表，找到可以将它连接到目标 OD 的所有的网关,并同时从它的 OD 请求(使用不同的信令方法)服务,这些网关路由器之后被用于路径的源,而且上述步骤被重复进行。

所有遍历的 OD 必须返回附加在它们计算的路径上的附加成本(而不是返回路径)。至今遍历过的 OD 的信息被保存在信令消息中,这样一个 OD 只需要遍历一次。当一个信令实例到达目标路由器,后者将它发送回源路由(使用信令信息携带的实例特定的路线)。然后,源路由在收集所有它的信令实例后,选择最低成本路径,并初始化一个预留协议来沿着全局路径预留资源。

(3) 一个形象的例子

如果路由器 R_1 得到一个向路由器发送数据的请求(图 3.10),它会发送三个并行的信令实例请求服务从到 R_4,R_5 和 R_6。决定到这些目标的最好的路线,并将这三个信令实例发送给它们(注意每当 OD 进行从源到目标的路线计算,它将路径成本和 ID 贴给信令信息):

①当路由器收到 R_4 信令信息,它会向 OD_2 请求到路由器 R_5 和 R_7 的路径,然后会向请求到目标节点 OD_3 的服务;②当路由器收到了 R_5 信令信息,它会向请求一条到目标节点 OD_3 的路径;③当路由器收到了 R_6 信令信息,它会向请求一条到目标节点 OD_3 的路径。

在这个具体例子中,讨论了总共四个可能的路径:R_1-R_4-R_5-R_9;R_1-R_4-R_7-R_9;R_1-R_5-R_9;R_1-R_6-R_9。这些路径中的全局逻辑链路(即从 R_x 到 R_y)有附加上它们上面的附加成本(由对应的创建它们的 OD 来分配的)。最小成本路径然后被源路由器 R_1 选择,接着会使用预留协议来预留资源。

2) 光学层结构在任意程度的恢复

运营商在设计和部署传输网络中最重要的考虑之一是网络为服务提供的可靠性和它所支持的用户。当高容量 WDM 传输技术介入的时候,对服务可靠性的考虑显得非常关键,因为单个 WDM 传输系统故障可能影响到数以千计的连接。恢复可能在 IP 层和/或光层提供。用光层保护,非常大量的故障情形,包括光缆损坏和传输器材故障,可以比 IP 重路由更快地探测到并回复(如 50ms 对比于几十秒)。这些故障可以被透明地恢复(核心路由器不会收到故障通知),所以不会引起 IP 路由重聚[15,19]。然而当考虑到路由器故障,情况变化很大,因为现实的原因支持 IP 层的使用会使网络从故障中恢复。

① 由于光层独立运行而且不知道路由器的故障,路由器故障和某些其他故障不会通过光保护/恢复而复原。这意味着针对路由故障的保护必须直接在 IP 层提供,而且 IP 网络操作符需要提供额外的链路容量来从这些故障中恢复。这个额外容量(通过 IP 层提供)也可以被用来针对光层故障的保护。

② 尽管链路故障由于光缆损坏而相对经常地发生,在实际中这可能只是整个导致重聚的错误数量的一小部分。路由器硬件和软件的故障在许多 IP 主干网络

中会构成错误的大部分(历史上路由器每年故障的数量级比传统的 TDM/SONET 器材要高[20])。在这些情况中可能仍然需要 IP 层重聚来提供恢复力。

③ 不同类型的新兴 IP 服务需要不同程度的恢复力需求。然而,光层保护/恢复的更粗糙程度会导致高成本不灵活的弹性网络架构。

采用带有一个光层而其能够按每个呼叫提供配置的统一控制平面,使得光层在一个链路/节点和路由器故障时独立地恢复所有中断的流量(全波长和/或子波长)现在成为可能。本节所述的全光恢复性策略是基于快速恢复技术,这里恢复路径在探测到故障后自动建立[24]。由于光层能够基于每个呼叫进行恢复,对不同类别的服务可以提供不同等级的恢复(分化的恢复性)。

(1) 边界路由器故障

在一个边界路由器故障的情况下,与发生故障的路由器关联的 OXC 控制器探测该故障,并在网络中泛洪标识了故障路由器的信息。注意光层不能恢复由故障路由器发出或终止到故障路由器的流。传统地,遍历故障路由器的流为了恢复,将会需要等待 IP 恢复机制来接管。然而在统一模型方法中,遍历故障路由器的受影响的流可以通过对受影响的个体呼叫的重路由来恢复。另外,从故障路由器发出或终止到该路由器的所有光路可以立刻被释放,这样资源可以用来给将来的连接。

图 3.11 显示了路由器 E 的故障,描述了从这个路由器发出和终止到它的流丢失,而且两条光路(从路由器 A 到路由器 E 的"点"状光路,以及从路由器 E 到路由器 F 的"实线"光路)被释放。依次使用这两条光路的从路由器 A 到路由器 F 的多跳连接可以基于每个呼叫被恢复,例如,通过从 A 到 F 在路径上绕开故障路由器建立一条新的直接的光路。

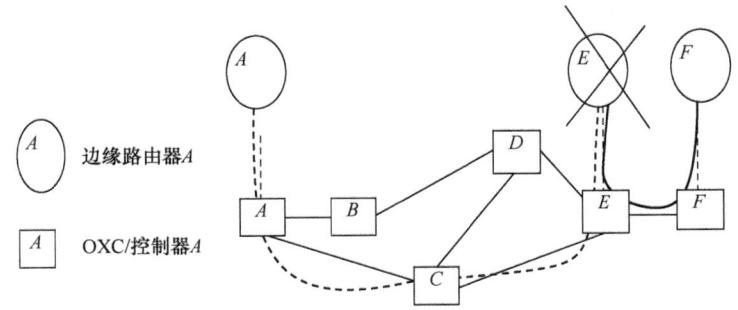

图 3.11　边界路由器故障

(引自文献[24],Figure 1. Copyright 2003 IEEE. 由 The Institute of Electrical and Electronics Engineers Inc. 授权使用)

(2) 物理链路故障

传统地,在一个端到端的基于路径的保护方案里,光层典型地为每个可恢复的光路连接提供节点和链路不相交的备选路径。然而,在这样一个方法中,恢复单个光路的失败会导致被包含其中的可能很大数量的子波长连接的损失。因此,程度粗糙的恢复导致了不灵活和不高效的恢复性。在统一控制模型方法里,光层可以提供程度良好的恢复。因此,在光线切断的情况下,所有受影响的呼叫对网络来说就像新的呼叫,并且遵循之前讨论的配置技术(物理的、逻辑的和混合的)被个别地重配置。

① 基于路径的光路重建。在一个故障事件后,光层依次恢复受影响的光路,从分配有最高带宽的那条光路开始。对于一个需要恢复的呼叫,所有给它提供服务的光路都必须恢复。如果一条光路不能被恢复,所有使用这条光路的呼叫会丢失。

② 子波长恢复。在一个链路故障后,恢复算法依次恢复所有受影响的呼叫,从具有最高带宽的那个开始。可以使用任何配置顺序(如 LOG-HYB-PHY)来重配置受影响的呼叫。

(3) 性能评估

本节展示了统一控制平面模型的性能就子波长恢复而言的一些结果。用于这项分析的网络参数与 3.4.2 节中对混合配置技术的评估所使用的参数相同。

图 3.12 比较了统一模型(使用 LOG-HYB-RWA 序列来恢复子波长)与传统的基于路径的恢复(恢复全波长)的光学层结构恢复能力[24]。故障是在中继线(trunk)中所有四条光纤都损坏的链路切断(最多 16 个波长信道可能故障)。

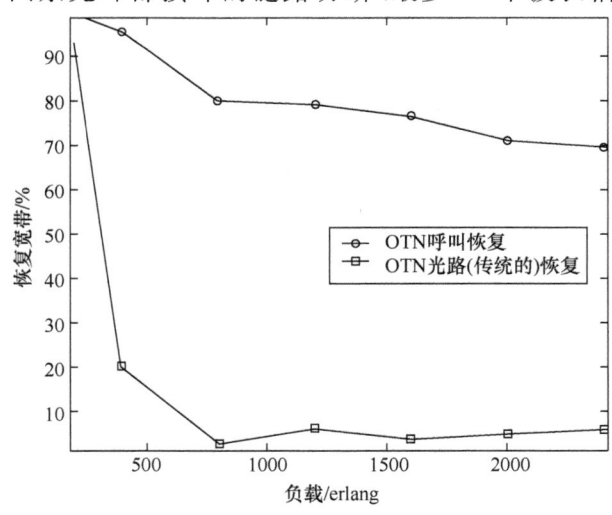

图 3.12 光学层结构子波长恢复

(引自文献[24],Figure 2. Copyright 2003 IEEE. 由 The Institute of Electrical and Electronics Engineers Inc. 授权使用)

图 3.12的结果显示了对于两种方法恢复带宽的百分比,并证明了当恢复的程度基于每个呼叫时,更高比例的受影响带宽可以被恢复。有趣的是,当网络运行在更高负载状态时,传统的基于路径的光路恢复显示了振荡。这是因为负载增加是网络恢复能力的一种反馈因素。当网络负载很高时,光纤切断引起更多光路出故障,导致更多网络资源的释放。这些资源反过来可以被重新使用于恢复部分受影响的光路。这在某些情况中可以很有效率地提供一个在更高负载时具有更高恢复能力的网络。

3) GigE/WDM 网络基础设施

更进一步的优点是这种统一模型不限于 IP-over-WDM 网络,也可以应用在如 GigE(千兆以太网)/WDM 网络基础设施,这里原本的以太网框架被直接映射在 WDM 之上[28]。使用统一光学层结构控制平面来管理 GigE 交换机和 OXC,可以允许原本以太网(基于 2 层 MAC 框架的)端到端(从接入网络通过城域网和核心网到达另一个接入网)的传输,绕开对以太网数据流(企业数据流的主体)到一些其他协议,然后在它的目标节点又回到以太网的不必要的翻译。这样的网络会减弱 SDH/SONET 的角色,并将以太网技术的简单性和节约成本与基于 WDM 的光学传输层的最高智能合并,为原本以太网框架端到端的传输提供无缝的全局传输基础设施。

3.5　结　　论

本章展示了被广泛视为光网络控制平面的基础的通用 MPLS 的概述,并展示了 IP/WDM 网络的一种新的统一光学层结构控制平面。这个模型使用位于光学域中的 IP/MPLS 感知、非流量承载的 OXC 控制器模块来管理路由器和光交换机。使用这个模型,光层可以提供波长/子波长路由选择、信令和生存功能,也可以使网络跨多个 AS 的端到端管理(从接入网络通过城域网和核心网到达另一个接入网)得以实现。更进一步的优点是这种统一模型不限于 IP-over-WDM 网络,也可以应用在如 GigE(千兆以太网)/WDM 网络基础设施,这里原本的以太网框架被直接映射在 WDM 上。这种基础设施将以太网技术的简单性和节约成本与基于 WDM 的光学传输层的最高智能合并。

显然地,光控制平面的任何实现将会主要依赖于它和传统基础设施的互操作性。而且,使用简易和可靠性对管理这些类型网络的网络运营商来说是很关键的。光学控制平面的实现会依赖于对设计的选择,该设计能够显示对配置、恢复和网络资源的整体高效管理的改进的决策,而资源高效管理最终会导致网络运营费用减少[43]。

参 考 文 献

[1] M. A. Ali, A. Shami, C. Assi, Y. Ye, and R. Kurtz. Architecture Optionsfor Next-Generation Networking Paradigm: Is Optical Internet the Answer? Springer Journal of Photonic Network Communications, 3:1/2 (2001), 7-21.

[2] J. Armitage, O. Crochat, and J. Y. Le Boudec. Design of a Survivable WDM Photonic Network, Proc. IEEE Conference on Computer Communications (Infocom), Kobe, Japan, April 1997, pp. 244-252.

[3] C. Assi, et al. Optical Networking and Real-time Provisioning: An Integrated Vision for the Next-generation Internet, IEEE Network Magazine, 15:4 (2001),36-45.

[4] D. Awduche and Y. Rekhter. Multi-Protocol Lambda Switching: Combining MPLS Traffic Engineering Control with Optical Cross Connects, IEEE Communications Magazine, 39:3 (2001), 111-116.

[5] D. Awduche, et al. RSVP-TE: Extensions to RSVP for LSP Tunnels, Internet Engineering Task Force (IETF) RFC 3209, (December 2001).

[6] A. Banerjee, et al. Generalized Multiprotocol Label Switching: An Overview of Routing and Management Enhancements, IEEE Communications Magazine,39:1 (2001), 144-150.

[7] A. Banerjee, et al. Generalized Multiprotocol Label Switching: An Overview of Signaling Enhancements and Recovery Techniques, IEEE Communications Magazine, 39:7 (2001), 144-151.

[8] L. Berger (editor). Generalized MPLS-Signaling Functional Description, Internet Engineering Task Force (IETF) RFC 3471, (January 2003).

[9] L. Berger (editor). Generalized MPLS Signaling-RSVP-TE Extensions, Internet Engineering Task Force (IETF) RFC 3473, (January 2003).

[10] G. Bernstein, J. Yates, and D. Saha. IP-Centric Control and Management of Optical Transport Networks, IEEE Communications Magazine, 38:10 (2000),161-167.

[11] G. Bernstein, B. Rajagopalan, and D. Saha. Optical Network Control: Architectures, Protocols, and Standards, (Addison Wesley, 2004).

[12] R. Braden (editor). Resource Reservation Protocol (RSVP), Internet Engineering Task Force (IETF) RFC 2205, (September 1997).

[13] N. Chandhok et al. IP over Optical Networks: A Summary of Issues, Internet Engineering Task Force (IETF) Internet Draft draft-osu-ipo-mpls-issues-00. txt, (July 2000).

[14] D. Cheng. OSPF Extensions to Support Multi-Area Traffic Engineering, Internet Engineering Task Force (IETF) Internet Draft draft-cheng-ccampospf-multiarea-te-extensions-01. txt, (February 2003).

[15] A. Chiu and J. Strand. Joint IP/Optical Layer Restoration after a Router Failure, Proc. IEEE/OSA Optical Fiber Communications Conference (OFC), Anaheim, CA, March 2001.

[16] A. Chiu and J. Strand. Control Plane Considerations for All-Optical and Multi-domain Op-

tical Networks and their Status in OIF and IETF, SPIE Optical Networks Magazine, 1:4 (2003), 26-34.

[17] A. Chiu and J. Strand (editors). Impairments and Other Constraints on Optical Layer Routing, Internet Engineering Task Force (IETF) RFC 4054,(May 2005).

[18] E. W. Dijkstra. ANote on Two Problems in Connection with Graphs,Numerische Mathematik, 1(1959), 269-271.

[19] R. Doverspike, S. Phillips, and J. Westbrook. Transport Network Architecturein an IP World, Proc. IEEE Conference on Computer Communications(Infocom), 1, Tel Aviv, Israel, March 2000, pp. 305-314.

[20] R. Doverspike and J. Strand. Robust Restoration in Optical Cross-connects,Proc. IEEE/OSA Optical Fiber Communications Conference (OFC), Anaheim,CA, March 2001.

[21] A. Farrel and I. Bryskin. GMPLS: Architecture and Applications, (Morgan Kaufmann, 2006).

[22] N. Ghani et al. On IP-over-WDM Integration, IEEE Communications Magazine, 38: 3 (2000), 72-84.

[23] A. Greenberg, G. Hjalmtysson, and J. Yates. Smart Routers-Simple Optics: A Network Architecture for IP over WDM, Proc. IEEE/OSA Optical Fiber Communications Conference (OFC), paper ThU3, Baltimore, MD,March 2000.

[24] A. Hadjiantonis, A. Khalil, G. Ellinas, and M. Ali. A Novel Restoration Scheme for Next Generation WDM-Based IP Backbone Networks, Proc. IEEE Laser Electro-Optic Society (LEOS) Annual Meeting, Tucson, AZ, October 2003.

[25] A. Hadjiantonis, et al. AHybrid Approach for Provisioning Sub-Wavelength Requests in IP-over-WDM Networks, Proc. IEEE Canadian Conference on Electrical and Computer Engineering (CCECE), Niagara Falls, May 2004.

[26] A. Hadjiantonis, et al. On the Implementation of Traffic-Engineering in an All-Ethernet Global Multi-Service Infrastructure, Proc. IEEE Conference on Computer Communications (Infocom), Barcelona, Spain, April 2006.

[27] A. Hadjiantonis. A Framework for Traffic Engineering of Diverse Traffic Granularity Entirely on the Optical Layer Terms, Ph. D. Thesis, City University of New York, (2006).

[28] A. Hadjiantonis, et al. Evolution to a Converged Layer 1, 2 in a Hybrid Native Ethernet-Over WDM-Based Optical Networking Model, IEEE Journal on Selected Areas in Communications, 25:5 (2007), 1048-1058.

[29] K. Ishiguro, et al. Traffic Engineering Extensions to OSPF Version 3, Internet Engineering Task Force (IETF) RFC 5329, (September 2008).

[30] Distributed Call and Connection Management Mechanism using GMPLS RSVP-TE, ITU, Recommendation G. 7713. 2, (2003).

[31] D. Katz, K. Kompella, and D. Yeung. Traffic Engineering (TE) Extensions to OSPF version 2, Internet Engineering Task Force (IETF) RFC 3630,(September 2003).

[32] A. Khalil, et al. A Novel IP-Over-Optical Network Interconnection Model for the Next-Generation Optical Internet, Proc. IEEE Global Communications Conference (GLOBE-COM), San Francisco, CA, December 2003.

[33] A. Khalil, et al. Optical Layer-Based Unified Control Plane for Emerging IP/MPLS Over WDM Networking Architecture, Proc. IEEE LEOS/OSA European Conference on Optical Communications (ECOC), Rimini, Italy, September 2003.

[34] M. Kodialam and T. V. Lakshman. Integrated Dynamic IP and Wavelength Routing in IP over WDM Networks, Proc. IEEE Conference on Computer Communications (Infocom), Anchorage, AK, April 2001, pp. 358-366.

[35] K. Kompella, et al. Multi-area MPLS Traffic Engineering, Internet Engineering Task Force (IETF) Internet Draft draft-kompella-mpls-multiarea-te-04. txt, (June 2003).

[36] K. Kompella, Y. Rehkter, and L. Berger. Link Bundling in MPLS Traffic Engineering, Internet Engineering Task Force (IETF) RFC 4201, (October 2005).

[37] K. Kompella and Y. Rehkter (editors). OSPF Extensions in Support of Generalized MPLS, Internet Engineering Task Force (IETF) RFC 4203, (October 2005).

[38] K. Kompella and Y. Rehkter (editors). LSP Hierarchy with Generalized MPLS TE, Internet Engineering Task Force (IETF) RFC 4206, (October 2005).

[39] J. P. Lang (editor). Link Management Protocol (LMP), Internet Engineering Task Force (IETF) RFC 4204, (October 2005).

[40] E. Mannie (editor). Generalized Multi-Protocol Label Switching (GMPLS) Architecture, Internet Engineering Task Force (IETF) RFC 3945, (October 2004).

[41] J. Moy. OSPF: Anatomy of an Internet Routing Protocol, (Addison Wesley Longman, 1998).

[42] J. Moy. OSPF Version 2, Internet Engineering Task Force (IETF) RFC 2328, (April 1998).

[43] S. Pasqualini, et al. Influence of GMPLS on Network Provider's Operational Expenditures: A Quantitative Study, IEEE Communications Magazine, 43:7(2005), 28-38.

[44] B. Rajagopalan, et al. IP over Optical Networks: Architecture Aspects, IEEE Communications Magazine, 38:9 (2001), 94-102.

[45] B. Rajagopalan, J. Luciani, and D. Awduche. IP over Optical Networks: AF ramework, Internet Engineering Task Force (IETF) RFC 3717, (March 2004).

[46] A. Saleh, L. Benmohamed, and J. Simmons. Proposed Extensions to the UNI for Interfacing to a Configurable All-Optical Network, Optical Interworking Forum (OIF) Contribution oif2000. 278, (November 2000).

[47] P. Srisuresh and P. Joseph. OSPF-xTE: An Experimental Extension to OSPF for Traffic Engineering, Internet Engineering Task Force (IETF) RFC 4973, (July 2007).

[48] User Network Interface (UNI) v1. 0 Signaling Specification, Optical Interworking Forum (OIF), OIF Contribution, (December 2001).

[49] C. Xin, et al. An Integrated Light Path Provisioning Approach in Mesh Optical Networks, Proc. IEEE/OSA Optical Fiber Communications Conference(OFC), Anaheim, CA, March 2002.

[50] J. Yates, et al. IP Control of Optical Networks: Design and Experimentation, Proc. IEEE/OSA Optical Fiber Communications Conference (OFC), Anaheim, CA, March 2001.

[51] Y. Ye, et al. ASimple Dynamic Integrated Provisioning/Protection Schemein IP over WDM Networks, IEEE Communications Magazine, 39:11 (2001),174-182.

[52] H. Zhu, H. Zang, K. Zhu, and B. Mukherjee. A Novel, Generic Graph Model for Traffic Grooming in Heterogeneous WDM Mesh Networks, IEEE/ACM Transactions on Networking, 11:2 (2003), 285-299.

第4章 认知路由协议及体系结构

Suyang Ju,Joseph B. Evans

堪萨斯大学(University of Kansas),美国

4.1 引 言

如今,对移动自组网(mobile ad-hoc network)有许多可用的路由选择协议[1-4]。它们主要使用瞬时参数而不是预测参数来进行路由选择功能。它们不知道参数历史。例如,AODV、DSDV 和 DSR 使用跳数作为测度来构建网络拓扑。跳数的值由路由协议包来测量。现在的物理拓扑被用来构建网络拓扑。如果今后的物理拓扑被预测,则一种更好的网络拓扑可能通过避免潜在的链路故障或找到一条具有高传输数据速率的数据路径来构建。

多数传统的路由协议并没有考虑信道条件和链路负载。在这种情况下,假设对于所有的链路来说信道条件是相同的,而且负载程度对于所有链路也是相同的。不像有线网络,由于无线网络中节点的移动或者环境变化,信道条件和链路负载变化很大,所以无线网络中节点应该能够区分具有不同信道条件或负载程度的链路,来达到对网络的一个全局视图。用这种方法,路由选择功能可以更好地进行,而且网络性能可能会提高。

在最近几年,认知技术在无线网络中越来越普遍。多数研究关注于修改 PHY 层和 MAC 层的方案。几乎没有文章提出使用了认知技术的认知路由协议。与传统的路由协议相比,认知路由协议的主要好处是可以更好地构建网络拓扑,因为路由选择功能基于预测的参数来进行。从参数历史中得出预测参数。用预测参数,节点可以有一个大体的视图,这个视图反映了历史和未来,而不是对网络拓扑的瞬时视图。结果是认知路由协议应该能够提高网络性能。

在最优情形中,网络拓扑应该是自适应的和稳定的。为了使网络拓扑有适应性,路由更新应该被频繁触发来适应物理拓扑的改变,这可能引发大量开支。此外,为了使网络拓扑稳定,路由更新应该被不频繁地触发来最小化开支。所以,在准确和开支中间有一个权衡。认知路由协议应该能够通过学习历史和预测未来来最大化网络性能调整这个权衡。

本章描绘了在认知路由协议方面的一些理论和它们对应的协议架构。被认知路由协议所使用的协议架构是从被跨层优化路由协议所使用的协议架构发展而来

的,因为多数的认知路由协议本质上是跨层优化路由协议。4.2 节展示了移动感知路由协议(Mobility-Aware Routing Protocol,MARP)。移动感知路由协议是感知节点的移动性。用 MARP,节点能够在链路损坏前触发路由更新。4.3 节,展示了频谱感知路由协议(Spectrum-Awarerouting Protocol,SARP)。用 SARP,节点能够为每个链路选择一个合适的频率,并选择一个合适的路径来对应用数据分组进行路由选择。4.4 节对本章进行总结。

4.2　移动感知路由协议

4.2.1　背景

多数传统的路由协议[5-13],例如,AODV、DSDV 和 DSR,在对应的路由表输入被删除后触发路由更新。通常这发生在当链路故障和路由表输入计时器过期的时候。换句话说,网络拓扑被反应性地优化。反应性优化(reactive optimization)有两个主要问题:①路线可能频繁地暂时不可用。源节点需要等待直到在链路故障后找到一个新的路线来恢复传输。在移动网络中,链路故障频繁发生。②分组传输可能经常运行在低数据传输速率上。在无线网络中,如果自动速率回退能够使用,则数据传输速率主要受接收信号强度的影响。一方面,对于强的接收信号强度,可以采用高的数据传输速率;另一方面,对于弱的接收信号强度,需要采用低数据传输速率。接收信号强度主要受传输距离的影响。通常当链路即将发生故障时,接收信号强度会变弱。所以,分组传输不得不运行在低数据传输速率。结果网络性能可能并不好。所以,由于对于反应性优化的两个主要的缺点,多数传统路由协议的网络性能并不是很好。

特别地,对于使用跳数作为测度来构建网络拓扑的路由协议,问题可能就严重了。通常为了得到小的跳数,相邻节点之间的距离需要很大。在这种情况下,平均的接收信号强度会小,因为它非常受传输距离的影响。结果不得不采用低数据传输速率,而且链路故障的概率会高。进一步而言,修护频繁的链路故障可能会导致大量的开支。因此,需要一种路径选择的新方法来克服这个问题。

如果节点在链路故障前触发路由更新,则节点可能找到一个备选的下一跳节点到达目标节点。如果该节点与备选的下一跳节点之间的距离小,则信道条件可能会好,因为平均的接收信号强度可能高。为了获得更好的性能,现有的对应的路由表输入应该被备选的下一跳节点优先占用。

相关的工作包括以下两个方面。

(1)自适应距离矢量[14]:基于移动速度调整路由更新的频率和规模。路由更新的频率随着移动速度提高而提高。主要的问题是移动速度可能并不决定真实的物理拓扑变化。

（2）先占式 AODV[15]：将接收信号强度作为标志来决定链路是否发生故障。如果链路可能发生故障，则节点触发路由更新。主要的问题是接收信号强度变化会很大。结果可能导致非常大的开支。

从相关的工作[14-17]中，如果节点感知移动性，则网络性能可以提高。链路故障可能避免。结果暂时分组传输中断可能避免。而且，如果节点与备选的下一跳节点之间的信道条件比节点与当前下一跳节点之间的信道条件更好，则产出可能会提高。

4.2.2 方法

本节介绍一种新的移动性感知路由协议（Mobility-aware Routing Protocol，MARP）[18]。移动性感知路由协议有两个新功能：①它使用沿着路径的产出增量代替跳数作为选择路径的方法。产出增量（throughput increment）定义为在一个新应用加入后预测的将来的产出减去现在的产出。产出增量决定了将来的整个产出。由 MARP 选择的路径是稳定的。新方法克服了传统路由协议的问题。②它使用产出斜率的变化作为标志来决定链路是否将损坏并且按需求触发路由更新。如果备选的下一跳节点根据 MARP 的新方法来看更好，备选的下一跳节点就先占了已有的下一跳节点。这样，避免了潜在的链路故障，路由更新按需触发而且不必要的开支被最小化。

图 4.1 显示了平均产出作为负载的函数。对于高数据传输速率，产出的斜率也高。对于低数据传输速率，产出的斜率也低。当链路饱和时，产出的协议几乎为零。结果表明，产出的斜率是链路质量的清晰的指标。采用路径选择的新方法，MARP 能够容易地选择可以承载高数据传输速率的链路来获得更好的性能。有

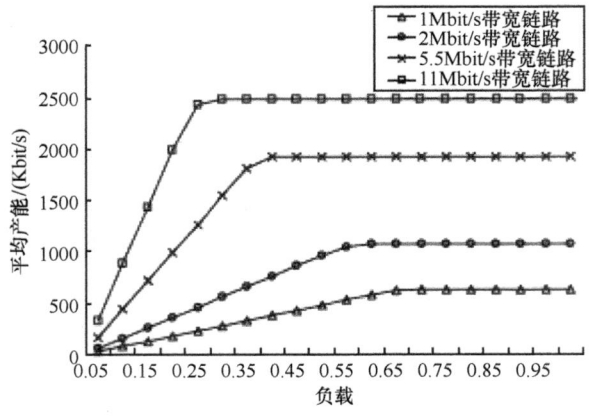

图 4.1　平均产出作为负载的函数

趣的是,对于低应用数据速率,具有不同数据传输速率的链路的产能几乎相同,这是因为链路没有饱和。如果产能用于标志,则节点可能并不能够区分链路。然而,具有不同数据传输速率的链路的负载非常不同。所以,MARP 使用产能的斜率作为标志来区分链路。

大多数链路的信道条件在链路损坏前变得更糟。当接收信号太弱不能被探测到时,链路发生故障,信道条件非常差。数据传输速率随着信道条件变坏而降低。因此,如果产出的斜率下降,则推断信道条件正在变坏。在这种情况中,节点应该触发路由更新来找到一个备选下一跳节点来先占已有的下一跳节点。用预测链路故障的新指标,MARP 能够在链路故障前优化网络拓扑。

1. 估计产出的斜率

式(4.1)表明产出的斜率是怎样计算的。这里 S 是产出斜率,FT 是预测的将来的产出,CT 是当前的产出,FL 标记将来的负载,CL 是现在的负载。产出增量定义为:当新应用加入时,现在的产出和将来的产出之间的不同。产出增量可以基于信道的类型来估计,这些信道具有不同的数据传输速率、链路现在的负载水平和当一个应用加入后链路将来的负载水平。如果产出增量被计算,则产出的斜率可以计算为

$$S = (ET - CT)/(FL - CL) \tag{4.1}$$

2. 估计链路的类型和负载水平

图 4.2 显示了平均端到端延迟作为负载的函数。图 4.3 显示了平均丢包率作为负载的函数。从这两幅图中,端到端延迟和丢包率可以根据具有不同数据传输速率的信道的类型和链路负载水平来估算。如果它们知道平均的端到端延迟和丢包率,则节点应该具有一些对信道类型和链路负载水平的感知。端到端延迟和丢包率是节点可观测的参数。通过学习或估算这些可观测的参数,节点能够获得对于预测的参数的一些感知,如沿着路径的产出增量和链路的负载水平。这些预测的参数对于节点并不一直是可用的。然而,它们对路由功能来说非常有用。节点使用认知技术来估算预测的参数。估算链路类型是一个非线性问题,因为端到端延迟作为负载的函数是非线性可分的。所以,应当使用一个三层神经网络及其学习方法。端到端延迟和丢包率是神经网络的输入。链路类型是神经网络的输出。仿真中训练一个神经网络来估算链路类型。此外,估算链路的负载水平是一个线性问题。我们仍然使用神经网络机器学习方法。端到端延迟和丢包率是神经网络的输入,链路的负载水平是神经网络的输出。仿真中训练了四个神经网络来估算链路的负载水平,负载水平导致了链路的不同类型。神经网络机器学习方法被用来进行离线学习。从仿真结果看,估算链路类型的准确率是 84%,估算链路负载

水平的准确率对于每种类型分别是 75%、74.2%、82.2% 和 86.4%。

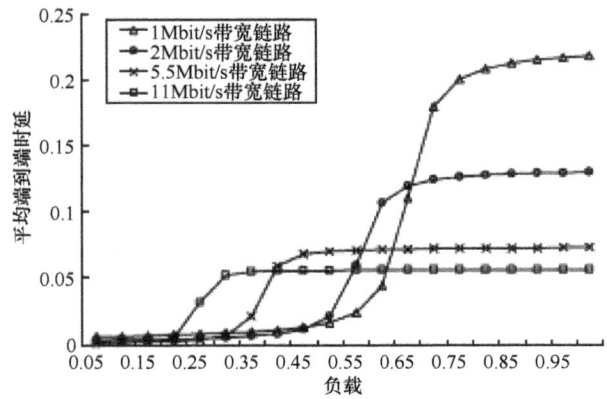

图 4.2　平均端到端延迟作为负载的函数

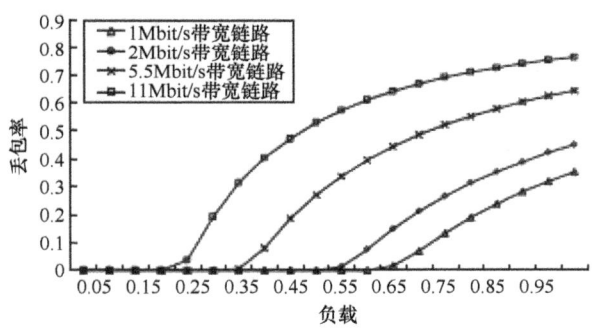

图 4.3　平均丢包率作为负载的函数

　　基于上面展示的方法,可以预测链路当前的产出和当前的负载水平。如果初始应用数据速率被预定义,则链路将来的负载类型和将来的产出就可以预测。所以,产出增量和产出的斜率就可以预测。

4.2.3　好处

　　利用 MARP,当触发路由更新时节点进行局部优化。当一个节点预测到链路将会损坏时,它通知上行节点。上行节点洪泛地发送线路请求分组。在许多情况下,源节点对局部优化是透明的。换句话说,分组传输没有中断。源节点不需要担心局部优化或者链路故障。所以,MARP 进行无缝切换。

　　采用 MARP,网络拓扑相对自适应和稳定。产出的斜率反映了信道条件和负载水平。与接收信号强度相比,它变化相对较小。节点能够预测产出的斜率。只要产出斜率下降,就进行局部优化。所以网络拓扑是自适应的。此外,路由更新按需触发。移动性感知路由协议结合了主动和被动路由协议的优点。当物理拓扑缓慢变化时,几乎没有路由更新会被触发。在这种情况下,MARP 作为被动路由协议,不必要的开支被最小化。当物理拓扑快速变化时,许多路由更新会被触发。在这种情况下,MARP 作为主动路由协议。网络拓扑对物理拓扑的变化适应很快。

移动性感知路由协议使用预测的产出增量作为测度来选择路径。不像在传统的路由协议中,预测的产出增量沿着路径被更新。目标节点选择具有最大的预测产出增量的路径。采用这种办法,MARP 克服了传统路由协议的问题,传统路由协议使用跳数作为测度在网络拓扑建设中选择路径。如果找到一个备选的下一跳节点,则新的产出增量的方法用来决定当前下一跳节点是否应该被先占。

网络性能在增长的开支成本下可以显著提高。促使 MARP 改进网络性能的关键因素是,节点能够找到一个更好的备选下一跳节点来先占已有的对应的路由表输入。在某些情况下,找到一个更好的备选下一跳节点可能是困难的。由于引发的大量的开支,网络性能可能更糟。此外,如果容易地找到一个更好的备选下一跳节点,则值得触发路由更新来先占已有的对应的路由表输入。所以,性能依赖于网络中节点的密度。

4.2.4　协议架构

图 4.4 显示了用来实现 MARP 的协议架构。CogNet 层插入在传输层和网络层之间。这个新的层是用来维护端到端延迟、丢包率和链路上发送给目标节点的包的数量的,并且为相邻节点预测链路类型,预测链路负载水平。CogNet 层每个包都插入报头来传送需要的信息。CogNet 层作为网络层的一个接口来使用认知引擎,MARP 为了移动性感知,只使用这个层。这个新的层为协议自适应性提供了其他机遇(如网络层选择使用 HIP)。

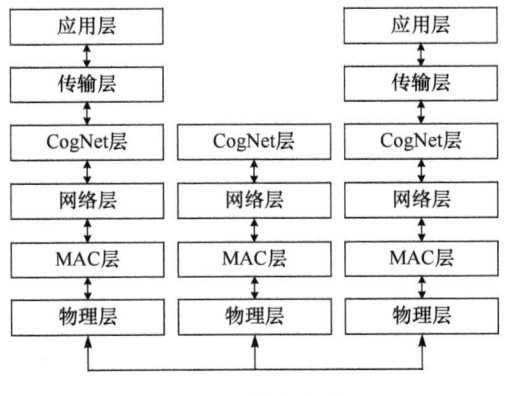

图 4.4　协议架构

这个协议架构是从跨层优化的协议架构演化而来的。移动性感知路由协议本质上是一个跨层优化的路由协议。它使用从较低层传来的信息来优化路由功能。然而,MARP 与传统跨层优化的路由协议之间一个大的区别是 MARP 使用从较低层得到的可观测的参数,通过认知引擎估算路由协议的预测参数。

路由表输入被修改用来追踪和管理端到端延迟、丢包率、产出增量和发送的分组数量。

接收器监视链路产出的斜率。它在决定产出斜率的变化之前,用两秒钟学习历史。用这种方法,产出斜率的变化可能降低,来提高预测的信心。如果链路被预测到将会故障,接收器发送给上行节点一个报警信号。报警信号只被洪泛一个跳步。它对相邻节点几乎没有影响。当上行节点接收到这个报警信号时,它触发路由更新来进行局部优化。路由更新的 TTL 与已有的对应的路由表输入相同。节点不应该重新执行路由更新来进行局部优化。否则,可能会导致大量不必要的开支。

4.3　频谱感知路由协议

4.3.1　背景

多信道能力越来越普遍。用多个可用频率,网络性能可以显著提高,因为来自相邻节点的干扰可能会减少或避免,而且网络负载可能会通过为链路分配不同的频率来释放。

在最近几年,802.11 接口的成本已经降低,这使无线节点装备多个 802.11 接口变得可行。然而,多数研究[19-24]关注于修改 PHY 层或 MAC 层的解决方案。一些文章[25,26]考虑了当节点有多个接口时的接口指定问题。当节点有多个接口时,网络层负责给一个路线指定一个合适的接口。

而且,全球定位系统(GPS)的使用越来越可行。多数的基于 GPS 的路由协议[27,28]关注于由 GPS 提供的物理拓扑。几乎没有协议特别地考虑严重影响链路信道条件的传输距离。

在多信道环境中为每个链路高效分配频谱是一个新兴的话题。通常图着色技术[29-32]被采用。然而,这是一个 NP-困难问题,而且链路的信道条件和链路负载没有考虑。换句话说,假设链路的信道条件是相同的,并且链路的网络负载是相同的。

提出了一个多信道多接口的路由协议。引入固定接口和可切换接口的概念。节点能够使用大多数可用信道甚至当接口数量比可用频率数量还小的时候。信道密度和信道交换延迟被考虑进行频谱分配。用所提出的方法,来自相邻节点的干扰可能降低或避免。链路的网络负载可能通过为链路分配不同的频率来释放。然而,当节点进行频谱分配的时候,并没有考虑链路的网络负载和链路的信道条件。

4.3.2 方法

频谱感知路由协议(Spectrum-aware Routing Protocol,SARP)[33]由两部分组成:一个是智能多接口选择功能(Intelligent Multi-interface Selection Function, MISF);另一个是智能多路径选择功能(Intelligent Multi-path Selection Function, MPSF)。通过多信道能力,节点能够为链路指定一个合适的接口,并选择一个合适的路径来对应用数据分组进行路由选择。

1. 智能多接口选择功能

假设不同接口在不同频率上是固定的。不像有线网络中的节点,由于无线通信的广播本质,无线节点能够使用固定在不同频率上的任何一个或两个接口来接力传播应用数据分组。所以,无线网络中的频率分配是灵活的。为了提高网络性能,信道密度应该被尽可能地提高。换句话说,链路应该使用大多数可用频率,而且来自相邻节点的干扰通过向相邻链路分配不同频率来最小化。

MISF 的目的是让 SARP 为链路分配一个在特定频率上固定的合适的接口,提高信道密度或最小化来自相邻节点的干扰。它使用路线请求分组的延迟作为测度来为链路指定一个合适的接口。

假设每个接口有一个单独的队列。采用这种方法,路线请求分组的延迟被用来估算平均分组延迟,平均分组延迟被用来估算平均排队延迟,平均排队延迟被用来估算链路的网络负载和信道容量。所以,路线请求分组的延迟被用来估算链路的网络负载和信道容量。

对于无线网络,分组延迟主要由排队延迟决定。通常地,与排队延迟相比,分组传播延迟和传输延迟可以忽略不计。链路网络负载影响到排队延迟,因为它影响平均队列长度。信道容量影响排队延迟,因为它影响每个排队的分组的传输时间。结果是通过学习排队延迟,节点能够对于链路的网络负载和信道容量获得一些认知。当分组被用不同频率传输时,它们会有不同的延迟。经常地,分组在其中有较小延迟的频率具有较低的网络负载或较大的信道容量。

在许多情况下,如果接口在不同频率上固定,则需要进行信道交换。信道交换延迟是排队延迟的一部分。MISF 考虑了信道交换延迟。它能够在一个节点的可用接口中平衡负载。

采用 SARP,网络拓扑相对自适应和稳定。路线请求分组的延迟主要由排队延迟决定。排队延迟是所有排队中的分组的传输延迟之和假设链路的网络负载变化缓慢,则它应该反映一个链路的平均信道容量。所以,用 SARP 构建的网络拓扑是精确的。

2. 智能多路径选择功能

MPSF 的目的是让 SARP 选择合适的路径来对应用数据分组进行路由选择。它使用沿着一个路径的预测的产出增量作为测度来选择路径。

沿着一个路径的预测的产出增量定义为：当一个新应用加入后沿路径预测的产出减去现在的产出。预测产出增量决定预测的将来整体产出。具有最大预测产出增量的路径应该被选择，来对应用数据分组进行路由选择。

五种具有不同信道特征的频率在仿真环境中被预先确定。它们有不同的阴影均值，如 4,6,8,10 和 12。它们的莱斯（Ricean）K 因子是 16。

通常地，由于大规模和小规模衰减，接收的信号强度具有大的变化。基于瞬时的接收信号强度来估算频率类型可能是困难的。然而，环境或者移动速度主要决定大规模和小规模衰减。与接收的信号强度相比，假设环境变化缓慢，如果节点观测到足够时间的信道特征，则节点可能能够估算频率类型。信道特征包括接收信号强度和相应的距离的均值与标准差。

神经网络机器学习方法用于估算频率类型。输入是接收信号强度和相应的距离的均值与标准差。输出是频率类型。

图 4.5 和图 4.6 显示了接收信号强度的均值和标准差作为距离的函数。由于无法察觉的信号，与具有小的阴影均值的频率类型相比，具有大的阴影均值的频率类型具有更大的接收信号强度均值。基于这两个图，神经网络被训练。在仿真中，在几千个数据分组被接收和学习后，估算频率类型的成功率大约为 80%。

在估算频率类型后，节点应该估算信道容量。如果使用自动速率回退，则由于变化的信道容量，数据传输速率会波动。预测数据传输速率的趋势可能是困难的。或者基于相应的距离和频率类型预测每个数据传输速率的概率可能是容易的。节点使用 GPS 来估算传输距离。所以，不像大多数基于 GPS 的路由协议，SARP 使

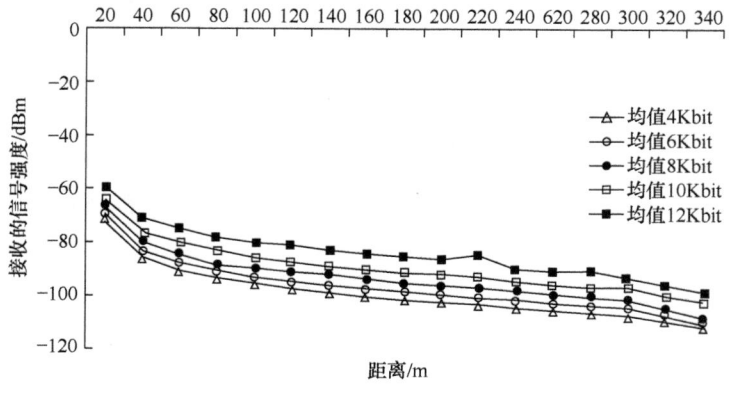

图 4.5　接收信号强度的均值作为距离的函数

用 GPS 来预测每个数据传输速率的概率。

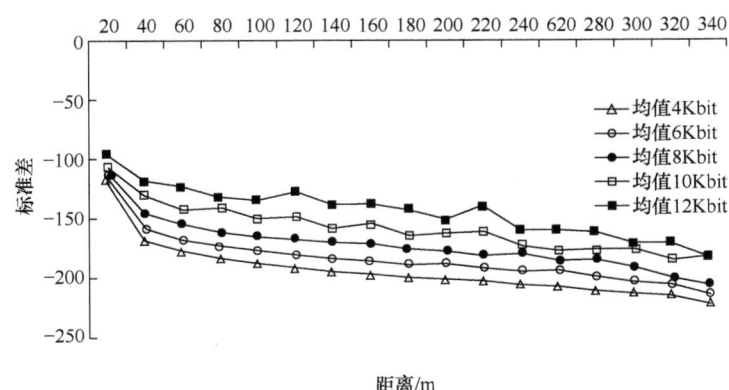

图 4.6 接收信号强度的标准差作为距离的函数

在估算频率类型和频率的信道容量后,节点应该预测沿着路径的产出增量。产出增量是基于现在的负载和预测的将来在一个新应用加入后的负载来预测的。现在的负载可以通过将应用数据除以具有不同概率的数据传输速率计算来得到。假设初始源应用数据速率是预定义的。在一个新应用加入后,预测的应用数据速率可以基于初始源应用数据速率和丢包率来计算,而且预测的将来负载可以通过应用数据速率除以具有不同概率的数据传输速率计算来得到。结果是基于每个数据传输速率的概率将沿路径的产出增量平均了。

4.3.3 好处

假设在仿真环境中接口的数量决定可用频率的数量。开支被定义为洪泛的 RREQ 数据分组的数量。如果 SARP 只有一个接口,那么只有 MPSF 工作。

为了展示 SARP 的好处,实现一个多信道的路由协议(Multi-channel Routing Protocol,MCRP)来与 SARP 比较。多信道路由协议实现如下:为控制包的路由选择使用一个通用的控制信道,节点接口之一专用于通用控制信道,源节点随机选择一个接口用于数据传输,中间节点需要使用与源节点同样的信道,信道分配是对路径进行而不是对链路。

比较具有一个接口的 SARP 和具有两个接口的 MCRP。对于 MCRP,意味着一个接口用于控制接口而另一个用于数据接口。从仿真结果来看,SARP 提高产出 77%。然而,端到端延迟也增加了 20%。接收的数据分组的数量增加了 77%。两个协议的开支几乎相同。所以,MPSF 显著提高了网络性能。

在接口数量是 2,4,6,8,10 的情况下,比较 SARP 和 MCRP。在这种情况下,MISF 和 MPSF 都工作。SARP 将所有的接口既用于控制接口也用于数据接口。

如果接口数量是两个,则意味着 SARP 有两个数据接口。然而,MCRP 只有一个数据接口。在这种情况下,SARP 提高了产出 250%。两个协议的端到端延迟几乎相同,两个协议的开支也几乎相同。所以,SARP 显著提高了网络性能。此外,如果接口数量是 10,则两个路由协议几乎具有相同的数据接口数量。SARP 提高了产出 130%,端到端延迟提高了 30%,接收分组数量提高了 250%。这意味着MISF 显著提高了网络性能。然而,开支增加了 300%。MCRP 的开支几乎是恒定的,但是 SARP 的开支随着接口数量增加而增长。

4.3.4 协议架构

图 4.7 显示了用来实现 SARP 的协议架构。该协议架构使用一个通用的数据库。这个数据库被较低的三层用来帮助 SARP 进行路由选择功能。每个节点有一个数据库。换句话说,数据库被分布式地分配到节点中。

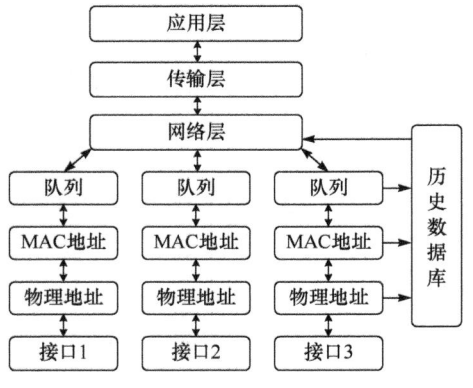

图 4.7 协议架构

数据库只用于让节点进行跨层优化,而不是用于让网络提供一些在节点中通用的信息。数据库收集信息,例如,从 PHY 层得到的接收信号强度和相应的距离的均值与标准差,从 MAC 层得到的应用数据速率和从队列中得到的排队信息,并一直更新收集的信息。当网络层进行路由选择功能时,它查询数据库来计算预测参数。这个协议架构的优点是没有新的层被插入进来。所以,ISO 协议体系结构没有很大更改。在一个数据分组中没有新的报头被插入,一个数据分组的开支没有增加。

被 SARP 使用的协议架构是从跨层优化的协议架构演化而来的,SARP 本质上是一个跨层优化的路由协议。它使用通用数据库只是为了频谱感知。协议架构可以为一些其他目的而容易地扩展。它也适用于一些其他的路由协议。

4.4 结 论

本章描述了认知路由协议上的一些理论和它们相应的协议架构。认知路由协议所使用的协议架构是从跨层优化的路由协议演化而来的。不像多数的传统路由协议，认知路由协议基于认知技术进行路由选择功能。它通过跨层优化来观测信息，通过机器学习方法来预测参数，并基于预测的参数进行路由选择功能。仿真结果表明认知路由协议可以显著提高网络性能。

参 考 文 献

[1] Richard Draves, Jitendra Padhye, and Brian Zill (2006) Routing in multiradio, multi-hop wireless mesh networks, Proceedings of MOBICOM 2004.

[2] Venugopalan Ramasubramanian, Zygmunt J. Haas, and Emin Gun Sirer(2003) SHARP: A hybrid adaptive routing protocol for mobile ad hoc networks, Proceedings of the 4th ACM International Symposium on Mobile Ad Hoc Network and Computing.

[3] Mingliang Jiang, Jinyang Li, and Y. C. Tay (1998) Cluster based routing protocol (CBRP), Internet draft.

[4] Brad Karp and H. T. Kung (2000) Greedy perimeter stateless routing for wireless networks, ACM/IEEE MobiCom.

[5] Elizabeth M. Belding-Royer (2003). Hierarchical routing in ad hoc mobile network, Wireless Communications and Mobile Computing, 515-532.

[6] Mario Joa-Ng and I-Tai Lu (1999). A peer-to-peer zone based two level link state routing for mobile ad hoc networks, IEEE Journal on Selected Areas in Communications.

[7] Charles E. Perkins and Elizabeth M. Royer (1997). Ad-hoc on-demand distance vector routing, MILCOM97 panel on Ad Hoc Networks.

[8] Charles E. Perkins and Pravin Bhagwat (1994). Highly dynamic destination sequenced distance vector routing for mobile computers, Proceedings of the ACM SIGCOMM.

[9] Ben Y. Zhao, Yitao Duan, and Ling Huang (2002). Brocade: Landmark routing on overlay networks, Proceedings of 1st International Workshop on Peer-to-Peer Systems.

[10] M. Liliana, C. Arboleda, and Nidal Nasser (2006). Cluster-based routing protocol for mobile sensor networks, QShine'06.

[11] Navid Nikaein, Houda Labiod, and Christian Bonnet (2000). DDR distributed dynamic routing algorithm for mobile ad hoc networks, MobiHOC 2000.

[12] Navid Nikaein, Christian Bonnet, and Neda Nikaein (2001) HARP-hybridad hoc routing protocol, International Symposium on Telecommunications 2001.

[13] Atsushi Iwata, Ching-Chuan Chiang, and Guangyu Pei (1999) Scalable routing strategies for ad hoc wireless networks, IEEE Journal on Selected Areas in Communications Vol. 17,

No. 8 August 1999.

[14] R. Boppana and S. Konduru (2001) An adaptive distance vector routing algorithm for mobile, ad hoc networks, IEEE Infocom.

[15] A. Boukerche and L. Zhang (2004) A performance evaluation of a preemptive on-demand distance vector routing protocol for mobile ad hoc networks,Wireless Communications and Mobile Computing.

[16] T. Goff, N. B. Abu-Ghazaleh, D. S. Phatak, and R. Kahvecioglu (2001)Preemptive routing in ad hoc networks, ACM SIGMOBILE.

[17] P. Srinath et al. (2002) Router Handoff: Apreemptive route repair strategy for AODV, IEEE International Conference.

[18] Suyang Ju and Joseph B. Evans (2009) Mobility-Aware Routing Protocol for mobile ad-hoc networks, Cog Net Workshop 2009.

[19] A. Nasipuri, J. Zhuang, and S. R. Das (1999) A multichannel CSMA MAC protocol for multihop wireless networks, WCNC'99.

[20] A. Nasipuri and S. R. Das (2000) Multichannel CSMA with signal power based channel selection for multihop wireless networks, VTC.

[21] N. Jain, S. Das, and A. Nasipuri (2001) A multichannel CSMAMA C protocol with receiver-based channel selection for multihop wireless networks, IEEE International Conference on Computer Communications and Networks(IC3N).

[22] Shih-Lin Wu, Chih-Yu Lin, Yu-Chee Tseng, and Jang-Ping Sheu (2000) A new multichannel MAC protocol with on-demand channel assignment for multi-hop mobile ad hoc networks, International Symposium on Parallel Architectures, Algorithms and Networks (ISPAN).

[23] Wing-Chung Hung, K. L. Eddie Law, and A. Leon-Garcia (2002) A dynamic multi-channel MAC for ad hoc LAN, 21st Biennial Symposium on Communications.

[24] Jungmin So and Nitin H. Vaidya (2004) Multi-channel MAC for ad hoc networks: Handling multi-channel hidden terminals using a single transceiver,Mobihoc.

[25] Jungmin So and Nitin H. Vaidya (2004) Arouting protocol for utilizing multiple channels in multi-hop wireless networks with a single transceiver,Technical Report, UIUC.

[26] U. Lee, S. F. Midkiff, and J. S. Park (2005) Aproactive routing protocol for multi-channel wireless ad-hoc networks (DSDV-MC), Proceedings of the International Conference on Information Technology: Coding and Computing.

[27] S. Basagni, I. Chlamtac, V. R. Syrotiuk, and B. A. Woodward (1998) A distance routing effect algorithm for mobility (DREAM), Proceedings of the Fourth Annual ACM/ IEEE International Conference on Mobile Computing and Networking.

[28] X. Lin, M. Lakshdisi, and I. Stojmenovic (2001) Location based localized alternate, disjoint, multi-path and component routing algorithms for wireless networks, Proceedings of the ACM Symposium on Mobile ad-hoc Networking and Computing.

[29] K. Leung and B.-J. Kim (2003) Frequency assignment for IEEE 802. 11wireless networks, IEEE Vehicular Technology Conference.

[30] P. Mahonen, J. Riihijarvi, and M. Petrova (2004) Automatic channel allocation for small wireless local area networks using graph colouring algorithm approach, IEEE International Symposium on Personal, Indoor and Mobile Radio Communications.

[31] A. Mishra, S. Banerjee, and W. Arbaugh (2005) Weighted coloring based channel assignment for WLANs, Mobile Computing and Communications Review.

[32] A. Mishra, V. Brik, S. Banerjee, A. Srinivasan, and W. Arbaugh (2006) A client-driven approach for channel management in wireless LANs, INFOCOM.

[33] Suyang Ju and Joseph B. Evans (2009) Spectrum-aware routing protocol for cognitive ad-hoc networks, IEEE Globe Com 2009.

第 5 章　网 格 组 网

Anusha Ravula,Byrav Ramamurthy
内布拉斯加林肯大学(University of Nebraska-Lincoln),美国

随着网络技术和高性能计算的增长,对网格计算的研究也变得流行起来。网格计算要求能将大量数据及时地传输。

本章讨论网格计算和网络。从对网格计算的引言开始,然后讨论它的架构,再给出网格网络的一些信息,接下来给出各种当前的网格网络的应用。本章剩下的部分专注于网格网络,讨论了由各种研究者开发的关于网格网络中资源调度的技术。

5.1　引　　言

今天,对于计算、存储和网络资源的需求持续增长。与此同时,这些大量的资源仍然未被有效利用。为了充分利用这些资源,在网络上通信时使用共享的计算和存储资源。设想一个研究团队进行一项包含若干个任务的工作。每个任务需要不同的计算、存储和网络资源。根据资源可用性将任务在网络上分布开,称为分布式计算。网格计算是分布式计算的一个最近的现象。"网格"这个词在 20 世纪 90 年代中期被创造出来,表示一种为高级科学和工程而提出的分布式计算基础设施[16]。

通过高效利用地理分布的和异构的计算资源,网格计算能够用来执行大规模科学计算应用[30]。网格计算提供基础设施,可以实现高性能计算。通过使用由网格计算支撑的高性能虚拟机,大规模工作的执行是可能的。网格计算要求大量数据及时地传输,如资源信息、输入数据、输出数据等。

在接下来的章节中讨论了网格和它的体系结构。详细讨论网格计算和网络,包括它们的一些应用,也展示了最近时间里提出的各种调度机制的文献综述。同时,讨论了基于光电路交换和光突发交换的网格网络的一些研究。

5.2　网　　格

一个网格由计算、网络和存储资源构成。计算资源包括 CPU、存储器等。网络资源包括路由器和网络链路,而存储资源提供数据生成和存储能力[27]。有几种

可以从网格基础设施中受益的应用,包括协同工程、数据探索、高吞吐计算和分布式超级计算。根据文献[9],网格功能可以平分成两个逻辑网络:计算网格和接入网格。计算网格为科学家提供一个平台,这里能够接入虚拟的无限制的计算和分布式数据资源。接入网格将提供一个群体协作环境。

5.2.1　网格计算

网格使用许多分离的计算机的资源,由一个网络松散地连接,来解决大规模的计算问题。网格[16]将提供高性能计算能力,并向动态虚拟组织提供灵活的资源共享。如前所述,网格计算涉及协作和共享的计算、存储、或者动态的地理分散的组织上的网络资源。它通过将具有共同目标的社群结合到一起并创建虚拟组织,进行这些资源的聚集和共享。

网格架构代表所有这些成为可能的蓝图。这个架构经常被描述为层的形式,每层提供一个特别地功能。它们是网络、资源、中间件、应用和服务件层。网络层提供网格中对资源的连接性。资源层包含所有的作为网格一部分的资源,如计算机、存储系统、特别地资源如传感器。中间件侧卧能够提供工具,这样较低层可以参与同一个网格环境。应用和服务件层包括所有的使用网格资源来完成目标的应用。它也称为服务件层,因为它包括所有的普通服务,这些服务很大程度上代表应用特有的管理功能如记账、日程表及其他。

一个连接网格资源的网络称为网格网络。网格网络[27]试图提供一种使用过量资源的高效方法。在 2004 年,Foster 和 Kesselman[16]定义了计算网格为“一种用来提供对高端计算能力的可靠的、连续的、普遍的和便宜的接入硬件和软件的基础设施”。

各种网格被开发用于试验床来实现各种数据密集的和 eScience 应用。科学界正在进行各种大规模的网格部署,例如,由“Data Grid”项目国际部署的分布式数据处理系统——GriPhyN(www.griphyn.org),PPDG(www.ppdg.net),EU DataGrid(http://eu-datagrid.web.cern.ch/eu-datagrid/),iVDGL(http://igoc.ivdgl.indiana.edu/),DataTAG(http://datatag.web.cern.ch/datatag/),NASA 的信息动力网格(information power grid),连接了位于荷兰五个大学的集群的分布式 ASCI 超级计算机(DAS-2)系统,DOE 开放科学网格(Open Science Grid,OSG)(www.opensciencegrid.org/),在 DOE 实验室中连接系统的 DISCOM 网格,以及正在建设的用来连接美国主要的学术机构的 TeraGrid(www.teragrid.org/index.php)。这些系统中每个都集成了多个机构的资源,每个都有自己的策略和机制;使用开放的、一般用途的协议(如 Globus Toolkit 协议)来协商和管理共享;处理多个 QoS 维度,包括安全、可靠性和性能。开放式网格服务体系结构(Open Grid Services Architecture,OGSA)使 Globus Toolkit 现代化并扩展它来

处理新兴的要求,也包含 Web 服务。像 IBM,Microsoft,Platform,Sun,Avaki,Entropia,United Devices 这些公司对 OGSA 提供了强力的支持。

5.2.2　Lambda Grid 网络

Lambda 是可以用来创建端到端连接的波长。Lambda Grid 是基于光电路交换网络的分布式计算平台,它处理源于 eScience 领域的挑战性问题。Lambda Grid 采用波分多路复用和光学路径。光学组网在创建支持高级网格应用的高效基础设施方面扮演了重要角色。

有一些值得注意的项目,它们正在开发被 Lambda Grid 需要的通用基础设施(网络配置解决方案、中间件、协议)。其中一些是 Phosphorus(www.ist-phosphorus.eu/),OptIPuter(www.optiputer.net)和 EGEE(www.eu-egee.org/)。

Phosphorus 是一个 FP6 IST 项目,处理一些关键的技术挑战来提供跨多个域的按需求、端到端的网络服务。该项目集成了应用中间件和光传输网络。

OptIPuter 是一个 NSF 资金支持的项目,为在并行光网络上整合高性能计算和存储资源创建基础设施。目标是使生成、处理和可视化数据的 eScience 协作应用能够在 PB(petabyte)级使用。

EGEE(Enabling Grids for E-science)关注于创建一个生产质量网格基础设施,并使它可以被广大范围的学术和商务用户使用。这个项目的一个值得注意的结果是高质量 gLite 中间件解决方案,它以一种面向服务的方式提供高级特性如安全、工作监控和数据管理。网格计算的应用之一可以在云计算中看到。在下面章节将讨论在云计算中正在进行的研究。

5.3　云　计　算

云计算[1]旨在需要高计算能力的应用。它由计算网格的集群支撑。它在所有应用中给予并行化,因此降低了成本并增加了水平可扩展性。这种分布式和并行化的观念在基于 Web 的应用上帮助了用户。它也提供存储和原始的计算资源。文献[7]的作者澄清了专业术语,并提供简单公式来量化云计算和传统计算之间的比较,也讨论了怎样识别云计算的顶级的技术和非技术障碍和机会。许多公司像 Google 和 IBM 通过提供计算能力向大学提供这些服务[2]。Vmware,SunMicrosystems,Rackspace US,Amazon,BMC,Microsoft 和 Yahoo 是一些其他主要的云计算服务提供商。一些云服务在下面进行讨论。

(1) Amazon.com 为软件开发者扩展了对它的弹性计算云(Elastic Compute Cloud,EC2)服务的接入,这使小软件企业购买来源于 Amazon 数据中心的处理能力[3]。简单的存储服务(Amazon S3)以非常低的价格为用户提供了存储。S3 只要 15 美分每 GB 每个月。

（2）使用 Google App Engine,用户可以容易地设置配额并在云上部署应用。使用代码,用户可以将旧的应用部署到云上。

（3）Nimbus(www. workspace. globus. org),一种云计算工具,是一个开源的工具包,它将集群转变为基础设施即服务(Infrastructure-as-a-service,Iaas)的云。

（4）微软的云服务,Windows Azure,支持云应用的建立和部署。它通过微软数据中心为开发者在互联网上提供按需的计算、主机存储、扩展和管理 Web 应用等功能。

（5）Sun Cloud 允许用户从 Web 浏览器来管理虚拟数据中心。它为那些希望存档或运行多个 OS/应用堆栈的用户提供上传服务。

在下面的章节中,讨论了在网格网络中工作调度时考虑的各种资源。

5.4 资 源

5.4.1 网格网络资源

各种网格网络资源如网线、交换机、路由器、放大器、多路选择器、多路分配器等。所有的网络资源对于不同网络可以不同地设置。已经有的各种网络在下面进行介绍。

（1）交换式以太网:一个使用交换机来连接单个主机或段的以太 LAN。它对扩展已有以太网的带宽是一种有效和方便的方式。基础设施如 Internet2 Network 使用交换式以太网的高级能力。

（2）SONET/SDH 电路:对 TDM 数据的光传输的一种标准。SONET/SDH 运行在光网络上。虽然它使用光纤作为传输媒介,但是它所有的交换、路由选择和处理都是电子的。

（3）WDM 光路:对 WDM 数据的光传输的 1 层电路。它通过一个使用波长路由的电路交换网络来实现。它被用来支持那些长时间使用大量带宽的应用。

（4）WDM 波段:用来传输数据的一个波段的波长。

（5）光突发交换(Optical Burst Switching,OBS):运行在子波长级的交换概念,且被设计为通过对进入的突发的波长/光路的快速安装和拆卸来更好地改进对波长的利用。它在有小量或中量数据要被发射时被使用。

5.4.2 光网络试验床和项目

网络试验床给研究者一个广大范围的实验环境来开发、调试和评估系统。应用需求是带宽需求的驱动力。全世界有各种可用的试验床,以及在它们上面正在部署的项目。一些试验床和项目如 DRAGON(http://dragon. east. isi. edu/),UltraScienceNet(www. csm. ornl. gov/ultranet/),CHEETAH(www. ece. virginia. edu/cheetah/),ESNet(www. es. net/),HOPI(www. internet2. edu/pubs/HOPI-Infosheet. pdf),NLR(www. nlr. net/),GENI(www. geni. net/),DCN(www. internet2. edu/network/dc/)。

（1）UltraScienceNet:因大规模科学计算应用的需要而开发。它提供高速、广域、端到端保证的带宽配置。它由美国能源部支持。

（2）CHEETAH：电路交换的高速端到端传输架构(circuit-switched high-speed end-to-end transport architecture)。它被开发用来创建一个网络,为应用提供按需的端到端专用的带宽信道(如 SONET 电路)。它在美国东南地区部署,由 NSF 支持。

（3）DRAGON:GMPLS 光网络上的动态资源分配(dynamic resource allocation over GMPLS optical networks)。在一个试验的基础设施上使用新兴的标准和技术,提供网络基础设施应用支持和高级的网络服务。它也动态地提供认证、授权和核算和跨异构网络的调度。这个控制平面也是 HOPI 的骨干。它在华盛顿特区地区部署,由 NSF 支持。

（4）ESNet:能源科学网络(energy sciences network)。它被开发来提供一个网络和协作服务,支持机构的研究任务。它最初是一个分组交换 IP 网络。由美国能源部支持。ESNet 也包括高级的电路交换能力。

（5）HOPI:光路分组混合基础设施(hybrid optical packet infrastructure)。这个基础设施在全国级和地方级都可用。它实现了共享的 IP 分组交换与动态配置光波长的混合。它使用如 Internet2 波和区域光网络(Regional Optical Network,RON)这样的基础设施。它由 Internet2 共同参与者支持。HOPI 试验床能力现在通过 Internet2 DCN 来提供。

（6）NLR:高速国家计算机网络(national lambda rail)。它被开发来缩小光网络研究与最先进的应用研究之间的差距。它支持密集波分复用(Dense Wavelength Division Multiplexing,DWDM),给应用按需求提供额外的带宽。它也支持其他试验床如 HOPI。

（7）GENI:全球网络创新环境(global environment for network innovations)。新兴的设施来为研究者提供物理网络组件和软件管理系统。GENI 将提供允许数千个切片同时运行的虚拟基底。它由 NSF 支持。

（8）DCN:动态电路网络(dynamic circuit network)。它是一个需要专有带宽的终端用户之间的一个短期交换服务。它被开发来提供一个自动预留系统来按需调度资源或电路。它由 Internet2 架构支持。DCN 服务现在写为可互操作的按需网络(Interoperable on-demand Network,ION)。

5.4.3 计算资源

今天超级计算机主要用于军事、政府机构、大学、研究实验室和大型公司来为各种任务解决大型复杂的计算,例如,仿真核爆炸,预测气候变化,设计飞机,分析身体内哪种蛋白质可能与新药有关。但是这些实验持续时间长。如果这些实验可以在一个分布式的环境中进行,则将会减少执行时间。为了达到这个特性,由可用的网格试验床来调度计算资源。任务调度管理系统(Portable Batch System, PBS)[4]是一个进行任务调度的排队系统。PBS Pro[4]被开发用来自动化调度并管理在集群、对称多处理器(Symmetric Multi Processor, SMP)和混合配置上的计算负载。因此它提高生产力和决策能力。它支持按需的计算、工作负载管理、高级调度算法、可扩展性、可用性。

TeraGrid 在全美国集成了高性能计算机、数据资源和工具及其高端实验设施。TeraGrid 资源包括超过 750 万亿次计算能力和超过 30 PB 的在线和存档数据存储,而且能在高性能网络上快速接入和获取。研究者也可以接入超过 100 个学科专业数据库。

开源的 Globus Toolkit(www. globus. org/toolkit/)是网格的一项基础的使能技术,让人们安全地在线共享计算能力、数据库和其他工具,跨越公司的、机构的和地理界限而不牺牲本地自治性。Globus 资源分配管理器(Globus Resource Allocation Manager, GRAM)[5],帮助远程应用执行和活跃任务管理来处理请求。它管理并支持在应用管理和可用资源管理之间的协议交互。它由 TeraGrid 计算资源提供唯一的这种机制。

每个任务的最佳工具取决于个体工作流需求。已经有几个软件层来简化任务提交。对于本地任务提交,PBS 可以被用来建立和将批量任务提交给大量的集群计算机。对于远程任务提交,Globus Toolkit 位于 PBS 上,但包括认证、调度和远程提交所需要的资源描述工具。然而,如果有一些任务要独立运行,则 Condor-G 在 Globus 之上提供了一个软件层,允许高级任务提交和使用单个脚本的监控能力。

开放科学网格(Open Science Grid, OSG)是来自全美国的大学、国家实验室和计算中心的软件、服务和资源提供商的一个聚合体,由 NSF 和 DoE 提供支持。它的建立目的是用于满足日益增长的计算和需要高吞吐量计算的数据管理应用。OSG 与 TeraGrid 和 Internet2 协同,提供更好的基础设施。

通过一套通用的中间件,OSG 将计算和存储资源结合在一起,并在研究性网络上,从校园和研究机构带到一个通用的、共享的网格基础设施。它们使用专用的、被调度的和机会的备选项的一个结合来为参与的研究机构提供比正常可用更多的资源的一个低门槛的接入。OSG 的虚拟数据工具包(virtual data toolkit)为在参与的计算和存储节点上安装并提供包装过的、测试过的和受支持的软件集合，并为终端用户研究者提供一个客户包。

5.4.4　其他资源

除了 CPU 和网络带宽调度，其他资源如存储和无线传感器也可以被调度。例如，Planetlab(www. planet-lab. org/)是一个全球的网络研究试验床，能够共享如存储甚至是网络测量工具这样的资源。有许多可用的试验床来共享和调度其他资源，如传感器网络、望远镜和许多其他的资源。WAIL Schooner(www. schooner. wail. wisc. edu/)是一个由威斯康星大学(University of Wisconsin)管理的试验床，使终端用户能够调度网络硬件组件如路由器、交换机和主机组件。另一个称为 EMULab(www. emulab. net/)的试验床是由犹他大学(University of Utah)管理的。这个试验床使用户能够为他们的实验调度传感器和其他器件。类似地，DETER(www. isi. edu/deter/docs/testbed. overview. htm) 和 EMist(www. isi. edu/deter/emist. temp. html)是用来在计算机安全领域运行各种实验的试验床。

在接下来的章节，将讨论网格网络中的调度，也讨论由研究者开发的一些调度技术。

5.5　调　　度

网格资源的调度和管理是一个正在进行的研究和开发领域。有效调度在优化资源使用上是重要的。调度是将网格应用的任务在空间上和时间上分配给需要的资源，并满足它们的优先级约束。地理分布的计算资源的有效使用一直是许多项目如 Globus、Condor、Legion 等的目标。一些开源调度器已经为集群服务器开发出来，服务器包括 Maui、Condor、Catalina、Loadleveler、任务调度管理系统(Portable Batch System, PBS)和负载共享设施。各种调度方法的首要目标是改进整体的系统性能。网络和计算资源的同时调度一直称为联合调度，其目标是最大化可调度任务的数量。经典的列表算法是一种常用的技术，用来为网格服务联合调度网络。整数线性规划方程(ILP formulation)也被用于解决网络中的调度问题。最近的研究文献[14]、[19]、[21]、[28]已经部署了列表算法来解决 Lambda Grid 网络中的调度问题。一些作者如 Liu 等[21]，Banerjee 等[10]，Demeyer 等[14]也使用 ILP 来规划 Lambda Grid 网络中的调度问题，来解决联合调度问题。

在文献[8]中，协同分配问题被正式定义，而且一种称为同步排队(Synchronous Queueing, SQ)的新方案，其不需要对资源的预定能力，被提出来实现网格中具有 QoS 保证的协同分配。一般地，对于任务调度，网格应用可以由一个有向无环图(Directed Acyclic Graph, DAG)来建模，其中一个节点代表一个任务，一条边代表两个邻接任务之间的通信[21]。先前为这种 DAG 调度已经提出了一些算法[18,21,28]。然而，它们大多数假设了一个理想的通信系统，其中资源被完全连接并且任何两个资源间的通信可以在任何时间被提供。

有一种新的调度模型[22]考虑了重复的数据位置和处理器利用最大化来解决调度的不匹配问题。基于该调度模型实现的调度器，称为"变色龙"，在需要大量处理器和数据重复机制的数据密集型应用中，能够显著提高性能。该调度模型被设计为在一个地点上执行任务。

Farooq 等[15]展示了对于按需调度和光路预定的一个 NP-困难问题的一种可扩展算法。该算法重新调度了更早的请求（如果必要），并在一个新请求到达时找到一种可行的调度方案（如果存在）。除了预定，该算法也可以调度不需要预定和截止时间的尽力而为（best-effort）任务。

在文献[17]中，分析了在对光网格中计算和网络资源的联合调度时间中减少通信冲突的两种方案。这两种方案是自适应路由选择和网格资源选择。其提出的自适应路由选择方案使高流量迂回，并且为每个边的调度找到了一个最早的开始路线。在网格资源选择方案中，将一种跳字节（hop-byte）方法合并到资源选择中，还提出一种多级方法来将任务调度给附近的资源，减少个体链路上传输的平均数据。

Wang 等[29]研究了光网格中的精确任务调度。提出一种理论模型，并揭示理论模型与光网格试验床上的实际执行之间的变化。通过研究光网格的任务执行和数据传输情形，提出一个现实的模型。在理论模型中，开发一种光网格最早结束时间（Optical Grid Earliest Finish Time，OGEFT）算法用来调度任务（调度使用列表算法）。但是这个算法没有考虑光网格的实际运行情形如光路建立。现实模型通过将 τ_c（光路建立和数据传输时间）公式合并进 OGEFT 得到。现实模型证明了改进的准确性。

文献[26]的作者提出并开发一个网格代理，通过发现计算和数据资源从中间调解对分布式资源的接入，基于数据资源的优化来调度任务并将结果返回给用户。代理支持了对创建网格应用的一种描述性的动态的参数规划模型。代理中的调度器将执行任务时有关的数据传输量最小化，执行任务是将任务分发到接近数据源的计算节点。将这个代理应用在网格支持的高能物理分析，Belle 分析软件框架（Belle analysis software framework），资源分布在整个澳大利亚的一个网格试验床上面。

在文献[20]中，作者提出并比较了光网格中一种保护和恢复方案。在保护方案中，每次通信都被一个与工作光路不相交的备用光路所保护。对于一个给定任务，一旦具有最早结束时间的计算节点的分配被决定，具有最早结束时间的光路会被考虑为正在工作，而另一条考虑为备用光路。在恢复方案中，使用列表调度算法来生成最初的调度安排而不考虑链路故障。当一个链路故障发生时,如果备用光路可以被足够快地建立,与目标任务原来的调度安排一致,则恢复过程结束。否则,最初的调度安排不再有效,所以,这个安排需要被释放,并且一个新的调度安排基于可用资源被重新计算。两种情况的目标都是最小化任务完成时间。

　　文献[11]的作者为网格引入了一种称为流量工程(traffic engineering)的新过程,它使网格网络能够对资源可用性的波动来自我调节。为了进行自我调节,周期性地监控网络资源并相应地进行代码迁移。

　　一种新的蚁群优化(Ant Colony Optimization,ACO)路由算法被提出[14],在源节点和目标节点之间找到一条最优路径。ACO算法仿真了一个真实蚁群来找到一条最优路径。目标节点未知,而且有些数据不能被发送给许多目标节点,这个算法选择任务可以成功执行的一个目标节点。在这项工作中,数据分组被当成蚂蚁,它们持续地探索和标识资源与网络状态中的变化。提出的ACO算法被证明提高了性能。

　　在后续章节,讨论基于光电路交换和光突发交换的对光网格的各种研究。

5.6　光电路交换和光突发交换

　　一些基于光电路交换(Optical Circuit Switching,OCS)或光突发交换(Optical Burst Switching,OBS)的光网络架构被提出,目标是高效地支持网格服务。对OCS还是OBS的选择取决于网格应用的带宽或延迟要求。OCS允许用户在波长级(如10Gbit/s或40Gbit/s)接入带宽,而OBS允许在子波长级接入带宽。

　　一般地,有些架构或基于OCS(通过波长路由选择)或基于OBS,取决于网格应用的带宽或延迟要求。在文献[25]中,提出了一种基于OCS的方法(Grid-over-OCS),对于在一段长时间里需要巨大带宽的应用。在这个方法中,网格和光层资源可以被管理,或者以一种叠加覆盖的方式分别地管理,或者通过为网格资源配置扩展光学控制平面而联合管理。支持网格服务的另一种类型的架构是基于OBS(Grid-over-OBS),适用于其每个任务规模小的应用[13]。

5.6.1　对基于OCS的网格的研究

　　最近许多作者如Wang等[28],Liu等[21],Banerjee等[10]和Demeyer等[14]通过修改传统的算法,提出并开发新的算法来联合调度计算和网络资源。在文献[25]中为需要巨量带宽的应用提出一种基于OCS的方法,这里管理网格和光层资源可以或者以一种叠加覆盖的方式分别管理,或者通过扩展光学控制平面而联合管理。

　　在文献[18]中,作者在对Lambda Grid网络中新兴的分布式计算的应用提供高效支持的背景下,定义一个联合调度问题。他们关注于联合调度网络和计算资源来最大化任务接受率并最小化总调度时间。各种任务选择算法和路由算法被提出并在一个 24 节点的 NSFNet 拓扑上测试。提出的算法的可行性和效率基于各种测度被评估,测度如任务拥塞率和有效性。

由 Wang 等[28]和 Liu 等[21]提出的算法实现了为网格资源安排节点的任务调度。Wang 等[28]也在通信调度中使用一种自适应的路由方案,沿着光路调度光网络中的边。

Wang 等[28]提出一种算法最小化提交任务的完成时间。他们提出了一个改进的列表调度算法,最早开始路线优先(Earliest Start Route First, ESRF)算法。该算法被用来将资源从 DAG 映射到由 O-Grid 模型扩展的资源系统。这里 ESRF 算法被用来改进调度的准确性。这个算法通过修改传统的 Dijkstra 算法,为每个调度安排决定最早开始路线,并减少总的调度时间长度。当与固定的和备选的路由算法比较时,证实了 ESRF 的更好的性能,特别是在具有高节点度的情形。同时,也发现当充足的通信资源可用时,所有路由算法的性能是相同的。改进的列表算法使用贪婪方法分配资源,可能并不总是最短路径。由于这个原因,作者评论 ESRF 路由算法的性能可以用一个更好的改进列表算法来提高。

新算法[28]在一个 16 节点的网络上实现,NSF 网络和一个 mesh 圆环网络和文献[21]中的算法在 ASAP 网络上实现。

Liu 等[21]和 Banerjee 等[10]的工作的独特性是,为调度都使用了一个整数线性规划(Integer Iinear Programming, ILP)方法。文献[10]的作者也用 ILP 实现了一个贪婪方法来提高网络的可扩展性。

Liang 等[19]基于光网络的特征提出一个光网格模型。该模型展示一种通信冲突感知解决方案来最小化总的执行时间。这个解决方案对于光网格中给定的任务是基于列表调度。Dijkstra 算法被修改并部署来最小化总的调度时间。修改的 Dijkstra 算法被证明更可行和高效。

Liu 等[21]展示最小化完成时间和最大化成本使用来满足一个任务的方程。他们提出一个算法来联合调度网络和计算资源。用任意自适应算法使用固定路由选择来调度网络资源。提出了一个贪婪方法来顺序地调度并执行任务,而没有冲突,也提出将贪婪方法嵌入列表算法中的一种列表调度方法。为了最小化网络中的成本使用,提出一个 min-cost 算法,它用期限约束试图最小化网络中有关的成本。结果显示对于一个流水化 DAG,新的列表算法的调度长度比传统列表算法更小。同时,也报告了对于一个一般的 DAG,新算法比起传统列表算法来说优点无关紧要。虽然网路的调度和节点调度的计算是有效的,但它更具有应用特殊性。自适应算法的使用可以提高整个网络的性能。

Banerjee 等[10]考虑了文件传输路线的识别并用各自的电路调度安排这个路线。对于 Lambda Grid 上的路由选择和调度,作者用公式表示一个数学模型,并使用贪婪方法来解决。为在线和离线调度,提出一种混合的方法。在这个方法中,为路线和文件传输解决了离线调度。为了传输整个文件而对在线调度中时间的重调整,减少总的传输时间。开发的 TPSP 算法证明了其使用 MILP 来优化的能力,用于离线调度。MILP 的不合适的缩放使作者对 TPSP 使用贪婪方法。这种方法选择一个文件并决定它的最早路线,然后沿着那条路线调度安排那个文件的传输。

他们[10]也提出了两种算法来决定最好的文件,然后这个文件通过 APT-Bandwidth 调度算法或 K-Random Path(KRP)算法被路由选择和调度。最佳文件的选择或者用最大文件优先(Largest File First,LFF)算法或者用最远文件优先(Most Distant File First,MDFF)算法。对于选择的文件,APT 算法对于一个给定的时段计算了源节点和目标节点之间所有的时隙。实现了带宽调度算法,其选择最合适的时隙。通过使用 KRP 算法,最佳路线从 K 个随机路径中被选出。网络中文件传输时,文件可能丢失,或者比结束时间更早传输。文件传输的更早结束将允许为后来调度的应用分配子波长。当文件丢失时,整个文件或者文件丢失的部分需要被重新传输。通过在不同网络上评估他们提出的算法,作者证实结合 LFF 和 KRP 算法会具有更好的性能。

5.6.2　对基于 OBS 的网格的研究

在文献[12]中,作者为网格提出了一个新的高效且节约成本的基础设施,基于一个双链路服务器(dual-link-server)OBS 网络,来提高突发竞争解决方案的性能,目标是解决冲突问题。文献[13]的作者讨论一种基于 OBS 支持网格服务的架构,适用于任务规模小的应用。在文献[24]中,OBS 被用于多资源多投(Multi-Resource Many-cast,MRM)技术,因为它能够在统计意义上多路复用分组交换而不增加开支。使用各种算法来决定目标节点和资源选择。

光突发交换(OBS)是联合调度网络和计算资源的又一种方法,在文献[24]和文献[25]中提出。She 等[24]的工作在网络上使用了多投(many-casting)来进行 OBS,Simeonidou 等[25]使用了对已有的波长交换网络和光学突发交换网络的扩展。

文献[24]中对于分布式应用研究了 OBS 网络上的多资源多投(multi-resource many-cast)。在这个网络中,每个源节点都生成需要多资源的请求,每个目标节点具有不同的计算资源。每个节点都根据各种要求和资源可用性进行部署。本书的目标是用充足的资源和一个路线来决定目标节点,最小化资源拥塞率。MRM 技术选择 OBS 网络,因为它能够在统计意义上多路复用分组交换而不增加开支。作者使用最近目标优先(Closest Destination First,CDF)、最可用优先(Most Available First,MAF)和随机选择(Random Selection,RS)方法来决定目标节点。每突发的限制(Limit per Burst,LpB)和每目标的限制(Limit per Destination,LpD)方法被用于资源选择政策。CDF 的性能被证实在一个 14 节点的

NSF 网络上比 MAF 和 RS 方法更好。作者也认为目标节点选择方法的使用在资源选择中最小化了资源拥塞率。

对网格服务的两种不同的光网络基础设施被提出[25]。扩展的波长交换网络架构促进了对数据密集型应用的用户控制的带宽配置。对于这种方法,提供三个不同的解决方案。第一个解决方案是分开管理网格和光层。网格中间件管理网格资源、光层管理光路。网格中间件 API 的使用让用户应用具有光网络拓扑资源的可见性。第二个解决方案是 G-OUNI 接口,参与资源发现和分配机制功能。第三个解决方案使用 OBS 和主动路由器技术。这些解决方案只适用于数据密集型应用和未来的网格服务。

另一种方法是为一个可编程网络使用 OBS。这通过使用高级的硬件解决方案和一种新协议,支持数据密集的和新兴的网格应用。OBS 组网方案提供高效的带宽资源利用。这个提出的架构通过使用光纤基础设施,提供对计算和存储资源的全局覆盖。OBS 路由器的优点是它在正常网络流量下的可用性,也适用于网格网络流量。

与文献[25]中的工作相似,Adami 等[6]也为网格网络使用一个资源代理。它通过提供一个网络资源管理器管理并整合网络调度机制和计算资源,增强了能力。

在文献[23]中,作者对一个数据网格中各种调度情形进行仿真研究。他们的工作建议是在网格上调度任务时将数据复制与计算分离并总结,最好是将任务调度安排给离任务需要的数据最近的计算资源。但是调度和仿真的研究被限制在同质节点,这些节点在局部调度器中具有简单的先入先出(FIFO)策略。

5.7 结 论

本章展示了对网格计算和网格网络正在进行研究的介绍。介绍网格和 Lambda Grid 的基本架构。提出不同情形下网格网络中的各种调度方案。本章讨论由研究者提出的 Lambda Grid 中一些任务调度方案,也讨论云计算的概念。网格网络的研究和开发有一个巨大的范围。

参 考 文 献

[1] cloudcomputing. qrimp. com/portal. aspx.

[2] www. nsf. gov/pubs/2008/nsf08560/nsf08560. htm.

[3] www. amazon. com/gp/browse. html? node=201590011.

[4] www. pbsgridworks. com/Default. aspx.

[5] www. globus. org/toolkit/docs/2. 4/gram/.

[6] Adami, D., Giordano, S., Repeti, et al. Design and implementation of a grid network-a-

ware resource broker. In Proceedings of the IASTED International Conference on Parallel
and Distributed Computing and Networks, as part of the 24th IASTED International Multi-
Conference on Applied Informatics(Innsbruck, Austria, February 2006), pp. 41-46.

[7] Armbrust, M., Fox, A., Griffith, R., et al. Above the clouds: A Berkeley view of cloud
computing.

[8] Azzedin, F., Maheswaran, M., and Arnason, N. A synchronous co-allocation mechanism
for grid computing systems. Cluster Computing 7, 1 (2004), 39-49.

[9] Baker, M., Buyya, R., and Laforenza, D. The grid: International efforts in global compu-
ting. International Conference on Advances in Infrastructure for Electronic Business, Sci-
ence, and Education on the Internet (SSGRR 2000)(July 2000).

[10] Banerjee, A., Feng, W., Ghosal, D., and Mukherjee, B. Algorithms for integrated rou-
ting and scheduling for aggregating data from distributed resources on a lambda grid. IEEE
Transactions on Parallel and Distributed Systems 19,1 (January 2008), 24-34.

[11] Batista, D., da Fonseca, N. L. S., Granelli, F., and F. Kliazovich, D. Selfadjusting
grid networks. In Communications, 2007. ICC '07. Proceedings of IEEE International
Conference '07. (Glasgow, June 2007), pp. 344-349.

[12] Chen, Y., Jingwei, H., Chi, Y., et al. Ano vel OBS-based grid architecture with dual-
link-server model. In First International Conference on Communications and Networking in
China, 2006. ChinaCom '06. (October 2006),pp. 1-5.

[13] De Leenheer, M., Thysebaert, P., Volckaert, B., et al. Aview on enablingconsumer ori-
ented grids through optical burst switching. IEEE Communication Magazine 44, 3 (2006),
124-131.

[14] Demeyer, S., Leenheur, M., Baert, J., Pickavet, M., and Demeester, P. Antcolony op-
timization for the routing of jobs in optical grid networks. OSA Journal of Optical Networ-
king 7, 2 (February 2008), 160-172.

[15] Farooq, U., Majumdar, S., and Parsons, E. Dynamic scheduling of lightpaths in lambda
grids. In 2nd International Conference on Broadband Networks,2005. (Boston, Massachu-
setts, October 2005), pp. 1463-1472.

[16] Foster, I., and Kesselman, C. The Grid: Blueprint for a New Computing Infrastructure.
Morgan Kaufmann, 2004.

[17] Jin, Y., Wang, Y., Guo, W., Sun, W., and Hu, W. Joint scheduling of computation
and network resource in optical grid. In Proceedings of 6th International Conference on In-
formation, Communications and Signal Processing,2007 (Singapore, December 2007), pp.
1-5.

[18] Lakshmiraman, V., and Ramamurthy, B. Joint computing and network resource schedu-
ling in a lambda grid network. In Proceedings of IEEE International Conference on Commu-
nications (ICC 2009) (2009).

[19] Liang, X., Lin, X., and Li, M. Adaptive task scheduling on optical grid. In Proceedings

of the IEEE Asia-Pacific Conference on Services Computing(APSCC 2006) (Xian, China, December 2006), pp. 486-491.

[20] Liu, X. , Qiao, C. , and Wang, T. Survivable optical grids. In Optical Fiber Communication Conference (San Diego, California, February 2008).

[21] Liu, X. , Wei, W. , Qiao, C. , Wang, T. , Hu, W. , Guo, W. , and Wu, M. Task scheduling and lightpath establishment in optical grids. In Proceedings of the INFOCOM 2008 Mini-Conference and held in conjuction with the 27th Conferenceon Computer Communication (INFOCOM 2008) (Phoenix, Arizona,2008).

[22] Park, S. -M. , and Kim, J. -H. Chameleon: Aresource scheduler in a data grid environment. In Cluster Computing and the Grid, 2003. Proceedings. CCGrid 2003. 3rd IEEE/ACM International Symposium on Cluster Computing and the Grid, 2003. (May 2003), pp. 258-265.

[23] Ranganathan, K. , and Foster, I. Data scheduling in distributed dataintensive applications. In Proceedings of 11th IEEE International Symposium on High Performance Distributed Computing (HPDC-11) (July 2002).

[24] She, Q. , Huang, X. , Kannasoot, N. , Zhang, Q. , and Jue, J. Multi-resources many cast over optical burst switched networks. In Proceedings of 16th International Conference on Computer Communications and Networks (ICCCN 2007) (Honolulu, Hawaii, August 2007).

[25] Simeonidou, D. , Nejabati, R. , Zervas, G. , et al. Dynamic optical-network architectures and technologies for existing and emerging grid services. OSA on Journal of Lightwave Technology 23, 10 (October 2005), 3347-3357.

[26] Venugopal, S. , and Buyya, R. Agrid service broker for scheduling distributed data-oriented applications on global grids. ACM Press, pp. 75-80.

[27] Volckaert, B. , Thysebaert, P. , De Leenheer, M. , et al. Grid computing: The next network challenge! Journal of The Communication Network 3, 3 (July 2004), 159-165.

[28] Wang, Y. , Jin, Y. , Guo, W. , et al. Joint scheduling for optical grid applications. OSA Journal of Optical Networking 6, 3 (March 2007), 304-318.

[29] Wang, Z. , Guo, W. , Sun, Z. , et al. On accurate task scheduling in optical grid. In First International Symposium on Advanced Networks and Telecommunication Systems, 2007 (Mumbai, India, December 2007), pp. 1-2.

[30] Wei, G. , Yaohui, J. ,Weiqiang, S. , et al. Adistributed computing over optical networks. In Optical Fiber Communication/National Fiber Optic Engineers Conference, 2008. OFC/NFOEC 2008. (January 2008), pp. 1-3.

第二部分
网络架构

第6章 主机标识协议概览

Rekka Nikander [1], Andrei Gurtov [2], and Tnomas R Hederson[3]

[1] 爱立信研究院(Erricsson Research),芬兰

[2] 奥卢大学(University of Oulu),芬兰

[3] 波音公司(Boeing),美国

6.1 介　　绍

主机标识协议(HIP)及其架构是一种新技术[1],这种新技术有可能对未来互联网的发展产生深远的影响。在 1998 年和 1999 年,IETF 召开了多次会议,在会议上的讨论渐渐形成了早期 HIP 的想法。从那之后,爱立信、波音、HIIT 和其他公司及学术研究机构的人员共同开发完成了 HIP,开始时以 IETF 非正式活动形式运行,稍后在 IETF HIP 工作组和 IRTF HIP 研发组中进行。

从功能上看,主机标识协议以新的方式集成了 IP 层移动,多宿主和多路存取、安全、NAT 穿越、IPv4 和 IPv6 互通性。使用移动 IP[2,3],IPsec[4],ICE[5] 和 Teredo[6] 等技术,集成后的架构比单独实现这些功能要清晰简洁。一方面,HIP 可以恢复多 IP 链路和技术中的端到端连接的实时断开,这次 HIP 能够保证并支持移动性和多宿主。另一方面,HIP 还为未来网络的需求提供新工具和新功能,这些需求包括安全地识别未知主机,安全地分配主机间信号权利、主机和其他节点间信号权利。

从技术角度来看,HIP 主要为 TCP/IP 协议栈添加新的命名空间。这些命名空间使用在 IP 层以上(IPv4 和 IPv6)的传输层(TCP、UDP、SCTP 等)和应用层。在这种新的命名空间方式中,主机(如计算机)由新的标识符(主机识别符)识别。主机标识符是公共密钥,主机使用主机标识符直接验证对等主机。

主机标识协议是一种在堆栈中识别器和定位器分离的方法[7]。在当前的 IP 架构中,IP 地址同时担任主机标识符和主机定位双重角色。但在 HIP 中,这两种角色是完全分离的。主机标识符负责了 IP 地址的识别职责,而 IP 地址则保留了定位的功能。

在添加新的命名空间到堆栈中后,当应用程序建立连接、发送数据包时,它们不再使用 IP 地址,而是使用它们的公开密钥,即主机标识符。此外,HIP 完全向后兼容各种应用程序和部署的 IP 架构。例如,当一个现有的、未更改的电子邮件客

户端连接到邮件服务器主机,客户端将公共密钥交给操作系统,指示操作系统与拥有相应私有密钥的主机(即邮件服务器)建立一个安全连接。即使客户端和服务器端同时在移动并不断改变地理位置,这种连接依旧会存在。如果主机有多条接入链路,HIP 或者以负载均衡的方式使用这些多重链路,或者将它们作为透明于应用程序的备份路径。

为了在受限的环境下配置 HIP,需要升级相应主机的操作系统以支持 HIP。不需要对应用程序和 IP 路由架构作出任何的改变,所有节点将与现有系统保持向后兼容,并且能继续同非 HIP 的主机进行通信。如果想完全支持 HIP,则需要将 HIP 相关的信息添加到域名系统中。另外如果想提供 HIP 聚合服务,得对底层架构进行略微调整。对于某些特殊主机(如传统的大型机),如果发现不能对其操作系统进行升级,则可以在它的系统中加入前端处理器。前端处理器将扮演 HIP 代理的角色,使传统大型机对于全网络表现出 HIP 主机的特性。

本章将介绍 HIP 的发展历史,HIP 架构,与 HIP 相关的协议,对于未来用户潜在的好处和缺点以及当前 HIP 被接受的情况。

6.2 当前互联网的主要问题

在讨论 HIP 体系结构和协议的细节之前,大致查看下目前互联网面临的一些最具挑战性的问题:缺失通用连接,移动性和多宿主支持不佳,不必要的流量,以及缺乏验证、隐私和可靠性。接下来,将阐述 HIP 和其他基于 HIP 的机制如何处理这些问题。

同时还要明白,HIP 目前还不能解决其他互联网难题,如自组织的网络和框架或者间断性连接等。从另一个角度来看,也许存在使用 HIP 解决这些疑难问题的新方法。

6.2.1 通用连接的断开

与原有的网络相比,连接断开是当前最严重的问题,它主要是由网络地址转换(NAT)、防火墙和动态 IP 地址导致的。

HIP 架构提供一套克服连接断开的方法。它提供新的端到端命名不变量和协议机制,使网络中 IP 地址由主机识别符变为临时的定位器。

6.2.2 对移动和多宿主支持不佳

有效的移动性要求一定程度的间接性[7],这样才能将移动实体的固定名字映射到动态变化的位置。有效的多宿主支持(多路存取/多路展现)要求类似的间接性,这样才能将多路接入实体的唯一名称映射到它可到达的多个地址。

正如上面简要提到的,HIP 提供一种新方法来实现移动性和多宿主。它显性地添加一个新的间接层和一个新的命名空间,从而为框架增加需要层级的间接性。

组播中主机的移动是一个很大程度上未解决的问题。尤其当组播源改变其 IP 地址,整个组播树需要重新构建。有两种解决组播接收者移动的方法:第一种是基于移动 IP 的双向隧道[2],该技术在源与被访问的网络间传递组播数据;第二种是远程订阅[8],每个来访的组播接收者将加入本地组播树。

一些解决方案提出了为组播接收者提供身份验证。然而,这些方案只能验证用户所在的子网,而不是主机本身。所以同一子网的其他主机可以不经过验证接收到信息流。通过容许网络直接验证主机身份,研究者开始研究 HIP 是否能解决这类问题[9]。

6.2.3　不必要的流量

各种形式不必要的流量,包括垃圾邮件、分布式拒绝服务、网络钓鱼等是目前互联网最恼人的问题。大多数人每天都要收到一定量的垃圾邮件,运气好的人收到的少,倒霉的人每天要收到上百封的垃圾邮件。分布式拒绝服务攻击是大型 ISP、大型网站和内容提供商的常见问题。网络钓鱼变得越来越普遍、越来越狡猾和复杂。

当前流量浪费问题是以下因素共同作用的结果。

(1) 网络架构问题:每个收件人有一个显式的名字,每个潜在发件人可以不经过收件人的同意将数据包发送给任何收件人。

(2) 商业结构问题:发送更多数据包(接近高阈值)的边际成本趋于零。

(3) 缺乏法律规范、国际条约,尤其是缺少能有效惩戒网上非法活动的执法系统。

(4) 追逐利益的人类天性导致有些人希望通过不道德的行为轻松盈利。

诚然,对于最后一项因素(人类的逐利天性),除了接受别无他法。第三项因素和法律监管相关,因此不在本章论述范围内。对于前两项问题,可以采用分离识别符和定位符的方法,在此基础上发送者必须在接收者同意后才能发送数据包,否则发送者只能发送受到严重速率限制的信令信息。

6.2.4　缺乏验证、隐私和可靠性

提供验证、隐私和可靠性的目的是防止组织或社会中不良事情的发生。主机标识协议并不直接提供方法来解决隐私和可靠性问题,但它提供以下改良的方案:首先它在连接过程中使用加密的主机标识符,从而提供自动的身份验证,这样就比较容易识别不同主机的行为;其次分离身份和定位让 HIP 更容易隐藏通信双方的

拓扑位置;最后 HIP 扩展了一些隐私功能[10,11],使通信双方的身份隐藏于第三方。

6.3　HIP 架构和基础交换

本节将详细介绍主机标识协议。在 6.4 节和 6.5 节,将阐述 HIP 如何解决 6.2 节中提到的架构问题。

这些年来,HIP 相关研究的目标已经扩大,它从一个作为安全和移动工具的命名空间,扩展到覆盖多宿主的移动支持,最后作为像 IP 一样提供互连服务的子层。换句话说,当前 HIP 的目标是在堆栈中提供最底层服务,其中包含与位置无关的标识符和端到端的连通性。此外,HIP 完全将主机间的信令和数据通信分为独立的机制,也就是说,它可以同时作为一个网络连接级别的信令协议和一个高层信令的载体。根据商业需求,HIP 的架构得实现控制和数据分离。

依据初始的架构理念,即添加一个新的、安全的命名空间和一个新的间接层,研究者认真设计了 HIP,结果发现这两个目标和初始架构理念有部分冲突。首先,在本质上,它可以直接使用现有的基于 IP 的路由基础设施(IPv4 和 IPv6)。与此同时,它需要足够的语义兼容性以支持当前应用程序的网络 APIs。所以 HIP 是向后兼容的,而且与现存的堆栈平行部署,它无须更改路由结构和典型的用户级应用程序。其次,我们是以对原有系统最小的改动实现新的功能为目标。在实际应用中,要在现有内核级 TCP/IP 协议中集成 HIP,通常只需要在内核中修改百行代码,其余全部运行在用户空间中。

6.3.1　基础

如上面所讲,HIP 的核心在于用特殊的方式实现所谓的识别符与定位器的分离。之前做过简单的讨论,在传统 IP 网络中,每个主机的 IP 地址有两个功能:定位功能,用来描述主机在网络图谱中当前拓扑位置;主机识别功能,用来描述为上层协议可见的主机的身份[7]。如今,主机的移动性和多宿主需求导致我们不能再用同一个 IP 地址来实现定位和识别功能。

解决此问题的一种方案是分离主机间的身份和位置信息。主机标识协议将 IP 地址的定位和标识功能分离,引入了新的命名空间——主机标识命名空间。在主机标识协议中,主机标识是一对公有-私有密钥中公有密钥。通过持有相应私有密钥,主机可以证明它对公有密钥的拥有,即其身份。这种分离标识和定位功能的方案使得 HIP 更简单和更安全地处理移动性和多宿主。

图 6.1 大致地显示了新的 HIP 子层在目前堆栈中的位置。HIP 子层之上层级不需要知道主机的定位器。只用到主机标识符(它的 128 位主机识别标签,或 32 位本地范围标识符)。主机标识子层维护着身份和定位之间的映射。

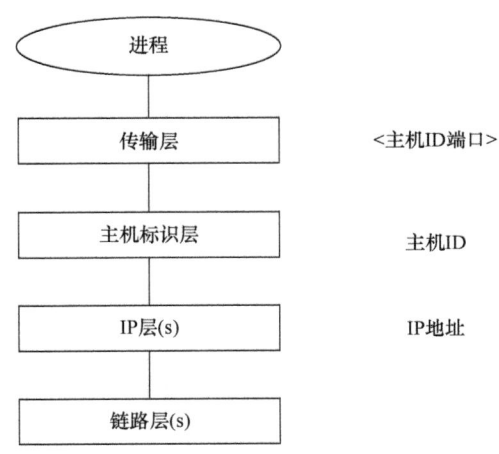

图 6.1　HIP 子层在 TCP/IP 协议栈中的大致位置

当移动的主机改变它的位置,HIP 被用来将变更信息传递给其他同级主机。当新的位置变更信息到达时,其他主机上关于标识符和位置的动态映射将发生改变。应用层等上级层级不会感知到这次改变,这会带来有效的分工,并提供向后兼容性。

在两台 HIP 主机连接开始时,主机间将发生一次四度握手过程,即基本交换[12]。在交换过程中,主机间使用公有密钥识别彼此,并且交换 Diffie-Hellman 公共值。基于这些值,它们将生成一个共享的会话密钥。接着,Diffie-Hellman 值被用来为其他加密操作(如消息完整性和保密性)产生密钥资源。在基础交换中,主机间协商使用哪些加密协议去保护信令通信和数据消息。直到现在,默认选项是在主机之间建立一对 IPsec 封装安全负载(ESP)安全关联(SA)[13]。ESP 密钥来自 Diffie-Hellman 密钥,并且用 ESP SA 进一步地保护用户数据流量的发送。除了支持 ESP,HIP 架构还有更多的用途。使用合适的信号扩展(有些是在准备阶段[14]),可以用 HIP 保护任何独立数据保护协议的用户数据,例如,保护实时多媒体的 SRTP 协议[15],甚至是数据导向、复制转发的协议,如 S/MIME[16]。

6.3.2　HITs 和 LSIs

当使用 HIP 时,主机标识符的公开密钥通常不会直接写出来。在大多数场景里,都会使用它们 128 位的主机标识标签。根据现有的规范[17],HIT 看起来像一个 IPv6 的地址,它有一个称为 Orchid 的 28 位前缀,格式为 2001∶0010∶∶/28,前缀后的 100 位取自公钥的加密哈希。需要注意的是,嵌入一组公钥的加密哈希码到短标识符后,短标识符就能验证给定的 HIT 是否来自给定的主机标识。也就是说,由于哈希函数的第二原像电阻,构建一个新的主机标识并且想哈希/散列到给定主机标识标签在计算上是不可行的。因此,HITs 是公钥紧凑安全的处理。

　　在以下的章节,要讲使用 HITs 来识别 HIP 和传统 APIs 中通信的各方。从传统 API 的角度来看,第二原像电阻将在 HIT 和底层的 IPsec 或其他安全协议间建立隐形的通道绑定。也就是说,如果应用程序使用 HIT 连接套接字,那么它将隐形地获得保证,一旦连接到套接字,发送的数据包将被传递到经过主机标识确定的实体,而任何收到的数据包确实来自该实体。

　　不幸的是,在 IPv4 的 API 中,主机标识即 IP 地址只有 32 位。所以即使这 32 位都来自公钥的哈希值,还是会存在偶尔的冲突。HIP 采取的策略是,在 IPv4 的 API 中使用局部作用域标识符(LSIs)[18]。局部作用域标识符应当是局部唯一的,而且没有隐性通道绑定。尽管如此,在合适的 IPsec 策略下,甚至可以为 LPIs 创建显性通道绑定。不同于 HITs,不需要在 HIP 协议下的线路上发送 LSIs。

6.3.3　协议和包格式

　　从协议的角度来看,HIP 包括一个控制协议、一些控制协议的扩展和任意数量的数据协议。控制协议由基础交换,任意数量的状态更新报文(通常用来传达扩展协议)和一个三条消息终止握手构成,其中三条消息终止握手容许同级主机终止协议的运行[12]。对于大多数扩展,消息被灵活地用来携带构成扩展的参数。例如,在初始握手消息中或更新报文中很可能发送多宿主相关的信息。给予合适的扩展,HIP 很可能使用几乎所有的数据协议。然而如今唯一被定义的数据协议是 IPsec ESP[13]。

　　在默认情况下,HIP 控制协议是直接包含在 IPv4 和 IPv6 报文中,而且不需要加任何干预的 TCP 或 UDP 报头。但是一大部分现有的 IPv4 网络地址转换将不会容许这个协议号码通过,或者充其量只容许一台主机在地址转换之后通信。所以我们就开始考虑如何使用 UDP 包携带 HIP 控制消息[14-19]。如图 6.2 所示,基本的想法是使用与 IPsec IKE NAT 穿越相同的 UDP 封装[19,21]。因为单纯的包封

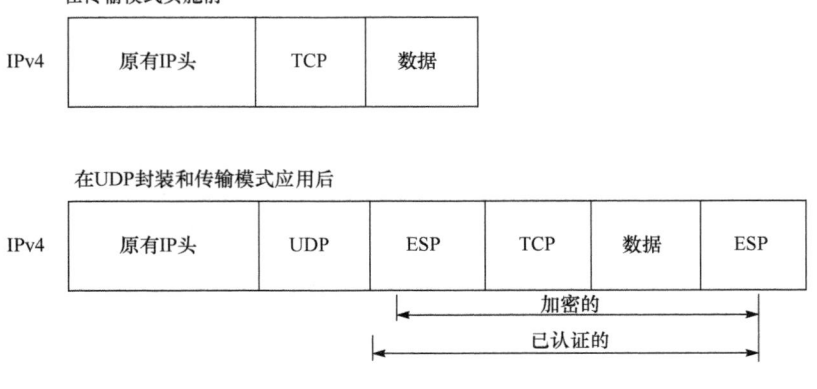

图 6.2　IPsec NAT 穿越

装不足以让网络转换后的主机与网络通信,UDP 封装格式必须伴随着一个网络地址转换(NAT)穿越详情的规范。现在已经有几种竞争的方案[19,22,23]。

　　HIP 控制协议包格式如图 6.3 所示。该包由一个类似 IPv6 扩展报头的固定报头构成。该包格式中还包括包类型区、发送者和接收者主机标识标签等重要信息。固定的报头后是一组可变数目的参数。基础交换和每类扩展决定了使用哪些参数和这些参数该携带哪类 HIP 控制消息。绝大多数(不是全部)消息还会在包尾携带一个加密的哈希消息认证码(HMAC)和一个签名。HMAC 针对可以使用 Diffie-Hellman 会话密钥验证 HMAC 的同级主机。签名是为那些不能获取 Diffie-Hellman 值但能获取发送者公钥的中间层[24]。在基本交换之后,当同级主机使用签名进行验证后,签名通常被接收者丢弃。

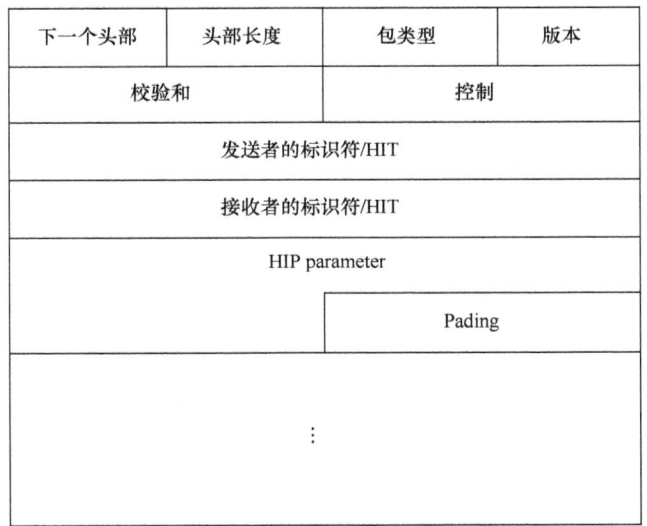

图 6.3　HIP 控制协议包格式

　　基本交换过程如图 6.4 所示。它包括 4 个由字母和数字命名的消息。字母代表不同包的发送者,I 代表会话发起者,R 代表响应者。数字代表不同时序。因此这 4 个消息分别称为 I1,R1,I2 和 R2。消息 I1 是纯触发者。会话发起者用它来请求响应者的 R1 消息。默认情况下,任何收到 I1 消息的 HIP 主机将会直接返回一个 R1 消息。就是说,响应者不会记住交换过程。

　　响应者收到 I1 消息后返回 R1 消息,在这个过程中保持无状态可以防止状态空间耗尽带来的拒绝访问服务攻击,即类似于声名狼藉的 TCP SYN 攻击[25,26]。其他作用就是它为架构加入了灵活性,不需要总是响应者来答复 I1 消息。因此发起者有获取新 R1 消息的其他方法,如目录查询,可以轻松省略掉 I1/R1 信息交换。任何节点,只要它有来自响应者最新的 R1 消息,它就可以发送 R1 消息来答

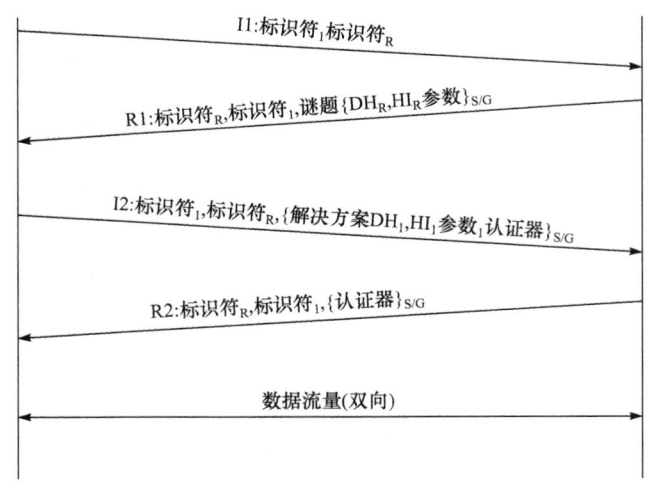

图 6.4　HIP 基础交换

复 I1 消息。基于 HIP 协议的其他高级架构方案(Hi^3 等方案[27])均可以利用这一灵活性。

R1 消息中包含一个加密的谜题、一个公有 Diffie-Hellman 值和响应者的公有主机标识值。会话发起者通过计算 R1 中的 Diffie-Hellman 值获得 Diffie-Hellman 会话密钥。因此在产生 I2 消息时,发起者已经得到会话密钥及从它派生的值。

为了能继续基础交换,发起者必须得解开谜题,将答案在 I2 消息中返回给响应者。这种浪费资源的做法,目的是通过强制发起者消耗 CPU 解决谜题来防止响应者遭受 CPU 耗尽的拒绝服务攻击。拿到谜题的答案后,响应者就能以最小的代价验证该谜题是它自己最近产生的,并且能保证该谜题是由发起者解决的,从而排除了该谜题不是自己产生的早些版本,也不是由其他主机产生的。通过检查谜题答案,响应者有很高概率确定发起者付出大量的 CPU 资源来计算谜题。这样就能假设发起者有足够的诚意来建立连接,随后响应者就可以批准在下一个 CPU 周期来执行 I2 消息剩余部分。谜题的难度随不同的响应者发生变化。例如,如果响应者怀疑有攻击,则它可以发送难点的谜题,这样就能限制加载。

I2 消息是协议中的主要消息。它包含谜题解决方案,发起者的公共 Diffie-Hellman 值,用 Diffie-Hellman 值加密后的公有主机标识值和一个显示发起者构建 I2 消息的认证器。

一旦响应者核实了谜题,它能接着构建 Diffie-Hellman 会话密钥,解密发起者的主机标识公有值(如果被加密)和检验认证器。如果验证成功了,则响应者就得知有台主机可以通过发起者的主机标识公钥访问对应的私钥,而且这台主机想与响应者建立 HIP 连接,最后它们共享一个其他节点不知道的 Diffie-Hellman 会话密钥(除非其中有一方泄露了密钥)[28]。基于这些信息,响应者能咨询它的策略数据库,随后决定是否接受这次 HIP 连接邀请。如果它接受了,则它将产生认证器并在 R2 消息中发送给发起者。

在基于 HIP 的交互规范中定义了这个相对复杂的加密协议的细节。从高层次角度来看,HIP 协议可被认为是值交换协议 SIGMA 家族中的一员[29]。

6.3.4　详细的分层

接下来可以详细地观察下,新的 HIP 子层如何嵌入到现有的堆栈中。图 6.5 详细描述了新功能的结构情况。当前的 IP 层功能被分割为事实上更为端到端的功能(如 IPsec)和更逐跳的功能(如实际的数据报文转发)。主机标识协议在这两块之间:结构上低于 IPsec,实际上经常嵌入到 IPsec SA 处理中[30]。

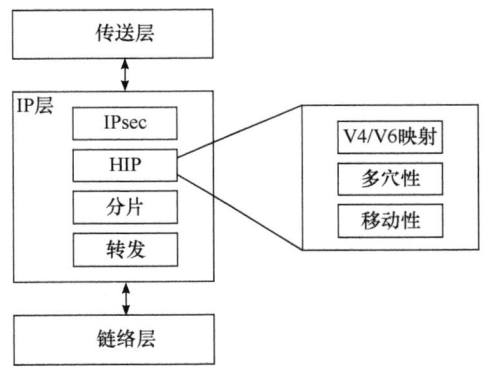

图 6.5　带有详细 HIP 子层的新分层方法

当前在一个通信系统内,包内标识符的主要作用是容许多路分解。像路由器这样的转发节点,用标识符决定向哪条外部链路转发数据包。接收主机用标识符确认数据包到达了它正确的目的地,并且决定使用哪个上层协议处理数据包。在经典的 IP 体系中,路由器使用 IP 地址来决定下一个出站接口,目的系统用 IP 地址保证数据包被发送到正确的主机端。在 HIP 中,定位信息和标识信息的分离剥离了这两项功能。路由器继续使用 IP 地址转发数据包。

主机的行为发生了改变。对于 HIP 控制包,包中源和目的地的 HIT 字段决定正确的处理环境。对于数据包,接收主机间接地识别(验证)正确的 HIP 连接:开始时从接收包中获取正确的、基于 ESP 安全参数索引的会话密钥,接着解密数据包并验证它的完整性。所以,当数据包到达目的地的接口时,用于路由转发的 IP 地址就变得无关了。

这完全与传统的 IP 实践相反,在传统情况下,传输层标识符是由连接的 IP 层标识符(IP 地址)和端口号构成的。当前方案的主要好处是隐式的安全性:由于传输层标识符绑定到实际网络位置,传输连接会自动绑定到位置。这容许我们以弱安全的方式使用路由和转发系统:绑定标识到位置使得可达性成为标识代理。当使用 HIP 时,这种弱安全连接被基于公有加密主机标识值的强加密安全所替代。

6.3.5　功能模型

当为一个典型的、现有的传统应用程序配置 HIP 时,我们得考虑在应用之下的 API、内核和网络层级都发生了什么。在使用 HIP 之前,必须在系统内安装 HIP 并配置相应的应用程序。首先需要全装一个预编译的 HIP 包,在大多数操作系统中需要获得管理员权限。然后配置应用程序以支持 HIP。多数情况下,有三种配置方案。最简单但最不常用的方式是将同级主机的 HIT 直接配置到应用中。例如,配置一个支持 IPv6 的电子邮件应用,可以将电子邮件服务器的 HIT 输入到之前放置 DNS 域名或 IP 地址的配置字段中。一个 IPv4 的应用可以简单地用 LSI 配置,然而为了安全性,需在 IPsec 策略数据库中制定相应的 IPsec 策略规则[18]。

更易懂的方式是改变 DNS 域名和 IP 地址的映射,让解析后的 DNS 域名向应用程序返回 HIT,而不是 IP 地址。显然,我们有多种方式去实现它。在大多数基于 UNIX 的系统中,最简单改变映射的方法是修改目录 local/etc. /下的 hosts 文件。另一种不太标准的方法是在 DNS 中 AAAA 或 A 记录中加入 HIT 或 LSI。这种方法的弊端是,对 HIP 不敏感的主机可能会添加失败。最后,最正式的做法是将 HIT(和其他信息)一同存储在新的 HIP 资源记录中[31]。这样容许 HIP 主机和非 HIP 主机与目标主机建立新的连接。使用 HIP 资源记录意味着需要更改客户端的 DNS 软件,这样才能用 HIT(或者 LSI)取代 IP 地址提供给传统应用。

一旦应用程序获得了一个 HIT(或者一个 LSI),它将在多个套接字 API 调用中使用 HIT。在一个传统的实现中,在结果包被送到 IPsec 模块执行以前,底层的函数库和通信堆栈都在以 IPv6 地址的形式处理 HIT。在 IPsec 模块,IPsec 策略规范被用来检测含有 Orchid 前缀的目的地和原 IP 地址字段。(对于 LSI,需要一个显示的针对 LSI 的规范)所有 Orchid 包通常都传递到 IPsec ESP 来执行。如果还没有 ESP 安全连接,则 IPsec 模块得从 HIP 控制功能那里请求一对适当的安全连接,这样通过执行 HIP ESP 扩展创建 SA,要么作为基础交换的一部分,要么使用更新消息越过现有的 HIP 控制连接。

对于 ESP 执行,典型的 HIP 实现使用 ESP 模式的一个非标准变体,称为 BEET 模型[30]。BEET 模型被认为是标准的传输模型,它里面内置了地址重写功能。为了获取 HIP 功能,在发送终端配置 SA,这样向外发送的包中的 HIT 能被转换为 IP 地址。相反,在接收端,包中的 IP 地址被丢弃,如果包通过了完整性验证,则 HIT 就被放置到了包头。在这个过程中,将曾经携带 HITs 的 IPv6 头部

（或者携带 LSIs 的 IPv4 包头携带）重写为携带 IPv4 地址的 IPv4 包头（携带 IPv6 地址的 IPv6 包头）。在发送者和接收者之间，包看起来像标准的 IPsec ESP 传输模型的包，在其头部放置着 IP 地址，可以被所有对 HIP 不支持节点所处理。

在接收端，一旦一个到来的包被 IPsec ESP 模块处理了，包就能在它的源字段中含有发送者的 HIT。由于这个 HIT 是在 IPsec 执行过程中置于包中的，只有包通过验证，HIP 子层才能向所有的上层保证，包是通过 IPsec 安全连接后收到的。IPsec 安全组合是通过加密协议建立的，其私钥与 HIT 相一致。换句话说，在接收端的上层可以相信，代表主机标识的源地址是有效的，而不是 IP 源地址欺骗的结果。

6.3.6　潜在弊端

虽然 HIP 被精心设计为向后兼容现有应用程序和框架，但是显然任何变化都会有缺陷，HIP 也不例外。本节将简略地讨论最基本的潜在缺陷，还有一些其他问题与具体情况相关。

也许 HIP 与现有通信最大的不同就是，无论何时与新主机通信，HIP 只会有轻微的由基础交换引起的延迟。这点延迟主要是花在解答谜题，处理公钥签名和产生 Diffie-Hellman 公钥上。尽管可以通过提供简单的谜语和短小的公钥缩短时间，但延迟是不能被消除的。一种减缓形式的潜在方案是使用轻量级的 HIP（它是由 Heer 提出的 HIP 一个变种）[32]。然而使用简洁版谜题/公钥和使用 LHIP 都没有基本版 HIP 安全可靠。

第二个经常被提及的缺点是 HIP 需要修改操作系统内核。尽管修改量很小，但很多人都非常在意这一点。波音公司实现了一个替代的方案：将流量导向用户层，并在那里处理所有包数据。然而在效率方面，这个方案不如基于内核的方案。

还有一个称为第三方转介问题，一台主机会将另外一台主机的名字发送给第三台主机。实际中的第三方转介，有 A、B、C 三台 IP 主机。它们的名字就是 IP 地址。主机 A 和主机 B 即将建立连接（如 TCP 连接），因此 A 知道 B 的 IP 地址。通过告诉 C 去连接 B，主机 A 想促成 B 和 C 之间的关系。显然，主机 A 会将 B 的 IP 地址发送给 C。这样主机 C 就能通过 IP 地址来连接 B。由于 HIT 是不可路由的，所以很难与只有 HIT 的 HIP 主机建立 HIP 连接。因此如果第三方转介应用是传统的，而且选择使用 IP 地址和 HIT，则转介过程将有可能失败。

在实践中，我们发现第三方转介问题既不重要也没那么严重。首先，在 NAT-ted 环境中，第三方转介已经失败了，表明这个问题没有之前声称的重要。因为大多数常用应用程序不再依赖于第三方转介。其次，通过使用网络覆盖层去路由 HIT，依赖于第三方转介的传统应用程序也可以正常运行。

另外的一个缺点是 HIP 利用主机和企业上的新管理负载管理额外的命名空间。我们得仔细考虑和维持密钥管理，尤其是访问控制列表的低安全密钥名的聚合缺乏性可能在一些情况下导致问题。另外,间接层可能增加难以调试的网络配置错误,目前实现刚开始去充分解决。

有些主机以非 HIP 的目的使用 IPsec,我们需要考虑 HIP 如何在这类主机上运行。例如,能否先将 HIP 转化为 IP 地址,然后在 IPsec VPN 连接上使用这些 IP 地址。这些问题是切实的,而且并不只是与 HIP 有关。如今的 IPsec 架构规范并没有详细的解释主机应该如何在 IPsec 重复使用的情况下运行[4]。

最后,一些诊断应用程序和一小部分其他应用将无法使用 HIP。例如,诊断应用工具 ping 可以使用 HIP,但当给予一个 HIT 时,ping 就不再测试 IP 连接,转而去测试基于 HIP 的连接。在其他诊断工具上都会有类似情况。然而,Orchid 前缀将 HIT 和其他 IP 地址完全区别开来,我们怀疑这些失败的模块是否会影响实际操作。

6.4　移动性、多宿主和连接

之前我们对 HIP 和 HIP 的运行原理有了大致的了解,现在继续学习如何通过一系列未来的扩展来解决上面提及的问题。

6.4.1　基于 HIP 的基本移动性和多宿主

HIP 将包识别和包路由清晰地分开。接收 HIP 控制包数据的主机能通过检查包签名来确定它的起源,在活跃的 HIP 连接中,两个端节点可简单地检查消息验证码。接收数据的主机可以通过三步来安全地确定发送者:首先查找基于安全参数索引的 ESP 安全关联;其次主机检验包的完整性,在需要的情况下解码;最后接收主机将源 HIT 和目的地 HIT 放入包内的 ESP BEETmode SA 中。所以在数据包到达目的地接口后,真正被用来路由数据包的 IP 地址就与此无关了。

为了支持 HIP 下的移动性和多宿主,我们需要控制 IP 地址放置于外出数据包中部分。由于接收端无论如何都会忽略地址,发送者可能会随意改变源地址。对于目的地址,它必须得知道接收者能接受数据包的地址。

HIP 移动性和多宿主扩展性[33]定义了一个定位器参数,该参数中包括了当前发送者的 IP 地址。例如,当移动的主机改变了它的位置和 IP 地址时,它产生一个含有一个或多个定位参数的 HIP 控制包,以保护数据包的完整性,然后将数据包发给它当前活跃的同级主机。IP 版本的定位器有很多,甚至能同时使用 IPv4 和 IPv6 的地址,我们要基于本地策略来选择外出 IP 数据包中使用的 IP 地址版本。

当一个主机通过 HIP 连接收到一个定位器参数,它需要检查参数中 IP 地址是否可达。在特殊情况下,例如,当同级主机知道网络已经筛选过所有地址并且只更新和传递有效的地址时,可以跳过验证。

6.4.2　促进网络交汇

移动性和多宿主扩展关注两个建立 HIP 连接的主机之间,如何交换定位符信息,在外出流中如何改变目的地址,然而仍然存在一个交汇的问题。当另外的主机想与移动主机通信,或当两个移动主机同时移动且都只有旧的同级地址信息,或任何情况下目的主机当前 IP 地址均未知,我们需要采用外部的方法将数据包发送到当前定位符未知的主机。在移动 IP 世界,是由家乡代理来提供这项服务的,它将所有发送到移动主机家乡地址的消息都转发到该主机中。

在 HIP 移动架构中,交汇服务器提供类似的功能。像移动 IP 宿主代理,HIP 交汇服务器跟踪可达主机的 IP 地址,它转发从其他地方收到的数据包。不同于宿主代理,HIP 交汇服务器只转发 HIP 信令包(默认情况下,仅是基础交换的第一个包)、基础交换剩下的信息和后续的主机和它同级之间的直接通信。另外,HIP 主机也许有不止一个的汇集主机,它也有可能动态的改变汇集主机的配置。

在 HIP 术语中,交汇主机就是一台知道另一台 HIP 主机当前定位符、能够向其转发 I1 数据包的 HIP 主机(也可能是别的 HIP 控制包)。理论上讲,任何 HIP 主机能成为它自己活跃同级的交汇主机,因为它早知道同级主机的定位符。然而,在实际中,我们期望在公网中有一些稳定的主机可以提供交汇服务。

交汇服务是以两个 HIP 扩展形式定义的。首先,交汇服务器和预期客户使用通用服务注册扩展[34]来对服务的存在和使用达成一致。其次,交汇服务扩展[35]定义了具体服务的条款。这两个扩展的规范都异常简单和直白。之所以用两个文件而不是一个文件来规范,原因是可重用性:注册扩展还可被用来定义交汇以外的其他服务。

HIP 交汇服务器非常简单。当处理到来的 HIP 控制报文时,如果服务器收到的数据包中不包含它自己的 HIT,则服务器就得查看当前的 HIT 定位器映射表。如果发现有一个匹配,则数据包将被转发到表中对应的定位器。为了便于跟踪,数据包中将加入传入数据包中的原始地址。然而值得注意的是,传入数据包中 IP 地址不会用于任何多路分解。这些 IP 地址会被直接复制到新的 HIP 参数中,然后再加入数据包。因此,不同于移动 IP 归属代理,交汇服务器不需要 IP 地址池。这是因为每个移动主机是由 HIT 而不是地址标识的,传入数据包中的目的地址是临时的。

6.4.3　寻址领域间的移动性

之前讨论过,HIP 支持不同 IP 地址域之间和内部的移动性,如 IPv4 和 IPv6 网络内部和之间。不过,上述方案中所有地址都被假定为来自公共地址空间,也就是说,我们已经隐含地假设定位器有效负载中的地址是可路由的。截止今天,移动

性和多宿舍规范[33]并没有描述主机是如何在私有地址空间下移动的,如在传统
NAT 设备下。然而,关于如何升级 NAT 以支持 HIP 和如何升级 HIP 来支持传
统 NAT 的研究依然继续着[19,22-24]。

　　我们现在关注如何将 NAT 集成为架构中的一部分。传统的 NAT 需要 UDP
封装和在非 NAT 网络端的显性支持节点。不同于传统 NAT,集成 NAT 架构非
常清晰,它们传输所有数据协议(包括 ESP),而不需要外部支持节点。在 SPINAT
方案[36]中就应用了这种方法。一个基于 SPINAT 的 NAT 设备是可感知 HIP 的,
它能利用路过的 HIP 控制报文去学习多路分解数据协议的细节。此外,基于 SPI-
NAT 的设备必须实现 HIP 交汇功能,对于之后的主机,它扮演交汇服务器的
角色。

　　在实际中,SPINAT 设备利用来自 HIP 基础交换和更新数据包的信息来确定
数据协议中的 IP 地址,HIT 和 SPI 值(或者其他相关的标识符)。在有了这些信
息后,SPINAT 设备能请求公有地址和私有地址之间的翻译,将几个 HIP 标识符
(和相关的数据协议)映射到单个的外部 IP 地址。

　　有了 SPINAT,在 NAT 设备后的 HIP 主机可以直接得知映射地址,映射地址
是交汇注册一部分,而且由 STUN 识别的映射地址和由 TURN 提供的分配地址
之间没有任何区别。它们均被一个共享的外部地址所取代,数据协议被显式映射
到 HIP 控制消息。

6.4.4　子网移动性

　　目前仅考虑了移动主机下的流动性,现在来关注下其他粒度级别的移动性。
首先考虑如何使用 HIP 实现子网移动性,接着在 6.4.5 节将探讨如何用 HIP 实现
应用层级的移动性。这两方面的主要特点均涉及授权。使用公共加密值作为标识
符,这样就能将加密后安全的委托作为主要元素添加到架构中。

　　加密代理的基本思路很简单,但带来的结果影响很大[37]。当一个被公钥标识
的委托人(如一台主机)想授权一部分权限(如访问权限)给另一个当事人(被另一
个公钥标识)时,这个过程需要前者签署一份声明,宣布后者拥有相应的权限去执
行操作。这份声明得包含委托人的公钥以确定委托,而且声明得用委托人的私钥
签名,这样可以验证声明的有效性。此外,委托者自己必须拥有该项权限。通常情
况下(但不是一定),这种委托形成了一个隐含的循环:通过中间的媒介,权限从资
源占有者流动到潜在消费者,然后又回到资源占有者[37]。

　　在流动性和流动子网领域,HIP 控制消息中包含新的定位符,委托过程可以
将发送 HIP 控制消息的权限由单个的移动主机委托给移动路由器,进而能从移动
路由器授权给固定网络端的一些基础节点。

　　图 6.6 描述了大致的思路。首先在移动网络中,单独的移动主机将通知邻近

主机它们位置的功能委托给移动路由器。这样移动路由器就能代表它之后的所有主机发送 HIP 信令消息,但这个过程将使用大量的空中接口容量。因此,移动路由器将权限授予网络中固定的路由器(或者其他基础节点)。一旦固定路由器了解到移动子网发生了变化,它会给相关同级主机发送更新数据。

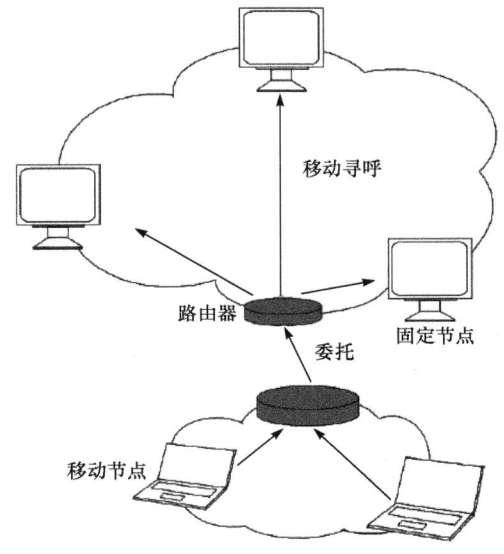

图 6.6　网络移动后的情境

作为一个补充的优化,如果底层 IP 层路由器的移动功能以这样的方式组织——每当移动路由器改变它的连接点,都会直接通知固定侧的路由器,那么在没有空中接口信令通信的情况下,固定的路由器就能直接发送移动消息给移动子网内所有移动主机对应的主机。因此基于 HIP 的移动通信,在移动事件发生时,不需要通过无线电传输任何 HIP 相关的消息。此外,每当一个新的主机连接到移动网络中,只需要几条消息来建立委托过程。

6.4.5　应用级的移动性

委托还可以使用于应用程序和服务领域[38]。如图 6.7 所示,除了物理主机,主机标识符还能被分配给抽象的服务和服务实例。使用这种配置和适当的服务解决方案架构,客户端应用程序能够请求连接到抽象服务,然后使用抽象服务的HIT,获取到一个服务实例的委托。此外,为了主机移动性,移动通信的权限可以从服务实例授权到物理节点,这样就容许主机的移动性时刻更新客户端对服务实例的定位。

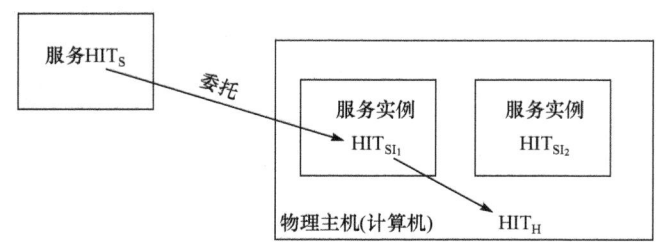

图 6.7 将抽象主机作为服务级名字的基面

6.5 隐私、可靠性和不必要流量

本节将简单描述 HIP 如何能帮忙解决隐私、可靠性问题,尤其是如何显著减少一些形式的无用流量。尽管较之于之前的章节,这部分工作略显稚嫩,但由于一些著作的支持,这部分内容相对来说还算可靠。

6.5.1 隐私和可靠性

主机标识中使用的公共密钥是一种最基本的提升可靠性的方法。同时,它也威胁到了隐私性。HIP 意欲在二者间达到平衡,提升可靠性的同时保证隐私性。想获取这种平衡很难,我们仍需观察当前的机制是否充足。

在 HIP 中,主机标识的公钥不需要在任何地方注册,在这个意义上,主机标识公钥是匿名的。例如,隐私意识的主机能创建多种密钥对,并在冲浪会话期间通过不同网站的密钥来确定自身。动态改变的 IP 地址,网站地址不能通过底层标识符与活动相关联。然而任何在 HTTP 中的标识相关的,如 cookies,可继续被使用。

不幸的是,虽然使用多重标识符和改变地址能够对远程同级主机保护隐私,但这却不足以对整个网络维持匿名。靠近主机的网络节点能轻易将公钥和多重 IP 地址关联起来,从而获知哪些流量属于哪些主机。由于 HIT 出现在所有控制包中且能被轻易使用,所以加密 I2 包中的主机标识值不足以防止跟踪。

为减轻这种状况,近年提出了名为 BLIND 的 HIP 扩展。基本想法很简单:不再直接在控制包中发送 HIT,而是将 HIT 以散列的方式和一个随机的数字一同发送到控制包中。一旦建立了连接,就可以从响应者处获得真正的 HIT。或者,如果响应者只有一定数目的 HIT,则它能尝试每个 HIT,这样就能查看是否到来的连接来自可信任的同级主机。

BLIND 方法最近由 Lindqvist 和 Takkinen 实现并优化[39]。除了使用 BLIND,他们还使用标识符序列[40]。也就是说,他们将 HIP 控制包协议和加密层以下的数据协议中所有恒定的、易跟踪的标识符替换为伪随机标识符序列。同级主机从 HIP Diffie-Hellman 会话密钥中为伪随机数生成器派生出种子。尽管方案的细节部分超出了本章的范畴,但方案的结果容许同级主机安全高效地通信时并提供更高级的私密性。

　　总之,我们仍然需要继续定义基于 HIP 隐私和可靠性方法的细节。当前工作清晰地展示出:通过巧妙地使用基于 HIP 的机理,我们能同时提高隐私性和可靠性。

6.5.2　减少不必要的流量

　　之前简单了解到,通常有两种方法去减少不必要的流量。首先,我们能改变架构,这样在网络发送任何包给接收者之前,接收者的名字要么不会轻易被潜在发送者获取,要么需要通过接收者的确认。其次,我们可以尝试提高发送数据包的边际成本或减少接受数据包的边际成本。

　　在 HIP 中,我们可虑在基础交换中使用第二个方法,这样可以防止状态空间和 CPU 耗尽的拒绝服务攻击。使用第一种方法需要更多的改变,一种可行的方案是之前提出的 Hi^3 覆盖架构[27]。基本思路是隐藏接收者的 IP 地址,并且在接收者的显性确认后,发送者才能将地址作为发送数据的目的地。

　　从框架的角度来看,覆盖类似 Hi^3 在 IP 层之上创建了另外的"路由层"。同时其他的覆盖意欲增加保护,例如,Keromytis 等提出的 SOS[41]或 Wang 等提出的 k 匿名覆盖图[42],它们的工作原理基本相同。

　　覆盖网络的一个重要方面是它们改变了命名结构。在详细的例子里,它们只是将当前 IP 寻址结构换为另一种面向目的的命名空间。同时,通过分散接口,它们增加了拒绝服务攻击的难度,例如,潜在攻击者已经无法只针对单个目标主机,它们现在必须向包含成千上万节点的覆盖系统发送洪流。通过引入拟购成本增加总体发送成本去强制参与各节点遵守规则。再高级点的覆盖能进一步更改规则,它们能将命名焦点从主机和位置变更到片段信息。

　　Hi^3 的基本设置如图 6.8 所示。网络层由两方面构成:一个简单的基于 IP 路

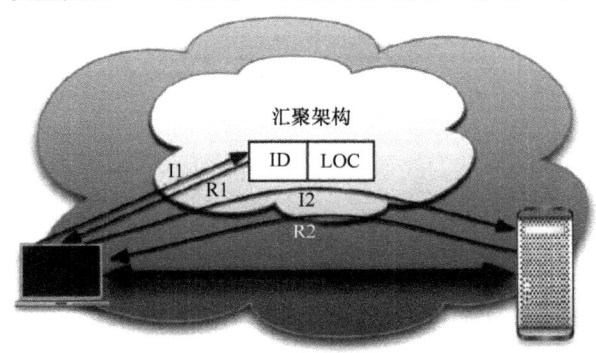

图 6.8　Hi^3 框架

由网络的数据平面,其中包含位于战略点的支持 HIP 的防火墙;另一个控制平面覆盖在数据平面之上。在实际中,控制平面由不同 HIP 交汇服务器构成,这些服务器间通常会同步部分或者全部的位置信息。

显而易见,支持 HIP 防火墙能验证通过的 HIP 基础交换并更新数据包,进而选择性为 IPsec ESP 流量打孔。在 Hi^3 框架中,所有的服务器位于支持 HIP 的防火墙之后。为了能够被访问,服务器必须注册到交汇基础,并且将服务器标识符(ID)绑定到潜在定位符上。在注册时,服务器很可能要在交汇基础临时存储一些预计算的 R1 数据包。

当一个客户端想与服务器通话时,它通常先会发送第一个 HIP 基础交换信息(I1)。然而以下两个原因导致该数据包不能被发送到服务器。第一,客户端无法获知服务器的 IP 地址。第二,即使它知道了 IP 地址,防火墙仍然会丢弃数据包。因此,唯一的选择是将数据包发往交汇基础设施。基础设施查找一个存储的 R1 数据包(如果它有的话),将该包发给客户端(否则它需要将数据包发给服务器,这是不必要的)。客户端以常规方法解开谜题,将 I2 数据包发给交汇基础设施。交汇基础设施中的接收节点如果发现谜题已被正确解开,则它将 I2 数据包发给服务器。防火墙将转发来自基础设施的数据包。此时,服务器就可以验证客户端的身份,决定客户端是否能建立 HIP 连接。因此,有且只有客户端能被标识且有适当权限时,服务器才会回复客户端 R2 数据包。如果 R2 数据包要经过防火墙,则服务器就能直接发送 R2 数据包到客户端,或者由基础设施来转发,这样就间接触发了防火墙的打孔。通过防火墙,最终数据流由防火墙直接穿过数据平面。

这种方案的结果是只有被授权的客户端能知道服务器的 IP 地址。此外,如果IP 地址意外被泄露,而且被用来对服务器和网络发起基于流的拒绝服务式攻击,防火墙会停止绝大数数据流,因为数据包将含有无效的包标识符。在防火墙被堵塞的情况下,我们可以启用其他的防火墙来保证合法流量的传输,同时使用 HIP 移动性和多宿主等扩展。

总之,在不牺牲合法连接或数据流的效率下,Hi^3 方案使 IP 地址更难被访问,从而增加拒绝服务攻击的难度。

6.6 HIP 现 状

本节描述了 HIP 的现状和在当前互联网中使用的情况。

1)成熟状况

目前描述了 HIP 的架构,基本设计思路,一些扩展和如何将这些方案用在当前互联网中以解决疑难杂症。现在我们多关注当下,描述当前的标准化和实现情况。为第一版可用的 HIP 所做的研究和开发已经就绪。如今有三个开源项目,分别由爱立信研究实验室、赫尔辛基信息技术学院(HIIT)和波音研究技术等机构承办。它们都足以支持实验使用,只是在使用平台和支持的扩展方面有所不同。有一部分人每天都使用 HIP,在某个波音飞机组装工厂,HIP 已经被投入日常使用。于 2008 年发布的 RFCs 5201-5207 更新了 HIP 最新实现。

2) HIP 使用现状

爱立信、HIIT 和波音的个别研究者已经在日常生活中使用 HIP,主要用 Linux 系统的笔记本电脑获取特定的支持 HIP 的服务,如电子邮件。HIP 只被用于少量服务,这些服务中的服务器支持 HIP,大部分 HIP 服务的网络流量依旧通过 IPv4 网络。

波音公司正在试验将 HIP 嵌入到它的企业内网中,HIP 将作为整个安全移动架构(SMA)[43]的一个组件。波音的 SMA 实现将 HIP 与公司的公钥框架(PIK),轻量级目录访问协议(LDAP)后端和地址定位的网络服务(LENS)集合起来,其中 LENS 能通过三角测量和信号强度来定位无线设备[44]。SMA 框架满足了波音对于安全网络环境的需求,并且满足了联邦航空管理局的要求及建造飞机过程中的每一步都要详细的记录归档,以便用于个人和设备使用[45]。HIP 加强 SMA 框架,在网络中使用的标识符包括机器(工具)主机标识符和临时主机标识符,其中临时主机标识符与员工的智能徽章相连,该徽章作为网络登录的一部分。

在华盛顿州 Everett 制造工厂,波音已经部署了一个 SMA 的试点。该架构考虑到基于网络的政策执行,使用终端盒子限制网络连接,以加密的标识符取代 IP 或者 MAC 地址。联系人、员工和工具之间复杂的信任关系可以反映到网络政策中。一个试点已经部署,以确保波音 777 中爬虫和控制器之间的无线网络安全[44]。

在 IETF 点对点 SIP(P2P SIP)工作组中,有两个独立组织(Avaya 和 HIIT)提出了一些方案,这些方案使用 HIP 作为网络连接和安全的平台[46,47]。这些方案的基本想法是用 HIP 将控制和数据流分为不同层级。这可以通过使用分布式的,点对点汇集服务去建立 HIP 连接,运送 SIP 数据包来实现,同时直接在 IP 网络上运行实际数据流量。在这里 HIP 吸引人的特点有些投机取巧和过于安全[40],它能通过 NAT 设备,无缝支持移动性和多宿主,能够通过覆盖似的交汇架构传递控制包。

3) 标准化情况

HIP 架构文件于 2006 年以 RFC4423[1]形式发布。整个基本协议文件在 2008 年发布。文件定义了基本交换[12],规定了如何以 ESP 传输形式来使用 HIP[13],描述了协议和终端主机用 HIP 移动和多宿主的细节[33],解释了用来宣布和请求基于 HIP 服务的注册扩展[34]、汇集扩展[35]、HIP 域名系统扩展[31]和如何下传统应用中使用 HIP[18]。此外,在 IRTF 中的一个 HIP 研究小组发布了穿越 NAT 和防火墙的注意事项[48]。

　　在 RFC 标准发布之后,HIP 工作小组转而关注 NAT 穿越[19],本地 API[49],基于 HIP 覆盖网络 HIP-BONE[50]和如何在 HIP 基交换中携带证书等细节[51]。在 IRTF 的 HIP 研究小组提出了一些研究草稿,如使用分布式的哈希表实现基于 HIT 的查找和一份 HIP 实验报告。

6.7　总　　结

　　在本章,我们总体审视了 HIP。本章讨论了 HIP 出现的需求和一些 HIP 实现细节,包括 HIP 的架构、协议消息,它的潜在应用程序和主要优点,以及当前 HIP 使用和标准化的状况。

致　　谢

　　作者非常感谢 C. N. Sminesh,Sarang Deshpande 和 Krishna Sivalingam 教授等大力支持,感谢他们帮忙编辑本书。

参 考 文 献

［1］Moskowitz, R. , Nikander, P. Host Identity Protocol (HIP) Architecture. RFC 4423, May 2006.

［2］Perkins, C. IP Mobility Support for IPv4. RFC 3344, IETF, August 2002.

［3］Perkins, C. , Calhoun P. R. , Bharatia, J. Mobile IPv4 Challenge/Response Extensions (Revised). RFC 4721, IETF, January 2007.

［4］Kent, S. , Seo, K. Security Architecture for the Internet Protocol. RFC 4301,IETF, December 2005.

［5］Rosenberg, J. Interactive Connectivity Establishment (ICE):AProto col for Network Address Translator (NAT) Traversal for Offer/Answer Protocols. Work in progress, Internet Draft draft-ietf-mmusic-ice-18. txt, IETF, September 2007.

［6］Huitema, C. Teredo:Tunneling IPv6 over UDP through Network Address Translations (NATs). RFC 4380, IETF, February 2006.

［7］Chiappa, J. N. Endpoints and Endpoint Names:AProp osed Enhancement to the Internet Architecture. Unpublished Internet Draft, 1999. http://ana. lcs. mit. edu/jnc/tech/endpoints. txt

［8］Harrison, T. , Williams, C. , Mackrell, W. , Bunt, R. Mobile Multicast (MoM)Protocol: Multicast Support for Mobile Hosts. Proc. of the Third Annual ACM/IEEE International Conference on Computing and Networking (MOBICOM97). pp. 151-160. ACM, 1997.

［9］Kovacshazi, Z. , Vida, R. Host Identity Specific Multicast. Proc. of the International Conference on Networking and Services (June 19-25, 2007). ICNS07. IEEE Computer Society, Washington, DC. June 2007. DOI10. 1109/ICNS. 2007. 66

[10] Ylitalo, J., Nikander, P. BLIND: AComplete Identity Protection Framework for End-points. Security Protocols, Twelfth International Workshop. Cambridge, 24-28 April 2004. LCNS 3957, Wiley, 2006. DOI 10. 1007/11861386-18

[11] Takkinen, L. Host Identity Protocol Privacy Management. Masters Thesis, Helsinki University of Technology, March 2006.

[12] Moskowitz, R., Nikander, P., Jokela, P. (ed.), Henderson TR. Host Identity Protocol. RFC 5201, IETF, April 2008.

[13] Jokela, P., Moskowitz, R., Nikander, P. Using ESP transport format with HIP. RFC 5202, IETF, April 2008.

[14] Tschofenig, H., Shanmugam, M. Using SRTP Transport Format with HIP. Work in progress, Internet Draft draft-tschofenig-hiprg-hip-srtp-02. txt, October 2006.

[15] Baugher, M., Carrara, E., McGrew, D. A., Nslund, M., Norrman, K. The Secure Real-time Transport Protocol (SRTP). RFC 3177, IETF, March 2004.

[16] Ramsdell, B. (ed.) Secure/Multipurpose Internet Mail Extensions (S/MIME) Version 3. 1, Message Specification. RFC 3851, IETF, July 2004.

[17] Nikander, P., Laganier, J., Dupont, F. An IPv6 Prefix for Overlay Routable Cryptographic Hash Identifiers (Orchid). RFC 4834, IETF, April 2007.

[18] Henderson, T. R., Nikander. P., Mikka, K. Using the Host Identity Protocol with Legacy Applications. RFC 5338, IETF, September 2008.

[19] Komu, M., Henderson, T., Tschofenig, H., Melen, J., Keranen, A. Basic HIP Extensions for the Traversal of Network Address Translators. Work in progress, Internet Draft draft-ietf-hip-nat-traversal-06. txt, IETF, March 2009.

[20] Kivinen, T., Swander, B., Huttunen, A., Volpe, V. Negotiation of NATTraversal in the IKE. RFC 3947, IETF, January 2005.

[21] Huttunen, A., Swander, B., Volpe, V., DiBurro, L., Stenberg, M. UDP Encapsulation of IPsec ESP Packets. RFC 3948, IETF, January 2005.

[22] Tschofenig, H., Wing, D. Utilizing Interactive Connectivity Establishment (ICE) for the Host Identity Protocol (HIP). Work in progress, Internet Draft draft-tschofenig-hip-ice-00. txt, June 2007.

[23] Nikander, P., Melen, J. (ed.), Komu, M., Bagnulo, M. Mapping STUN and TURN messages on HIP. Work in progress, Internet Draft draft-manyfolkship-sturn-00. txt, November 2007.

[24] Tschofenig, H., Gurtov, A., Ylitalo, J., Nagarajan, A., Shanmugam, M. Traversing Middleboxes with the Host Identity Protocol. Proc. of the Tenth Australasian Conference on Information Security and Privacy (ACISP '05). Brisbane, Australia, July 4-6, 2005.

[25] Schuba, C. L., Krsul, I. V., Kuhn, M. G., et al. Analysis of a Denial of Service Attack

on TCP. Proc. of the 1997 IEEE Symposium on Security and Privacy, IEEE, 1997.

[26] Eddy, W. M. TCP SYN Flooding Attacks and Common Mitigations. RFC 4987, IETF, August 2007.

[27] Nikander, P., Arkko, J., Ohlman, B. Host Identity Indirection Infrastructure(Hi3). Proc. of the Second Swedish National Computer Networking Workshop 2004 (SNCNW2004). Karlstad University, Karlstad, Sweden, November 23-24, 2004.

[28] Aura, T., Nagarajan, A., Gurtov, A. Analysis of the HIP Base Exchange Protocol. Proc. of the 10th Australasian Conference in Information Security and Privacy. Brisbane, Australia, July 4-6, 2005, pp. 481-493, LNCS 3574,Springer, 2005.

[29] Krawczyk, H. SIGMA: the SIGn-and-MAc Approach to Authenticated Diffie-Hellman and its Use in the IKE Protocols. Proc. of Advances in Cryptology-CRYPTO 2003, 23rd Annual International Cryptology Conference. Santa Barbara, California, USA, August 17-21, 2003, pp. 400-425, LCNS 2729,Springer, 2003.

[30] Nikander, P., Melen, J. ABound End-to-End Tunnel (BEET) mode for ESP. Work in progress, Internet Draft draft-nikander-esp-beet-mode-07. txt,February 2007.

[31] Nikander, P., Laganier, J. Host Identity Protocol (HIP) Domain Name System(DNS) Extensions. RFC 5205, IETF, April 2008.

[32] Heer, T. Lightweight Authentication for the Host Identifier Protocol. Masters Thesis, RWTH Aachen, August 2006.

[33] Nikander, P., Henderson, T. R., Vogt, C., Arkko, J. End-Host Mobility and Multihoming with the Host Identity Protocol. RFC 5206, April 2008.

[34] Laganier, J., Koponen, T., Eggert, L. Host Identity Protocol (HIP) Registration Extension. RFC 5203, IETF, April 2008.

[35] Laganier, J., Eggert, L. Host Identity Protocol (HIP) Rendezvous Extension. RFC 5204, IETF, April 2008.

[36] Ylitalo, J., Salmela, P., Tschofenig, H. SPINAT: Integrating IPsec into Overlay Routing. Proc. of the First International Conference on Security and Privacy for Emerging Areas in Communication Networks (SecureComm'05),Athens, Greece, September 5-9, 2005.

[37] Nikander, P. An Architecture for Authorization and Delegation in Distributed Object-Oriented Agent Systems. Ph. D. Dissertation, Helsinki University of Technology, March 1999.

[38] Koponen, T., Gurtov, A., Nikander, P. Application mobility with Host Identity Protocol, Extended Abstract in Proc. of Network and Distributed Systems Security (NDSS '05) Workshop, Internet Society, February 2005.

[39] Lindqvist, J., Takkinen, L. Privacy Management for Secure Mobility. Proc. of the 5th ACM Workshop on Privacy in Electronic Society. Alexandria,Virginia, USA, October 30-30, 2006. WPES'06. pp. 63-66. ACM. DOI10. 1145/1179601. 1179612

[40] Arkko, J., Nikander, P. How to Authenticate Unknown Principals without Trusted Parties. Security Protocols, 10th International Workshop. Cambridge, UK, April 16-19,

2002，pp. 5-16，LCNS 2845，Springer，2003.

[41] Keromytis, A. D. , Misra, V. , Rubenstein, D. SOS: Secure Overlay Services. SIGCOMM Comput. Commun. Rev. 32:4 (October 2002), 61-72. DOI 10. 1145/964725. 633032

[42] Wang, P. , Ning, P. , Reeves, D. S. Ak-anon ymous Communication Protocol for Overlay Networks. Proc. of the 2nd ACM Symposium on Information,Computer and Communications Security. Singapore，March 20-22,2007. Deng R and Samarati P, eds. ASIACCS ' 07. pp. 45-56. ACM. DOI10. 1145/1229285. 1229296

[43] Estrem, B. et al. Secure Mobile Architecture (SMA) Vision Architecture. Technical Study E041, The Open Group, February 2004. www. opengroup. org/products/publications/catalog/e041. htm

[44] Paine, R. R. Secure Mobile Architecture (SMA) for Automation Security. ISAConference on Wireless Solutions for Manufacturing Automation: Insights for Technology and Business Success. 22-24 July, 2007, Vancouver, CA. www. isa. org/wsummit/presentations/BoeingNGISMAAutomationSecurityVancouverISApresentationtemplates7-23-07. ppt

[45] Boeing IT Architect Pushes Secure Mobile Architecture. Network World,April 28, 2006. www. networkworld. com/news/2006/050106-boeing-side. html

[46] Cooper, E. , Johnston, A. , Matthews, P. A Distributed Transport Function in P2P SIP using HIP for Multi-Hop Overlay Routing. Work in progress, Internet Draft draft-matthews-p2psip-hip-hop-00, June 2007.

[47] Hautakorpi, J. , Koskela, J. Utilizing HIP (Host Identity Protocol) for P2PSIP (Peer-to-Peer Session Initiation Protocol). Work in progress, Internet Draft draft-hautakorpi-p2psip-with-hip-00, July 2007.

[48] Stiemerling, M. , Quittek, J. , Eggert, L. NAT and Firewall Traversal Issues of Host Identity Protocol (HIP) Communication. RFC 5207, IRTF, April 2008.

[49] Komu, M. , Henderson, T. Basic Socket Interface Extensions for Host Identity Protocol (HIP), Work in progress, draft-ietf-hip-native-api-05. txt, July2008.

[50] Camarillo, G. , Nikander, P. , Hautakorpi, J. , Johnston, A. HIP BONE: Host Identity Protocol (HIP) Based Overlay Networking Environment, Work in progress, draft-ietf-hip-bone-01. txt, March 2009.

[51] Heer, T. , Varjonen, S. HIP Certificates, Work in Progress, draft-ietf-hipcert-00, October 2001.

[52] Henderson, T. , Gurtov, A. HIP Experiment Report, Work in Progress, draftirtf-hip-experiment-05. txt, March 2009.

第 7 章 合约交换:管理跨域动态

Murat Yuksel[1], Aparna Gupta[2], Koushik Kar[2], and Shiv Kalyanaraman[3]

[1] 内华达大学里诺分校(University of Nevada),美国

[2] 伦斯勒理工学院(Rensselaer Polytechnic Institute),美国

[3] IBM 研究院(IBM,Research),印度

网络简单的包交换架构是它成功的基石。如今,互联网是强劲的商业媒介,聚集了大量有竞争力的服务提供商和内容提供商。然而当前的网络架构:①无法体现用户在足够的粒度下的价值选择;②也不能让供应商在投资创新技术和与商业关系中管理风险。当前用户只能在访问/链接带宽级表明他们的价值选择,而不能在路由层面。通过虚拟私人网络,端到端(e2e)质量服务合约已经可以实现,但是合约是静态和长期的。此外,有的企业要求网络中两个随机节点之间的端到端容量合约是短期的,而当前的架构无法满足这种短期合约。

我们提出一个新的网络架构,这个架构能在多个供应商之间建立灵活、细粒度、动态的合约。在这种架构下,互联网将由当前的"包交换"[15]网络迁徙到"合约交换"网络。基于合约交换的架构能容许在多个争执点上实现灵活经济的风险管理和价值流动[4],我们将合约交换视为当前互联网框架中包交换机制的一种泛化。例如,包的大小被视为合约容量在短时间内失效的一个特例,即一个数据包传输时间。类似地,包交换中的生存时间大致是合约交换中合约过期的一个特殊例子。因此,合约交换是包交换更一般的情况,它有着额外的经济灵活性,基于路由层可扩展性的考虑,它刻意减少了技术灵活性。

在本章,我们将汇报当前在合约交换的工作情况[15,16]和一个域内合约机制的样本,该机制带有救助和转发。我们描述了一个合约交换的网络架构,这个架构为未来网络灵活的价值流而设计。为了容许在管理风险中使用复杂的金融工具而设计,这些风险涉及端到端质量服务合约的聚合。我们关注在多域 QoS 合约情景下设计合约交换框架。我们的架构能以一种完全去中心化的方式在空间(如经过ISP)和时间(在一段长时间区间)上动态修改这种合约。一旦这些基本设施和衡量这些设施价值的方法就绪,ISP 们就能用高级的计价技术计算成本的回收,用金融工具来管理端到端合约建立的风险,为特殊市场结构中的供应商和用户提供性能担保,如垄断。特别地,我们在微观(如 10 分钟)或宏观(如几小时或者几天)的时间度量里研究基本/初级的 QoS 合约和服务抽象。在较长时间度量(如几小时

或几天,通常涉及 ISP 和终端用户的合约)内宏观级别的操作,计划用一个链路状态的结构来计算端到端的"合约路径。"类似地,为达到短时间度量内的(如 10 分钟,主要是 ISP 间的合约)灵活的微观操作,使用一个边际网关协议式的路径向量进行合约路由。

单个 ISP 域已经采用几种 QoS 机制,然而跨 ISP 域之间 QoS 部署还无法实现。第一个原因包括 ISP 市场的高碎片化的天性,第二个原因是过度投资和 20 世纪 90 年代末期技术的发展导致的光学产能过剩。BGP 路由聚合和路由不稳定等问题也导致了跨域间性能不稳定[5]。当前的 QoS 研究[10]清晰地发现了跨域间商业模式和金融解决方案的缺乏,并且急需一个灵活的风险管理机制包括保险和资金回流保证。特别地,尝试将不同经济手段融入跨域路由并允许终端用户[14]有更多的经济跨域便利性。我们的工作直接关注这些问题,而且与网络定价研究相关[8,16]。

在 7.1 节中定义了合约交换形式的本质。在 7.2 节中详细描述了架构的特点和合约交换的挑战。接着在 7.3 节中提供了管理互联网风险的动机和相应的金融工具。最后在 7.4 节中对本章中的主要观点进行总结。

7.1　合约交换格式

"合约交换"的本质是用合约作为跨域网络的关键构建块。如图 7.1 所示,通过引入更多的冲突点到协议设计中来促进跨域架构的灵活性。尤其这种架构对互联网协议的设计带来几个急需的变革:①将经济工具融入到网络层的功能如跨域路由(当前架构只能容许交换基本连接信息);②容许 ISP 使用金融工程工具对端到端 QoS 合约中的 QoS 技术的投资和参与进行风险管理。

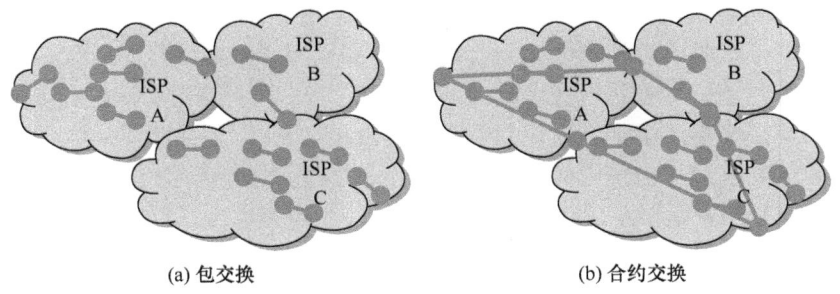

(a) 包交换　　　　　　　　　　　　(b) 合约交换

图 7.1　包交换与合约交换的比较

(包交换将端到端电路交换的环路拆为可路由的数据包,以此向互联网架构中引入了许多冲突节点。合约交换的覆盖合约为域边界上边缘/对等点带来更多的冲突点)

除了这些设计机会,合约交换范例引入了几个研究挑战。作为建设的主要部分,域内服务抽象需要如下设计:①有性能保障的单域边到边(g2g)QoS 的合约;

②针对成本回收的非线性定价机制。再往高提升一个层次,端到端跨域合约的聚合导致了一个主要的研究问题,即使用单域合约作为合约链路造成了"合约路由"问题。由于跨域要涉及大尺寸效果和穿过信任区间等,我们需要解决的问题有路由可扩展性、合约监督和验证。ISP 可以用一些经济工具来纠正定价、风险共享和钱回流等问题。

7.2　架 构 因 素

将价值和风险等概念纳入网络路由协议的设计中带来了很多架构挑战。我们提出将每个 ISP 提供的点对点 QoS 服务抽象为一组"重合合约",每组合约都由对等点(即 ISP 的入口/出口点)间定义。将这些重叠的合约当成"合约链路",假想出一个去中心化的架构,这个架构将每个 ISP 跳上的合约组合为一条端到端合约。这类似于由链路构成的路径,区别是只有"合约"而无链路。就像需要路由协议来创建端到端链路路径一样,我们需要"合约路由"找到一条跨域路由,来连接对等 ISP 的合约,最后构成一条端到端路径和一个相关的合约包。

7.2.1　对等点间的动态合约

我们将一个 ISP 网域视为多重 g2g 合约的一个抽象,合约涉及买者从入口点到出口点的信息流,即从一边到另一边。之前的工作显示,这种 g2g 动态合约能够以分布式的方式完成,而且能节约成本[16]。用户只能通过与处于边缘点的供应商站点签订合约来访问网络核心。一个关键的能力是 ISP 能为每个 g2g 合约广告不同的价格,本地计算的价格与从其他站点收到的消息一起予以公告。

构建更好的 e2e 路径要求单网域合约能力具有灵活性。在我们的设计中,以单项价格的方式考虑点到点的 g2g 合约能力,这提出了一个问题"ISP 该如何定价它的 g2g 合约?"。尽管我们在文献[16]中也提供关于简单合约的类似问题,但远期救助合约需要新的定价方法。如果在足够小的时间尺度间施行跨域合约,则这种灵活的 g2g 合约的出现为构建 e2eQoS 路径提供了必要的组件。这个分布式合约架构也带给用户足够的灵活性,如用户能为 e2e 路径中两个对等点选择各种各样的下一跳中间 ISP[14]。

7.2.2　合约路由

给予 ISP 对等点间的合约,"合约路由"问题涉及从每个 ISP 合约中发现和组合 e2e 满足 QoS 的合约。我们将每个潜在合约以"合约链路"的形式广告出去,"合约链路"能被用来进行 e2e 路由。通过这些合约链路,设计链路状态或者 BGP 式的路径向量路由协议,这些构成了 e2e"合约路径"。提供 e2e 服务的 ISP(或者服务覆盖网络提供者)需要在他们长期合约和财政承诺方面具备一定的前瞻性,他们需要链路状态形式的路由来满足这一需求。我们能在短时间内,获取可扩展的BGP 形式的路径矢量路由,以满足用户按需的动态请求。

1. 宏观级的操作:链路状态合约路由

包含链路状态的长期合约链路是域间合约路由的一种方式。对于每个合约链接,ISP 创建了一个包含各种字段的"合约链路状态"。我们建议合约链路状态主要的字段应该是 ISP 现在预测的未来远期价格。每个 ISP 为自己泛洪发送的合约链接状态负责,因此得主动地检查合约链接状态的有效性。这类似于 OSPF 路由器间的周期性的 HELLO 交换。当远程 ISP 获得泛洪合约链接状态时,他们能提供穿过多条对等点的点到点和 e2e 的合约。尽管链接状态路由是在域间情景下提出的,而"合约链接"是在 ISP 中的对等节点之间[3],而不是在 ISP 之间(图 7.2)。

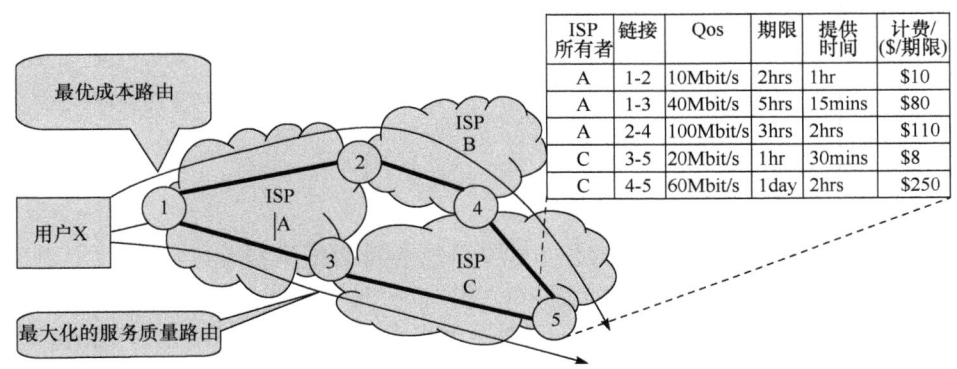

图 7.2　链路状态合约路由的一个演示情景

为计算 e2e 的"合约路径",ISP 采用了一个类似 QoS 路由的运算程序来产生源路由,初始化信令协议来储存这些合约。图 7.2 展示了一个链接状态合约路由发生的示例场景。主要有三家 ISP 参与 5 个对等点。在例子中,一个合约链路状态包括 5 个字段:ISP 所有者、链接、期限(即所提供合约链接的长度)、提供时间(即何时合约链接能被使用)、计费(合约链接的总定价包括整个期限)。ISP 可选择在对等点间使用泛洪传播他们的合约链路状态。如图 7.2 所示,每个 ISP 得自己维护一个合约链路状态路由表。一些合约链路状态将渐渐减少,例如,由 ISP A 提供的 1~3 号链路将在 5 小时 15 分钟后被合约路由表抹除。对于这样的合约路由表,计算"最短"的 QoS 合约涉及大量金融和技术决策。我们来假设用户 X(也可以是另外的 ISP 或网络的实体,能够直接访问 ISP A 中的对等节点 1)想从 1~5 号 QoS 合约中购买一份合约。ISP 能提供大量不同的"最短"QoS 合约。例如,路由 1-2-4-5 是最有成本效益的合约路径(即(10Mbit/s×2hrs+100Mbit/s×3hrs+

60Mbit/s×24)/($10+$110+$250)=27.2Mbit/s * hr/$),而依据 QoS 来衡量,路径 1—3—5 更好一些。在计算这些"最短"QoS 合约路径时,ISP 能将他们的财务目标考虑进来。路径 1—2—4—5 给出了从 1～5 的一个最大 10Mbit/s 的 QoS 能力,所以 ISP 不得不以其他 e2e 合约的形式卖掉购买的其他合约,或者与每个合约链路拥有者进行协商。类似地,用户 X 尝试在 1～5 中选择购买一份 QoS 合约以最大化他的目标。假设 ISP 给用户 X 两个选项:①使用路径 1—2—4—5,其中容量为 10Mbit/s,时限为两小时,计费标准是每 5 小时 15 美元;②使用路径 1—3—5,其中容量为 20Mbit/s,时限为 1 小时,计费标准是每 30 分钟 6 美元,然后用户选择了路径 1—3—5。接着 ISP 发起通信协议存储 1—3 和 3—5 合约链路,触发合约链路更新泛洪,更新中声明了合约路由表中的变化。

ISP 参与多个对等点将会引起合约链路扎堆,从而发送多条泛洪消息到链路状态路由。然而合约链路的数目可以由定标技术来控制,例如,只关注主要对等节点之间和聚合合约链路状态"区域智能"提供的长期合约。在我们的方案中,只有合约条款和内部 ISP 网络状况发生了明显变化,链路状态合约路由才开始发送泛洪消息。在传统链路状态路由中,不管是否发生变化,链路状态将周期性的发送泛洪消息。

2. 微观级的操作:路径矢量合约路由

为了在获取网络中更动态的技术和经济行为时提供足够的灵活性,设计在短时间(如 10 分钟)运行的合约路由是可行的。这个时间域是合理的,因为现在的域间 BGP 路由中前缀改变和路由更新就发生在几分钟的时间顺序上[11]。另外,ISP 也许只想对其他 ISP 的一部分而不是全部广播 g2g 合约的现价。类似地,用户也许只想在短时间内询问某个特定合约的能力,但却涉及大量政策因素。链路状态的合约路由无法充分提供这种按需反应的请求。

与 BGP 组成路径类似,e2e 合约路径可以用按需懒惰的方式计算。在我们的设计中,每个 ISP 可通过向其邻居广播/广告其合约链路来选择启动合约路径运算。根据不同的技术、财务或者政策因素,这些邻居会选择是否使用这些合约来组建一个两跳的合约路径。这个路径—矢量聚合过程将一直继续下去,直到在合约路径中出现了参与的 ISP。在合约路径过期之前,接收这些合约路径的用户或 ISP 将有权选择使用或让它们无效。

供应者初始化:图 7.3(a)显示了一个供应商启动合约—路径—矢量运算的情景示例。一个 ISP C 在对等点 3 和 4 宣布了两个短期合约—路径—矢量。在一些限制下,ISP B 和 A 决定是否参与到这些合约—路径—矢量中。例如,ISP B 将初始路径—矢量的容量减少到 20Mbit/s 并把价位提到 11 美元。尽管每个 ISP 能采用不同的价格计算,在这个例子中 ISP B 给自己 2—4 合约链路相应来自 ISP C 的合约链路 4—5 的部分增加了 4 美元(即 $\$9 \times 20/30 = \$6$)。类似,在对等点 2 和 3 上,ISP A 限制来自 ISP B 和 C 的两个合约—路径—向量声明。接着 ISP A 将这两个合约—路径—矢量给用户 X,用户 X 可以选择使用 1—5 短期 QoS 路径。在这个路径—矢量计算方案中,一旦一个 ISP 加入合约,它将必须提交它需要的资源,这样收到合同路径公告的用户将在 e2e 合约中得到保障。因此,由于潜在的安全和信任问题,ISP 将不得不认真进行选择。这种设计理念存在于当前的域间 BGP 路由中。在 BGP 中,每个 ISP 决定接收哪些路由公告,以构建自己的基于策略、信任和技术性能的路由。

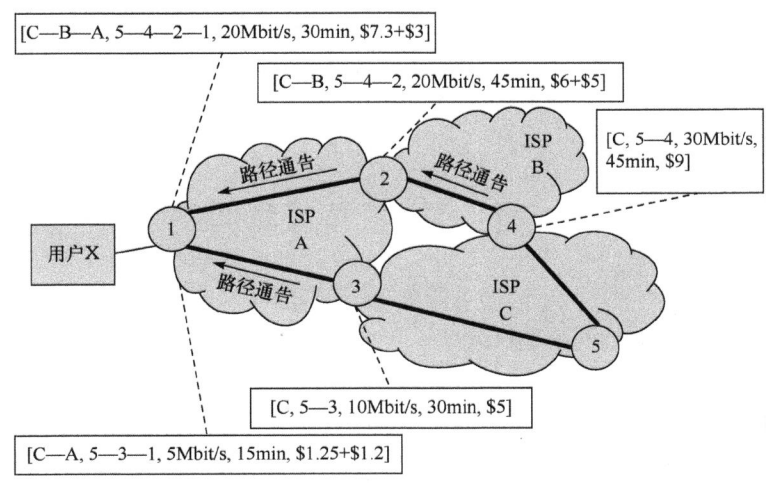

(a) 供应商初始化:懒惰计算合约路径向量

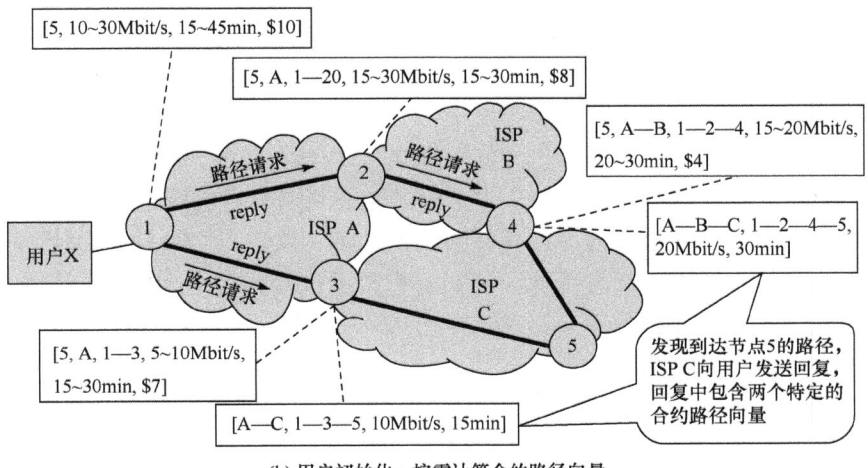

(b) 用户初始化:按需计算合约路径向量

图 7.3 路径向量的合约路由

用户初始化:用户也许会请求一个带有 QoS 参数的 e2e 短期合约路径,这些 QoS 参数在当前的路径—矢量中还不存在。这种设计能够根据应用的具体需求让潜在终端用户参与到过程中。例如,在 7.3(b)中,用户 X 通过向目的地 5 广播容量范围为 10~30Mbit/s,时间范围为 15~45 分钟,总花费为 10 美元的"合约—路径请求"来发起一个路径—矢量计算。这个合约—路径请求沿着对等节点被转发,在这些对等点,参与的 ISP 向由用户 X 识别的初始限制中添加更多限制。例如,ISP B 将时间范围从 15~30 分钟缩小到 20~30 分钟,容量范围由 15~30Mbit/s 缩小到 15~20Mbit/s,同时从剩余的 8 块预算中为自己的 2—4 合约链路扣除掉 4 块。这种参与的中间 ISP 不得不应用大量的策略,来确定他们参与这些路径—矢量运算的方式。一旦 ISP C 收到合约—路径请求,它给用户 X 发送带有特殊合约—路径—矢量的回复。接着用户 X 从 1~5 中选择购买,必要的情况下通过几条通信进行预订。

7.3　合约链接:救助和远期

从服务角度来看,除了合约的主体外(买者和卖者),合约包含三个主要灵活组件[6]:性能组件、财务组件和时间组件。合约的性能组件包括 QoS 指标(如延迟或丢包率)。合约的财务组件包括各种各样字段来辅助与合约的价值和风险权衡相关事务进行财务决策。基本字段可以是不同的价格,例如,现价、远期和基于使用的。适当的财务组件字段能保证财务安全和体现合约的合理性,如合约是否有保险或有资金回流保证。时间组件包括操作时间戳(如合约持续时间和资金回流保证过期后的保险时常),操作时间戳对于网络协议的技术决策和合约主体的经济策略都很有帮助。注意所有三个组件运行在几个聚合的包而不是单个包。对于潜在可扩展问题,将经济工具嵌入到网络协议层级中其粒度要比嵌入到包层级要好,如每个包定价。

本节先定义了远期合约和 BFC,接着阐述了决定 BFC 价格的数学计算过程[6]。救助转发对供应商有用,因为它消除了在未来需要带宽风险,即使未来网络带宽不足,也不会强制供应商履行义务来满足合约。救助远期合约中的用户如果在未来缺少带宽,则能以优惠价购买带宽。我们提供折扣价是因为用户共享了未来网络堵塞的风险,根据救助条款,协议中的带宽也许不会被交付。用户可能选择不去购买远期合约,但在这种情况下,由于可能的堵塞和价格原因,用户将面临在未来不能获取足够带宽的风险。因此构建并提供救助远期机制对提供商和客户都有益处。

7.3.1　救助远期合约(BFC)

在未来，救助远期将是以预订价格(又称远期价格)提供一件(良好的)商品(或服务)的必要因素。其他合约规定有质量细节和持续时间(提供时间服务：服务开始时间 T_i 和结束时间 T_e)

在一个资源有限的远期合约内，我们有必要对未来能保证提供什么做出限制。我们可以用定义资源容量的一个关键因素定义限制。把救助条款加入远期合约中，且一旦生效，这将供应商从必须提供服务的责任中解放出来，即影响容量的关键因素上升到一定程度导致无法交付服务。缔约双方很有必要建立一个设置，这样就能透明地观察救助条款的激活以进行商品化远期合约和消除道德风险。与救助远期合约相关的远期价格考虑到这样的事实，就是在某些情景下，合约将不再是强制性的。

为有限资源进行救助远期合约的创建和定价，将会对未来出现的不确定和资源供应实现风险分割和风险管理。合约将为未来剩余容量定价(远期价格)，这样保证了容量的合理利用。如果容量在未来不足，则救助条款将容许救助，因此它阻碍了精确的风险分段。救助远期的价格也反映了这一特点。

7.3.2　正式化 BFC 的定价

为救助远期合约定价，我们首先需要确定当前合约的价格，因为远期合约建立在当前合约之上。当前价格反映了当前使用网络的状况，它用非线性定价核心来促进利用和成本回收。当前合约定价的风险是构建救助远期合约的定价框架的决定因素。同时还需要一些适当的抽象建模。

网络抽象为"合约"。不同于传统网络的点到任何地方的结构，在合约化的网络中，合约是网络中两个端点单向连接(在单域中一个入口边点和一个出口边点之间)。我们为点合约建立一个时间依赖需求模型 μ_t 和该合约可用的容量 A_t ，其中 $\mu_t < A_t$ 。当前合约的价格是非线性变换， $S_t = P(\mu_t, A_t)$ 。 A_t 的预测模型被用来作为确定救助情况和为 BFC 定价的救助因素。因此，点合约价格函数即远期价格 F_t 用来预测未来可用容量，其参数定义了救助条款。

我们用如下公式为点价格的时序需求建立一个模型：

$$\mathrm{d}\mu_t = \gamma(m - \mu_t)\mathrm{d}t + b_1\mu_t\mathrm{d}W_t^1 \tag{7.1}$$

合约路径中可用的容量如下：

$$\mathrm{d}A_t = \beta(\overline{A} - A_t)\mathrm{d}t + b_2 A_t\mathrm{d}W_t^2 \tag{7.2}$$

式中，两个 Wiener 过程(W_t^1 和 W_t^2)是无关的。演化方程中的参数包括长期均值 m 和 $\overline{A}$ ，波动常数 b_1, b_2, γ 和 β 是长期均值的回归率。

我们可以选择一种特殊情况的需求，其点价格可以用下述 μ_t 和 A_t 的函数来描述：

$$S_t = P\left(\frac{\mu_t}{A_t}\right) = \int_0^{\mu_t/A_t} p(q)\,\mathrm{d}q \tag{7.3}$$

式中,非线性定价核心 $p(q)$,由以下公式获得:

$$p\left(\frac{\mu_t}{A_t}\right) = \frac{c + (1 - \mu_t/A_t) \times \alpha}{1 + \alpha} \tag{7.4}$$

式中,参数 c 和 α 分别是边际成本和 Ramsey 数。Ramsey 数获取供应商实施垄断力的程度[13],当 α 为 0 时,说明这是一个完全竞争市场,边际价格就是边际成本。如果是在 t 时间点救助远期合约的价格 $f = (S_t, t)$,对于任何现价合约上的倒数 S_t,根据标准倒数定价推导,给出 $f(S_t, t)$ 应该满足以下偏微分方程

$$\frac{\partial f}{\partial t} + \frac{1}{2}\rho^2\left(\frac{\mu_t}{A_t}\right)\left(b_1^2\frac{\mu_t^2}{A_t^2} + b_2^2 A_t^2\right)\frac{\partial^2 f}{\partial S^2} + \frac{\partial f}{\partial S_t}rS_t - rf = 0 \tag{7.5}$$

边界条件为

$$f(S_T, T) = (S_T - F)\boldsymbol{I}_{\{A_T > \mathrm{Th}\}} \tag{7.6}$$

式中,T 是未来提供服务的时间;F 是远期价格;$\boldsymbol{I}$ 用来提示在阈值层级 Th 没有定义救助[12]。偏微分方程中 τ 是短期无风险利率。以上方程的解法为

$$f(S_0, 0) = E[\mathrm{e}^{-rT}(S_T - F)\boldsymbol{I}_{\{A_T > \mathrm{Th}\}} \tag{7.7}$$

由于开始没有任何付款,所以我们只能确定远期价格,将以上的方程等于 0,求解 F,这样就能得到远期价格 F 为

$$F = \frac{1}{P(A_T > \mathrm{Th})}E[S_T\boldsymbol{I}_{\{A_T > \mathrm{Th}\}}] \tag{7.8}$$

式中,S_t 由以下过程得出

$$\mathrm{d}S_t = rS_t\,\mathrm{d}t + p\left(\frac{\mu_t}{A_t}\right)\frac{b_1\mu_t}{A_t}\mathrm{d}W_t^1 - p\left(\frac{\mu_t}{A_t}\right)\frac{b_2\mu_t}{A_t}\mathrm{d}W_t^2 \tag{7.9}$$

多重边到边(g2g)BFC 定义和管理如下。

为获得现实网络的拓扑,需要将单个抽象的 g2g 合约一般化到一组 g2g 合约。在接下来要讲的"多重合约"抽象中,建模了 g2g 合约可用容量的成对交互,来指明合约之间重叠的密集性。在这次抽象中,每个现在合约随时间变化的需求由 μ_t^i 来表示,每个合约可用的容量用 A_t^i 来表示,现在合约的价格 $S_t^i = f(\mu_t^i, A_t^i)$ 是一个非线性变换。在单 g2g 合约链路使用的模型中主要不同是重叠的密度 ρ^{ij},它主要显示合约间的相关性。A_t^i 的预测模型以如下方式利用重叠的强度得到,它被看成网络中每个 e2g 路径上的 BFC 定价的救助因素:

$$\mathrm{d}A_t^i = \beta^i(\overline{A}^i - A_t^i)\,\mathrm{d}t + b_2^i A_t^i\mathrm{d}W_t^{2i} \tag{7.10}$$

其中 overlap 的强度描述了每条 g2g 路径可用容量间的相关性,它被 Wiener 过程间的相关性所体现

$$\mathrm{d}W^{2i}\mathrm{d}W^{2j} = \rho^{ij}\,\mathrm{d}t \tag{7.11}$$

式中,ρ^{ij} 是 overlap 的强度,描述了路径 i 和路径 j 之间的共享资源。与从前一样, $\overline{A}^i$ 是长期均值,b_2^i 是波动常数,β^i 是长期均值的回归率。

加上从前获得导出值,以如下方式获取合约链路 i 的远期价格 F^i:

$$F = \frac{1}{P(A_T^i > \mathrm{Th}^i)} E\left[S_T^i \boldsymbol{I}_{\{A_T^i > \mathrm{Th}^i\}} \right] \tag{7.12}$$

式中,S_t^i 是由如下过程获得的

$$dS_t^i = rS_t^i dt + p\left(\frac{\mu_t^i}{A_t^i}\right) \frac{b_1^i \mu_t^i}{A_t^i} dW_t^{1i} - p\left(\frac{\mu_t^i}{A_t^i}\right) \frac{b_2^i \mu_t^i}{A_t^i} + dW_t^{2i} \tag{7.13}$$

因此,一个 g2g 路径的远期价格被调整到 A_t^i 的范围内,演化特点受其他 g2g 路径可用容量变化的影响。为评估广告一个特定 g2g 合约的风险,需要了解底层网络交互的知识。如从前讨论过的,发展多重 g2gBFC 条款是基于一个假设,即 overlap 的强度抽象地模拟流 i 和流 j 之间的相关性。高相关性表示流 i 和流 j 是紧密耦合的,而且在它们的路径上共享更多的网络资源。

我们用以下公式模拟流 i 和流 j 之间的相关性

$$\rho^{ij} = U_{\mathrm{link}} \times \left(\frac{\tau_i}{\tau_i + \tau_j}\right)$$

式中,τ_k 是流 k 能够拥有的带宽比例,是所有经过常见瓶颈链路的流量共同享有的最大值;U_{link} 是瓶颈链路的利用率。注意这个方程考虑了 overlap 的不对称特性,不对称是流量产生的不同量的通信量导致的。最大带宽份额可用著名的"瓶颈"算法来计算[2]。

7.3.3　BFC 性能评估

我们性能研究尝试回答以下问题。

(1) G2g BFC 的健壮性:当 ISP 网络一个链路/节点失效后,g2gBFC 崩溃的可能性?

(2) 网络 QoS 的效率:在冒险提供更好服务和救助带来的经济损失之间有一个权衡。与简单合约相比,BFC 为 ISP 带来的额外营收、利润或损失有哪些?

1. 网络模型

在设置实验时,我们先设计了现实的网络模型,该模型配置了 Rocketfuel 的路由器级别的 ISP 拓扑[9],域内最短路径路由和基于重力的流量矩阵估算。假定 BFC 的 QoS 标量是 g2g 容量。注重设计我们的网络模型以反映典型的 ISP 骨干网络。首先根据链路权重信息,使用最短路径算法为 ISP 网络计算路由矩阵 R。在现实流量矩阵 T 中,通过使用产品 T 和 R,我们能计算单个链路的流量负载。用这个现实网络模型拉力确定需求(如 μ)和供应(如 A)模型,这些模型可用来发

展多重 g2g BFC。

我们从 Rocketfuel 数据仓库获取拓扑信息（除了链路容量估算），Rocketfuel 为六家 ISP 提供路由级别的拓扑数据：Abovenet，Ebone，Exodus，Sprintlink，Telstra 和 Tiscali。更新原始 Rocketfuel 拓扑，通过在同个 PoP 中添加链路来构建至少一条环路，能让 PoP 中的所有节点相互连接。我们估测路由器 i 和 j 之间的链路容量为 $C_{i,j}=C_{j,i}=\kappa[\max(d_i,d_j)]$，其中，$d_i$，$d_j$ 是节点 i 和 j 的 BFS（广度优先搜索）距离，当拓扑中最小权重路由器被选择为 BFS 的根树时，κ 是传统链路容量逐步减少的矢量。

我们选择 $\kappa[1]=40\mathrm{Gbit/s}$，$\kappa[2]=10\mathrm{Gbit/s}$，$\kappa[3]=2.5\mathrm{Gbit/s}$，$\kappa[4]=620\mathrm{Mbit/s}$，$\kappa[5]=155\mathrm{Mbit/s}$，$\kappa[6]=45\mathrm{Mbit/s}$，$\kappa[7]=10\mathrm{Mbit/s}$。这种基于 BFS 的方法的想法是 ISP 的网络的拓扑中心有较高的容量和更高程度的链路。

为构建一个合适的流量矩阵，首先我们挑选相对中心拓扑较小权重或者长距离的路由器，这样就能识别 Rocketfuel 拓扑的边缘路由器。为每个 Rocketfuel 拓扑确定权重阈值和 BFS 距离阈值，保证边缘路由器的数量占整个节点 75%～80% 的比重。接着我们用重力模型[7]来构建一个可行的 g2g 流量矩阵。重力模型的必要性是，两个路由器之间的流量得与路由器所在城市人口成比例。我们用 CIESIN[1]数据集来计算城市人口，构建流量矩阵，这样它们会在流速率上产生一个幂律行为[7]。

2. 模型分析

在 Rocketfuel 的 Exodus 拓扑中，使用了 372g2g 路径数据来校准数学模型，以建立 BFC 的定义和价格。我们能将价格分析用到更大的一组 g2g 路径，然而为了容易展示，选择相对较小的一组路径。我们使用可用容量和所需带宽的汇总统计（如平均值和标准方差）来校准模型。

先分析单条 g2g 路径，然后推及到对 BFC 框架进行模型式分析。对于单条 g2g 路径，我们的案例展示了可用容量、所需带宽和当前合约定价的演化的过程。具体如图 7.4(a)～图 7.4(c) 所示。基于 7.3.2 节推导提供的一个校正模型，可用容量和现价，在定义救助的阈值选择范围内确定了 BFC 的价格。如图 7.4(d) 所示，正如我们所预料的，救助的概率和阈值均有增长趋势。依据可用容量分布的低百分率来确定阈值。

在图 7.5 中报告/展示了一个 5 条 g2g 路径样本的 BFC 价格，这个价格是在 7.3.2 节中的单条 g2g 框架内确定的。BFC 将在未来 5 天内派送服务，其中救助的阈值设置为可用容量的 15%。该图的目的是展示远期价格与现在合约价格的对比。平均起来，远期价格比现在价格略高。然而未来现在价格的风险显示有超过 45% 的可能性，远期价格要低于未来现在价格（查看图 7.5 第四列）。在最后一列同时显示了这些 5 条 g2g 路径 BFC 救助的概率。这些路径救助的概率均在 10%以下。

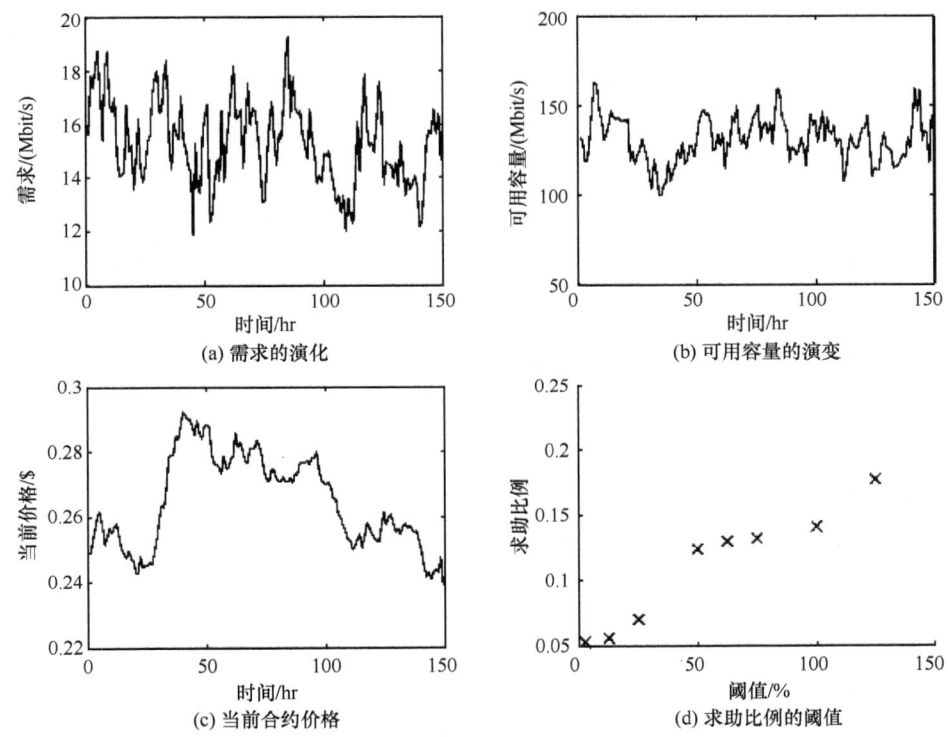

图 7.4

链路	远期价格	$E[S_T]$	概率$\{S_T>F\}$	概率$\{A_T>\text{Th}\}$
1	0.20609	0.20305	0.502	0.09
2	0.27162	0.24982	0.449	0.065
3	0.21293	0.21213	0.486	0.079
4	0.25039	0.24825	0.477	0.094
5	0.22177	0.21211	0.465	0.093

Th=15%

图 7.5 5 条 g2g 路径的 BFC 示例价格

接着我们实现了 BFC 定价的多重 g2g 路径框架以分析路径交互的效用,这些路径是用覆盖强度 ρ^{ij} 来筛选的。图 7.6(a)展示和描绘了一组 372 条路径的远期价格。如直方图所示,虽然不同路径间的远期价格有较大差异,但不少路径的远期价格落入相同的范围内,在这个图例中是 0.25 上下。这表明为拓扑中每上千条的 g2g 路径配置唯一的远期价格有些矫枉过正,因此需要一个更简单的远期定价结构。

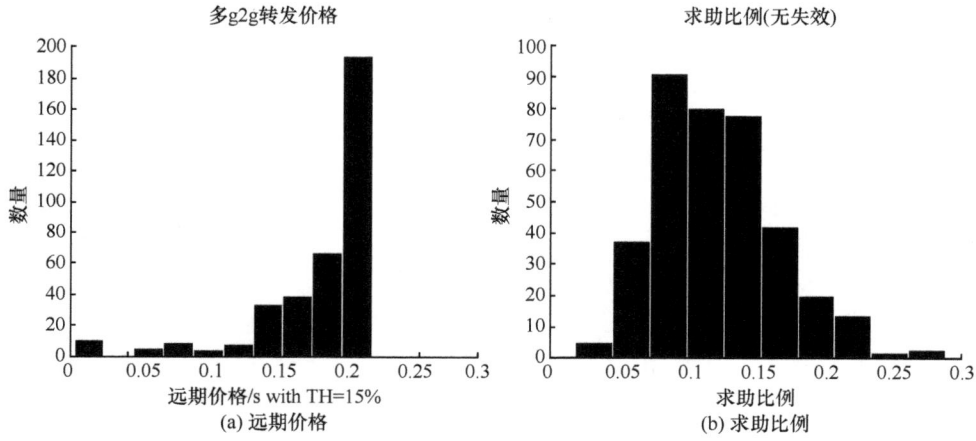

图 7.6　372 条 g2g BFC 路径的 1000 仿真

　　研究 BFC 架构,救助的特点是下一个值得重点学习的特性。图 7.6(b)的直方图画出了在 1000 轮模拟中部分 372 条 g2g 路径的救助情况。在直方图中,这部分 g2g 路径救助的平均值为 0.16403,或者说 16.4%。为强调在模拟中那些救助的路径,在图 7.7(a)中同时画出每个链路在 1000 次模拟中救助的次数。那些少数救助最频繁的路径被标记为"天际线",绝大多数路径聚集在底部。另一种重要的衡量性能的方式是,测量 BFC 进行一次 g2g 路径救助后收入的减少量。这也展示在图 7.7(b)中。显然地,群集的模式与图 7.7(a)类似,然而条形的高度是每条 g2g 路径的一个功能以及它救助的频率。

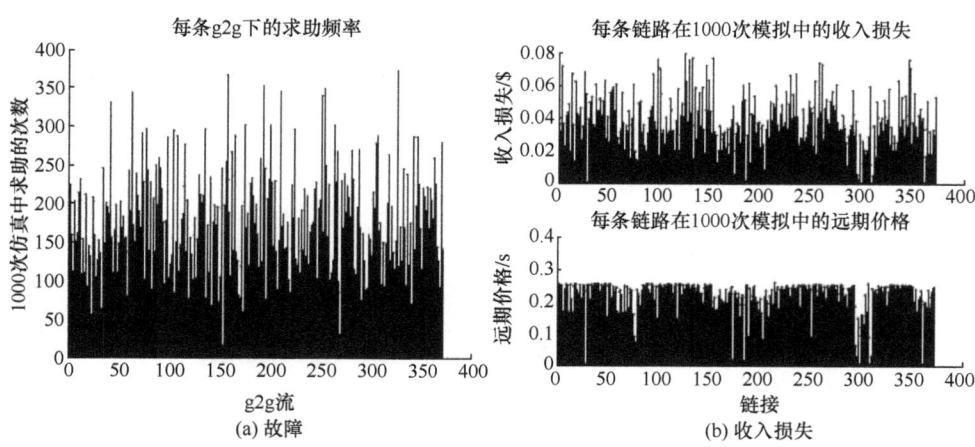

图 7.7　372 条 g2g BFC 路径的 1000 次仿真

3. 网络分析

前面展示了多重 g2gBFC 如何在流量需要和 g2g 可用容量变化下运行。在三种失败模型下研究它的性能,每个模型对应于 Exodus 拓扑中一个重大链路失效。

当底层网络如 Exodus 发生故障时,我们评估 BFC 的性能以测试 BFC 的可行性。为测试我们 BFC 的生存能力,我们在底层网络(Exodus)发生问题的时候测试 BFC 的性能。特别地,采用了基本的 BFC 定义,在底层网络拓扑发生链接失败时来确认 g2gBFC 是否失效。注意对这类分析保守地假定的失败情景并没有先验知识。

为执行分析,我们逐条记下 Exodus 拓扑中链路。在每次链路失败后,我们会基于最大公共分配来确定每个 BFC 将获得有效的 g2g 容量。接着我们比较这个有效 g2g 容量和每个 g2gBFC 的救助容量阈值。图 7.8 显示在 Exodus 网络中一个链接失败后救助 BFC 的分布。分布大致和图 7.6(b)中模式相仿,图 7.6(b)中模式是在一个动态需求容量模型基础上得出的。结果清晰显示,我们的 overlap 强度的抽象可以切实地用于简化多重 g2gBFC 定价过程。这也证明了平均救助片段接近于模型分析 16.4% 的结果。另外主要观察点是多重 g2gBFC 的定义非常健壮,它能在类似 Exodus 的中心辐射网络拓扑中存活。

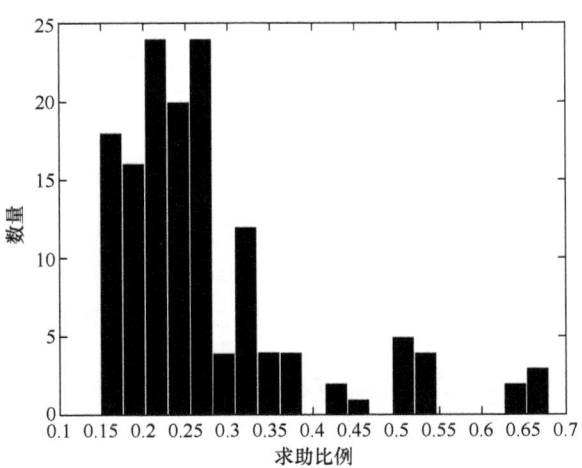

图 7.8　链路故障后 g2g 路径救助率的直方图
(BFC 平均救助率为 27.6%)

为了简化多重 g2g BFC 定价计算,覆盖强度抽象过程省略了一些实际情况,最终导致网络分析结果只有大致 11% 的救助率。可以采用这种合理的策略,用更保守的数值而不是从覆盖强度估算的数值来定义 BFC 条款。

7.4　总　　结

　　当前网络架构需要在域间价值流的实现和风险管理方面增加灵活性。为增加这种灵活性,我们概述了合约交换模式,它能促进在包交换的域内网络上和合约覆盖的使用。与包交换相比,合约交换在架构中引入了更多争执点。通过路由合约,展示了经济灵活性能被植入域间路由协议的设计,而且这个架构能被用于构建e2e QoS 使能的合约路径。在这个"合约路由"架构中,我们认为财务工程技术可被用于管理域间商业关系中的风险。由于链接的多个单域 g2g 合约能一同构建e2e 合约,讨论 g2g 合约基本定价和风险管理原则,主要包括远期合约和救助选项等概念。在提出的合约机制中,一个网络服务提供者可同它的客户一起定制远期带宽,它保留了救助功能,以防止在服务派送时间段出现容量不足。我们还提出了风险中性的合约定价机制,它容许 ISP 们以适当的方式管理风险。在提出的架构中,供应商能为不同 g2g 路径公布不同的价格,这样为当前点到任何地方的定价显著地增加了灵活性。基于 Rocketfuel 现实拓扑的实验表明,对于单个链接失败带来的救助片段和收益损失,g2g 救助合约机制具有良好的健壮性。

参 考 文 献

[1] (2009). The center for international earth science information network(CIESIN). www. ciesin. columbia. edu.

[2] Bertsekas D. , Gallagher R. (1992). Data Networks. Prentice Hall.

[3] Castineyra I. , Chiappa N. , Steenstrup M. (1996). The nimrod routing architecture. IETF RFC 1992 .

[4] Clark D. D. , Wroclawski J. , Sollins K. R. , Braden R. (2002). Tussle in cyberspace: Defining tomorrow's Internet. In Proc. of SIGCOMM.

[5] Griffin T. G. , Wilfong G. (1999). An analysis of BGP convergence properties. ACM SIGCOMM CCR29, 4 (October), 277-288.

[6] Liu W. , Karaoglu H. T. , Gupta A. , Yuksel M. , Kar K. (2008). Edge-to-edge bailout forward contracts for single-domain Internet services. In Proc. of IEEE International Workshop on Quality of Service (IWQoS).

[7] Medina A. , Taft N. , Salamatian K. , Bhattacharyya S. , Diot C. (2002). Traffic matrix estimation: Existing techniques and new directions. In Proc. of ACM SIGCOMM.

[8] Odlyzko A. M. (2001). Internet pricing and history of communications. Computer Networks 36, 5-6 (July).

[9] Spring N. , Mahajan R. , Wetherall D. (2002). Measuring ISP topologies with Rocketfuel. In Proc. of ACM SIGCOMM.

[10] Teitelbaum B. , Shalunov S. (2003). What QoS research hasn't understood about risk.

Proc. of ACM SIGCOMM Workshops, pp. 148-150.

[11] Teixeira R. , Agarwal S. , Rexford J. (2005). BGP routing changes: Merging views from two ISPs. ACM SIGCOMM CCR.

[12] Wilmott P. , Dewynne J. , Howison S. (1997). The Mathematics of Financial Derivatives: A Student Introduction. Cambridge University Press.

[13] Wilson R. (1993). Nonlinear Pricing. Oxford University Press.

[14] Yang X. , Clark D. , Berger A. (2007). NIRA: A new inter-domain routing architecture. IEEE/ACM Transactions on Networking 15, 4, 775-788.

[15] Yuksel M. , Gupta A. , Kalyanaraman S. (2008). Contract-switching paradigm for internet value flows and risk management. In Proc. of IEEE Global Internet.

[16] Yuksel M. , Kalyanaraman S. (2003). Distributed dynamic capacity contracting: An overlay congestion pricing framework. Computer Communications, 26(13), 1484-1503.

第8章　PHAROS：下一代核心光纤网络架构

Ilia Baldine[1]，Alden W. Jackson[2]，John Jacob[3]，Will E. Leland[2]，John H. Lowry[2]，Walker C. Milliken[2]，Partha P. Pal[2]，Subramanian Ramanathan[2]，Kristin Rauschenbach[2]，Cesar A[2]，Santivanez，and Daniel M. Wood[4]

[1] 复兴计算研究所(Renaissance Computing Institute)公司，美国
[2] BBN 科技(BBN Technologies)公司，美国
[3] BAE 系统(BAE Systems)公司，美国
[4] Verizon 联邦网络系统(Verizon federal Network Systems)公司，美国

8.1　引　　言

过去的十年，我们看到了在核心网需求上的一些巨大变化。数据已经永久替代语音作为主要的流单元，文件分享和存储区域网络等应用的增长让很多人惊奇不已。视频播放是相对较老的应用程序，现在使用包数据技术传输视频流，这个过程改变了传统服务流量特性。

从语音流到数据流的变迁带来很多影响。在数据世界，应用程序、硬件和软件飞速发展。流量形式越来越不可预测和多样化。这意味着网络管理员必须设计一个能适应用户变化的需求的架构，而且通过有效地利用网络资源满足这些需求来控制成本。

当前核心网络传输设备以 40～100Gbit/s 的高速接口支持全球规模的高容量核心网络。这是必要但不充分的。当前，我们需要花费大量的时间和人力来提供核心网络，以满足新服务的需求和利用新资源。下一代网络需要具备敏捷性、自主性和资源管理等特性。

当前的核心网络架构建在静态点对点传输框架上。高层级服务被孤立在传统的开放系统互连(OSI)网络栈。尽管堆栈将概念上类似的功能收集到层级和启动功能间的服务模型对它自身有明显好处，但烟囱式的管理导致了单独网络操作架构内的多重并行网络。构建和运行这样的架构花费较多，而且不太适应变化的、多样的流量和服务类型。这导致了网络经营者呼吁"网络收敛"以解决运营和资本成本。

在流量工程和供给领域，IP 服务现在主导着核心网络流量，但 IP 网络使用每个节点无状态转发—昂贵的高速转发，容易发生抖动和丢包，不适合全局优化。从

一些指标上看,第二层的交换机制更好些,但通信较慢。通用多协议标签交换(GMPLS)将第二层和第三层对等,但还不能扩展到光纤层,也不能为全网提供共享保护。现在的 SONET1＋1 方法为关键服务提供保护路由,耗费了大量资源,降低了利用,增加了成本,也限制了路由保护的使用。

因此网络经营者期望整合多重 L1-L2 功能来削减成本,最小化空间和能源需求。他们同样也旨在通过最大化底层的分流来最小化网络设备的(路由器端口、转发器等)消耗。为应对新的服务,他们需要一个支持动态资源供应的控制层来支持可扩展的服务率和多个服务,如时分多路(TDM)、存储区域网(SAN)和 IP 服务。这样的控制层面也能容许自主服务激活和动态带宽检测,以减少运营成本和资本消耗。

克服这些挑战需要重新思考核心网络架构,克服现行方案的限制,充分利用新兴技术。为应对这些挑战,美国国防部高级研究计划局(DARPA)创建了动态多比特核心光纤网络:架构、协议、控制和管理(CORONET)项目,旨在通过升级架构、协议、控制和管理软件来改革美国基于 IP 的广域网架构的操作性、运行性、生命力和安全性。CORONET 预想在全球规模的波分复用架构上进行 IP(多协议标签交换)交换。目的网络包括 100 个节点,它总共有 20～100Tbit/s 的网络需求,使用每根光纤最多 10040Gbit/s 或者 100Gbit/s 的波长,支持混合全波长和 IP 服务。

网络是高度动态的,而且服务构建和消除非常迅速。在这点上 CORONET 的一个主要度量就是服务建立异常快速,往返时间少于 50ms。同时也有两秒设置需求的快速服务(FSS),预订的服务和半永久服务。IP 流量包括最努力并有保证的 IP 服务,其中有多种粒度有的低至 10Mbit/s。除了单独保护和未保护的服务,网络还应该有双重或者三重的流类型,以在面对多个同时网络错误时富有弹性。服务的恢复时间规定在往返 50ms 内。为保证提交保护流量的效率,CORONET 定义了一个度量标准 B/W,其中 B 是为保护服务预留的网络容量,以波长 km 来衡量,W 是总体工作的网络容量,也以波长 km 来度量。根据 CORONET 目标网络中基于 CONUS 的流量,B/W 必须少于 0.75。

本章将展示 PHAROS(千万亿位/s 高敏捷健壮的光学系统)——一个满足扩展性 CORONET 目的和度量的下一代核心网络框架结构。通过这个框架优化算法和控制层协议,PHAROS 结构如下。

(1) 在最快的情况下,用它的自主系统能将现在 30 天的供应循环提升到来回少于 50ms。

(2) 用访问管理替换不透明的,竖向的 1,2,3 层管理系统。

(3) 定性平衡快速服务的建立和网络效率。

(4) 以最小的预留池容量保证网络的存活。

CORONET 是第一个以 50 毫秒级的建立时间来探索控制和管理方案的项目,以支持全局核心网层面的服务,它也是首个在这个时间框架中响应多个网络故障的项目。为了应对该挑战,我们设计出来 PHAROS 架构。它能意识到当前的商业核心网实践和演变的实际制约。设计 PHAROS 时需要考虑支持不对称需求,多播通信和跨域服务,其中域是在常规管理控制下的一个或者多个网络。

PHAROS 旨在着重用智能疏导最大化光纤旁路来消减网络成本[1-8]。它也想用光纤重构来提供有带宽效率的网络设备,这些网络设备能从容地应对流量变化和意外的网络故障[9-11]。

大多数的工作集中于几个下一代网络的研究问题,本章的重心是系统架构即如何从一个信令、控制和管理的角度,利用传输和交换中的单个解决方案和突破点来加速部署。因此将 PHAROS 视为连接技术状态和下一代部署系统之间的桥梁。

架构任何系统需要我们在多个选项间不断权衡。本章既介绍选择后的方案,也讨论其他备选方案,以及它们的优缺点和选择最终方案的原因。我们希望让读者明白该空间内的典型策略并了解需求是如何驱动选择的。

本章剩余部分组织如下。在学习了背景知识后,我们开始大体了解 PHAROS 架构。接着我们介绍 PHAROS 的三个主要组成,跨层资源配置算法(8.4 节)、信令系统(8.5 节)和核心节点的实现(8.6 节)。最终,我们给出性能评估的初步结果。

8.2　背　　景

我们简略调查了几个方面的前期工作,这些工作包括路径计算、保护和节点架构。不同于 IP 网络,光纤网络的路径计算涉及双向路径运行和保护的计算。我们可以用所需路径的性质(如节点不相交、链路不相交、最短 k 值等),计算顺序(如初级保护和接合点选择)和每个路径成本等分类不同方案。部分工作包括文献[12]和文献[13]我们的方案是个混合方案,使用了接合或共享保护。

在核心光纤网络中,为不同流量需求定义了多种层级保护,而且具备了低备份容量的目标,这些是使用共享保护机制的动力。这些技术涉及了多个方面计算和图论的方法:约束的最短路径[14]、循环覆盖[15]和 ILP 配方(p 循环)[16]。这些技术仅能为所有流提供单个保护,对于有些流,将它们增强到能保证双重或者三重保护。本章已为共享网状保护算法列出了初步的公式,该公式基于供应双重和三重保护服务的虚拟链接和共同保护集合。

随着这些节点中光学组件工艺水平的升级,光学网络节点的架构也变得更复杂。当前在光学交换可靠性和功能性还有可用交换光纤的大小的增长,驱动了节点架构实现多重功能，如可重构的添加/删减、重建、波长转换[17]。这些不同实现的花费、功率、大小和可靠性计算高度依赖于技术，而且随着这些技术投向市场后发生迅速变化。由于这个快速变化贸易空间，节点中确切的交换架构依然未知，这个特点将在 8.3 节中进行讨论。

8.3　PHAROS 架构：概述

依据高级的原理和法则，如技术不可知论，容错系统，全局优化来设计 PHA-ROS 系统。这些原理和法则带来了一些创新，如拓扑抽象、三角抽象等。本节先讨论这些指导性的原理和它们的特性。接着简单地综述逻辑功能模块和它们的角色。

PHAROS 架构的基本原理源于技术不可知的设计，该设计最大化旁系来获取更低比特成本的核心网络服务，同时提供未来交换技术以获取长期容量缩放。当前系统使用了一些程度的抽象来管理网络资源，并使用接口适配器产生一套描述节点功能的高级参数。这种适配器有两个风险，首先它隐藏了一个具体节点的关键阻塞和竞争限制，并将它们的接口过紧地绑定到给定技术。

PHAROS 系统使用拓扑抽象，即抽象所有层级网络的拓扑表现来避免这两个问题。如图 8.1 所示，表现向下延伸到一个节点必要的竞争结构的抽象网络模型，向上延伸到整个网络继承（虚拟）级别的功能。

对所有层的资源表现和分配都采用统一的方案，PHAROS 能够精确地利用整个网络元素的能力，同时保持交换技术的独立。在通信和控制层，PHAROS 架构同时为自己的内部管理功能提供一系列基本机制，这些机制为用于实现特定 PHAROS 功能模块的技术的变化提供了显著的架构免疫。

PHAROS 架构使用多层拓扑抽象来获得全局多维最优化，即在网络管理基本维度：网络延伸、技术级别、路径保护和时间尺度上有效地对整合资源进行最优化。抽象容许给出的请求在全网络进行优化，同时权衡单独网络层级的资源成本和层级间的传输成本。可以考虑的所有层的资源包括波长、时间槽、流量疏导端口和IP 容量。

PHAROS 优化整合了资源分析，这些分析能提供网络原件故障保护所需资源的服务。保护资源（在所有层级）与其他需求所需资源相互协调，最终导致保护所需的总资源大量减少（CORONET B/W 度量）。我们的优化设计使 PHAROS 统一处理需求的时间表，统一利用当前、历史和未来资源的拥有和消耗。全体的 PHAROS 资源管理策略选择机制支持有效的时间限制：例如，为快速服务的建立，PHAROS 采用预计算和裁制的信令策略；选择拓扑抽象来执行更广泛的按需优化；测试长期性能的关键路径，以重新平衡并提升按需优化的效率。

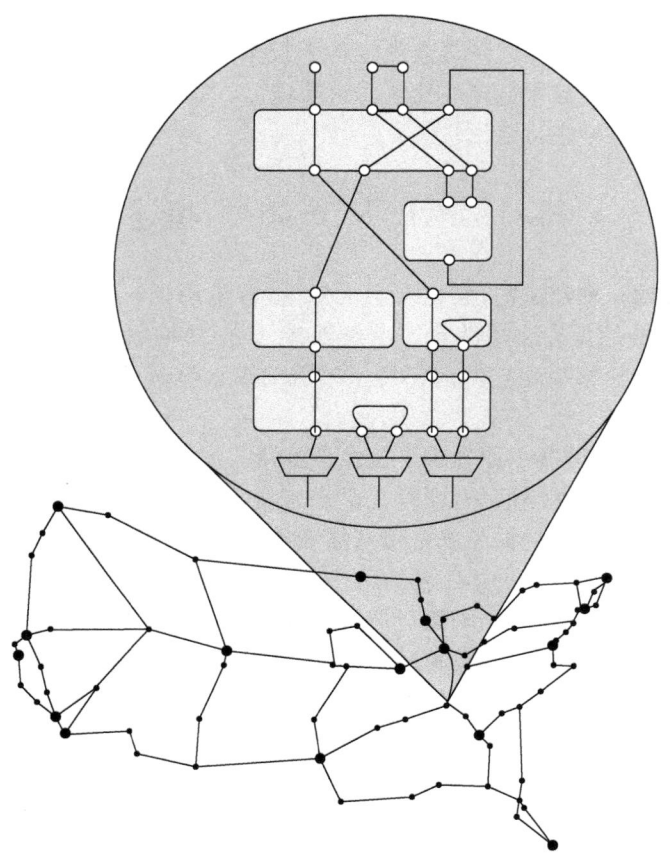

图 8.1　多层拓扑抽象使得 PHAROS 技术不可知

最终，PHAROS 架构通过使用一个设计来达到高容错性，该设计以灵活的方式融合了冗余和反复核对，这样减弱了跨层资源分配器（CRA）上单点故障和腐烂行为，如 8.4 节所示，跨层资源分配器是 PHAROS 架构关键的组件。这个称为三角测量的设计架构为 CRA 功能（一般为一个网络原件控制器）的消费者配对，其中一个为"主要者"，另一个为"CRA 检验"。CRA 检验检查主要 CRA 在正确地运行，使用消费者、主要者、CRA 检验之间适当的协议能检测腐烂行为。

PHAROS 能有效地、及时地、动态地用网络资源满足需求者的请求。它能被用于广阔范围内的服务模型、拓扑结构和网络技术。因为我们的高级架构对实现技术不可知，所以可以有广阔的应用范围。这样的好处是，不论使用旧的架构还是未来的技术，PHAROS 都能提供新的服务和功能。

PHAROS 功能架构分离了管理、决策和行为，流线化嵌入新的服务和技术。图 8.2 总结了这些角色的关系。

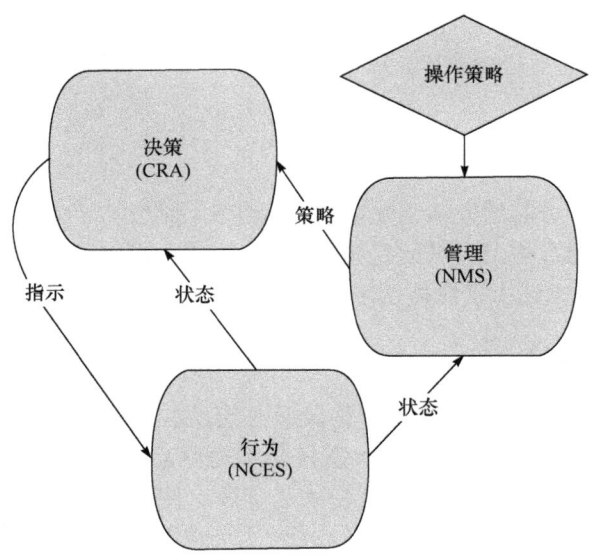

图 8.2　构成 PHAROS 系统的个功能组件

管理角色在纠正操作中非常重要，但并不是时序要求严格的。管理在人类时间度量上建立政策和反应。它不是在服务实例的关键路径上。网络管理系统（NMS）是非挥发性管理信息的主要仓库，也是人类操作员和网络之间主要接口。对于人类操作员，PHAROS 维持一个单个的、连贯的网络范围内的 NMS 功能，这个功能由一个基本的多代理稳定的实现。

决策角色是满足用户的服务请求的政策应用者，所以是高紧急的。这个角色对于实现每个急需的服务请求起到关键作用。决策进程应用于每个用户的服务请求，为网络资源创建控制指令。跨层资源分配器（CRA）功能是决策进程主要拥有者。由于决策角色对网络速度、效率和弹性的主要贡献，CRA 功能由 CRA 实例的分布层级所实现。在与调查、验证和故障转移等机制协调后，实例层次自动地为资源管理维持统一的策略：在任何时间点上，都有一个 CRA 实例管理域内的每个服务请求和每个网络资源，这通过动态选择特定 CRA 实例来实现。其结果是全局一致的资源分配和快速的服务建立。

行为角色执行决策者做出的决策。它是个时间紧迫的功能。行为角色的职责是实现指令。网络元件控制器（将在以后章节提到）是负责该角色的主要框架原件。

我们的方案容许网络运营者利用技术的升级和新兴的服务模型来满足用户增长的需求。管理功能控制 PHAROS 系统的行为，创建的行为和参数一部分被自动执行，一部分需要人为操纵。决策功能将这些策略用于资源的有效分配，这样能满足用户的实时服务请求。而行为功能实现迅速实现决策,并通报系统的任何状态改变。

8.4　资　源　分　配

首先讨论几种可能的资源分配策略并阐述我们的策略。在 8.4.2 节中讨论防止资源分配故障的方法。为灵活起见,在 8.4.3 节中描述了"剧本"这一概念。在 8.4.4 节中简单地阐述了资源使用增长的补救措施。

8.4.1　资源管理策略

在任何通信网络中,最关键的架构决策是资源控制的组织形式。其中有两个最重要的方面:第一个是跟踪全局状态还是本地状态,第二个是多少节点参与其中。基于这些和其他选择,方案分布在从每个节点使用本地资源的"完全分布式"到使用全局资源的"完全集中式"。先讨论几个选项的优缺点,然后陈述选择的原因。

完全集中策略或单主控策略包含一个单一处理节点,该节点接受所有设置请求并为整个网络做出资源配置决策。理论上该策略能对网络中资源分配进行全局优化。它还有个优点,即它的建立时间高度确定:它能在知晓当前任务和服务需求的情况下执行资源计算,并且能随意配置所有网络资源。但它要求单个处理节点拥有足够的通信、处理和存储的容量来调配整个网络资源。这个节点变成单个故障点,可通过添加一个或多个同等备用节点来缓减风险。此外,每个服务请求必须直接与主要分配器交互,主分配器不仅将通过时间添加到服务请求,而且能在信令通道产生交通堵塞,潜在地带来无法预测的延迟,从而切断了响应时间的连贯性。

另外一个极致是完全分布式(或路径线程)的策略。每个节点控制,分配自己的本地资源,一个建立的请求跟踪从源地址到目的地址的路径。当一个请求达到给定的节点时,基于本地信息,它将预留请求所需的资源,然后决定请求路径的下一个节点。如果一个节点没有足够的资源满足请求,则该请求将回溯并取消资源预订,直到它失败或者遇到一个愿意从其他路径发送资源的节点。这个策略能产生快速的服务建立,其所供有的资源丰富地分布在整个网络中。该策略没有单点故障,任何节点故障最多导致其本地资源失效。同样,这个策略不会存在单一的集中控制流,减少了信令网络中潜在的通信拥堵。但是该策略也有明显的缺点:设置时间变化很大,而且非常难以预测。由于请求独立地预订,竞争和释放部分完成路径,在高请求率时,存在非常高的长建立时间和潜在超负荷风险。因为回溯在发起很多请求时更精确,而由于信令流量非线性的增长,请求率也随之增长,通信网络将会处于持续拥塞过载的危险中。因为每个节点独自分配自己的资源和做出下一条决策,路径线程策略不适合全局优化。

　　一个中间策略是二手资源。在此策略中,每个节点通过网络"拥有"一些资源。当一个节点收到建立请求,它将分配自己控制的资源,如果这些资源不足够,则它将请求其他节点的资源。相对于路径线程,这个策略有不少优点和缺点。建立时间非常快,如果所请求资源富足并可用,则不会存在单点故障,也不会有信令流量的集中点。但其在高网络使用率或高服务请求率下,建立时间非常的长且高度不可预测,系统颠簸/超负荷也是一个风险。更重要的是,资源使用能达到次优化。在二手资源策略中,不仅本地知识限制了全局优化,由于固有的低效,一个节点将选择它拥有资源的路径而不是适合全局效率的路径。从效果上,每个节点都预订它自己要使用的资源,这些资源或许能被其他节点更好的利用。

　　哪一种策略更适合下一代核心光纤网络? 未来核心网络展现了一些独特的特性,这些特性影响着 PHAROS 控制组织的选择。首先,我们拥有足够的信令带宽和可用的处理资源,如果必要,则容许我们全局跟踪资源的使用。其次,节点既不是移动的,也不容易中断,再一次可以集中控制功能。再次,在高负载情况下,分配效率是需要的。最后,严格的服务需求和期待使核心光系统的用户无法忍受稳定性问题。

　　我们相信这些特点将 PHAROS 的最优化观点部分转向中心控制。本质上,我们的方案是想移除单点故障并保持使用全局信息进行资源分配决策的能力,这引出了称为统一资源管理的方案。统一资源管理策略依据之前介绍过的 CRA 功能来为一个服务和它的保护决定最优联合资源,它整合了多个技术层的优化(如波长、次波长补偿和 IP)。

　　在统一管理策略中,在时间和网络变化下,系统机制自动保持以下三个恒量:①一个 CRA 弹性层次维持的集成的 CRA 算法;②对于一个给定的服务类,源和目标点的集合的请求,在任何时间点,都会有一个确切的 CRA 实例却响应请求;③对于每个网络资源,在任何时间点,都会有一个确切的 CRA 实例控制它的分配。每个 CRA 实例都赋予了不同的范围,这样就不会与其他 CRA 实例的职责所重叠,它的范围包含一个服务情景和一个相应配给的资源。服务情景规定了这个CRA 实例在哪个服务请求后才执行建立:一个服务情景就是一系列的元件,每个元件里包含一个服务类、一个源节点、一个或多个目的地节点。

　　因为一个 CRA 实例能执行全局优化算法,在它的范围内考虑所有资源和服务需求,所以统一管理策略能容许高程度的优化和高连续的建立时间。该策略不会有回溯或过载/颠簸,也不会在高使用率和高建立请求率下发生信令流量非线性增长的风险。它有一些次优化资源决策的风险,但通过 NMS 功能,PHAROS 框架容许离线计算分配决策的效用和重新分配/赋值资源或服务情景。统一策略使用多个 CRA 实例来避免单主控策略的问题：在 PHAROS 调查，失效转移和相互验证的机制下，一个 CRA 实例的层级提供负载分布，快速本地决策和从故障，分割或攻击中恢复等机制。此外，通过将寻路和资源分配决策集中到少数计算强大的节点，该策略容许基于全局复杂优化能同时减少交换成本和复杂性。CRA 实例仅存在于一小搓网络节点，这些节点符合高安全和坚定的物理环境。在 CORO-NET 目标网络中，使用了三个 CRA 实例：一个是基于 CONUS 的，一个在欧洲，一个在亚洲。

8.4.2　保护

保护可以是基于链路的、基于分段的或基于路径的，以下总结了这些方法的优劣势。

在基于链路的保护中，对于每个位于主路径上的内部元件，通过忽略网络拓扑中的这个元件然后重新计算端到端的路径来建立保护路径。因此对于每个保护路径，存在一组 n 条的保护路径，其中 n 是主路径的内部元件数。这些路径不能与主路径或其他路径内部脱节。对于单个故障，基于链路的保护也许能给出一个有效的替换路径。然而当保护多个同步故障时，该方案面临组合爆炸。

在基于分段保护中，类似于链路保护，保护主路径有一组 n 条保护路径，每条对应于每个内部链接或节点。一个给出的保护路径与一个内部元件相关，它不是基于端到端的服务请求，而是轻松为该元件定义一条路径。SONET 双向线路交换环（BLSR）中包含经典的分段恢复的例子，即当任何一个元件故障后，路径在环路中重新变更线路。因为基于分段的恢复路径是独立于其他特定主路径，它们也许被定义到每个故障元件而不是每个路径。但是对于特殊的服务请求，它们也高度不优化，而且非常不适应于多点同步故障的保护。

基于路径的保护为每个待保护的主路径定义一个或多个保护路径。有一条保护路径的主路径是被单个保护的，有两条保护路径的主路径是被双重保护的，以此类推可推至更高数目的保护路径。主路径的每个保护路径与主路径，其他的保护路径是内部不相交的。存在实用的算法来共同优化一个主路径和它的保护路径。

在当前的 PHAROS 实现中，采用了基于路径的保护方案。相对于其他保护方案，基于路径的保护最大化了带宽效率，能快速应对部分故障，而且能很好的扩展到解决多点同步故障。此外，不需要故障定位来触发恢复进程。在过去，其中的一个缺点是新建一个端到端路径所需的交叉连接的数量。然而，随着在 PHAROS 实现中引入了预连接机制，这就不再是个问题了。其最大的缺点是保护导致的高信令负载。

我们已经为 CRA 功能选择了基于路径的恢复机制，仍然需要为分配网络资源选择一个能保证每个保护路径在故障请求它的时候依然运行的机制。宽泛地说，对于基于路径的恢复，有两个基本的保护策略：专用的和共享的[18]。

在专用保护中，每个保护路径为每个保护路径保留了自己的网络资源以供其独占使用。共享保护显著地减少了为保护而预留的网络资源总量，而且在故障后提供了平等的路径恢复的保证。它是基于这样一个观察，对于一个典型的故障或一系列故障，只有一些主路径和它们的保护路径（在多重故障的情况下）受到波及。因此在没有故障同步请求该资源的情况下，一个保护资源可以被整个保护路径保留。

PHAROS 使用共享保护，该策略明显地减少了为保护而预留的网络资源总量，而且提供故障后平等的路径恢复。如图 8.3 所示，共享保护中含有两条主要路径（灰色和黑色实线），每条都有自己的保护路径（灰色和黑色虚线）。

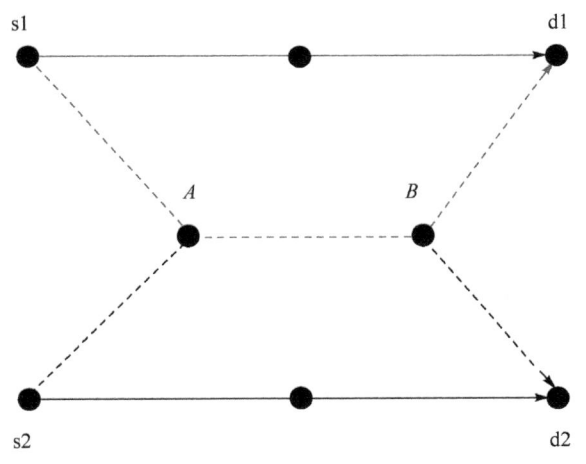

图 8.3   共享保护示例

单点网络故障均无法影响两条主路径，因为它们完全不相交。所以为保护单独故障，它能预留节点 A 和 B 及它们之间的链路以供灰色或者黑色保护路径使用：如果一个故障强制使用灰色虚线路径，那么将不会使用黑色虚线路径，反之亦然。想深入了解共享保护的细节，读者可以参考文献[18]。

共享保护能节省大量的带宽。图 8.4 分别显示了专用保护和共享保护使用的网络的容量。在该例中共享保护大概使用了 34% 的全部容量。

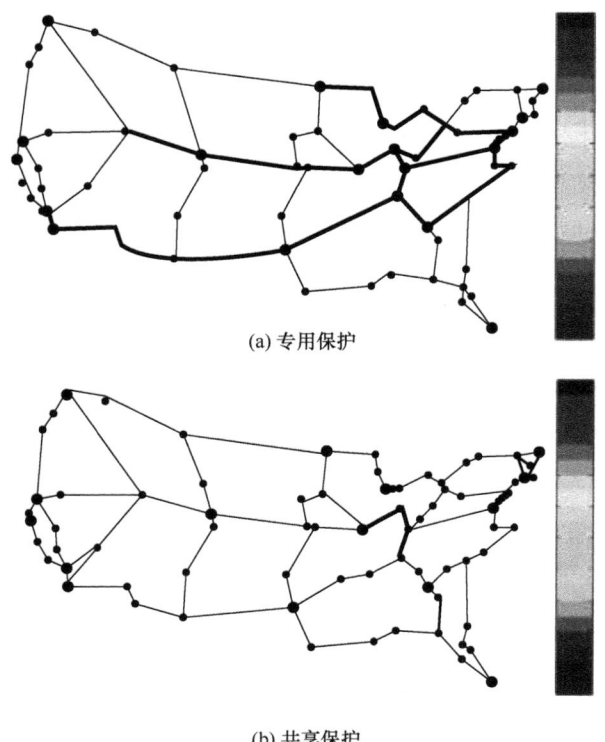

(a) 专用保护

(b) 共享保护

图 8.4　专用保护和共享保护使用的容量

8.4.3　剧本

我们称为"剧本"的一项方案给 PHAROS 架构带来了显著的敏捷性。剧本是一组预先计算的可选方案,主要针对时间预算很紧迫的行为(如选择一条保护路径)。关键路径为那些使用 CRA 功能的全局知识和优化算法的行为计算出剧本。剧本存储在每个必须执行行为的实例中,同时每个实例需在多个剧本方案中做出快速的动态选择。当某行为被时间限制且不能计算急需的路径时,剧本被用来保证快速、高效地资源使用。在 PHAROS 架构中,在两种情况下使用剧本:非常快速的服务建立(VFSS)和恢复。以下描述了这两种情况下的策略。

1. 非常快速服务建立(VFSS)剧本

我们当前的方案是,对于每个组合(源、目的地、需求速率),预计算并存储两条双向路径。

(1) 第一条双向路径:在工作和保护路径中,这条双向路径有最小的光学边缘距离。它是基于拓扑被优先计算的，其本身忽略了网络负载和保护分享。

（2）第二条双向路径：最后计算的最佳双向路径保存的副本。它最小化了负载和共享保护的成本从而达到最优化。由于在双向路径初始计算时可能耗费了些时间，所以也许它不再是最优。

第一条双向路径只依赖于网络拓扑，只有在初始化或拓扑改变后才能计算。注意拓扑改变不会影响一个链路故障。对于第二条双向路径，CRA 在持续在运行一个后台进程，不断迭代一列表的有效数据，而且根据当前网络状况计算这些优化双向路径。一旦所有组数据（源、目的、需求速率）全被计算，这个进程从列表顶部重新开始。因此当新的需求抵达，最后保存的双向路径副本仅存在几秒钟而已。

此外当有新需求时，将会计算第三条双向路径。使用 Dijkstra 最短路径（SPF）来计算主路径，其中光学边缘成本和当前网络负载相关。一旦主路径被计算，就在拓扑中移除它的链路和节点，主路径的保护链路条件的成本被确定，接着用 Dijkstra 算法再一次计算保护路径。既然移除主路径有可能分割网络，所以不能保证这条双向路径的计算是否能成功。

这三条双向路径合并到那个组合（源、目的地、需求率）的剧本中，并缓存在源节点的主 CRA（pCRA）实例中。因为 VFSS 剧本唯一存在于源节点的 pCRA 中，所以不会出现不一致的情况。最终，当一个实例收到请求这个组合（源、目的地、需求速率）的消息，它将计算这三条双向路径的成本，考虑当前网络资源的可用性，然后选择最便宜的有效双向路径。

2. 恢复剧本

一种极特殊的故障情形，如光纤中断，也许会影响成千上万的用户请求。在恢复预算时间内计算这些请求的替换路径是不实际的。另外，除非保护路径中的资源被重新分配，不然不能保证在故障发生后，一个特定请求能成功找到替换路径。因此，基于路径的保护要求同时计算保护路径与主路径，并且预留保护路径中的资源。

对每个现存的需求，剧本入口确定要采用的路径（或者是为双重和三重保护需求确定的路径）以防止主路径故障。每个入口规定路径、重构和修饰的策略并且定义故障后可选的资源池。剧本不会指定要使用的资源，这样只有在故障之后才会产生任务（在共享保护下），如图 8.5 所示。

波长 W_1 和 W_2 足够从任何单点故障中保护 P_1、P_2 和 P_3。但是在故障发生之前，仅为每个请求分配一个唯一波长是不够的。例如，假设将 W_1 分配给 P_1。由于 P_1 和 P_2 都受到链接 21 故障的影响，那么 P_2 应该被分配给 W_2。同理，e_2 故障影响到 P_1 和 P_3，P_3 应该同样分配给 W_2。然而 P_2 和 P_3 不应该被分配同样的波长，因为 e_3 故障将导致网络拥塞。

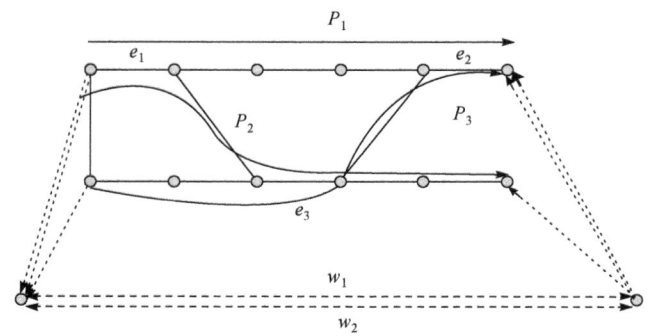

图 8.5　PHAROS 恢复剧本容许有效地选择所需恢复路径

8.4.4　子拉姆达疏导

许多需求不需要一个全波长。如果这样的需求唯一分配给一个全波长，而且它不与其他需求分享该波长，则会导致带宽浪费和长距离转发。为减轻该问题，在源节点，需求可以聚合为更大的流。它们同样可以在中间节点(这个过程称为子拉姆达疏导，SLG)上与其他节点的需求结合起来，这样就可以达到几乎 100% 的波长利用率。一旦对需求进行了子拉姆达疏导，它们就被光分流。

决定在哪和什么时候进行子波长疏导需求是个很难的优化问题。我们必须权衡可用容量，SLG 端口和转发器的成本，并且考虑任何添加或者删除需求都将不可避免地产生波长碎片。当前看似不错的疏导决策很可能在未来影响到性能。疏导决策必须平衡中期和长期资源，而且要基于中期流量模式。

在基于拓扑抽象的架构中，疏导是普遍的操作，其中每个层都将它的小箱子包装为更大的箱子。当前有三级系统，可以将子拉姆达需求聚合疏导为整波长，然后再到整合为光纤。但是将小箱子聚合和疏导为大箱子的过程需要在多个层级反复操作。

8.5　信 令 系 统

我们设计 PHAROS 信令架构来支持控制层和管理层的操作。它的作用是在架构中元件之间及时地、有弹性地、安全地传输数据。信令架构主要要求如下。

(1) 性能：对于连接建立和故障恢复，架构必须能支持严格的时序要求。

(2) 弹性：架构必须弹性应对几个元件同时发生的故障，能够继续执行关键功能。

(3) 安全：架构必须为支持元件间灵活的安全方案，容许合理的认证，不可否认性和它们之间的消息加密。

（4）扩展性：架构必须能持续扩展新的特性，并支持 PHAROS 架构的演变。

PHAROS 信令和控制网络（SCN）是 PHAROS 信令架构的实现。它容许
NEC 与潜在 CRA/NMS 通信，同时隔离信令链路与数据层，这样能最小化资源耗
尽和干扰攻击的风险。PHAROS 架构支持 SCN 拓扑，SCN 拓扑不同于光纤跨度
拓扑，它不需要网络元件控制器和网络元件位于同一位置。由于下一代核心光学
网络能确定通信中服务建立和错误恢复的最小延迟，建议 SCN 能够被网状化为光
学跨度拓扑，网络元件的控制器和网络元件排列见图 8.6。这一配置最小化了服
务建立和故障恢复的信令延迟。

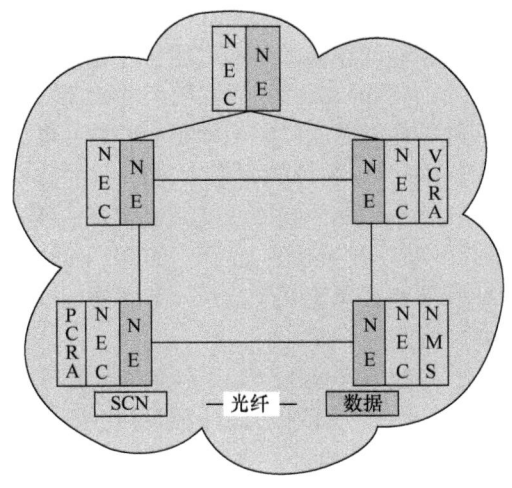

图 8.6　信令和控制网络连接网络元件和它们相关的网络
元件控制器、跨层资源分配器和网络管理系统

带宽大小的估计要考虑连接开启，故障信号和资源分配等通信需求，基于带宽
大小的估计，1Gbit/s 的通道足以严格地为重负载和多点故障恢复下的建立和恢
复定时/计速。有两个性能目标驱动着 PHAROS SCN 的通道大小：非常快速地服
务发起和以 50ms 级的时间从同步故障中恢复。大小估计假设最坏的信令负载情
况为一个有 100 个节点，容量为 100TB/s 的全局光学网络，它的服务粒度的范围
为 10～800Gbit/s。假定光学连接节点携带 100 个 100Gbit/s 的波长。

大部分的信令流量（有一些例外）穿过构成 SCN 拓扑的链路。因此信令结构
适应控制和管理平面。SCN 中的每条链路有足够的带宽来支持单个构成组件的
峰值请求。这样减少了信令层的排队，因而加速传递关键时间的消息。此外，为了
保证关键时间的消息少遇到排序延迟，从逻辑上将每条链路分为关键消息信道
（CMC）和常规消息信道（RMC）。所有关键时间的流量，例如，连接发起消息和故

障消息等,通过 CMC,而剩下的流量(包括管理流量)都走 RMC。

在传统的实现中,我们认为 SCN 基于包数据(IP),它采用路由机制且独立于数据层。在数据层机制之外,它允许架构中的元件彼此连接。

8.5.1　控制平面操作

在建立连接的策略中,两个相互矛盾的目标如下:快速建立连接的需求(快速服务连接(FSS)和非常快速建立服务(VFSS)服务级别);全局保护优化的需求,这要求路径计算的实体和主 CRA 实例对网络有一个全局视角。

我们有两种建立连接的基本方法:NEC 控制和 CRA 控制。它们在实现的复杂性上有所不同,在建立连接的速度和对资源配置的全局视角之间倚重也不同。

在 NEC 控制的方案中,源节点的 NEC 实例与它指定的 pCRA 通信来获取工作和保护路径,接着类似于 RSVP-TE 的显性路由选项,该 NEC 实例沿着这些路径将信令消息发送给受到影响的 NEC 实例以回应这个请求。(RSVP-TE 保留转发路径上的资源,设置相反路径即从目的到源上网络元件。)这个方法的优点是它非常适应传统网络流量工程的视角。但这个方法存在连接建立延迟的问题:当来自 pCRA 的回复被接收后,顺序设置每条路径上的 NE,每条 NEC 执行会带来额外的延迟。算上 pCRA 请求路径信息的初始延迟,该方法太慢,不能将它用于建立非常快速和快速连接的服务。

在 CRA 控制的方法中,源节点中的 NEC 实例将服务建立请求和参数传递给它指定的 pCRA,让这个 CRA 实例计算最优路径,并指导计算路径上的单个 NEC 实例去为新连接设置它们的 NE。相对于 NEC 控制方法,该方法有若干优点。首先 NEC 设置是并行的,这能加速连接的建立。其次只有 CRA 实例能将 NE 配置请求发送给 NEC,从网络安全角度看来这是非常合乎要求的性质,因为这样 PHAROS 能利用 NEC 和 CRA 通信中的认证机制来阻止非授权节点的配置。这种方法的缺点是它的可扩展性,因为一个真正的网络中通常含有大量的 NEC 实例,只有一个 pCRA 容易导致扩展局限。

对于支持建立超快速连接的需求,NEC 控制方法引发的串行延时是禁止的。因此我们使用 CRA 控制的方法,但是这暴露出一个缺点,就是只能利用唯一资源管理的策略(8.4 节)。换句话说,通过将所有可能服务请求的空间划分为不相交的范围,pCRA 实例层级能划分负载并为本地化的请求提供更多本地 pCRA 访问。

在我们称为联合方法中,初始 NEC 在它的范围内向 pCRA 请求建立服务,具体如图 8.7 所示。pCRA 基于自己的网络状态将服务路径映射到网域并在它自己的网域内提供服务路径,与此同时将请求转发给相邻网域合适的 pCRA。该方法利用 pCRA 有它自己最新的消息和其他网域的旧消息来处理网域间状态一致性问题。该方法同时通过限制 CRA 实例的数量,并将一个给定的 NEC 配置在自己网域内来解决安全需求。它同时是并行的,这也能加速连接的建立。

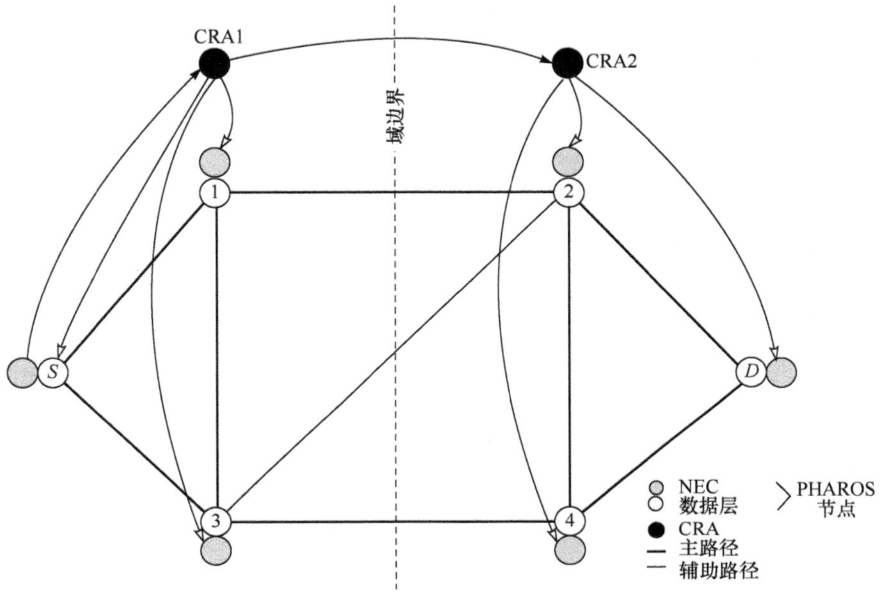

图 8.7　跨域之间通信的 PHAROS 联邦方法

8.5.2　故障通知

传统上,在 MPLS 和 GMPLS 网络中,故障通知以点到点的方式被发送到负责保护机制的节点。当通过单条光学的连接数在几百以内时,该方法可行。在 PHAROS 中,假设在细粒度连接(10Mbit/s)和单条光纤的大容量(10TB/S)这个最坏组合情况下,通过单条光纤的连接数可能有几十万(该例子中为百万级)。这会造成很大的不便:由于为防止故障,信令层的带宽要能够单独向所有恢复点通信,这样需要通知故障的节点和连接数目将会非常大。另外点对点信令不能恢复故障,这意味着对于网络中的其他故障,点对点故障消息依赖于 SCN 路由收敛来到达接收者并触发保护,这将会是个漫长的过程。

我们在 PHAROS 采用的方案依赖以下两个同步的方法:在能够立即指出大量连接故障的集合上通信;使用智能泛洪来传播故障信息。

由于光纤的减少,第一个方法显著地减少了通知许多连接失败的带宽量,但它要求这些接收失败通知的节点能够将失败集合映射到特定的连接请求保护行为。

在减少带宽方面,第二个方法也有很好的策略,即便在面对其故障时,一个信令消息总能找到网络任何节点的最短路径,而且在失败后它也不需要请求信令层路由去聚合。

综上所述,这两个方法构成了 PHAROS 解决故障处理问题的方案,该方案是有弹性和可扩展的,并且解决了严格的恢复定时要求。

8.6　核心节点实现

在本节我们讨论核心节点实现,该实现被设计用来优化 PHAROS 架构的功能。注意到 PHAROS 架构的实现是不依赖于核心节点的——我们之前提到过,它是技术不可知的。

PHAROS 核心节点设计关注最大化灵活性和最小化内部节点端口间的复杂性,这些内部节点端口被用来提供全部的 PHAROS 服务,而且它们能减少每单位比特的资本和操作成本。能满足该愿景的主要目的包括:①将用户流量安排到波长和次波长路径上,这样能在最经济的层上进行交换;②使能共享保护;③使能转发器维护 IP 和波长服务,并服务于传输光—电—光再生功能。在结合了用来最优化资源分配的控制层后,PHAROS 光节点非常适应传入的服务请求。PHAROS 节点结构定义了主要的硬件系统,从用户设备的光纤连接延伸到核心网络物理设备中的光纤连接,如图 8.8 所示。

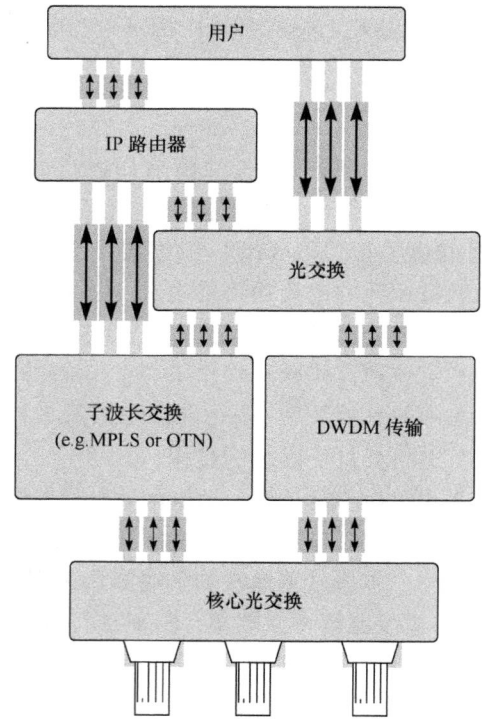

图 8.8　PHAROS 核心节点实现显示了各种不同的光纤网络元件

PHAROS 节点由以下元件构成。

（1）将用户服务带入核心节点的用户服务层连接。

（2）支持尽力 IP 服务的边缘路由器。

（3）容许共享子波长交换和传输端口的快速光纤交换。

（4）子拉姆达疏导交换和 DWDM 传输平台,它们支持全或次波长交换和包服务,而且它们建立快速有严格的抖动规范。该设备同时提供 OEO 再生。

（5）管理光学旁路,光学添加/删除,以及光纤之间路由的核心光学交换。

我们注意到,也许能或也许不能在同一个硬件平台上实例化这些元件。PHAROS 架构强调配置,可被用到各种不同的网络元件配置上。

核心节点的实现导致为保护预留的过剩的网络容量减少,这是通过 IP、TDM 和用户端口产生波长服务间的保护共享达成的。有以下两种方式来支持有保障的服务质量和高传输效率,即可通过 TDM 交换来实现时延的严格保证或者基于特定载波需求的 MPLS 来支持高传输效率。对于整个网络,我们通过动态的跨层资源分配最小化高消耗层的平均跳数,从而实现了设备和端口成本的削减。层级消耗见图 8.9。大多数基于包数据的高性能路由器/交换机在交换机都有隐藏的会聚层,这个会聚层增加了更多的缓冲和交换 PHY 成本。TDM 交换机(SONET、OTN)直接在它们的会聚层进行操作,这也是它们更简单/更便宜的原因。光学层的节点跳数花费最小。因为我们能使用 OEO 进程,所以尽管不要求,但使用无色和无方向的全光学交换最多能在全局网络配置中减少 30%的 OEO 端口数。在无色交换中,任何波长都能被分配给任何光纤端口,这样就消除了当前光学添加/移

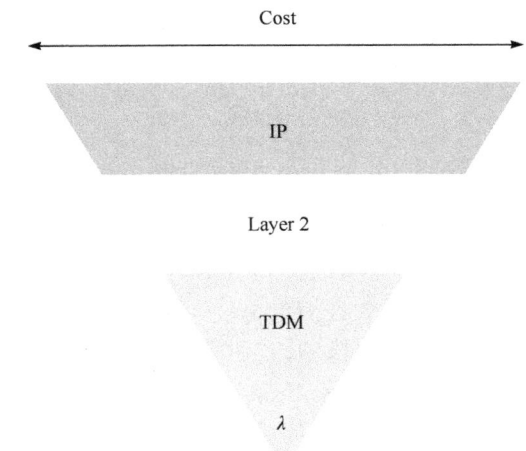

图 8.9　网络服务"跳成本"的量化

(IP 跳消耗很高的成本,光纤是最低耗的。跨层资源管理用最小"条成本"选择网络路径)

除多路选择器上常见的限制。之前一个给定波长必须连接到一个特定的光纤端口。无方向的交换意味着,在多维度配置中,我们可以将任意传入端口与任意外出端口跨越连接。

8.7　性　能　分　析

我们已经建立了关于 PHAROS 系统的高度 OPNET 仿真。图 8.10 比较了三种保护方案下的性能:①专有保护,其中主路径接收它自己的保护路径;②共享保护,其中一组保护路径共享着资源,具体参见 8.4 节;③条件共享保护,共享保护的一个复杂的版本,其中保护路径被选择以最大化共享保护的机会。

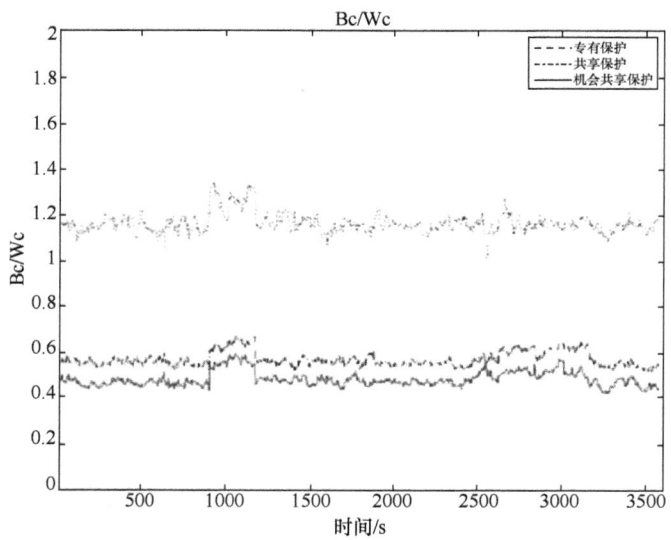

图 8.10　B/W 不同保护策略比较

带宽的请求不断被产生。对于每个方案,我们用 B/W 单位来作为一个时间的功能。B/W 被定义为可运行容量之上(B 和 W 以波长 km 为单位)的备份(保护),它是保护的相对成本的一个大致衡量单位。因此,B/W 越低越好。

结果中的 100 节点的光学网络模型,其中有 75 个节点来自美国,15 个节点来自欧洲,10 个来自亚洲。线性速度是 40Gbit/s,会聚的流量为 20Tbit/s,其中有 75% 是 IP 流量,25% 是波长服务,90% 的源—目的对在美国。美国本土内流量的平均比特距离是 1808km。图 8.10 中的 B/W 数量仅适用于美国本土的资源。

我们发现 PHAROS 共享保护策略明显地优于专有保护。在 B/W 值上,共享保护比专有保护低 50%,机会共享保护在共享保护的基础上又减少了 10%。

8.8 结 论

由于数据渐渐成为主导流量,流量形式也变得丰富多样无法预测,这些给核心网络的设计和实现带来了诸多挑战,包括从敏捷性、自动资源管理到信令系统的会聚,L1-L2 整合等。

本章介绍了一个未来核心网络控制和管理系统的架构,同时还描述了一个节点的实现,该节点实现能以 DARPA/STOCORONET 项目一部分的形式来开发未来可扩展和敏捷的光学网络。这个工作提供了控制和管理的方案,能够在 50ms 级的建立时间内支持核心网的服务,而且能在这个时间内对应多个网络故障。它能提供一种跨层资源分配的方法,该方法能有效为网络中所有层的服务分配工作和保护带宽,这些服务包括 IP 和波长服务。PHAROS 在初期的评估中显示出显著的优势。

通过优化路径选择来最大化光学旁路和最小化网络的路由跳数,本章介绍的架构能允许核心网进行 10 倍于当前网络的扩展。这样就能以较少的网络设备提供更高容量的网络服务。

参 考 文 献

[1] Simmons, J. On determining the optimal optical reach for a long-haul network Journal of Lightwave Technology 23(3), March 2005.

[2] Simmons, J. Cost vs. capacity tradeoff with shared mesh protection in optical bypass-enabled backbone networks OFC/NFOEC07, Anaheim, CA, NThC2 March 2007.

[3] Dutta, R. and Rouskas, G. N. Traffic grooming in WDM networks: past and future Network, IEEE, 16(6) 46-56, November/December 2002.

[4] Iyer, P., Dutta, R., and Savage, C. D. On the complexity of path traffic grooming Broadband Networks, 2005 2nd International Conference, pp. 1231-1237 vol. 2, 3-7 October 2005.

[5] Zhou, L., Agrawal, P., Saradhi, C., and Fook, V. F. S. Effect of routing convergence time on lightpath establishment in GMPLS-controlled WDM optical networks Communications, 2005. ICC 2005. 2005 IEEE International Conference on Communications, pp. 1692-1696 vol. 3, 16-20 May 2005.

[6] Saleh, A. and Simmons, J. Architectural principles of optical regional and metropolitan access networks, Journal of Lightwave Technology 17(12), December 1999.

[7] Simmons, J. and Saleh, A. The value of optical bypass in reducing router size in gigabit networks Proc. IEEE ICC 99, Vancouver, 1999.

[8] Saleh, A. and Simmons, J. Evolution toward the next-generation core optical network Journal of Lightwave Technology 24(9), 3303, September 2006.

[9] Bragg A. , Baldine, I. , and Stevenson, D. Cost modeling for dynamically provisioned, optically switched networks Proceedings SCS Spring Simulation Multiconference, San Diego, April 2005.

[10] Brzezinski, A and Modiano, E. Dynamic reconfiguration and routing algorithms for IP-over-WDM networks with stochastic traffic Journal of Lightwave Technology 23 (10), 3188-3205, Oct. 2005.

[11] Strand, J. and Chiu, A. Realizing the advantages of optical reconfigurability and restoration with integrated optical cross-connects Journal of Lightwave Technology, 21 (11), 2871, November 2003.

[12] Xin, C. , Ye, Y. , Dixit, D. , and Qiao, C. A joint working and protection path selection approach in WDM optical networks Global Telecommunications Conference, 2001. GLOBECOM '01. IEEE, pp. 2165-2168 vol. 4, 2001.

[13] Kodialam, M. and Lakshman, T. V. Dynamic routing of bandwidth guaranteed tunnels with restoration INFOCOM 2000. Nineteenth Annual Joint Conference of the IEEE Computer and Communications Societies. Proceedings. pp. 902-911 vol. 2, 2000.

[14] Ou, C. , Zhang, J. , Zang, H. , Sahasrabuddhe, L. H. , and Mukherjee, B. New and improved approaches for shared-path protection in WDM mesh networks Journal of Lightwave Technology, pp. 1223-1232, May 2004.

[15] Ellinas, G. , Hailemariam, A. G. , and Stern, T. E. Protection cycles in mesh WDM networks IEEE Journal on Selected Areas in Communications, 18(10) pp. 1924-1937, October 2000.

[16] Kodian, A. , Sack, A. , and Grover, W. D. p-Cycle network design with hop limits and circumference limits Broadband Networks, 2004. Proceedings of the First International Conference on Broadband Networks, pp. 244-253, 25-29 October 2004.

[17] Gripp, J. , Duelk, M. , Simsarian, M. et al. Optical switch fabrics for ultrahigh-capacity IP routers Journal of Lightwave Technology, 21(11), 2839, (2003).

[18] Simmons, J. M. Optical network design and planning in Optical Networks, B. Mukherjee, Series editor, Springer 2008.

第 9 章　网络服务的定制化

Tilman Wolf

马萨诸塞大学阿默斯特分校(University of Massachusetts Amherst),美国

下一代互联网架构的一个主要特点是它能兼容新的协议和新的通信方式。通过网络内定制的处理功能,可以实现这种适应性。本章讨论设计一个网络服务的架构,该架构能提供网络定制功能。

9.1　背　　景

下一代互联网架构必须能支持创新。互联网接入了越来越多不同种类的系统(手机、传感器等),采用了一些新的通信方式(分布式内容和点到点等),这要求它不仅能支持现存的数据通信协议,而且要能部署新兴的协议。

9.1.1　互联网架构

现在的互联网架构是基于分层的协议栈,其中应用和运输层协议的处理发生在终端系统上,物理、链路和网络层的处理发生在网络内。这个设计在限制网络路由器操作的复杂性方面非常成功。现代路由器能支持 10 千兆比特每秒的链接速度和总计每秒万亿比特级别的带宽。

但是现在的互联网架构限制了部署那些与分层协议模型不切合的功能。特别地,如果不违反现有互联网架构的原理,则无法实现跨协议层的功能。而在实际中,很多时候需要对现有协议进行这些扩展。主要的例子包括网络地址转换(其中网络层的设备要修改传输层的端口号)、入侵检测(数据包将被网络层的设备丢掉,该网络层设备用包负载的方式携带数据)等。

为避免在下一代互联网中出现该问题,新功能的部署将成为网络架构的重要部分。

9.1.2　下一代互联网

下一代互联网主要是为现有的和新兴的网络设备提供数据通信。在该前提下,还需要支持现有的和新兴的通信协议。由于不知道未来将出现什么样的设备和通信方式,得保证下一代网络架构提供一定程度的可扩展性。

谈到可扩展性,我们得着重考虑下网络数据平面(如路由器中数据路径)。控制平面实现管理网络状态,建立连接和处理错误的一些必要控制操作。数据平面是网络中处理通信流量的地方。为了将新的协议功能部署到网络中,必须在数据平面内修改处理流量的方式。

相关的研究已经探讨过数据平面的扩展,扩展的方法在一般性和复杂性有所不同。一些扩展方法简单地从一组不同功能里进行选择。其他扩展允许对新数据路径操作进行一般目的的编程。它们的共同点是对路由器进行数据路径定制化,其中这些路由器实现了这些扩展。

9.1.3　数据路径可编程性

通过按处理步骤执行流过某网络节点的流量,实现了数据通信协议。在特定的系统或设备上,有两种方法来实现该处理过程:一种是基于 ASIC 码的硬件;另一种是基于通用处理器上可编程逻辑和软件。在当前的互联网中,高性能的路由一般采用基于 ASIC 码的实现。这是由于需要被实现的协议操作不随时间变化(1995 年发布的 RFC 1812 规定了路由器实现 IPv4 的要求)。

在部署了路由器后,需要在下一代网络中引入新的功能,即在数据路径中加入可编程的设备。通过更改运行协议处理的软件,能够加入新的协议特性。因此,可编程性不再局限于终端设备,可以将它应用于网络的数据路径中。

9.1.4　技术挑战

在路由器的数据路径中引入可编程性不仅会影响到处理流量的方式,而且对控制架构乃至网络架构提出了新的要求。我们需要在网络操作中管理和控制可用的编程性。以下是面临的一些技术挑战。

(1)可编程路由系统的设计:可编程的数据包处理平台是实现数据包定制化处理的基础。设计和实现这个系统需要高性能处理平台和高效的协议处理器,其中该平台得支持高速输入/输出,处理器得能维持高带宽的网络。还需支持代码的安全执行,系统级别的资源管理和合适的编程接口。

(2)自定义功能的控制:由于不同的连接需要不同的功能,所以需要控制路由器实现的功能。控制包括流量分类、自定义路由和网络资源管理。

(3)新功能的部署:需要将开发出来的自定义功能部署到路由器系统,还要能提供程序开发的环境。部署过程从手动安装到流代码分配。由于多方参与到代码编写、分配和执行中,还需要解决信任和安全问题。

先前相关的研究中已经提及了一些这类问题。

9.1.5　网络内处理方案

已经有人提出并开发了几种方案,这些方案提供网络内处理的架构和控制。特别值得注意的是,在活跃网络中,每个包的数据中携带了自定义的处理代码,这样就能配置每个连接甚至每个包[1]。已经有几个活跃网络平台被开发出来[2,3],它们在可编程级别、活跃代码执行环境和硬件平台上有所不同。活跃网络中每个包的可编程性非常难控制。在实际网络中,这种开放性很难配合服务商对健壮性、可预测网络行为和性能的要求。尽管活跃网络提供了最完整的程序设计抽象(如通用的可编程性),但为每个连接开发合适代码的重担依然压在每个应用开发者上。

一个较普遍但更好管理网络处理能力的方式是使用可编程的路由器。虽然这些系统也提供通用的可编程性,但它们的控制接口非常不同:系统管理者(如网络服务提供者)也许能安装任意组的数据包处理功能,但用户却被限制只能从组中进行选择(而不是提供它们自己的功能)[4,5]。

在下一代网络架构中,数据平面的可编程性出现在网络的虚拟化中[6]。为了允许多个网络与不同的数据路径功能共存,链路和路由器资源被虚拟化并分配到多个虚拟网络。每个虚拟块都在一个可编程包处理系统上实现它的协议处理。

在路由器系统上提供可编程性的技术有很多种,从单核的通用处理器到嵌入式多核网络处理器[7]和具有可编程逻辑的设备等[8,9]。对可编程网络设备上的处理负载的研究表明,可编程网络设备的处理工作量与传统工作站处理差别很大,该差别保证了专门的处理架构[10,11]。对于这种路由系统,需考虑它的扩展性以支持高数据速率时的复杂处理[12]。

现存解决方案的一个最大挑战是如何为包处理提供合适的抽象。在端系统,协议栈的流配置被作为下一代网络的关键元件[13,14]。对于网络内处理,我们的工作提出了使用网络服务作为网络架构的一个主要元件。

9.2　网　络　服　务

为了平衡普遍性和可管理性,设计合适抽象级来实现可编程性和可定制性是非常重要的。我们讨论了网络服务如何为网络核心提供强大扩展的抽象,如何为连接配置、寻路和运行资源管理提供容易管理的方法。

9.2.1　概念

"网络服务"这个概念是用来表达在网络流量上基本的处理操作。一个网络服务能表示运行在通信流上的任意类型的处理。注意术语"服务"被广泛地用于网络领域,通常指终端上(如在一个服务器上)的计算特性。在我们的情境下,网络服务指在网络路由器上执行的数据路径操作。网络服务的例子包括最基础的协议操作,这些在 TCP(如可靠性、流控制),安全协议(如隐私、完整、认证)和高级功能(如手机上视频分流的负载转码)上均能发现。

当一个连接被建立时,发送者和接收者能够确定系统为这个特定通信实例化一个"服务序列"。动态构建的这个服务序列为连接提供了一个定制化的网络配置。

假设网络服务是众所周知的、一致认同的、被全网络标准化的功能(至少是部分互联网服务提供商)。新的网络服务可通过 IETF 标准化协议的这种方式来引入。因此预计连接可以选择的网络服务数目从几十到几百。网络服务架构没有采取每个应用提出自己的服务(在活跃网络中是这样预想的),因此大量部署网络服务是不可行的。尽管只有有限数目的网络服务,网络服务可能的组合(如可能服务序列的数目)的数目也是很大的。例如,只有 10 个不同的网络服务,平均每个连接4 个服务能产生成千上万可能的服务序列。由于并不是所有组合都是可行或可取的,这个估计依然显示出在限制特定数据路径处理功能到可管理的数量时,能实现高水平的定制。

为进一步阐述网络服务的概念,考虑以下例子。

(1) 传统 TCP:传统的传输控制协议(TCP)功能可以由一组网络服务构成,包括可靠性(实现了分割,重新传输丢失的包,并重新装配)、流控制(节流阀发送速率基于可用接收缓存大小)、拥堵控制(节流阀发送速率基于观察到的数据包丢失)。网络服务抽象支持直接修改传统 TCP。例如,当一个连接想使用基于速率拥堵控制算法时,它简单地实例化基于速率的拥塞控制网络服务(而不是基于丢失的拥堵控制服务)。

(2) 前向纠错:一个连接以高误码率遍历链接可能实例化一个前向纠错(FEC)网络服务。类似于可靠性和流控制,该功能由一对网络服务构成(添加FEC 的步骤和检查删除 FEC 的步骤)。当初始化连接时,终端系统可以直接请求该服务,或者在路由连接丢失时,网络基础设施将机会性地添加该服务。

(3) 多播和视频转码:一个更复杂的连接设置的例子是为一组异构用户进行视频转码(如 IPTV)。发送端系统能够指定使用一个多播网络服务来到达一组接收端系统。此外,视频转码网络服务能被用来改变视频格式和编码。当接收端系统(如手机)不能处理数据传输速率时(由于低带宽无线链路或者由于有限的处理能力),该网络服务是非常有用的。在该情景下,网络服务被用来执行从网络层到应用层的处理。

请注意,终端系统在建立一个使用网络服务的连接时,不会指定执行网络中的哪个服务。网络自身会决定如何最合理地选择网络服务处理位置。网络自身决定在哪里和如何实例化服务能使基础设施在选择网络服务处理位置时,考虑网络负载和策略(如合适放置服务)。终端系统应用不知道基础设施的状态,因此无法做出最佳放置和路由决定。在某些情况下,放置网络服务会存在一些限制,如安全相关网络服务应该在可信任本地网络中实例化。

9.2.2　系统架构

图 9.1 显示了网络服务架构的概况。我们将会详细讨论三个主要方面:控制层、数据层和终端系统的接口。

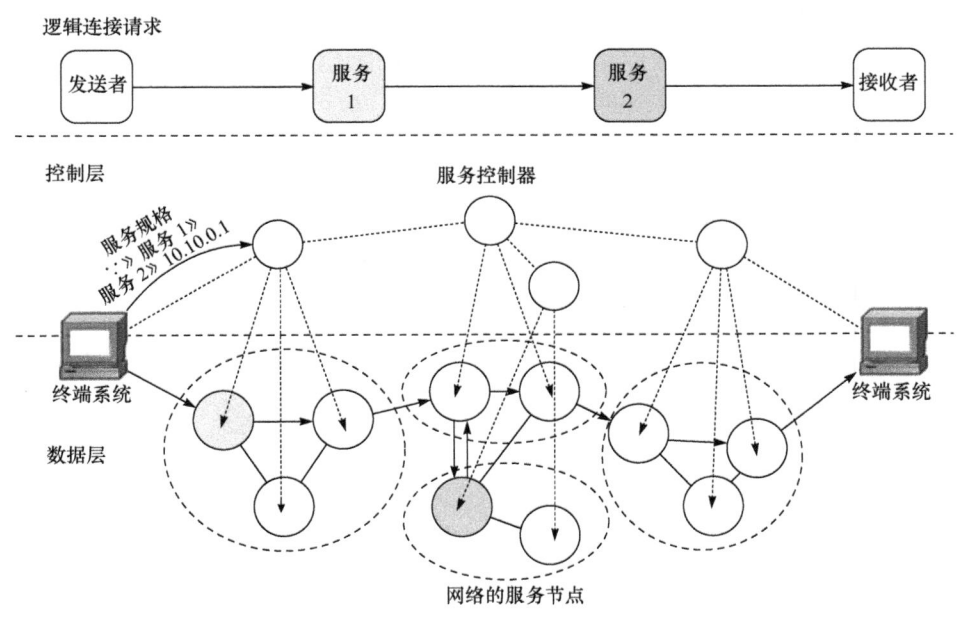

图 9.1　网络服务架构

网络服务架构控制平面决定了最基本的结构和操作。目前,互联网的结构由一组联合的网络(即自主系统 AS)组成。参照该系统,我们的架构也将零散的网络组合为网络组,并能自主地进行管理。在交换控制信息时(如连接建立、路由信息),每个 AS 能做出自己本地决定并在全局范围内与其他 AS 交互。在每个 AS 中,至少有一个节点管理控制层的交互。这个"服务控制器"运行路由和布局的计算,并为经过该 AS 的连接实例化服务。

在数据平面,"服务节点"在经过网络的流量上实现网络服务处理。在连接建立中,服务控制器决定了哪个节点执行哪个服务,流量如何在这些节点间路由。服务控制器将提供必要的执行网络服务的配置信息(如参数和加密密钥)。

应用程序使用终端系统 API 来通过网络进行通信。使用这个接口,可以建立通信(类似如何在当前操作系统中使用套接字)并指定想要的服务序列。初始化一个连接的建立,终端系统与它的本地服务控制器通信。这个服务控制器通过网络传播建立请求,并告知终端系统何时建立好所有的服务(它们之间的连接)。

在该架构中,我们做出了几个假设。

(1)连接指定的序列服务在连接过程中被固定。如果需要不同的服务序列,那么需要建立新的连接。

(2)底部的基础设施提供了基本的寻址和转发等。当前的研究关注如何提升下一代互联网的这些部分,而这些内容超出了本章范围。该领域的进展包含到我们讨论的网络服务架构中。

(3)当建立了一个连接后,网络中的路径将被固定。我们可以使用隧道或允许流路由控制的网络基础设施来完成这点(如 PoMo[15]、OpenFlow[16])。

给出基本的网络服务概念和首要的系统架构,依然存在一些重要的技术问题。

(1)终端系统接口和服务规范:在不用引入太多复杂性的情形下,使用网络服务架构的终端系统,在它之上的应用程序使用的接口需要充分表现来容许规范任意序列的服务。

(2)路由和服务分配:在建立连接中,网络需要决定在哪里放置网络服务处理和在什么上路由流量经过网络。由于服务可用性、处理能力和链路带宽的限制,该路由和布局问题要比传统最短路径路由要复杂得多。

(3)服务节点运行时的资源管理:服务节点的工作量是非常动态的,因为它不知道连接使用哪种网络服务处理。因此需要不断动态调整分配给特定网络服务的处理资源。这种资源管理对使用多核处理器的高性能包处理平台是一个独特的挑战。

接下来的章节提出了这些问题的解决方法。值得注意的是,尽管这些方案针对我们的网络服务的架构,但是其他使用内部网络处理系统也可以使用这些方案解决类似的问题。

9.3　终端系统接口和服务规范

当使用网络来通信时,终端系统应用需要指定实例化哪个网络服务。我们描述"服务管道"如何被用来描述这些服务,以及它如何被创建和验证。在之前的工作中介绍过服务管道[17]。当前的工作扩展了管道的概念,将其整合入套接字接口[18]。文献[19]中介绍了自动组成和管道验证。

9.3.1　服务管道

网络服务中连接建立在概念上,与当前互联网处理类似,主要的区别是不仅要提供给操作系统目的和套接字类型的参数,而且要指定服务类型。因为我们使用一系列服务,能以服务管道的方式提供这些信息。

服务管道在概念上类似于 UNIX 中管道的概念,使用‘|’符号进行连接操作,某命令的输出可被当成另一命令的输入。在网络服务中,采用相同的连接操作(用不同的连接符)来指出某服务的输出是另一服务的输入。我们能指定每个服务的参数。当数据流分割(如多播)时,括号可以用来序列化结果树。

服务规范的元素如下。

(1) 源/汇:源和汇由一系列 IP 地址和端口号表示,IP 地址和端口号之间用“:”隔开(如 192.168.1.1:80)。源可能不特别指出 IP 地址或端口号(如 *:*)。

(2) 网络服务:由它的名字来指定服务。如果需要配置参数,则将参数置于名字后的括号内,例如,compression(LZ)指定了一个使用 Lempel-Ziv 算法的压缩服务。

(3) 级联:用“>>”符号表示源、网络服务和汇点的级联。

9.2.1 节给出的三个例子的服务规范如下。

(1) 传统 TCP: *:* >>reliability_tx(local)>>flowcontrol_tx(local)>>congestioncontrol_tx(local)>>congestioncontrol_rx(remote)>>flowcontrol_rx(remote)>>reliability_rx(remote)>>192.168.1.1:80。TCP 协议的三个主要特性(可靠性、流控制和拥塞控制)被视为三个独立的服务,需要分别实例化它们。每个服务包括一个接收和一个传输部分。本地和远程参数指出放置这些服务的位置的约束条件。

(2) 前向纠错: *:* >>[FEC_tx>>FEC_rc]>>192.168.1.1:80。前向纠错类似于 TCP 中的服务。方括号表示这是可选服务。

(3) 多播和视频转码: *:* >> multicast(192.168.1.1:5000, video_transcode(1080p, H.264)>>192.168.2.17:5000)。多播服务指定多个接收者,给沿着路径的每个接收者实例化不同的服务(如视频转码)。服务管道为具体化/指定网络服务提供了通用和可扩展的方法。

9.3.2　服务组合

显然我们能详细说明语义上错误并无法被网络正确实现的服务组合。这个难题引出了两个问题:①系统如何确认一个服务规范是语义正确的;②系统如何能自动组合正确的规范(给出一些连接需求)。在相关终端系统协议栈工作[20]和之前网络内服务组合中[19],我们研究了服务组合的问题。

为查证一个服务规范是否有效,服务的语义描述需要被扩展。要正确执行某服务,输入流需要满足某些特性,如包括必要的头部,也包含特定加密的负载。这些特性是该服务的先决条件。服务执行的处理也许会改变输入的语义。一些特性也许会改变(如头部集、负载类型),但是其他的会保持不变(如流对延迟敏感的特性)。服务执行的输入特性和修改的组合决定了输出的特性。通过服务序列来传播这些特性,并检查所有服务的先决条件是否满足要求,我们能验证一个服务序列的正确性。我们能用各种各样的语言(如 Web 本体语言)来表示一个服务的语义。在建立连接之前,服务控制器能执行验证操作。

更困难的情况是自动组合一个服务序列。一个应用很可能指定流输入的特性和期望的流输出特性。基于之前服务语义的描述,服务控制器可以使用 AI 计划来寻找一个"连接"输入需求和输出需求的序列服务[19]。当多方参与到服务序列中时,这个特性尤为重要,如一个 ISP 可能会添加监测或入侵检查服务到一个服务序列。在该情况下,原来的终端系统不能预测所有可能的服务,也不能创建完好的服务序列。所以就会在建立连接时加入额外的服务。

一旦正确完整的服务序列是可用的,我们就需要在网络中实例化这些服务。

9.4　路由选择和服务安置

我们有很多不同的方法来为一个给定的服务序列确定一个合适的路由和安置。在之前的工作中,我们研究了在一个集中式节点[21]和一个分布式环境中[22]给定完整的信息,以及如何来解决这个问题,还对比了这些方法的相对性能[23]。本节回顾其中的一部分结果。

9.4.1　问题陈述

以下是服务安置问题的陈述(参见文献[23]):我们用加权图来表示网络,$G=(V,E)$,其中节点 V 对应是路由器和终端系统,边 E 对应链路。节点 v_i 由一组它能执行的服务来标记,$u_i=\{S_k \mid$ 服务 S_k 在节点 v_i 是可行的$\}$,每个服务处理的成本为 $c_{i,k}$(如处理延迟),节点总共处理能力为 p_i。边 $e_{i,j}$ 连接了节点 v_i 和节点 v_j,它的权重 $d_{i,j}$ 展示了链路延迟,容量 $l_{i,j}$ 代表了可用的链路带宽。一个连接请求可用公式 $R=(v_s,v_t,b,(S_{k1},\cdots,S_{km}))$ 来表示,其中 v_s 是源节点,v_t 是目的节点,b 是请求的带宽(假定是恒定比率的),$(S_{k1},\cdots,S_{km})$ 是这个连接需要的一个有序服务列表。为简单起见,假设一个连接的处理需求直接与请求的带宽 b 成比例。对于服务 S_k,复杂性度量 $z_{i,k}$ 定义了节点 v_i 处理每比特传输所需的总运算量。

给定一个网络 G 和请求 R,我们得为连接找到路径,使得源和目的地连接起来,所有必须服务可沿路径被处理。路径被定义为 $P=(E^P,M^P)$,其中边的序列为 E^P,服务映射到处理节点,$M^P:P=((e_{i_1,i_2},\cdots,e_{i_{n-1},i_n}),(S_{k_1} \rightarrow v_{j_1},\cdots,S_{k_m} \rightarrow v_{j_m}))$,其中 $v_{i_1}=v_s,v_{i_n}=v_t,\{v_{j_1},\cdots,v_{j_m}\} \subset \{v_{i_1},\cdots,v_{i_n}\}$,节点 $\{v_{j_1},\cdots,v_{j_m}\}$ 依次沿着路径被遍历。如果:① 所有边均有足够的链接容量(如 $\forall e_{x,y} \in E^P, l_{x,y} \geqslant (b \cdot t)$,假设链路 $e_{x,y}$ 在 E^P 中出现了 t 次);② 所有服务节点有足够的处理能力(如 $\forall S_{k_x} \rightarrow$

$v_{j_x} \in M^P$, $p_{jx} \geqslant \sum y \mid S_{k_y} \to v_{jx} \in M^{p \cdot z_{j_x} \cdot k_y}$），那么路径 P 是有效的。

为确定路径的质量，将调解连接请求 R 的总成本 $C(P)$ 作为通信成本和处理成本之和：$C(P) = (\sum_{x=1}^{n-1} d_{i_x, i_{x+1}}) + (\sum_{\{(j_x, k_x) \mid S_{k_x} \to v_{j_x} \in M^P\}} C_{j_x, k_x})$。在很多情形下，找到最优连接设置是可行的。最优化可被视为找到单次连接请求的最优（如最小成本）配置，或者找到多条连接请求的最优配置。在后一个例子中，我们用所有连接最少成本或者系统最优利用来作为最优度量。将着重查看单连接请求。

在文献[21]中显示，为容量限制网络的连接请求找一种解决方法可化为旅行推销员问题，这是一个完全 NP 问题。因此我们将讨论集中于无限制的路由和安置问题。采用启发式，该方案能扩展到解决产能限制。

9.4.2　集中式的路由寻址和安置

集中式路由寻址和安置方案首先出现在文献[21]中。该想法在单一图上表示通信和处理，并使用传统的最短路径路由寻址来确定最优的安置。这种方法要求使用一个单一的成本度量来衡量交换和处理成本。为计算处理，在连接请求中，每 m 个处理步骤，网络图进行一次复制/重复（图 9.2(a)）。因此总共有 $m+1$ 个网络图存在。顶级图的第 0 层表示在第一个网络服务执行之前的通信。最底层图的第 m 层表示所有处理步骤完成后的通信。从某一层遍历到另一层，我们得添加层级之间的纵向边。这些边仅能连接相邻层的同一节点。纵向边的存在表明该节点有到达下一层必要的服务处理步骤。遍历该边的成本就是该节点上处理的成本。

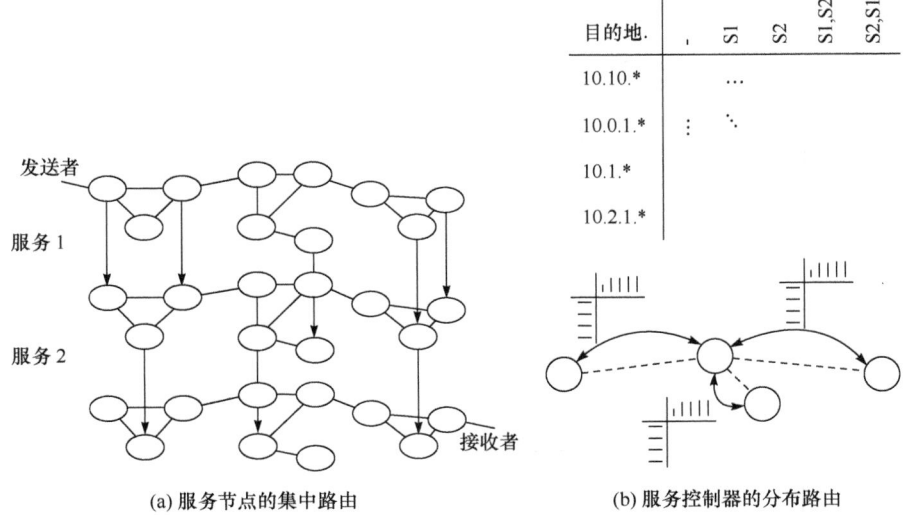

(a) 服务节点的集中路由　　　　　　(b) 服务控制器的分布路由

图 9.2　网络服务架构上的路由和分配

在 0 层的源节点和 m 层的目的节点之间寻找层级图上最少成本路径的过程就是寻路的过程。该路径又被投射到一个单独层,并且用纵向边来显示网络服务处理的配置/放置。

我们用算法来为无容量限制网络寻找最佳路径。运算成本就是在分层图上运行 Dijkstra 最短路径算法成本。由于分层图是原网络图 $m+1$ 倍,复杂性是 $O(|m| |E|+|m||V|+|m||V|\log(|m||V|))$。

9.4.3 分布式选路和安置

集中分层图方案的一个缺点是需要知道所有网络链接的信息。在一个互联网范围的部署中,获取这些信息是不现实的。因此展示了一种分布式的方法,其中信息是被聚合的,节点只能局部了解网络。我们在文献[22]中描述了该算法。

与距离矢量选路类似,分布式选路和安置算法使用动态编程方法[24]。使用 $c_v^{k_1,\cdots,k_m}(t)$ 来表示从节点 v 到节点 t 最短路径的成本,并沿着该路径执行请求的服务 $S_{k_1},\cdots,S_{k_m}$。使用符号 $c_v^-(t)$ 来表示最短路径计算。因此通过处理 $i(0 \leqslant i \leqslant m)$ 个服务并向任意邻居节点 n_v 转发请求,节点 v 能确定最少成本的路径:

$$c_v^{k_1,\cdots,k_m}(t) = \min_{0 \leqslant i \leqslant m} \Big(\sum_{l=1}^{i} c_v^{k_l}(v) + \min_{n_v}(c_v^-(n_v) + c_{n_v}^{k_{i+1},\cdots,k_m}(t)) \Big)$$

公式右边的参数 i 决定了要执行的 m 个服务中有多少得在节点 v 上运行。注意如果 $i=0$。则意味着没有服务将被处理,如 $\sum_{l=1}^{i} c_v^{k_l}(v)=0$。如果 $i=m$,则所有的服务都将在节点 v 上执行,即 $c_{n_v}^{k_{i+1},\cdots,k_m}(t)=c_v^-(t)$。参数 n_v 决定了向 v 的哪个邻居发送剩余请求。

节点与它们的邻居交换"服务矩阵"以获取必要的成本信息(图 9.2(b))。该矩阵包括所有目的地和所有可能服务组合的成本。由于服务组合的数目将会非常大,我们只在每个单独服务中使用成本信息。该方法在文献[22]中有详细论述。

9.5　运行时资源管理

网络服务架构为处理系统展示了一个高度动态的环境。每个连接请求一个不同的服务序列,这可能会导致对任何服务的各种各样的需求。这种工作负载非常不同于传统的 IP 转发,在传统 IP 转发中,每个包需要相同的处理过程。操作系统能在硬件资源和动态处理工作量之间提供一个抽象层,嵌入的包处理器权重太重,以至于需要去处理每秒 Gigabit 级的数据流。然而,我们能开发一个专门处理网络服务任务的执行系统。它的主要目的是在多核包处理系统上解决处理负载。我们们讨论在之前工作中开发的任务分配系统[25]。

9.5.1　工作负载和系统模型

我们可以用任务图来代表路由系统的工作量/负载,该路由系统实现了当前互联网的包转发功能和下一代网络的服务处理。该任务图是一个直接无环路的处理步骤图,它的直接边代表了处理依赖。对于任何给定的包,包处理沿着通过该图的一条路径发生。不同的包也许通过不同的路径。包处理的图表示法的一个例子就是点击模块化路由器抽象[26]。

如之前讨论,流量的改变可能导致沿图中任意路径使用量的变化,进而导致任意处理步骤使用量的变化。为决定执行中处理的需求,我们得进行执行性能法分析,追踪如下信息:每个任务的处理需求;任何使用的频率。

在我们的执行系统的原型中,我们用随机变量 S 来表示处理需求,其中 S_i 反映了任务 t_i 的处理时间分布。对于任何给定的包,任务服务时间是 s_i。任务利用率 $u(t_i)$ 表示了任务 t_i 耗费的流量率。

基于这个性能分析信息,执行系统决定如何为各任务分配资源。

9.5.2　资源管理问题

多核服务处理器的执行管理问题如下:假设所有应用中子任务图个数为 T,我们用任务节点 $t_1,\cdots,t_T$,有向边 $e_{i,j}$ 表示任务 t_i 和 t_j 之间的处理相关性。对于每个任务 t_i,给出它的使用率 $u(t_i)$ 和服务时间 S_i。假设有这样的包处理系统,该系统有 N 个处理器,每个处理器上有 M 个处理资源。(即每个处理器能运行 M 个任务,整个系统能运行 $N \cdot M$ 个任务)。我们的目的是建立一个映射,该映射将每 T 个任务分配到 N 个处理器中的一个处理器:$m:\{t_1,\cdots,t_T\} \to [1,N]$。该映射得考虑资源限制:

$$\forall j,1 \leqslant j \leqslant N : |\{t_i | m(t_i)=j\}| \leqslant M$$

资源分配质量可以用不同的度量来衡量。(即系统使用率、电量消耗、包处理延迟等)。我们想得到处理组件之间的一个平衡,从而实现高系统吞吐量。

9.5.3　任务复制

执行管理要面临的一个挑战是不同任务的处理要求区别很大。一些任务非常复杂而且使用频繁,所以要比简单不常用的任务占有更多处理资源。同时,高端的包处理系统比其他任务系统有更多的处理器内核和进程。

我们开发了一个"任务复制"的技术,利用网络固有的数据包并行来解决该问题。假设包间的处理是无状态的。如果执行了有状态的处理,则执行系统能保证同一个流的数据包被发送到相同处理任务的实例。

任务复制以高工作要求创建了额外的任务实例。工作量 w_i,一个任务执行,是单个包的处理需求和任务使用的频率的乘积:$w_i = u(t_i) \cdot E[S_i]$。任务实例的数量增加,工作量减少。如果一个任务被复制出 d_i 个实例,则流量将分散到这些实例,这样每个实例的使用率降至 $u(t_i)/d_i$。因此每个实例的有效工作量为 $w_i' = u(t_i)/d_i \cdot E[S_i]$。我们能以最高工作量贪婪地复制任务,直到任务占有了所有的 $M \cdot N$ 个资源。如果任务比资源少,则这样也能充分使用所有资源。

工作方程也显示出任务内在的本质(期望服务时间 $E[S_i]$)和网络动态性质(如任务 $u(t_i)$ 当前使用率)导致了每个任务工作量的不同。因此,无法通过一个更好的离线分区的方法来消除任务间的不均衡,而且在执行中总要适应当前条件。

9.5.4　任务匹配/映射

一旦准备好任务和它们的副本,就需要将任务匹配给处理器。我们有很多不同分配任务的方法。当执行不同工作量的任务时,需要用映射/匹配算法来分配复杂任务和简单任务。如果一个处理器分配了过多的复杂任务,则它的系统资源就成为一个瓶颈,将影响整个系统的性能。解决这类打包问题是 NP 完全问题[27]。

拥有执行过任务副本的好处是,绝大数任务需要几乎相等的工作量。因此,映射算法能将任意这些任务的组合分配到一个处理器上,而且不需要考虑处理量上的不同。可以用次级指标(如通信位置)来做映射决策。我们已经展示了用深度优先搜索来最大化通信位置是一种有效的映射算法。我们的执行系统模型使用了复制和这种映射策略,相对于之前操作系统提供的对称多处理调度 SMP,该模型在吞吐量上有显著的提升[25]。当前的工作不仅只考虑处理资源的分配,而且涉及内存的管理[28]。具体来说,在多个物理内存中对不同空间和性能特点的数据结构进行分区是很重要的事情。与静态处理分配无法适应变化的网络环境一样,传统包处理系统使用的静态分区也不足以满足新要求。

总之,随着服务越来越复杂,种类越来越多,处理资源的执行管理将是下一代网络中包数据处理平台的一个重要方面。

9.6　总　　结

下一代互联网架构提供的功能不仅包括转发,而且包括更高级的协议和工作量处理。其中的一个关键挑战是利用这些功能为终端系统找到合适的抽象,同时从服务提供者的角度保证可管理性和可控性。我们概括介绍了网络服务架构,并使用网络服务作为基本的处理步骤。为每个连接实例化一个序列的服务,并能定制化该服务序列来满足终端系统应用的需求。同时,我们讨论了如何使用服务规范来表达定制处理的需求,以及这些服务规范如何被转换为约束映射问题。支持服务的网络路由是考虑通信和处理成本的一个问题。给出了一种集中式方法和一种分布式方法来解决路由问题,也介绍了数据包处理系统中的执行管理如何保证系统资源的充分利用。

除了描述网内处理服务,网络服务抽象可以被用于更多其他工作。例如,在开发虚拟网络架构时,可以网络服务规范来描述虚拟片段的数据路径需求。

总之,网络内处理服务是下一代互联网架构的一个重要组成部分。在这里展示的工作是实现该功能的一种可能方法。

参 考 文 献

［1］Tennenhouse, D. L. , Wetherall, D. J. Towards an Active Network Architecture. ACM SIGCOMM Computer Communication Review. 1996 Apr;26(2):5-18.

［2］Tennenhouse, D. L. , Smith, J. M. , Sincoskie, W. D. ,Wetherall, D. J. , Minden,G. J. A Survey of Active Network Research. IEEE Communications Magazine. 1997 Jan;35(1): 80-86.

［3］Campbell, A. T. , De Meer, H. G. , Kounavis, M. E. , et al. A Survey of Programmable Networks. ACM SIGCOMM Computer Communication Review. 1999 Apr;29(2):7-23.

［4］Wolf, T. Design and Performance of Scalable High-Performance Programmable Routers. Department of Computer Science, Washington University. St. Louis, MO; 2002.

［5］Ruf, L. , Farkas, K. , Hug, H. , Plattner, B. Network Services on Service Extensible Routers. In: Proc. of Seventh Annual International Working Conference on Active Networking (IWAN 2005). Sophia Antipolis, France; 2005.

［6］Anderson, T. , Peterson, L. , Shenker, S. , Turner, J. Overcoming the Internet Impasse through Virtualization. Computer. 2005 Apr;38(4):34-41.

［7］Wolf, T. Challenges and Applications for Network-Processor-Based Programmable Routers. In: Proc. of IEEE Sarnoff Symposium. Princeton, NJ;2006.

［8］Hadzic, I. , Marcus, W. S. , Smith, J. M. On-the-fly Programmable Hardware for Networks. In: Proc. of IEEE Globecom 98. Sydney, Australia; 1998.

［9］Taylor, D. E. , Turner, J. S. , Lockwood, J. W. , Horta, E. L. Dynamic Hardware Plugins: Exploiting Reconfigurable Hardware for High-Performance Programmable Routers. Computer Networks. 2002 Feb;38(3):295-310.

［10］Crowley, P. , Fiuczynski, M. E. , Baer, J. L. , Bershad, B. N. Workloads for Programmable Network Interfaces. In: IEEE Second Annual Workshop on Workload Characterization. Austin, TX; 1999.

［11］Wolf, T. , Franklin, M. A. CommBench-A Telecommunications Benchmark for Network Processors. In: Proc. of IEEE International Symposium on Performance Analysis of Systems and Software (ISPASS). Austin, TX; 2000. pp. 154-162.

［12］Wolf, T. , Turner, J. S. Design Issues for High-Performance Active Routers. IEEE Journal on Selected Areas of Communication. 2001 Mar;19(3):404-409.

［13］Dutta, R. , Rouskas, G. N. , Baldine, I. , Bragg, A. , Stevenson, D. The SILO Architecture for Services Integration, controL, and Optimization for the Future Internet. In: Proc. of IEEE International Conference on Communications (ICC). Glasgow, Scotland; 2007. pp. 1899-1904.

[14] Baldine, I. , Vellala, M. , Wang, A. , et al. A Unified Software Architecture to Enable Cross-Layer Design in the Future Internet. In: Proc. of Sixteenth IEEE International Conference on Computer Communications and Networks (ICCCN). Honolulu, HI; 2007.

[15] Calvert, K. L. , Griffioen, J. , Poutievski, L. Separating Routing and Forwarding: A Clean-Slate Network Layer Design. In: Proc. of Fourth International Conference on Broadband Communications, Networks, and Systems(BROADNETS). Raleigh, NC; 2007. pp. 261-270.

[16] McKeown, N. , Anderson, T. , Balakrishnan, H. , et al. OpenFlow: Enabling Innovation in Campus Networks. SIGCOMM Computer Communication Review. 2008 Apr;38(2):69-74.

[17] Keller, R. , Ramamirtham, J. , Wolf, T. , Plattner, B. Active Pipes: Program Composition for Programmable Networks. In: Proc. of the 2001 IEEE Conference on Military Communications (MILCOM). McLean, VA; 2001. pp. 962-966.

[18] Shanbhag, S. , Wolf, T. Implementation of End-to-End Abstractions in a Network Service Architecture. In: Proc. of Fourth Conference on emerging Networking EXperiments and Technologies (CoNEXT). Madrid, Spain; 2008.

[19] Shanbhag, S. , Huang, X. , Proddatoori, S. ,Wolf, T. Automated Service Composition in Next-Generation Networks. In: Proc. of the International Workshop on Next Generation Network Architecture (NGNA) held in conjunction with the IEEE 29th International Conference on Distributed Computing Systems(ICDCS). Montreal, Canada; 2009.

[20] Vellala, M. , Wang, A. , Rouskas, G. N. , et al. A Composition Algorithm for the SILO Cross-Layer Optimization Service Architecture. In: Proc. of the Advanced Networks and Telecommunications Systems Conference (ANTS). Mumbai, India; 2007.

[21] Choi, S. Y. , Turner, J. S. , Wolf, T. Configuring Sessions in Programmable Networks. In: Proc. of the Twentieth IEEE Conference on Computer Communications(INFOCOM). Anchorage, AK; 2001. pp. 60-66.

[22] Huang, X. , Ganapathy, S. ,Wolf, T. A Scalable Distributed Routing Protocol for Networks with Data-Path Services. In: Proc. of 16th IEEE International Conference on Network Protocols (ICNP). Orlando, FL; 2008.

[23] Huang, X. , Ganapathy, S. , Wolf, T. Evaluating Algorithms for Composable Service Placement in Computer Networks. In: Proc. of IEEE International Conference on Communications (ICC). Dresden, Germany; 2009.

[24] Bellman, R. On a Routing Problem. Quarterly of Applied Mathematics. 1958 Jan;16(1): 87-90.

[25] Wu, Q. ,Wolf, T. On Runtime Management in Multi-Core Packet Processing Systems. In:

Proc. of ACM/IEEE Symposium on Architectures for Networking and Communication Systems (ANCS). San Jose, CA; 2008.

[26] Kohler, E. , Morris, R. , Chen, B. , Jannotti, J. , Kaashoek, M. F. The Click Modular Router. ACM Transactions on Computer Systems. 2000 Aug;18(3):263-297.

[27] Johnson, D. S. , Demers, A. J. , Ullman, J. D. , Garey, M. R. , Graham, R. L. Worst-Case Performance Bounds for Simple One-Dimensional Packing Algorithms. SIAM Journal on Computing. 1974 Dec;3(4):299-325.

[28] Wu, Q. , Wolf, T. Runtime Resource Allocation in Multi-Core Packet Processing Systems. In: Proc. of IEEE Workshop on High Performance Switching and Routing (HPSR). Paris, France; 2009.

第 10 章　支持互联网创新和演变的架构

Rudra Dutta[1] and Ilia Baldine[2]
[1] 北卡罗莱纳州立大学(North Carolina State University),美国
[2] 复兴计算研究所(Renaissance Conputing Institute),美国

从 2006 年 8 月起,我们这一来自北卡罗莱纳州立大学、教堂山分校和复兴计算所的合作研究团队就专注于未来网络设计(NSF FIND)的项目中,我们想预先构建一种称为服务整合、控制和最优化(SILO)的框架。在本章,我们阐述了该项目的结果。开始将列出关于架构研究的一些见解,某些是项目启动就有的想法,而某些是在项目进行中发现的,同时将阐述构建这个架构的目的。接着介绍这个架构本身,并将其与之前和现在相关的研究联系起来。将展示当前使用 SILO 支持光学虚拟化和光学跨层的研究来说明如何实现承诺的改变。最后展示使用 SILO 的一个早期例子,该例子使用 SILO 降低网络协议中贡献和创新的障碍。

10.1　面向一个新的互联网框架

早在 1972 年,Robert Metcalfe 曾用一句话"网络是进程间的通信"来描述网络的精髓,而且设计这样一个通信架构无疑是非常简单的。现代互联网的架构变得复杂起来,其中包含了大量的理论、概念和假设,而且还得经受周期性的回访和重新评估以确定它是否能经得起时间的考验。在过去,这些尝试只是间断性的发生。然而在 2000 年初期,它们真正地开始生效,美国国防部先进研究项目局(DAAPA)的 NEWArch[24]、美国国家科学基金会(NSF)的 FIND[11]、欧盟(EU)的 FIRE[12]和中国的 CNGI 等项目都在探寻新的互联网框架。互联网继续地融入到现代生活中,它不断衍生出数以百计的新用途和新应用程序,它适应于各种各样的联网技术(从光纤到移动无线到卫星通信),这样就产生了关于互联网架构的长期性的考虑。最初的简单文件传输协议和 UUNET 让步于电子邮件和万维网,随着流媒体、网格和云计算、及时通信和点对点应用的兴起,如今电子邮件和万维网服务也变得黯然失色。网络的每次变迁都会引起对底层网络架构基本原理和假设的一次重新审视。目前,现有的架构运行很成功,并能适应于变化的需求和技术,同时还为创新和增长提供了巨大的机会。一方面,这种适应性似乎证明了一些原理确实具有预见性,能够保证该框架运行超过 30 年;另一方面,它回避了一个问题:

架构的长期存活是不是由于不去质疑它的这些原理,而没有思考过它的合适与否,只是将新的应用和技术硬套入现在的架构中。

这类争论是没有结果的。只有最迫切的原因,才会驱使网络快速迁徙到新的架构,因此该争论的存在引出了网络研究者社区的一个终极"争斗"。该争斗以现有架构中的及时投资、技术和资本来对抗采用新架构带来的优势,这些优势包括创建新的服务,升级旧服务和开辟新的研究领域。它同时允许持续提炼互联网架构的定义,区分并重新检查它的不同方面。NSF FIND 项目中的一个例子,目标在于重新检查互联网的架构,它表达出如下观点:有些项目以安全管理[21]、环境影响[2]和经济[14]等视角检查了命名[14,17]、寻路[4,15]、协议等架构[8]。决定设备通信的一系列技术:无线、蜂窝、光学[5]和互联网架构的适应性展示了网络架构的另一维度。

由于观点的多样性,我们不能清楚地洞察到架构的基本元素,并观察到元素之间的影响。研究者对架构抱有浓厚的兴趣,这使得我们无法简要回答互联网架构究竟是什么,或者术语"互联网架构"究竟包括哪些内容。什么可作为一个复杂系统架构的一部分,什么应该被认为是具体的设计方案,相对更可变? 这进一步引发了上面提及的"变或不变"的争论。

一种推动争论解决的方案是修改当前架构,以使当前不支持的新功能和服务成为可能,并将对网络架构剩余部分的影响降到最低。本质上,该方法是在改变架构的同时保持向后兼容性。该方案有一些额外优点,它考虑到一些论文提及的问题:重新设计方案的潜力远远脱离了实际,且无法正常部署。用一句话来表述这些关注点,那就是"重新设计才有价值/推倒重做更有价值"。

在我们的 SILO(服务整合、控制和优化)项目中,一定程度上,我们按着该方法起步。不再将互联网当成一个整体。确定互联网架构的一个特定的方面,并为它未来的发展创建一个巨大的障碍。在尽可能不影响到架构其他方面的前提下,提出一种方法来修改架构某一方面,并通过模型实现和案例研究来展示新架构的使用情况。

出乎意料的是,我们从研究中得出了对手头问题新的理解。最重要的问题不是获得一个特定的设计或一系列具体的特性,而是得创造一个能兼容未来改变的原设计。对于互联网这样的系统,我们的目标不是设计"下一个"系统,更不是"最好的下一个"系统,而是一个能承受不停改变和创新的系统。

这个称为改变而设计的原理是我们项目的基础。在项目过程中,我们渐渐创建了自己的关于架构是什么的答案:它是一种不改变自己的系统特性,但提供一个系统设计改变和演化的框架。当前的架构有一个有效的设计,但它不能促成有效的演变。我们的挑战是阐述出完成有效演变的架构的最小必要特性。

10.2　当前架构的问题

通过观察各种 FIND 相关项目广阔的范围,我们有大量不同的方法来提升当前的互联网。将新功能整合入网络架构所面临的困难驱使并产生了这些解决方法。在 SILO 项目中,我们起步于一个基本的观察:尽管在新的高速光学和无线技术上提升数据传输的需求,而且该需求已经被削减为设计 TCP 协议的变体,协议研究已经停滞。这一停滞就是当前互联网架构的一个弱点,它阻止了架构的演化和发展。我们认为该停滞的原因有:①除了用户空间,很难在 TCP/IP 协议栈中实现新的数据传输协议;②更重要的是,TCP/IP 设计中并未清晰的区分政策和机制,例如,基于窗口的流量控制和多种窗口大小能响应网络环境变化的方法,这就阻止我们重复利用大量的组件;③缺乏预先定义的,普遍同意的协议来使不同层之间分享信息,从而能以不同的优化指标(从用户、系统和网络等指标)优化各层的行为。

缺乏灵活性阻碍应用程序指定使用 TCP/IP 栈中的一些功能来传输数据。例如,我们希望应用能够请求特定的流量控制模式(或者能删除它),同时能保持 TCP 按序发送。然而当前的实现并不保证此类灵活性。

缺乏清楚的、明确的跨层交互机制,将导致更多小问题:无论如何这些交互都将被实现,但在特定的情况下,这些实现导致一个单层实现,其中 TCP 和 IP 编码被混杂起来以获取更高的效率。其结果就是牺牲透明度和重用性,而且无意中使将来每个单元的开发和研究更加困难。在某种程度上,这是一个自我强化的过程,每次修改都使得未来对整个系统架构的修改变得更困难,这使得 TCP 和它的修改版长期保持数据传输的主流模式。由于没有任何标准的跨层方案被广泛的采纳,当我们增加新跨层交互,特别在物理层,问题将会更明显,例如,利用物理层的条件协助 TCP 通过无线,尽管这是一个明确的需求。

最后,半层方案扩散,例如,MPLS 或 IPSec,指出了该问题的另一面:我们所知的协议层(TCP/IP 或 OSI 栈)不再相关,只是架构中一些模糊的功能边界的标记。这些半层方案明确地解决了重要的需求,然而互联网架构无法在数据流中描述它们的位置。

本质上,TCP/IP 栈已经变得僵化,阻碍了协议在其框架内进一步的开发和演变。如今编写的应用程序要求数据服务不再被 TCP/UDP 来处理,它采用了以下几条方法:①实现它们自己的基于 UDP 数据传输机制,并且不需要重用当前架构的元件或利用缓存管理中的内核空间优化;②将一个当前的 TCP 实现用于新的状况,例如,像无线这样的新媒介,或光学网络中的大宽带延迟的产品;③扔掉旧的,构建自己的实现,例如,在传感器网络,一个更简单的实现方法替代了 TCP/IP 以适应低成本/低功率的传感器硬件。

这些方法带来一个重大风险,它们将未来协议发展划分到它们的适用领域(无线、光学、传感器、移动)。接着,这些网络必须得通过代理和网关来相互通信,或与英特网通信。如同文献[18]所担忧的,这是种将网络"小国化"的过程。从我们的角度来看,这种结果是不可取的,它对 IP 作为一个简单会聚点的概念(经常说 IP 是"沙漏式"协议栈的"漏口")发起了根本性的挑战,该概念是当前互联网架构的一个基本的假设。

根据当前互联网架构被确定的缺点,显然需要的是一个新的架构来解决这些缺陷,并能容许协议的持续演变,使它们适应于新的用途和新的媒介类型。

10.3　SILO 架构:为改变而设计

作为开始论点,我们认为数据流内协议模块的分层是个可取的特性,它能经受得起时间的考验,而且使数据封装变得容易,并简化了缓存管理。此外,边界层不一定非要出现在特定地方。我们认为这导致了现存协议的隔阂,而且它是使互联网架构陈旧的原因之一。基于这个假设,提出了新架构的合适的特性:①每个数据流应该有它自己分层模块的安排,这样应用程序或者系统就能基于应用需求和底层物理层的属性来生成这一安排;②构成模块需要小且可重用,这样为演变提供现成的部分方案;③模块间能通过一组良好的机制相互通信。

这三条原理是 SILO 架构的基础。我们称每个服务于单个数据流的独立分层设备为一个"筒仓"(silo),我们称"筒仓"内的独立分层为服务或方法。图 10.1 展示了该架构的基本元素。

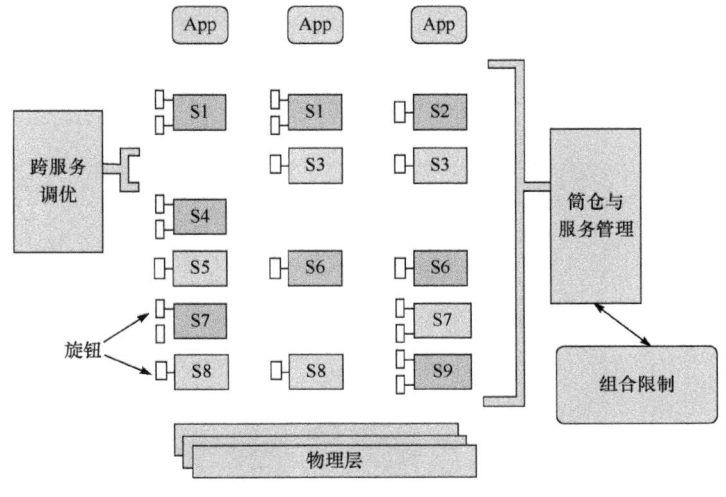

图 10.1　SILO 分层的一般化

　　以这些基本原理为基础,又构建了几个架构元素。随着系统的演变,我们能加入可重用的模块(服务和方法)或重用当前的模块来满足不同应用变化的需求。该情境类似于一个可下载的驱动模型,系统可通过一个或多个信任的远程仓库来添加新的服务和方法。

　　因为不是所有的模块都能在同一筒仓内共存,需要跟踪模块的兼容性。我们称为兼容性约束。这些约束条件可通过创建模块时模块的创建器来指定,或者通过模块功能描述自动推理出来。预想这些约束条件还能存储从网络运营商部署经验中提炼出的知识。这些约束条件的数量应该很大,而且随着时间不断增长。这需要自动筒仓合成,我们能用基于应用规范的一个或多个算法来实现该自动设备。这个筒仓的自动结构变成架构很关键的一部分。

　　以跨层交换的角度来看,我们不仅要容许数据流外的模块之间相互通信,而且得让外部实例能获取模块的状态,从而能优化单个筒仓或者整个系统的行为。该功能称为跨服务调优,需要用仪表请求单个模块并用旋钮来修改它们的状态,从而实现了该功能。仪表和旋钮需要得到认真的设计,并被作为模块接口的一部分。作为该方法的一个重要方面,优化算法像筒仓中的模块一样是可插的,这样通过替换优化算法,就能轻松地更改优化目的。这解决了之前发现的当前架构的缺陷,即协议实现中的政策和方法经常混在一起,导致了演变的依赖性。

　　从系统扩展的角度来看,之前介绍的服务/方法二分法非常重要。服务和方法都是从面向对象编程舶来的概念,其中服务指基本的功能如加密、头部校验或流量控制,而方法指的是服务的特定实现。因此,在某种程度上,方法是多态的服务。这种关系容许我们聚合一些基于通用服务定义的组合性约束,并必要地使这些方法实现了该服务,从而使开发者和组合算法更容易。

　　我们从功能、它的通用接口和它显示的按钮和计量等角度来描述每个服务。这些特性和可组合约束遗传自实现服务的方法。实现服务的方法必须遵守这个接口的定义,但是它们被允许释放旋钮和仪表等具体方法,如图 10.2 所示。

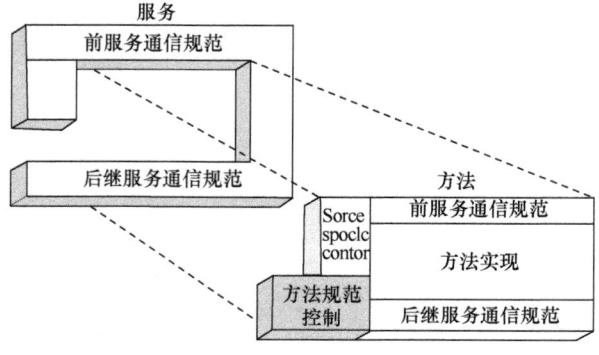

图 10.2　服务和方法

　　另一种视角是以功能块角度查看 SILO 架构。这种视角也是建立架构原型的基本方法。系统的核心是 Silo 管理代理(SMA),它负责维持单个数据流和相关筒仓的状态。应用程序通过标准的 API 来与 SMA 通信,传输数据和筒仓的元信息,如想要服务的描述。Silo 组合代理(SCA)协助 SMA,SCA 中包括负责组合 silo 的算法,该算法基于应用的请求和已知服务,方法间的可组合性约束。所有的服务描述、方法实现、约束和接口定义都存在服务存储集中(USS)。在 SMA 和 SCA 运行的过程中,它们都需要使用该模块。最后是一个单独的调整策略存储,它包含大量的算法来优化单个 silo 的行为达成具体的目的。通过检测仪表和操作旋钮来实现该优化。该架构如图 10.3 所示。

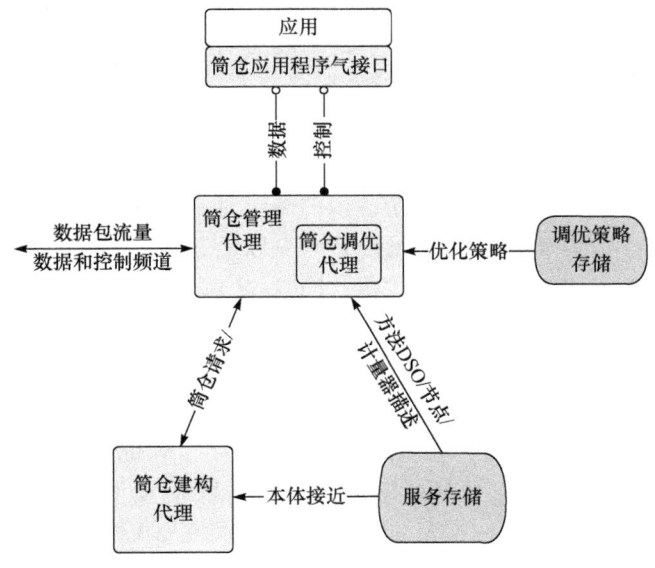

图 10.3　SILO 功能架构

　　该架构的正常操作序列如下:①应用向 SMA 请求一个新 silo,以模糊的方式指定它的通信方式;②SMA 将请求传给 SCA,触发了其中的一个组合算法,当成功后,SCA 返回 SMA 一个 silo 配方,该配方明确描述了组成新 silo 所需要的有序服务列表;③SMA 依据配方导入列表中的方法来实例化一个新 silo,并为新数据流建立状态,它将该 silo 处理返回给应用;④当调优代理提供该 silo 合适的优化算法时,应用开始通信。

　　很明确的是,当这个架构为通信服务带来很大的灵活性时,也带来了一些耗费。一个需要被解决的重要问题是,对于 silo 结构上两个通信系统间的协议,不需要相同的 silo 来完成通信任务(监听或计量服务是一个小的服务例子,不需要在远端 silo 有严格的对应)。该问题的解决方案有很多种。其中一个策略是带外信道,它允许两个 SMA 通信并在应用开始它们的通信之前建立一个协议。该方法适用于点对点通信模式。另一策略更适合客户端服务器模型,该策略将一个客户端 silo 架构的指纹嵌入到要发送的第一个包,它容许两个 silo 间恰到好处的兼容性分析。基于该包的信息,SMA 能决定客户端和实例化的服务器之间的通信是否可行。我们现在还没解决这一问题,还需要进一步的探索和研究。

最后一个需要解释的问题就是为什么该架构比现在的架构更适应于演变。正如在之前章节谈到的,对于该项目的定位是"为改变而设计",在这点上,我们坚信已经成功了。介绍该架构并不意味着我们定义哪些特定服务,实现哪些方法。它也没指定要用固定的方式来实现服务,这样就为服务和方法的实现留有足够的自由空间。它定义的是一个通用结构,这些服务能共存于架构中,并帮助应用程序实现它们的通信需求,这些需求会根据应用的种类,运行的系统和底层可用的网络技术而各有不同。由于应用的需求是随网络技术发展而变化的,新的通信方式可以通过往系统中加入新的模块来实现。与此同时,之前开发的模块都保持可用,保证了流畅的演变。

我们描述的框架是一个元设计,当应用需求和网络技术发生变化时,该架构能允许它的元素(服务和方法、组合和调优算法)独立进行演变。在当前的架构中,IP 协议形成了沙漏的细颈(即基本不变量),然而在 SILO 架构中收敛/聚合点和元设计是一致的,它不是协议(协议是设计的一部分)。在现在的框架中,我们得在协议之上构建一切,而在 SILO 框架中,SILO 将 silo 抽象作为不变量,即这个特定沙漏型元设计的细颈(图 10.4)。

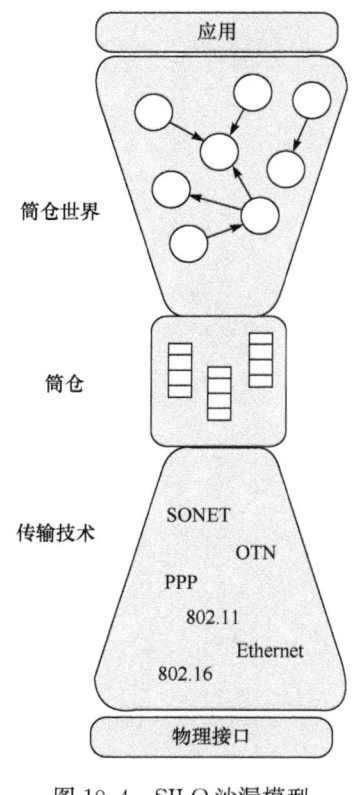

图 10.4　SILO 沙漏模型

10.4　之前相关的工作

x 内核项目是最早尝试在网络协议上使用有序设计的项目之一[13]。类似于 x 内核,SILO 也为协议模块和组织模块交互引入了定义明确的接口,同时我们得注意到它们之间的几个不同点:①x 内核是基于操作系统进行操作,它将当前网络协议的实现作为新内核内一组通信进程,而 SILO 尝试引入一种网络协议的元设计,这种元设计独立于任何底层的操作系统;②x 内核最早做出了流线型化跨层通信机制的尝试,SILO 通过关注于架构来实现跨层调谐和优化;③SILO 是基于单独应用请求和模块组合约束来实现自动动态的组合协议栈,而 x 内核协议在开机时就被预先安排。

在当前全新的研究中,有两个项目的范围延伸至整个网络协议栈,因此它们与我们的项目最密切相关。

第一个项目研究基于角色的架构(RBA)[6],它是 New Arch 项目的一部分[24]。基于角色的架构提出一种不分层的网络协议设计方法,在一个称为"角色"的功能单元里组织通信。角色不是分层组织的,所以能以多种方式交互。其结果是数据包头部的元数据对应于不同的角色,并构成一个"堆"结构,而不是传统分层中的"栈",该堆能以任意顺序来访问或修改。RBA 最大的原因是它能解决当前网络架构中频繁的层侵犯和意外的功能交互,并能提供"中间框"。

第二个是 FIND 中的递归网络架构项目[20,26]。递归网络架构引入了"元协议"的概念,"元协议"的作用类似于一个通用协议层。

元协议包括大量的基础服务和可配置功能,它是创建协议层的基本材料/构造块。特别地,栈中的每层是同一元协议的一个实例化,但是某层的元协议实例要通过底层属性来配置。RNA 中单个可调的元协议模块能支持动态服务组合并促进栈中层级之间的协作,这两个也是我们的 SILO 架构的设计目标,但我们的实现方式不同。

10.5　建模和案例研究

作为当前 FIND 项目产出的一部分,我们提出了一个可运行的原型,它展示出了 SILO 架构概念的可行性。该原型由 C++和 Python 语言实现,公众可以从项目网站获取。作为用户空间进程的一个集合,它运行于最新版本的 Linux 平台上(尽管该原型与 Linux 内核没有显示的依赖关系)。以动态装载库(DLL 或 DSO)的形式实现了独立的服务和调优算法。原型的大致结构如图 10.3 所示。

在解决动态组合 silo 时,我们遇到最大的问题是表示不同服务和模块之间的关系(组合约束)的问题。这是一个知识表达的问题。这些约束形式类似于"服务 A 请求服务 B"或"服务 A 无法共存于服务 B"等状态,我们能用额外的规范如"上方"、"下方"、"正上方"、"正下方"来调整它们。此外,还需要指定应用选择或 silo 的请求等特定应用的组合性约束。使用语义 Web 社区开发的本体工具来解决这个问题。

采用 RDF(资源描述架构)作为 SILO 架构中本体表示的基础。我们能用 RDF-XML 语法创造一个模式,该模式能为 SILO 架构的元素们之间(服务和方法)定义各种可能关系。这些关系包括前面提及的组合型约束,通过使用结合、分离和否定能将组合型约束融合到复杂的表达式中。使用该模式,已经为当前原型实现的服务定义了一个样品本体。使用同样的模式,能表达应用的约束。这种统一的方法用来描述应用请求和 SILO 本体,一个应用提出的请求,用 RDF-XML 表达,请求能被并入 SILO 本体来创建新的本体。使用现在语义 Web 社区的工具,实现了几个组合算法,这些算法在这些本体上执行,并为能被实例化的 silo 创建配方。

RDF 模式容许我们表达其他知识,如服务功能(服务功能的例子有"拥堵控制"或"纠错"或"可靠传递")和它们的数据效果(例子包括缓存复制、缓存分离或合并、变形和指代无数据效果的空)。当应用程序不能在请求中提供精确的规格时,它们帮助组合算法决定 silo 中包含哪些服务。在组合算法中使用这些额外的信息是我们研究的一个活跃领域。

10.6 未来工作:SDO、未定、虚拟、silo 镜像

正如在本章一直强调的一样,SILO 架构能引发许多潜在领域的研究。本节尝试介绍一些更有趣更有前瞻性的研究。

10.6.1 虚拟化

网络虚拟化的努力已经吸引了很多注意力。虚拟使得不同的用户以独立甚至不同的视角分享同样的资源。在网络虚拟化中,虚拟系统或者代理共享底层网络并为不同用户提供接口。

测试平台(PlanetLab)已经展示了网络虚拟化技术,Emulab 容许通过仿真环境来调查一个虚拟网络。全球网络创新环境(GENI)已经确定虚拟化技术是设计未来 GENI 设备的基本策略,这些设备能支持不同研究项目的实验。更重要的是虚拟化技术可能会成为未来互联网架构的必要组成。FIND 的公文中也包含了虚拟化的项目[3,27]。但是网络虚拟化还没有操作系虚拟化成熟,它是一个新兴的领域。我们预测在中短期内将会有大量的工作专注于增加该领域的隔离、通用性和适用性。因为它是任何新架构的一个重要领域。

因此,为获取更好的重用性,我们得考虑在 SILO 架构中如何实现虚拟化。继续假设这一实现将推广网络虚拟化概念。

1. 虚拟化服务

目前网络虚拟化强烈地与底层的平台和硬件耦合在一起。逻辑上讲,网络虚拟化由很多协作的独立虚拟化功能构成,这些功能分布在网络元素上,它们分享维

护资源的基本功能,并强制执行它们。为了与 SILO 愿景一致,将这些功能视为单独和组合服务。

这些服务最基本的要素是能够拆分和合并数据流,且这些服务必须被配对。不过这是复用和解复用多重情景的能力。注意该服务是非常高复用的,它能被用于很多的情景,用于数据流的聚合或分解(如与物理接口相互映射),用于对等价类的中间结点或用于标记堆栈。

在网络情景下,除了简单的分享,虚拟化还有两个隐含的功能。第一是隔离性:每个用户不会受到其他用户使用的影响,他们应该感觉到虚拟在专有的物理网络上进行着操作。我们有时称这为“分片。”该过程能分为两种服务:①切片维护,它将跟踪各种切片和它们使用的资源;②访问控制,它将会检测和管理每个切片使用的资源,决定是否需要创建新的切片请求。例如,漏桶这类速率控制就是一种访问控制的功能。

第二个能力是多样性:每个用户应该能以任意形式使用底层,而不是限制于某一种固定服务(甚至有严格时间限制)。这个功能类似于在不同虚拟机上运行不同操作系统的能力。SILO 通过栈的组合特性天然支持该能力。不同的 silo 自然地包括不同的服务组,而且在建立了特定的虚拟底层时,组合约束还能指出不同切片会选择哪些上层服务。

为虚拟化定义一套服务标准意味着该服务的每个实例将要实现该服务指定的功能接口,所以任何使用虚拟化代理的用户将能够依赖于这些标准化的接口。我们的一部分目标就是描述这些基本接口。例如,考虑使用多个 SSID 来虚拟化一个 802.11 访问节点,与上面的例子类似,接口必须得规定分享。但是,不同的切片可以使用各种各样速度不同的 802.11,在该情景下,必须得以无线介质的分享时间来具体规定分享。

2. 归纳虚拟化

依据一个网络的虚拟切片应该被用户感知为网络本身的原理,引出了这样的情景,网络的切片也许能被继续虚拟化。一个拥有虚拟切片并支持不同独立用户的供应商很可能喜欢该情景。当前的虚拟化策略无法优雅地支持普遍化该可能,因为这些策略依赖于一个唯一的底层硬件的定制的接口。如果虚拟化能被表达为一组服务,则应该能设计一些服务,使得通过重用这些服务就能简单地达成普遍化(图 10.5)。显然这个过程中会有挑战和问题。一个明显的问题是多层虚拟是否该由单个 SMA 来管理或者 SMA 自身是否应该在虚拟化中运行,从而引出了SMA 的多份副本是否该运行在多个栈上。两个方法都不能继续执行,但我们相信前一个是正确的选择。在操作系统虚拟化中,尽管虚拟代理以高层级的细节将虚拟机需求映射到物理机,但它本身就是个程序,它需要某种程度的抽象来运行。我们不能创建连续层的虚拟,尤其是以同一个更低层的内核来支持所有层的代理。但是网络虚拟代理不会寻求虚拟化支持它们的操作系统。同样地,它们寻求的内核支持能通过唯一的 SMA 获得。

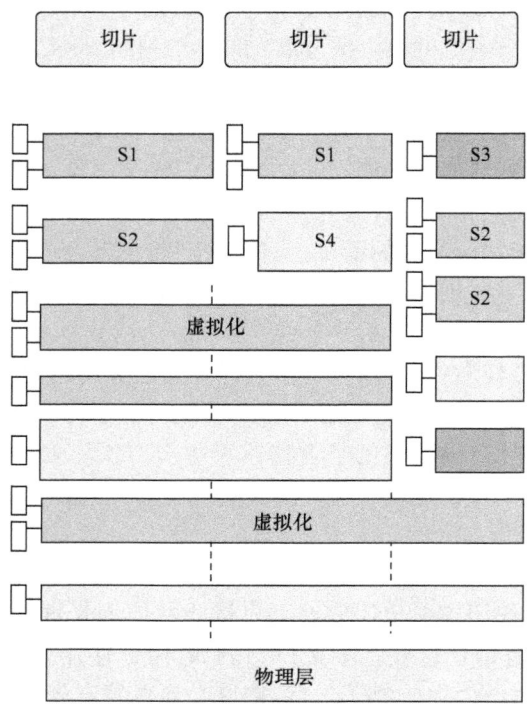

图 10.5　逐次虚拟化

这个讨论显示出有了流 silo 状态,实际上没必要进行虚拟化,但事实上我们能将全部切片延伸到最底层(图 10.5 的虚线)。但是其优点恰恰在于维护状态。服务没有被要求来区分多个高级用户,仅能够为单个 silo 维持状态,而虚拟服务为各种用户做了状态保持封装。

3. 跨虚拟优化

以组合约束和调优来创建跨越虚拟边界的跨层交互。图 10.5 中的服务 S1 可能请求它之下的一个恒定比特信道的镜像,它之下的虚拟通过隔离来满足该请求。如果还要请求一些更底层的服务,而且超出了限制(统计多路复用的一些形式),那么该镜像请求会失败。我们必须将 S1 的这个依赖性作为约束条件,该约束必须跨虚拟边界来联系服务。跨边界或者跨不同切片(SMA 可能潜在容许)去激发性能调整的需求似乎更难。尽管提出了一些用例,但它们还是没有足够的说服力。在分层抽象之前也遇到过如此境遇,直到最近跨层交互才被认为是必要的。尽管动机还不清楚,但我们认为跨虚拟优化是值得研究的方向。

10.6.2　SDO:"软件定义的光学器件"

在现在网络中,物理层是一个公认的典型黑盒子:比特序列被发送到物理层来实现传输,其他高级层不会关心传输是如何完成的。

由分层原理引入这种分离关注的方法,该方法使得高层协议的开发独立于物理信道的特性,但现在却阻止其他协议或应用利用物理层的其他功能。

特别地,在光学领域,我们见证了称为软件定义的光学器件(SDO)的出现,即光学层设备具备以下功能。

(1) 智能和自我意识,它们能感知和测出它们自己的特性和性能。

(2) 可编程,它们的行为可通过软件控制来改变。

我们使用的 SDO 术语是想比拟另外一个令人兴奋的技术,软件定义无线广播设备(SDR)。该设备中所有的无线波属性和应用都是由软件定义的[1,10,16,25]。

软件逻辑定义越来越多的 SDO 设备,这需要跨层的交互,因此当前严格的层结构无法充分利用光学层的潜能。例如,光学基底越来越多地采用各种的监控器、传感器,还有大量的放大器和损害补偿设备。

监控和感测装备能够检测损耗、偏振模色散(PMD),或其他信号损伤。根据这些信息,我们能使用适合的损害补偿来发送要求信号质量到应用程序。

但该方案不能在当前的架构中完成,我们得在架构之外分别为每个应用和损伤类型设计方法。显然这不是一种有效且可扩展的方案。

可配置的光插分多路选择器(ROADM)和有可调分列的光分器(光多播)是两个当前可用 SDO 设备的例子。根据上层协议的意愿,通过编程能改变它们的行为。未来几年,我们能预测其他复杂设备的发展,如可编程的多路复用和解复用设备(这使得波段大小自动进行调节),或槽口大小可调节的硬件结构。

在 SILO 架构中,物理层中所有的这些新的丰富多样的功能将会被实现为单独的服务,每个服务都有自己的控制接口(按钮),允许上层的服务和应用直接访问和控制光学基底的行为。

因此 SILO 架构能够获得一个丰富的跨层功能的集合,该集合内包括流量疏导[9]、损害感知路由[22,28],多层网络生存[19]和其他将在未来涌现的功能。

可编程性和虚拟化功能是 GENI 设备的核心,我们注意到 GENI 社区内有把可编程性和虚拟化功能扩展到光学层的兴趣,这样可以使光学网络研究更有意义并得到变换。容许 GENI 操作访问光学层设备功能的接口的缺乏,导致缺少关于如何获得一个"GENI"化的光学层详细步骤的说明。

我们相信 SILO 架构是促成 GENI 内光学层感知网络和显性控制接口进行跨

层研究(如 SILO 按钮)的理想工具。因此,我们正在列出将 SILO 概念合并入 GE-NI 架构的特定策略。

10.6.3　其他开放性问题

本节确定并简单介绍其他额外的与 SILO 架构相关的开放性问题。

有远程终端的 silo 架构上的协议:如在 10.3 节提及的,SILO 架构提供的灵活性是要付出代价的:需要通信应用之间达成一个协议,该协议关于两个终端上的 silo 结构。我们已经为该问题定义了几个方案,然而因为这个问题过于有趣,所以继续保持开放性。一个理想方案的合理的特性有协议的低开销、建立协议的高成功率和协议过程的完全性。

稳定性和公平性:当前互联网的稳定性部分由于仔细设计的算法管理着 TCP 流的行为,这样能达到流之间的公平性。正如文献中所讲,这个稳定性非常脆弱,容易被非顺从的 TCP 实现利用去获取高吞吐率。SILO 用即插即用方法替换了协议栈中的优化策略,因此在一些预定义行文内保证系统稳定性和公平性变得至关重要。

核心 SILO 和相关扩展性问题:本章所有的例子集中于网络边缘,在该网络边缘应用构建 silo 来与其他应用通信。目前我们从未谈过内核的网络栈的结构。显然通过提供附加值的模块/服务到单独流或组流,SILO 概念可以被延伸到内核,同时该方法解决了扩展的问题。

基于模糊应用请求的 Silo 组合:正如在 10.3 节中介绍的,基于应用请求的 silo 组合问题依然需要进一步讨论。应用经常提供很少的需求描述如"加密的可靠发送"等,我们需要学习的一个最重要方面就是从应用提供的模糊描述中构建出 silo。这类模糊或不精确的描述需要扩展本体的服务,这时我们也能使用一些推理。通常存在多个解决方案,系统必须挑选一个能按某些标准优化系统的整体行为的方案,或实现一些其他优化目标的方案。

10.7　用例研究

SILO 可行吗? 我们有证据能证明它降低了持续创新的门槛吗? 回答该问题需要花费长时间和很多的实验努力,为了有说服性,至少在部分部署后,这些实验结果至少有一部分得来自实际的开发者社区。

但是我们只能构建一点用例研究。在 2008 年秋天,我们建立一个简单版本的 SILO 代码库,它能容许研究生选北卡罗来纳州立大学的计算机网络导论课。学生被鼓励将这门课作为网络方面高级研究课程的基础课程,大多数选课的学生没有上过其他网络课程,或与网络相关的本科课程。学生被要求做一个小的独立项目,该交付成果通常是阅读一段相关题目的文献,然后写一个报告。在这种情况下,学生被告知他们可以手动编一个小的网络协议作为 SILO 的一个服务。班级里 50 个学生里有 9 个选择这么做。这 9 个人中有 1 个人没有网络编程的经历。尽管这些学生没有交流过交互执行等事项,但令我们满意的是,所有的 9 个代码均能提供不错的服务,这些代码不仅是可运行的,而且可以在栈中组合这些服务,甚至可以交互执行它们,在一个案例中,助教需要重新编写代码,因为该学生修改了 SILO 代码库分布。学生编写的服务包括 ARQ、差错控制、自省式压缩、速率控制和位填充。学会也编写了误码模拟器类这类的测试服务,两个学生尝试研究源路由和标记交换,这些涉及 SILO 多跳服务,相对来说,我们的架构版本在这块还不成熟,还有很大的扩展性。

这些仅是尝试设计有效的 SILO 架构的开始,我们感觉至少该架构表现出可编程网络服务的门槛已经被降低了,从概念上理解网络协议的功能到产生有用代码的过程确实很短。在未来类似的用例研究中,我们希望学习这些初始的编程者对调谐代理和本体功能的反应。我们将一如既往地欢迎各类人员从我们的官网下载 SILO 代码,欢迎大家使用,给予我们正面或者负面的反馈。

参 考 文 献

[1] Software defined radio forum, focusing on open architecture reconfigurable radio technologies. www. sdrforum. org.

[2] M. Allman, V. Paxson, K. Christensen, and B. Nordman. Architectural support for selectively-connected end systems: Enabling an energy-efficient future internet.

[3] T. Anderson, L. Peterson, S. Shenker, and J. Turner. Overcoming the Internet impasse through virtualization. IEEE Computer, 38(4):34-41, April 2005.

[4] B. Bhattacharjee, K. Calvert, J. Griffioen, N. Spring, and J. Sterbenz. Postmodern internetwork architecture.

[5] D. Blumenthal, J. Bowers, N. McKewon, and B. Mukherjee. Dynamic optical circuit switched (docs) networks for future large scale dynamic networking environments.

[6] R. Braden, T. Faber, and M. Handley. From protocol stack to protocol heap-role-based architecture. ACM Computer Communication Review, 33(1):17-22, January 2003.

[7] D. D. Clark, J. Wroclawski, K. Sollins, and R. Braden. Tussle in cyberspace: Defining tomorrow's internet. In Proceedings of the 2002 ACM SIGCOMM Conference, pages 347-356, Pittsburgh, PA, August 2002.

[8] D. Duchamp. Session layer management of network intermediaries.

[9] R. Dutta, A. E. Kamal, and G. N. Rouskas, editors. Traffic Grooming in Optical Networks: Foundations, Techniques, and Frontiers. Springer, 2008.

[10] W. Tuttlebee (ed.). Software Defined Radio. John Wiley, 2002.

[11] D. Fisher. US National Science Foundation and the future internet design. ACM Computer

Communication Review, 37(3):85-87, July 2007.

[12] A. Gavras, A. Karila, S. Fdida, M. May, and M. Potts. Future internet research and experimentation: The FIRE intitiative. ACM Computer Communication Review, 37(3): 89-92, July 2007.

[13] N. Hutchinson and L. Peterson. The x-kernel: An architecture for implementing network protoccols. IEEE Transactions on Software Engineering, 17(1):64-76, 1991.

[14] R. Kahn, C. Abdallah, H. Jerez, G. Heileman, and W. W. Shu. Transient network architecture.

[15] D. Krioukov, K. C. Claffy, and K. Fall. Greedy routing on hidden metric spaces as a foundation of scalable routing architectures without topology updates.

[16] J. Mitola. The software radio architecture. IEEE Communications Magazine, 33(5):26-38, May 1995.

[17] R. Morris and F. Kaashoek. User information architecture.

[18] Computer Business Review Online. ITU head foresees internet balkanization, November 2005.

[19] M. Pickavet, P. Demeester, D. Colle, D. Staessensand, B. Puype, L. Depr'e, and I. Lievens. Recovery in multilayer optical networks. Journal of Lightwave technology, 24(1):122-134, January 2006.

[20] The RNA Project. RNA: recursive network architecture. www. isi. edu/rna/.

[21] K. Sollins and J. Wroclawski. Model-based diagnosis in the knowledge plane.

[22] J. Strand, A. L. Chiu, and R. Tkach. Issues for routing in the optical layer. IEEE Communications, 39:81-87, February 2001.

[23] The SILO Project Team. The SILO NSF FIND project website. www. net-silos. net/, 2008.

[24] D. D. Clark et al. NewArch project: Future-generation internet architecture. www. isi. edu/newarch/.

[25] M. Dillinger et al. Software Defined Radio: Architectures, Systems and Functions. John Wiley, 2003.

[26] J. Touch and V. Pingali. The RNA metaprotocol. In Proceedings of the 2008 IEEE IC-CCN Conference, St. Thomas, USVI, August 2008.

[27] J. Turner, P. Crowley, S. Gorinsky, and J. Lockwood. An architecture for a diversified internet. www. nets-find. net/projects. php.

[28] Y. Xin and G. N. Rouskas. Multicast routing under optical layer constraints. In Proceedings of IEEE INFOCOM 2004, pages 2731-2742, March 2004.

第三部分
协议与实践

第 11 章　网络层中的分离路由策略

James Griffioen，Kenneth L. Calvert，Onur Ascigil，Song Yuan
肯塔基大学（University of Kentucky），美国

11.1　引　　言

　　尽管互联网已经成功地改变了世界，但是其在路由和转发系统（如网络层）上的缺点已经变得越来越明显。其中一个问题是用户和提供商之间不断升级的"军事竞赛"：提供商可以理解为想要控制使用他们的基础设施，而用户可以理解为想要最大化提供商提供效用的最优连接。结果是日益增加的黑客、违规分层和基础设施上的冗余覆盖，其中每一个都旨在帮助一方或另一方实现它的政策和服务目标。

　　考虑到越来越多的用户部署覆盖网络。许多这样覆盖网的设计特别地用来支持目前网络层并不（很好地）支持的网络层服务。相关的例子包括通过多个路径上的路由包来避免链接失败的弹性覆盖网[4]，由一些值的哈希来定位路由数据包的分布式哈希表覆盖网[19,24,26]，提供用户更大控制的组成员和分布树的多播和内容分发覆盖网[10,14]，以及其他覆盖网服务。在许多这样的例子中，如何路由和处理数据包在用户和提供商之间存在一个"争斗"。通过创建覆盖网络，用户在某种意义上可以强加自己的路由策略——可能会违反提供商的路由策略——通过实现一个"隐形"的中继服务。

　　缺乏支持灵活的业务关系和策略是当前网络层存在的另一个问题。供应商和客户关系在很大程度上仅限于第一跳（本地）的提供商。客户只在本地提供者的业务关系（如支付）中形成，并且依靠提供商来得到他们的数据包到目的地。这限制了客户选择（购买）本地提供者的路径，并且很难获得路径上的特殊属性（如服务质量），因为几乎所有端到端的路径都包含了多个提供者。理想情况下，一个客户可以协商和购买从任何的提供者沿着路径到目的地的服务，从而控制自己的业务策略和经济利益不受制于本地提供商的业务策略。就像其他人看到的，当前网络层（IP）并不是这样设计的，以至于用户和提供商能够协商解决他们之间的"争斗"[11]。因此，这种"军事竞赛"将持续下去。

　　虽然其中的一些问题可能会在当前的架构下零星地解决，但是其根源深深地根植于当前的网络层，以至于在当前协议规范的限制下解决所有的问题是不可行

的,一个全新的开始则是必须的。甚至像 IPv6 也不能解决上面提到的基本问题。也就是说,是时候该从头做起了。虽然互联网起初的主要目标是支持任何主机之间端到端的连通性,但是现如今的网络必须走得更远,提供支持的特征如保护、安全、身份验证、授权、服务质量、灵活计费/支付和简化的网络配置和管理。

如果我们要从头开始设计一个新的网络层,那么它会是什么样子? 这里提出了我们的答案——一个"全新方案"的网络层,其能够让用户和提供商共同控制路由和转发策略,从而使争斗结束也不会干扰到新服务的部署。我们的设计从转发、寻址和拓扑发现分离了路由,使用了一个平坦的、独立拓扑的标识空间,并通过基于隐藏拓扑信息的层次结构达到了可扩展性。

11.2 节提出了新的 PFRI 网络层架构的设计目标。11.3 节描述了如何组织和操作一个简单的 PFRI 网络。11.4 节提出了可扩展性问题,并显示了 PFRI 如何扩展以支持大型网络。11.5 节讨论了设计架构时出现的问题,而11.6 节则描述了一个初始原型实现。11.7 节讨论了相关方法,并与 PFRI 进行了比较。

11.2　后现代互联网架构项目的设计目标

后现代互联网架构项目(PoMo)[6]是肯塔基大学、马里兰大学和堪萨斯大学的一个合作研究项目,其旨在探索一个全新的网络层设计方案来解决 11.1 节中提出的问题。在后面,我们主要关注 PoMo 架构的转发和路由特征,也就是我们称为后现代转发和路由的基础设施(PFRI)。作者则承担了这个设计的主要职责。

PFRI 的总体设计目标是通过转发机制实现路由策略的分离,从而允许用户和提供商之间的"争斗"在转发层面的外部发生。在当前的互联网架构中,路由、转发和寻址是紧密联系的,而我们相信这是互联网存在诸多局限性的源头。例如,根据携带在数据包中的分级地址,互联网中的每一个转发元素都参与在路由协议中,并决定自己的路由判定。只要每一个转发元素根据某一个固定的属性策略来选择路由路径,那么沿着这个数据包的端到端路径就拥有特定的属性(如服务质量)。此外,试图改变当前网络层的路由或者寻址方案就需要改变网络中的每一个转发元素。

PFRI 的一个关键目标是分清路由、转发和寻址的作用,并允许用户和网络设计者去部署和使用替代寻址和路由的策略。转发层面的角色只是简单地执行(实施)这些策略。为了实现这种分离,我们确定了几个 PFRI 的设计目标。

(1) 用户和提供商在如何通过网络层处理数据包的问题上应该达成共识。确切地说,(路由)策略的决定应该独立于转发的基础设施,分离(路由)策略的决定应该来自于(转发)机制。

(2) 必须有更加灵活的客户和提供商关系。客户能够安排来自于提供商而不是与他们连接的本地提供商的传输服务。这可以提供传输提供商之间的竞争,并激励用户可以利用优先部署功能(如支持端到端的服务质量)。

(3) 用户应该能够在每个数据包的基础上协商他们数据包(包括路由)的基础设施处理。尽管人们能够想象一个系统只是在流量级别粒度上支持控制,但是这个架构不应该排除对每个数据包的控制。相反,它应该提供支持流量级别控制作为优化流程的机制,而这种优化流程并不需要精细的控制。

(4) 为了促进对准激励和提高滥用网络的成本,每个数据包应该具有一个明确的迹象表示其符合政策检查,以及谁受益于它的转发。

(5) 包含嵌入式结构、意义和政策的分层标识符(地址)是违反其他目标的。相反,标识符应该是与位置、语义无关的,其唯一的目的是确定网络元素。

(6) 地址分配(通常和网络配置)应该最大程度地自动化。

(7) 在转发(数据)层面和路由(控制)层面,架构应该同时可扩展。

PFRI 通过各种特征实现这些目标。

(1) 基于分组的用户和提供商控制的路由状态(而不是基于路由的提供商控制路由状态)。

(2) 一个平的、非结构化的地址空间。

(3) 一个确保只转发符合策略数据包的激励机制。

(4) 一个能够使用户验证他们得到购买服务的问责机制。

(5) 允许网络只使用行政边界信息进行配置的自动配置机制。

(6) 一个允许多层次的分级和抽象的递归架构。

在下面的章节中,我们将提出 PFRI 架构,并展示它是如何实现这些设计目标的。

11.3　架　构　概　述

PFRI 网络层定义为一个递归方式,开始在一个扁平化的网络结构(如基本情况)传递简单的数据包,然后移动到分层的网络结构(如归纳步骤)传递更复杂的数据包。首先描述强调 PFRI 主要特征和操作的基本情况,在 11.4 节,我们将注意力转移到可扩展的架构上。

11.3.1　PFRI 网络结构和寻址

跟大多数网络一样,PFRI 由一组节点和通道组成。通道提供节点间的双向最优包传输服务。节点有两种类型:转发节点(FN)用来从一个通道传输数据包到另一个通道;而端点则扮演数据包的源点(发送者)或者终点(接收者)。为了方便下面的讨论,将通道分类为提供转发节点间连通的基础设施通道,或为连接转发节点到端点的端通道。基本的网络组建和结构如图 11.1 所示。

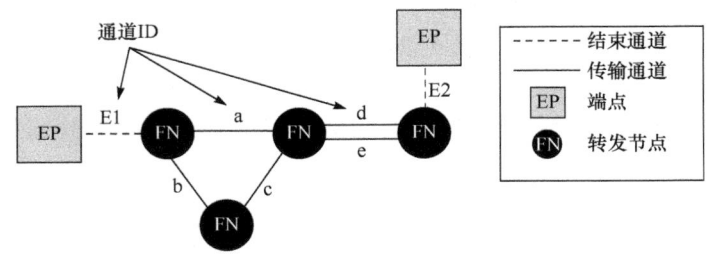

图 11.1　PFRI 网络结构的一个实例

　　与其他网络不同的是 PFRI 给通道分配的是地址而不是节点。正如在11.4 节中将要看到的,分配给通道的是地址而不是节点,这允许 PFRI 递归地(即分层地)定义网络结构而不需要命名分层节点。每个通道分配了一个唯一的、扁平的、非结构化的通道 ID(CID)。分配给端通道的 CID 称为端点 ID(EID),其用来强调通道连接到端点。

　　当分配 CID 给通道时,每个 CID 应该是全局唯一的。因此,CID 可以(伪)随机地分配——不需要一个集中地命名权限——如果命名空间的选择是足够大的。然而,PFRI 则更进一步,在一个通道间和通道连接的两个节点之间创建了一个不可伪造的绑定。特别地,PFRI 通过两个端点的公共密钥加密散列来计算通道的 CID。它使用通道和节点之间的绑定来证明数据包穿过指定的通道。这种方法的缺点是 CID 必须够大,从而使它们可以消耗更多的数据包头部。虽然这个问题不应该被忽视,但是当数据包头部的比特位能够单独调整并且数据包尺寸很小时,我们更愿意不以之前的资源限制为设计基础。当数据包头部的大小成为一个问题时,各种技术,例如,压缩或者标签切换,能够减少数据包头部的大小。

11.3.2　PFRI 转发

　　当前的互联网路由器独立地决定路由并且为了路由的稳定必须收敛,与此不同的是 FN,它并没有决定路由(策略)、参与路由协议或者保持状态所需的路由决定。相反,路由策略是由数据包的来源和沿着路径到终点的(可能)路由服务决定。这些决定输入到 PFRI 数据包的头部沿路径通知 FN。选择的路径在数据包中用一系列的 CID 表示。尽管转发的基础设施并没有选择路径,但是它在两方面协助源点。

　　首先,网络拓扑的信息通过网络层拓扑服务(TS)来发现和维护。所有 FN 发送链路状态声明(LSA)到拓扑服务,而拓扑服务将所有的 LSA 集合到一个完整的拓扑图中。每个声明带有 FN 相邻的 CID、通道属性、传输属性和动机信息(动机将在下一部分讨论)。一旦 TS 知道了拓扑,它就可以查询拓扑的相关信息,并返回拓扑的子集(如路径)。为了减少(传输和存储)LSA 的大小,并且为了避免端点上上下下的波动性,FN 只是包括每个 LSA 中的基础设施通道,而省略了所有的端通道(可扩展性一般在 11.4 节和 11.5 节讨论)。

其次,端点在拓扑中的位置都可以通过 EID-to-Locator(E2L)服务来维护。E2L 服务并不知道所有端点的位置。只有想被"发现"的端点将注册 E2L 服务。所有其他的端点将保持隐藏。应该指出的是,"隐藏"并不意味着不可到达。一个"隐藏"的端点可能发起一个流向"可发现"的端点的数据包,而"可发现"的端点可以通过数据包头部带有的反向路径回应"隐藏"的端点。当一个端点注册 E2L 服务时,它发送一个称为定位的元组到 E2L 服务。一个定位元组映射 EID 到一组用于到达它的接入通道(CID)。更准确地说,一个定位元组是由 $<$EID,($aCID_0$,$aCID_1$,$\cdots$,$aCID_n$)$>$的一个元组组成的。例如,图 11.2 中的接入通道是和。通过 TS 中给定的目的 EID 的定位和拓扑信息,发送者能够形成到目的地的完整路径。路径需要到达 TS,并且 E2L 服务器在网络的自动配置过程中将被(所有节点)发现[5]。

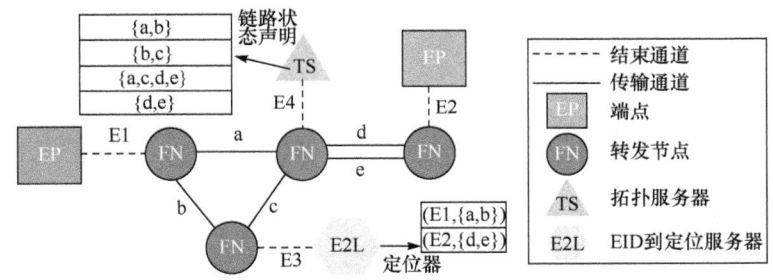

图 11.2　具有 TS 和 E2L 服务的 PFRI 网络结构

下面看一下图 11.2 中的基本层拓扑。最初,所有的 FN 向 TS 发送 LSA 通告。想被"发现"的端点注册到 E2L 服务中,从而导致了如图 11.2 中的定位表。为了从端点 E1 发送一个数据包到端点 E2,源点首先联系 E2L 服务,从而获得定位器(E_2,{d,e})。由于知道自己的定位器是(E_1,{a,b}),所以发送者就会联系 TS,找到从{a,b}到{d,e}的所有路径,并从中选取一条。然后源点将路径$<$E1→b→c→e→E2$>$放到数据包的头部,并发给 PFRI 层用来转发。(注意:目前省略了一个与动机相关的关键步骤,它将在 11.4 节中讨论)沿着路径上的每个 FN 根据数据包的头部发现下一个通道 ID,并转发数据包到相应的接口。

一旦 TS 和 E2L 服务从 FN 上接收到足够的信息从而能够通过网络发现路径时,数据包基本上就可以从源点发送到终点——不像目前的互联网,其路由协议在任何数据包能够可靠发送之前必须聚集(有时候在多个层面)。TS 收集链路状态通告,但是并没有分布式的链路状态计算必须聚集。同样地,当拓扑发生变化时,转发能够继续进行而不受任何路径的变化。此外,受到路径变化的流量可以快速地改航到不同的路径上。

11.3.3　PFRI 路由策略

在以前的例子中,(路由)策略完全由发送者决定。为了促进和支持 11.1 节中列出的"争斗"类型,PFRI 转发基础设施的设计关联了各种利益相关者控制的策略服务,每一方提供了整个策略的一部分用来决定传输的路径。这些服务如何精确地实现——也就是说,作为一个单一的全功能服务或者多个分布式服务——还不如这些服务的接口和控制转发基础设施的方式重要,因此下面的讨论将集中在接口上。

从概念上讲,PFRI 从路径选择的过程中分离了路径发现的过程。然而,存在的路径并不足以被使用。虽然 TS 可能已经完成了拓扑信息,但是发送者在获得使用路径通道的许可之前还不能使用 TS 的路径。通过连接动机服务(MS)可以获得使用一个通道的许可。动机服务决定哪个发送者应该允许使用哪个通道,或者更确切地说,一个发送者是否允许使用 FN 在两个通道之间传输数据包的中继服务。动机服务通过给请求者回复容量从而允许通道的使用。容量可以用来创建一个动机令牌,它标记在数据包和服务中作为"证据"给 FN 表明发送者具有使用中继服务的权利。换句话说,一个动机令牌必须在每一跳检查是否符合策略。动机令牌是如何产生和检查的具体内容超出了本章的范围,但是它的基本思想是动机服务共享了每个 FN 所负责的秘密,并利用这些共享的秘密产生了能够被 FN 验证的动机令牌容量。总之,在一个发送者通过 TS 发现可用的路径之前,它必须首先获得沿着路径的所有通道的动机令牌,并将其包含在数据包的头部。为了确保功能不被滥用,动机令牌必须绑定到数据包的内容中(有些情况数据包携带路径片段)。

动机服务器向用户提供了一种从提供商拥有和管理的基础设施中"购买"传输能力的方法。然而,发送者可能并不感兴趣选择沿着路径的所有通道,而是宁愿"购买"一个从源 EID 到目的 EID 的单一动机令牌,从而让其他的一些实体决定路径。为了支持提供商选择部分或所有路径的模型,PFRI 支持局部路径和路径错误的概念。局部路径是一系列的通道,并且其中的一些通道没有共享一个共同的FN(即没有直接的连接)。当 FN 遇到一个下一个通道并没有直接附属于该 FN 的数据包时,我们说路径错误出现了。在这种情况下,FN 转发数据包到路径故障处理(PFH)以解决路径故障。PFH 映射这个错误的下一个通道到由一系列的描述(大概地局部)路径的通道 ID 组成的空隙填充段(GFS),并将使数据包发送到下一个通道。

路径故障处理本身并不做任何决策,而是作为转发平台和策略服务之间的一个接口。策略服务预加载路径故障处理中的空隙填充段(即策略决策),因此 PFH 只是需要返回空隙填充段(即策略决定)。这使得提供商去选择路径并改变数据包所需的路由。如同发送者一样,提供商也必须为空隙填充段提供激励,以便沿着路径的 FN 转播数据包。

11.3.4　PFRI 数据包头机制

在已经描述了 PFRI 的基本网络结构、地址和网络层服务之后,我们现在能够描述 PFRI 数据包的头部结构。正如前面提到的,PFRI 使用数据包头进行策略决策而不是存储在路由器上策略状态(目前的互联网是这种情况)。

PFRI 数据包头包括各种固定字段,如版本、包长等,以及一个长度可变的转发指令(FD)。转发指令利用一组条目代表通道描述数据包必须遍历的(局部)路径。每个条目包含一个通道识别的 CID,一个需要中继数据包到下一个通道的动机令牌和一个可能填满数据包确实接收的"签名"指示的问责字段(如它实际上通过指定的链接)。FD 的第一个字段是当前通道指针,其指示 FD 中的通道进程应该继续(即数据包刚刚到达通道)。接着当前的通道是数据包应该转发的下一个通道。FD 的结构示例如图 11.3 所示。

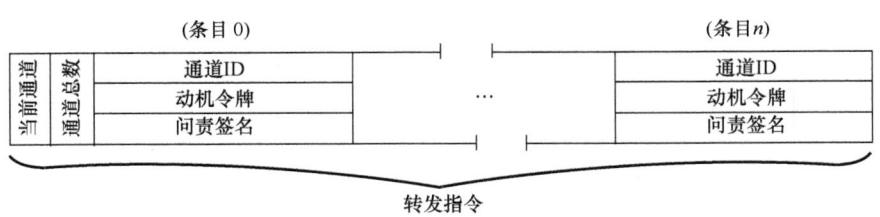

图 11.3　PFRI 包头中转发指令的结构

11.4　PFRI 架构的扩展性

我们一直认为的平面网络结构强调了 PFRI 的一些特征,并指出策略如何能够从转发和寻址机制中分离。然而目前平面网络结构描述并没有扩展到整个互联网规模,并且不具备支持下一代网络将经历的迅速增长,特别是广泛部署的移动设备和传感器设备。

为了解决可扩展的问题,PFRI 使用抽象和分层来隐藏信息,并最小化早期描述网络层服务的范围。虽然其他的架构也使用分层来提高可扩展性,但是 PFRI 方式的不同之处在于它试图在层次结构中的所有层次保持相同的网络结构、服务和抽象。因为层次结构中的层次有相同的属性,所以递归地使用一个归纳模型定义整个网络架构。此外,PFRI 可以支持任意数量的层次,而不是通常联系互联网架构的两层。

11.3 节描述了如何在基本情况（平面网络拓扑）下进行路由和转发。进一步归纳，PFRI 允许一组通道和节点抽象并表现为一个节点，我们称为一个领域。因为 PFRI 分配标识给通道而不是节点，所以由此产生的领域并不需要标识，并且可以保持无名。相反，分配标识给节点的架构必须对下一级别的每个聚合节点提出一个新的标识——通常指定某种等级标识给新的实体。图 11.4 给出了两种方法的示例。

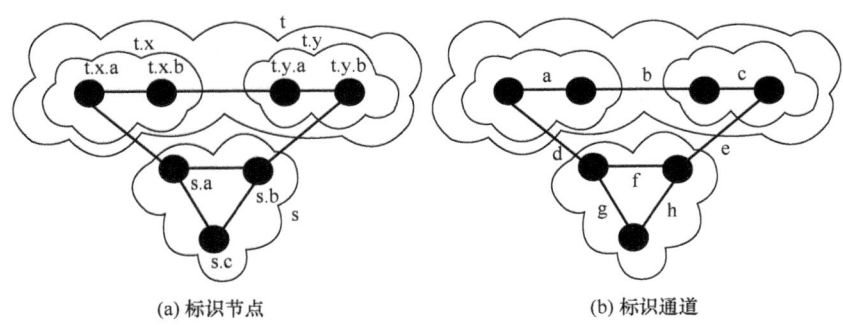

图 11.4　标识节点和标识通道

（由于 PFRI 标识通道而不是节点，因此层次可以添加没有分配（或重新分配）标识给领域）

因为领域并不需要分配新名字，所以为了定义层次结构 PFRI，只需要指定定义领域范围的边界通道。一旦边界通道被定义，由此产生的领域将具有（无名）转发节点或者端点的表现和行为。换句话说，从 FN 和端点来说领域变得不可区分。使用在基本层定义的扁平的非结构化的通道 ID，通过网络的路径继续被指定为一系列的通道 ID。

为了标识领域在 PFRI 的边界，每个通道分配两个 channel-level，每个都是通道的一段。直观地说，在层次结构中一个 channel-level 能够标识一个通道的层次。对于非边界通道，一个通道的两端都在同一个领域中并分配相同的 channel-level。然而，边界通道在领域的边界交叉定义，因此边界通道可能会有不同的 channel-level。例如，一个层次可能在一个子领域中，而另一个端可能在"父"领域中。确切地讲，定义节点上一个通道的层次为最大化包含与通道边界交叉节点的所有领域的层次。定义领域的层次为最大化在这个领域的嵌套深度，换句话说，就是扎根在这个领域的树的高度，而树的节点是领域，树的边缘定义为"包含"关系。

为了一个领域的行为方式与 FN 或者端点相同，它需要执行与 FN 和端点相同的操作。一般来说，这可归纳为每个领域必须具有早期基本层网络描述的所有结构特征和服务。

例如，FN 发送 LSA 通告到 TS，这意味着领域也必须发送 LSA 通告到 TS。

为了实现这一点,假设每个领域有一个 TS,这个 TS 知道领域包括边界通道的全部拓扑,并且领域能够在父域中发送 LSA 到 TS。(TS 在最初的自动配置过程中发现它的父 TS)。LSA 包含有关领域边界通道的信息,就像一个节点的 LSA 包含其所有直连通道的信息一样。

与 FN 一样,领域需要能够从其入口边界通道到其出口边界通道来中继数据包。为了提供跨域的中继,PFRI 利用领域中的路径错误处理、路由和动机服务。当一个数据包通过入口边界通道进入一个领域时,由于下一个通道(如出口通道)不是直接连接的,边界 FN 会导致一个路径错误。然后数据包被转发到装满空隙填充段的 PFH,PFH 将传输数据包到请求的出口通道。如前所述,PFRI 路由服务控制 PFH 的映射。假设每个领域有这样一种服务,称为领域路由服务(RRS),它知道领域的整个拓扑,并能给 PFH 提供空隙填充段以支持跨域的中继。就像 MPLS 网络[17],当数据包在一个领域内穿过内部通道时,PFRI 就会将空隙填充段推进并取出到数据包的头部中。这使得数据包遵循指定的路径,而不会透露领域的内部拓扑。

注意处理路径错误的部分包括检查动机令牌以验证发送者已经授权通过的领域传输数据包。就像 FN 有一个关联的动机服务器,每个领域也需要一个关联的动机服务器来分发用于传输这个领域的动机令牌。因此,动机服务器可能把自己排列成一个层次结构(就像 TS 服务器那样),以确保跨域动机令牌可以在更高层的领域使用。

领域也需要像端点一样。回想一下,端点产生数据包和接收数据包。当我们看到基本层的例子,为了成为“可发现的”端点必须将他们的定位器登记到 E2L 服务器上。这同样适用于领域。像端点一样,领域必须将它的定位器登记到父域的 E2L 服务器上。以此类推,父域的 E2L 服务器必须登记到其父域的 E2L 服务器上。层次结构如图 11.5 所示。当 EID 先后注册在层次结构的较高层次时,相应的定位器也积累了额外的通道 ID。每一次定位器中的局部路径的扩展都是基于父域的策略。

还应该注意的是,不希望被“发现”的端点不需要将它的 EID 注册到 E2L 服务中。然而,为了发送数据包,它还必须发现它的定位器。为了协助这个过程,E2L 服务在没有注册 EID 的情况下也可以使用。取代向 E2L 服务发送一个“注册”请求的是发送者向 E2L 服务发送一个“自定位”请求。像注册请求一样,自定位请求通过遍历层次结构来查找定位器。当它到达最高层次的领域时,自定位请求返回定位器给发送者以指示从发送者封闭领域的一个出口路径。

发送者能够通过调用 E2L 服务的“查找”请求为目的 EID 找到(EID 到定位器)映射。查找请求按照它的方式向 E2L 层次上方查找,直到它发现请求 EID 的映射。结果(EID 到定位器)映射返回给请求它的发送者。此时发送者知道出口定位器需要退出它包含的领域,并且也知道入口定位器需要进入这个领域所包含的目的地。

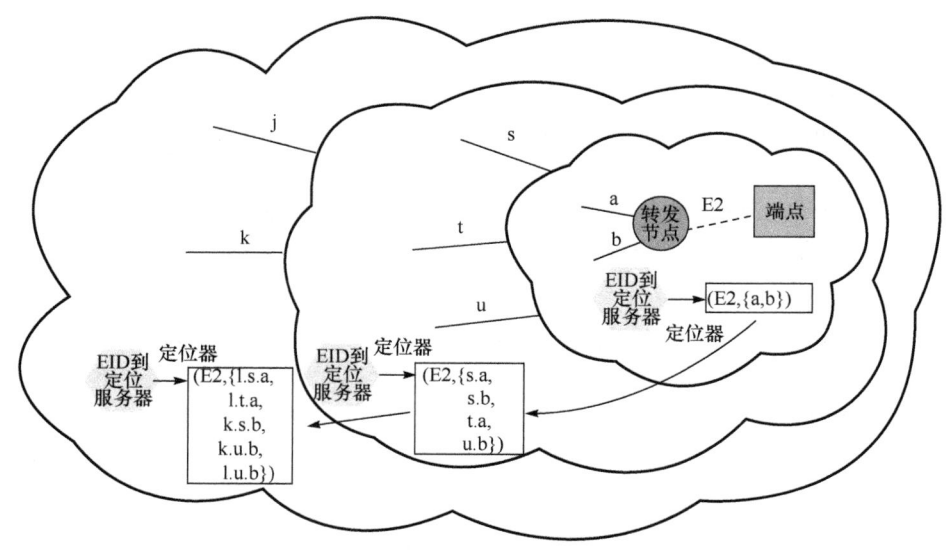

图 11.5　当在更高级别的层次结构注册时一个定位器累积的额外通道

确定连接出口定位器和入口定位器的传输路径。传输路径可以通过联系路由服务(即领域路由服务(RSS))获得,而路由服务知道连接出口定位器和入口定位器层次的整个拓扑。RRS 返回能够连接两个定位器的通道 ID 的局部路径。

在基本情况下,策略是独立于转发的基础设施。给定定位器和传输路径,发送者可以自由地选择最适合需要的端到端路径。此外,提供商有能力选择他们操作领域内的路径传输部分。此外,提供商在返回定位器的入口和出口路径的选择上发挥了作用。无论在选择过程还是选择已经完成,发送者(或者正在返回路径的提供商)必须获得需要通过沿路径每一跳中继数据包的动机令牌。

11.5　讨　　论

从历史上看,特别是在互联网中,策略状态已经嵌入在路由器和交换机中了。实际上,决策计算(如路由协议)直接在转发的基础设施上执行以创建策略状态。嵌入策略状态和计算是维持互联网能够适应下一代网络需求的一部分。

此外,后现代转发和路由的基础设施把基本问题"这个数据包的转发是否在我的兴趣中"分为两个部分:一个在控制层面;另一个在数据层面。这些策略确定原始问题的答案涉及到不同的因素如发送者的身份、金钱或其他价值的交换和操作性需求,而这策略不应该出现(隐式或显式地)在每个转发节点上。相反,它们应该分别在外部实施。如果答案是积极的（如提出的传输符合策略），那么它可以以编码形式允许数据包源创建一个证明数据包有效性的密码标志（即一个动机令牌）。在转发时，网络中间的节点只需要检查动机令牌的有效性（这个想法已经在 Platypus 系统的不同典型中进行了探索[15]）。

我们相信这个结构——从基础设施本身隔离策略的复杂性和力度——在网络行为上给用户和提供商提供更好、更多的动态控制。它允许利益相关者（用户和提供商）去"争斗"，并且可能达到对现今来说不可能的解决方案。

当然，这种方法也有成本。显著的一点就是数据包大小的增加。正如之前指出的那样，具有一系列（大的）CID 的数据包头代表典型 IP 数据包头大小的显著增加。此外，在数据包中对于每个中继跳的证书必须相对较大（以至于猜测是不可行的）。这意味着 PFRI 头部可以大到足以超过小的 MTU 通道。不同的方法都可以应用到这个问题，包括头部压缩和其他（通常为状态性的）方法。在有些情况下，可能在底层物理通道上需要增加一个分割层用来做分段存储和重组，以在较大 MTU 上实现虚拟通道。在网络部分这么做是不可能的（如一个资源匮乏的传感器节点网络），因为它可能需要将单独的领域抽象为一个区域，而这个区域通过一个更强大的网关与网络的其余部分相互作用。

是转发时间计算需要去验证一个动机令牌的有效性，这是基础设施消除策略状态的另一个代价。这通常涉及在一部分数据包的内容上使用节点和动机令牌创造者之间共享的秘密来计算一个加密函数。这里有几个问题。首先是如何在任意源和任意 FN 之间安排共享的秘密——显然对于每个节点去跟每个潜在的（甚至是实际）发送者"预分享"一个秘密是不可行的。建议的解决方案是使用一个授权的层次结构。每个 FN 与它负责的动机服务共享一个秘密。通过密码安全技术（如用一个标识符和一个时间戳来哈希秘密），那个秘密可以派生出提供给受让人的另一个秘密。FN 在运行时能够重复这个计算以推导动态的秘密（然后缓存它以备后用）。

另一个问题是在转发路径上加密计算的开销。传统的密码散列被认为是不符合高性能的[20]，但是最近指定的原语如 GMACAES[13] 则是专门为高性能应用定义的，其被一些供应商号称具有高达 40Gbit/s。但是，实现这一性能需要严格地限制每个数据包加密原语的应用程序的数量。上面概述的简单授权计划需要一些与授权数量呈线性关系的加密计算。幸运的是，可以利用预先计算来安排事情，这样计算的线性部分只需要简单的按位异或操作，和一个数据包的加密原语就可以了。

在我们的方法中，另一个富有挑战性的方面是需要各种各样的组件，包括为了获得路径的发送方和/或在发送/转发数据包的定位器。在一个网络中绝大多数的拓扑变换缓慢，而通过缓存机制可以在很大程度上解决这个问题。当一个领域的 E2L 服务学习（EID 到定位器）映射时，它可以缓存这些映射以加速以后的请求。

同样,FN 允许缓存提供给 PFH 的空隙填充段以避免以后类似的路径错误。发送者也期望缓存他们接收的路径(和相应的激励能力),并且在随后前往同一目的的数据包上重用他们。

PFRI 的一个很好特征是能够快速地检测到无效路径。当 FN 接收到一个由于失败的通道而不能转发的数据包时,FN 立即沿着反向路径返回一个类似 ICMP 的错误消息。数据包源可以立即从那些最开始接收并使用它的路径中选择一个替代路径(避免失败的通道)。在这种情况下,一个传输领域推出空隙填充段,数据包返回给推出空隙填充段的 PFH。换句话说,在 PFRI 中路由失败/变化可以快速地修正而不需要等待一组分布式路由协议的聚集,这与当前互联网的情况是一样的。

最后一个问题是在全局范围内寻找路径的计算开销。传统观点认为"链路状态路由是不可测量的"。在互联网中这或许是真的,因为为了防止循环,所有的节点必须有一致的拓扑视图。此外,我们还远未清楚当前互联网的 AS 层架构是否会自然的甚至适用于 PFRI 架构。即使情况如此,然而一些因素使它看起来能够在这样的规模中合理地完成集中式路由计算的某种形式。首先是简单的、可观察的事实,就是现有服务在更大的数据集上使用大规模的计算基础设施执行按需搜索的计算,并且对于路由决定的第一步来说在时间表上是可接受的。其次是能够推迟一部分计算直到它们需要为止。例如,所有通过完全连接的"核心"连接第二和第三层提供商的路径集合可以提前与只计算需求传输路径的"尾巴"计算(无论拓扑何时变化都可以重新计算)。最后路径是局部严格的意味着可以最大程度地利用缓存来采用分布的方式进行计算。

问题在于通过我们的架构得到附加服务的好处是否大于上述成本。这个问题只能通过部署和使用这个架构来回答,而这一过程现在正在进行。

11.6　实　验　评　价

作为理解和评估 PFRI 架构的第一步,我们构建了一个简单的 PFRI 网络层原型。这个原型被实现为一个在当前互联网之上的覆盖层,利用 UDP 打开其节点间的 PFRI 数据包的通道。覆盖层的节点通过用于快速原型设计而不是专为高性能设计的 Ruby 脚本语言实现。尽管性能足以执行大多数的应用程序,但是原型的目标是评估我们的架构的正确性、灵活性、易用性和局限性,而不是它的性能。由于作为用户级的进程来执行原型,所以它可以运行在大多数计算机上,包括分别能够提供控制网络环境和真实流量负载的 Emulab[21]和 Planetlab[2]。

我们想评估的第一件事是 PFRI 在尽可能少的人工干预下自动配置和"引导"网络的能力。我们在一个没有边界定义的单一领域组成的基本层网络上开始实验。启动网络仅包括开启一个领域所需的各种组件,包括 TS,PFH,RRS,E2L,MS,以及所有的 FN 和端点。我们开始通过证明没有用户配置需要指定地址给节点——当前互联网不存在的一个特征(请注意,DHCP 的使用并不完全消除配置地址的需求,特别是对于路由器)。启动时,每个组件对它的每个通道随机生成一个私有/共有密钥,进而用于生成通道 ID。在这一点上所有的通道具有独特的CID。下一步是看组件能否彼此发现并且交换所需的信息从而使网络正确地运转。然后 TS,PFH 和 MS 会通知它们的存在,以便 FN 和端点能够发现到这些关键网络层服务的路径。一旦路径是已知的,链路状态通告将发送到 TS,进而使信息对发送者和 PFH 在数据包中填写 FD 用到的 RRS 来说是可用的。在我们的原型中,FN 通过加密的数据包将它们的动机机密发送给 MS。在没有用户干扰下并自我配置后,端点可以选择路径并且发送和接收这些路径上的数据包。

我们的下一个实验是测试自动配置是否能很好地运行在归纳的情况中,即在一个领域的层次中。为了验证这一点,创建了一个领域的多级层次,其中端点在最深的子领域中。领域边界由分配给每个通道的通道级别来说明。每个领域指定一组没有配置知道网络层次结构的网络服务器(TS,PFH,RRS,E2L 和 MS)。与基本层一样,组件快速地分配 CID 给它们相关的通道,然后发现并开始与本地领域的其他组件交换信息。一旦最深层的领域已经自我配置,它们就开始在下一层次传输通告信息服务,并允许在这一层次的组件发现彼此。公告也能够在内部领域服务以便在等级制度的下一层找到它们的父服务。与基本层一样,分级网络结构也能够在没有用户配置而不是边界通道的规范下进行自动配置。

为了使用真实的应用来评估我们的新架构,实现了一个 PFRI 通道服务,这个通道服务能够拦截传统的 IP 流量,在 PFRI 网络上挖掘隧道,然后注入目的地的IP 网络。在发送方使用 TUN/TAP 虚拟网络接口[3]来捕捉 IP 数据包,也使用它来传递 IP 数据包到接收方。我们将软件与 TUN/TAP 相连接来压缩/解压 PFRI中的数据包,并映射 IP 地址到 PFRI 端点。策略(如选择路由)可以定义为 IP 数据包匹配特定的模式,也就是说,所有的数据包指定为一个特定的 IP 地址或者来自一个特定的 TCP 端口。使用这个设备我们已经能够在我们的 PFRI 网络上执行传统的网络应用程序(如 ssh、ftp 和远程桌面应用),并且基于应用程序的类型可能采用不同的路由。

11.7 其他新的方法

当一个新的方法可能放弃向下兼容性时,它不需要完全地由新思想组成。事实上,PFRI 使用的大多数技术在以前已经提出,甚至在当前互联网架构的背景下。在这个意义上,PFRI"站在巨人的肩膀上"利用悠久历史中的相关工作——更多的可以列在这里。PFRI 独特的一面是它集成了这些技术。我们在这里简要地介绍了一些相关的架构和技术,但是并不打算给出详细的清单介绍过去网络结构中大量的工作。

　　一个基于源路由的内部网络协议的早期提议是 Cheriton 提出的 Sirpent(tm)系统[9]。通过模拟 PFRI 动机令牌,设计提供了带内策略符合性验证。使用存储在域名系统中的层次名称来指定目的地。此外,通过 DNS 分发路由信息。

　　Nimrod 路由结构[7]支持用户选择,特定服务路由制定特定应用程序的需求,提供类似于 PFRI 提供给用户的路由控制。为了限制网络上路由信息传播的数量,Nimrod 引入分层拓扑地图的概念,其提供多个层次的抽象,类似于 PFRI 的分层领域和链路状态拓扑分布。与 PFRI 不一样,Nimrod 使用分层地址/定位器来识别节点而不是通道。使用分层地址的源路由方法也用在 ATM 论坛的私有网络/网络接口(PNMI)上[18]。

　　新的互联网路由架构(NIRA)[23]也提供用户选择路由的能力。与 Nimrod 一样,NIRA 节点必须分配分层地址(层次结构由客户提供商领域之间的关系定义而不是 PFRI 中的容量)。这个层次结构在路由规范中扮演着重要的角色。基本的谷自由路由——路由由两段组成,在层次结构中一段上升,一段下降——使用常见的前缀在层次结构中寻找“转变”点,而在非规范(源)路由中的谷自由段可以减少描述的大小。此外,PFRI 不需要分层标识符和分配标识符给通道,这样分层节点不需要配置一个 ID,从而使自动配置整个网络层次结构成为可能。PFRI 还支持减少路径大小并允许提供商控制他们各自部分路径的局部路径。

　　Tesseract[22]架构利用网络控制面的四维视图,打破了路由组件到不同的活动。这种分离与 PFRI 从转发中分离路由的目标类似,但是不考虑分离处理。Tesseract 逻辑地使用集中决策元件来制定策略,并将这些策略推进转发状态的开关中。互联网工程任务组(IETF)、转发和控制元件分离(FORCES)工作组[1]也主张类似于 Tesseract 的方法,在这个意义上就是控制实体与转发实体的分离,推动决策由在转发元素里的控制实体制定。此外,PFRI 在发送方、接收方和提供商之间分配决策过程,并且在数据包中携带决策,同时允许在每个包的基础上改变策略。

　　如今动态主机配置协议(DHCP)[12]经常在互联网中使用,其目的是避免主机配置地址。然而,分发的地址是基于拓扑的,并且它不能帮助给路由器分配地址。互联网中的网络地址转换(NAT)也避免分配基于拓扑的地址,但是它只是用于不希望到达的节点。各种各样的地址转换方案已经作为互联网研究工作组(IRTF)、路由研究组(RRG)工作小组的一部分被提出用来分离地址和位置。另外一种避免基于拓扑建立地址分配的方法,即平标签上的路由(ROFL),使用的是带有分布式哈希表样式环的平地址。与 PFRI 一样,ROFL 中的缓存在实现效率中扮演了一个重要的角色。但与 PFRI 不同的是，它使用逐段路由/转发，并承受其带来的缺点。

致　　谢

这项工作由美国国家科学基金（CNS-0626918 和 CNS-0435272）资助。作者感谢 Bobby Bhattacharjee、Neil Spring 和 James Sterbenz 有益的见解和帮助。

参 考 文 献

［1］FORCES Working Group. www. ietf. org/html. charters/forces-charter. html.

［2］Planetlab: An Open Platform for Developing, Deploying, and Accessing Planetary-scale Services. www. planet-lab. org.

［3］Universal TUN/TAP Device Driver. www. kernel. org/pub/linux/kernel/people/marcelo/linux-2. 4/ Documentation/networking/tuntap. txt.

［4］D. G. Andersen, H. Balakrishnan, M. F. Kaashoek, and R. Morris. Resilient Overlay Networks. In Symposium on Operating Systems Principles, pages 131-145, 2001.

［5］O. Ascigil, S. Yuan, J. Griffioen, and K. Calvert. Deconstructing the Network Layer. In Proceedings of the ICCCN 2008 Conference, August 2008.

［6］B. Bhattacharjee, K. Calvert, J. Griffioen, N. Spring, and J. P. G. Sterbenz. Postmodern Internet-work Architecture, 2006. Technical Report ITTCFY2006-TR-45030-01, University of Kansas.

［7］I. Casteneyra, N. Chiappa, and M. Steenstrup. The Nimrod Routing Architecture. RFC 1992, August 1996.

［8］M. Cesar, T. Condie, J. Kannan, et al. ROFL: Routing on Flat Labels. In Proceedings of ACM SIG-COMM 2006, Pisa, Italy, pages 363-374, August 2006.

［9］D. Cheriton. Sirpent(tm): A High-Performance Internetworking Approach. In Proceedings of ACM SIGCOMM 1989, Austin, Texas, pages 158-169, September 1989.

［10］Y. Chu, S. Rao, S. Seshan, and H. Zhang. Enabling Conferencing Applicationson the Internet Using an Overlay Multicast Architecture. In Proceedings of the ACM SIGCOMM 2001 Conference, August 2001.

［11］D. Clark, J. Wroclawski, K. Sollins, and R. Braden. Tussle in Cyberspace: Designing Tomorrow's Internet. IEEE/ACM Transactions on Networking, 13(3):462-475, June 2005.

［12］R. Droms. Dynamic Host Configuration Protocol. RFC 2131, March 1997.

［13］M. Dworkin. Recommendation for Block Cipher Modes of Operation: Galois/Counter Mode (GCM) and GMAC. National Institute of Standards and Technology Special Publication 800-38D, November 2007.

［14］D. Pendarakis, S. Shi, D. Verma, and M. Waldvogel. ALMI: An Application Level Multicast Infra-structure. In Proceedings of the 3rd USENIX Symposium on Internet Technologies and Systems (US-ITS), pages 49-60, 2001.

［15］B. Raghavan and A. Snoeren. A System for Authenticated Policy-Compliant Routing. In Proceedings of ACM SIGCOMM 2004, Portland, Oregon, August 2004.

[16] S. Ratnasamy, P. Francis, M. Handley, R. Karp, and S. Schenker. AScalable Content-addressable Network. In SIGCOMM '01: Proceedings of the 2001 Conference on Applications, Technologies, Architectures, and Protocols for Computer Communications, pages 161-172, New York, 2001. ACM.

[17] E. Rosen, A. Viswanathan, and R. Callon. Multiprotocol Label Switching Architecture. RFC 3031, January 2001.

[18] J. M. Scott and I. G. Jones. The ATM Forum's Private Network/Network Interface. BT Technology Journal, 16(2):37-46, April 1998.

[19] I. Stoica, R. Morris, D. Liben-Nowell, et al. Chord: A Scalable Peer-to peer Lookup Protocol for Internet Applications. IEEE/ACM Transactions on Networking, 11:17-32, 2003.

[20] J. Touch. Performance Analysis of MD5. In SIGCOMM '95: Proceedings of the 1995 Conference on Applications, Technologies, Architectures, and Protocols for Computer Communications, New York, August 1995. ACM.

[21] B. White, J. Lepreau, L. Stoller, et al. An Integrated Experimental Environmentfor Distributed Systems and Networks. In Proceedings of the FifthSymposium on Operating Systems Design and Implementation, pages 255-270,Boston, MA, December 2002. USENIX Association.

[22] Hong Yan, D. A. Maltz, T. S. E. Ng, et al. Tesseract: A 4D Network Control Plane. In Proceedings of USENIX Symposium on Networked Systems Design and Implementation (NSDI '07), April 2007.

[23] X. Yang. NIRA: A New Internet Routing Architecture. In Proceedings of ACM SIGCOMM 2003 Workshop on Future Directions in Network Architecture(FDNA), Karlsruhe, Germany, pages 301-312, August 2003.

[24] B. Y. Zhao, L. Huang, J. Stribling, et al. Tapestry: A Resilient Global-scale Overlay for Service Deployment. IEEE Journal on Selected Areas in Communications, 22:41-53, 2004.

第 12 章 多路径边界网关协议:动机和解决方案

Francisco Valera[1],IIjitsch van Beijnum[2],Alberto Garcia-Martinez[1],Marcelo Bagnulo[1]

[1]马德里卡洛斯三世大学(Universidad Carlos III de Madrid),西班牙

[2]IMDEA 网络公司(IMDEA Networks),西班牙

　　虽然在互联网上采用多路径路由模式有多个原因,但是如今所需的多路径支持是非常普遍的。它主要受限于某些域,这些域依赖内部网关协议(IGP)特性在它们内部基础设施或者一些在传输工程上基于负载平衡的多连接方来提高负载分布水平。本章给出了多路径路由互联网项目的动机,评论了现有的方案并详细介绍了两个新的提案。这些工作的一部分已经在 Trilogy[①] 研究和发展项目的框架中完成,本章也评论了 Trilogy 的主要目标。

12.1 引　　言

　　多路径路由技术能够使路由器知道朝向特别目的地的、不同的可能路径,以便路由器可以根据一定的限制来利用路径。由于同一目的地前缀的一些下一跳将安装在转发表中,所以所有的这些下一跳可以同时使用。尽管多路径路由有多个有趣的属性(这些将在 12.3 节中讨论),但是需要重要说明的是在当前互联网中所需的多路径支持是非常普遍的。它主要受限于某些域,这些域部署多路径路由能力依赖内部网关协议(IGP)特性在它们内部基础设施上提高负载分布,并通常只允许具有相同成本的多条路径的使用。

　　然而,多路径路由也将在域间路由环境中展现重要的优势。

　　例如,在互联网中两个主要的构建块,路由系统和拥塞控制机制,工作在完全独立的方式。即路由选择过程的执行基于一些指标和策略,而这些指标和策略并没有动态地与不同可用路由上的实际负载相关。此外,当网络的一部分出现拥塞时,唯一可能的反应是减少输入负载。当前的流量控制机制还不能通过替代链路

　　① Trilogy:未来架构(2008~2010 年)。ICT-2007-216372(http://trilogy-project.org)。这个项目的研究合作者包括英国电信、德国电信、NEC 欧洲、诺基亚、洛克庄园研究有限公司、雅典经济贸易大学、马德里卡洛斯三世大学、英国伦敦大学学院、天主教鲁汶大学和斯坦福大学。

来应对由于重新路由引起的拥塞,这是因为这些替代链路通常不可知。显然耦合路由,更特别的多路径路由和拥塞控制具有显著的潜在好处,例如,它可以使路由器通过基于链路利用的多个路由传播通信。

这种在多路径和其他技术之间的耦合和交互将在 12.2 节中描述,因为它们构成了本节描述的 Trilogy 项目的主要目标之一。

尽管针对域间路由的多路径选择还不能在互联网上使用,但是在 12.4 节中将描述一些现有的提案。最后,本章在 12.4.4 节的第 2 部分和第 3 部分中引入两个额外的解决方案。这两个方案是 Trilogy 项目中正在考虑的建议,用来在域间层面提供非等价成本的多路径路由。这两种机制的目标是使域间的多路径路由处在一种递增部署的方式,进而增加互联网的路径多样性。与其他现有的备选方案不同,这些新的建议意味着最小化更改路由和边界网络协议(BGP)语义与当前的BGP 路由器可互操作,并且将一个容易采纳的多路径域间解决方案作为它们最重要的目标之一,从而使它们的优势可以早点实现。

12.2　Trilogy 项目

12.2.1　目标

Trilogy 是由欧盟委员会在其第七次框架计划中资助的一个研究和开发项目。项目的主要目标是为新的互联网提出一个控制体系结构,从而能够以一个可扩展的、动态的、自治的和健壮的方式适应本地操作和业务需求。

这个目标有两个主要的动机。第一个动机是一直存在于拥塞控制、路由机制和业务要求之间的传统有限的相互作用。这种间隔被视为许多问题的直接原因,这些问题进而导致分散控制机制的扩散,网络残片进入到私有环境和日益增长的可扩展问题。如果要处理这些问题,则在一个更加一致的整体中重构这些机制是必要的。

第二个动机来自于观察当前互联网的成功。这源于它的架构支持可变性,而更多的来自于它的透明度和自我配置。互联网无缝地支持应用程序使用的演变和适应配置的变化,而无法适应新类型业务关系的不足已经出现。为了使互联网更加丰富、更有能力,需要更加复杂的控制架构,但是没有强加单一的组织模式。

12.2.2　Trilogy 技术

过去尝试提供拥塞控制和路由的联合已经证明,Trilogy 的目标是一项具有挑战性的任务。在 20 世纪 80 年代后期,ARPANET[16]尝试使用延迟作为计算最短路径指标的路由协议。虽然这种路由协议在温和的负载条件下表现不错,但是当负载高时它造成了严重的不稳定[16]。鉴于这种经历,当试图结合路由和拥塞信息时,克服根本的挑战显然是稳定性。最新的理论结果[10,14]显示在这种系统中确实可以达到稳定。为了建立一个稳定的联合多路径路由和拥塞控制的架构,Trilogy项目依赖这些最新的结果。Trilogy 架构和之前的 ARPANET 经验之间一个关键的区别在于 Trilogy 嵌入了多路径路由功能。直观地看,在负载可以基于不同路径上的拥塞来分流比率变化的多路径路由场景中,比在当拥塞在当前使用的路径上发生时,所有指向给定目的地的流量必须转向替换路径的单路径路由方法中更容易实现稳定性。因此,对于 Trilogy 架构多路径路由能力是一个基本组件。此外,多个路由之间的流量分布由不同路径的拥塞程度而不是当前多路径路由方案动态地执行。正常的等价多路径实践是在多个路由之间执行流量的循环分布的。对于给定的通信矩阵采用优化通信分布的方法可能在不同路由之间实现流量分布[7,26]。

　　该方法是基于文献[14]中的理论结果,基本思想是定义一个多路径传输控制协议(MPTCP),并让其知道存在多个路径。这个协议将根据路径的拥塞程度来描述不同的路径。这意味着 MPTCP 将为每个可用的路径保持一个单独的拥塞窗口,并将基于有经验的拥塞增加或减少每个路径的拥塞窗口。一个 MPTCP 连接由关联到不同可用路径的多个子流组成,每个子流都有自己的拥塞控制。通过结合不同子流的拥塞窗口,可以获得额外的好处,就像文献[28]中描述的资源池好处(这发生在网络资源表现得好像它们组成一个单一的资源池并且促进提高资源的可靠性、灵活性和效率)。当由于缺乏朝向目的地路径的多样性,MPTCP 不同子流的拥塞窗口的结合允许用户远离拥塞路径并且留下空间给更有紧迫需要的流量时,Trilogy 架构包括一个允许用户对网络中引起的拥塞提供问责机制的第三方组件,这一部分在当前的互联网中正在消失,但对下一代互联网,则被视为是关键性的。这种称为 Re-ECN(显示拥塞通知)[19]的问责组件将允许用户对它们生成的拥塞负责。

　　图 12.1 给出的是 Trilogy 架构的三个主要组件,而文献[3]详细描述了它们之间的相互关系。

　　本章的其余部分将详述架构的多路径路由组件,并分析其最重要的动机、不同的选择和特别的建议。

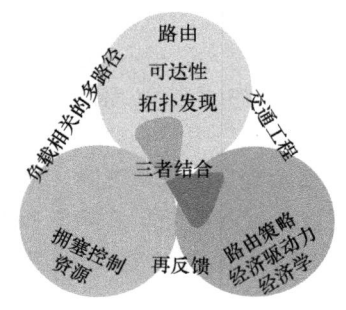

图 12.1　Trilogy 的三个基本组件

12.3　多路径路由

　　在互联网中采用多路径路由方案将意味着改变。这种改变意味着需要由不同业务角色来承担成本,并且为了部署一个有效的解决方案,关键是对受影响的当事人要有正确的动机。特别是,关键要有正确的激励,也就是当事人在必须支付成本的同时也能得到一些好处。本节中互联网中部署多路径路由方案的一些动机是从每个利益相关者的角度提出的。

12.3.1　更高的网络容量

直观来看,当使用多路径路由时,通过网络可能会推动更多的拥塞(特别是当它用于结合依靠拥塞的负载分布)。从根本上说是因为流量将流过任何有可用容量的路径,填满闲置的资源,而远离拥塞资源。使用一般削减约束方法,具体见文献[15]和文献[17],实际上对网络中的逻辑路径模拟容量约束并证明,使用逻辑路径能够容纳多路径路由能力网络的一组比率大于在同样网络中直接在物理路径上使用同一路径路由的一组输入比率是可能的。这基本上意味着网络提供商可以在他现有的网络中容纳更多的流量,降低其运行成本并变得更有竞争力。从最终用户的角度来看,他们将能够通过现有的提供商推动更多的流量。

12.3.2　可扩展的流量工程能力

根据最近的统计[12],互联网全球路由表包含超过 300000 个条目,每天更新高达 1000000 次,从而导致互联网社区认定这具有可扩展性的挑战。贡献给全球路由表的条目是多种多样的,但是大约一半的路由表条目为更加特定的前缀,即前缀包含在较少特定的条目中[18]。此外,与较少特定前缀相比,它们表现出相当不稳定的行为,使得它们主要贡献给 BGP 搅动。在那些更加特定的前缀中,40% 可以关联到 AS(自治系统)用到的流量工程技术[18]来改变正常的 BGP 路由。在做流量工程最引人注目的理由中,能够确认避免拥塞路径。这基本上意味着 AS 注入更加特定的前缀,从而使子集流量从一个拥塞路由移向一个容量可用的路由。在这种情况下,当一个路径变得拥塞时,更加特定的前缀从一个路由移动到另一路由,从而实现流量的下降。虽然在 BGP 中这是一个手动的过程,但是由于其自身的特性,这些更加特定的前缀声明与较少特定的前缀通告相比,其获得的真正连接往往更加不稳定。对于 BGP 中为了远离拥塞链路的更加特定的前缀,特别是结合拥塞控制技术,部署一个多路径路由架构将不再需要使用路由的注入。

12.3.3　改进的路径变化响应

多个物理路径上分布负载的逻辑路径与每个物理路径相比更加健壮,因此多个逻辑路径通常可以提高容错性。然而可以指出,当使用的路径失败时,当前冗余方案可以达成使用备用路径而不需要依赖于多路径。如今,互联网上有一些提供容错的机制,其允许切换到另一个路径上以防实际使用路径的失败。值得注意的是,BGP 反应失败,并为了防止失败,将数据包通过替代路径重新路由,但是它的收敛时间可能以分计算,而且由于聚集性存在传输到 BGP 失败的可能。网络中还有其他提供容错的方式,例如,依赖 IGP 或者本地修复,虽然这些方法可以有很好的响应时间,但是它们不能够处理所有端到端的失效模式,这是因为它们不是端到端的机制。此外,端到端的容错机制已经提出,如 HIP(主机标识协议)[20]或者REAP(可达性协议)[6]。然而,在所有这些情况下,只有一个路径被同时使用,并且因为它们是网络层协议,所以以一个传输层无关的方式识别失败是具有挑战性的,从而导致以秒衡量响应时间[6]。多路径路由允许的改进路径变化的响应时间与最终用户相关,因为它们将获得更好的弹性,但是对于网络运营商来说它也是一个动机,因为路径变化事件将以更加拥塞友好的方式表现。

12.3.4　增强安全

多个物理路径上分发负载的逻辑路径比物理路径展现了更加安全的特征。这是由于多个原因。例如,中间人攻击是难以达到的,因为攻击者需要沿着多个路径定位,并且一个单独拦截点不太可能是足够的。同样的争论也适用于沿路径的嗅探,从而导致加强的隐私特征。此外,逻辑路径更强烈地反对服务攻击反对路径参与的任何链路,因为攻击任何链路只意味着流量将移到构成逻辑路径的物理路径。结果是基于架构的多路径路由导致安全增强。利用加强的安全特性对于最终用户来说是有益的。

12.3.5　提高市场透明度

考虑到这种情况,一个网站通过多个运输提供商有多个朝向目的地的路径。考虑现在通过不同的传输提供商,它使用包含物理路径的不同逻辑路径。因为通信的流量基于拥塞成本,所以一天结束的时候,客户可能会有关于多少通信量已经通过它的提供商路由的详细信息。拥有更加完美的服务购买的实际品质信息允许用户对提供商做出更加明智的选择,从而培养并提高市场的竞争性。

12.4　多路径 BGP

互联网已经准备部署一些替代方法来支持同时使用多条路径到达某个目的地。最著名的解决方案是那些在特定提供者的域内(域间路由)使用的方法,因为当所有的路由设备在一个单一的管理实体下时,流量可以方便地控制和指导,并且多路径解决方案通常是贯穿这个域的。然而,这些解决方案并不能直接应用到域间路由框架,因为必须考虑技术之上的其他重要因素,这些因素主要与政策和经济约束相关。

这一部分概述了目前针对域内和域间环境最相关的解决方案,最后关注了其他多路径 BGP 选择的动机,并揭露了在设计多路径域间协议时可能会出现的一些问题。

12. 4. 1　域内多路径路由

只要端系统为它们提供了足够多的拓扑信息来计算多个路径,那么实现多路径路由最简单的框架之一就是使用 IP 源路由。然而,除了使用源路由[4]的安全问题和缺乏在当前路由器中支持 IP 源路由,严格地从多路径实践角度来看,它也有其他的缺点,例如,由于提供到端系统的拓扑图所带来的可扩展性问题,由于网络中通常不平衡的流量带来的更糟糕的提供商的资源利用,以及由于 IP 流量通常流向同一路径带来的一些链路可能未使用而其他链路则变得拥塞或者形成一个不太灵活的路由方案的事实。这个方案能够做到的一个有趣特征是不相交路径的运用:由于路径选择集中由端系统完成,所以它能够保证在选择的路径没有重叠部分的同时提高方法的弹性。

链路状态协议如 OSPF(开放最短路径优先)[22]明确允许等价多路径路由。当到同一目的地的多条路径有相同成本时,OSPF 路由器可能通过不同的路径分发数据包。Dijkstra 算法确保每个路径是无环路的。循环赛时间表可以很容易地用于此处,但是如果数据包属于沿着同一路径的特定流动,有些协议如 TCP 就会执行地更好,并且通常会用到这些更加复杂的技术,具体见文献[5]和文献[11]。一般等价多路径比正常的单一路径路由提供了更好的网络资源利用和更好的弹性,并且对最终用户来说是完全透明的。然而,有时它可能无法提供足够的路径多样性,所以可能会使用更具竞争力的多路径路由技术。一个著名的域间路径选择是 EIGRP(增强内部网关协议)中用到的不等价多路径[1]。不等价多路径方案意味着使用最短路由之外的其他路由,但是这些新路由并不能保证在路由基础设施中无循环。在大多数协议中使用像文献[27]定义的无循环条件来解决这个问题。本质上,这可以归结为一个路由器只广播路由给临近的路由器,而这个路由器比使用其他路由器到达目的地具有更高成本。更多的细节可见 12.4.4 节的第 2 部分。

优先开放最短路径也有能力做多拓扑路由,并且 OSPF 服务类型字段路由(更一般的更新在文献[23]上)在单个物理拓扑上覆盖了多个逻辑拓扑。单一的链接在不同的拓扑结构上可能有不同的成本。因此,对于不同的拓扑结构,最短路径也将是不同的。然而,数据包必须始终使用同一拓扑进行转发,以避免循环。这是不同于其他多路径路由类型的地方,数据包穿过的每个链路使数据包接近它的目的地,在这种意义上到达目的地的成本在每一跳后变小。这也适用于多拓扑路由,但是只有当数据包保持在相同的拓扑中才适用,因此多拓扑路由比普通的逐段转发需要更加复杂的 IP 转发功能。如果数据包从一个拓扑移动到另一拓扑,则穿过链路后它将面临到达目的地的更高成本。然后第二个拓扑的变化创建一个循环。这使得多拓扑路由适合所有路由器有相同信息的链路状态协议,较少适合每个路由器只有网络有限视图的距离向量协议,而不适合对立策略可能应用在网络不同部分的基于策略的路由协议如 BGP。

12.4.2　域间多路径路由

对于域间环境也存在提供有限的多路径路由的解决方案。例如,当在两个 eBGP(外部边界网关协议)邻居之间存在平行链接,运营商可能在两个路由器之间平等地使用每个链路可达的地址配置一个单一的 BGP 会话。通常的做法是分配用于 BGP 会话(因此,下一跳地址)的地址给还回接口,然后在具有静态路由后告诉路由器这个地址在每个平行链接上是可到达的。现在 BGP 交换路由将拥有不能直接访问的下一跳地址。尽管 BGP 规范不能适应这一点,但是现实通常允许它配置。然后它们会递归地解决 BGP 路由的下一跳地址,而在多路径情况下下一跳的地址也有多个决议。这将使 IP 转发引擎在不同链路上分发数据包而没有包含 BGP 协议。对于 iBGP(内部边界网关协议),下一跳地址并不认为是可直达的,因此它总是递归地解决。所以对于 iBGP,多个路由的使用取决于内部路由协议或者静态路由的配置。

边界网关协议也可以显式地管理等价多路径路由本身。这发生在当一个 BGP 路由器有多个 eBGP 会话时,路由器配置为同时使用多个路径,并且在不同路径上得知的路由被认为是充分平等的。后面的条件在特定情况下实现。一般地说,如果 LOCAL_PREF,AS_PATH 和 MED 都是平等的,则路由可以同时使用。在这种情况下,多个 BGP 路由被安置在路由表中,数据包被相应的转发。因为对于在不同路径上的路由所有相关 BGP 的属性是一样的,所以不存在对 BGP 循环检测或其他 BGP 处理的任何影响。

除了目前正在应用的这些现有解决方案,还有一些值得提及的其他建议。

源路由选择也可能用于域间,而类似的评论认为它完全适用于域内(文献[13]和文献[30])。此外,如果数据包从源点到一个固定的路径,则一个最重要的注意事项是中间商应用他们的策略时灵活性的缺乏。对于域间路由,这不是个问题,因为它总是与单一提供商相关,但是对于域内路由,这就是至关重要的问题了。

一些其他的解决方案包括运行在通用网络路由机制之上的覆盖网。额外的路径通常能够通过不同覆盖网的节点之间打开数据包通道得到。与覆盖网相关的典型问题是与隧道建立机制相联系的额外复杂性和引进隧道的开销。另一个提议是 MIRO(多路径域间路由[29]),其依靠一个包含不同中间 AS 的合作路径选择减少了路径选择阶段的开销(额外的路径每次按需选择而不是分发它们)。另一个选择是 RON(弹性覆盖网络[2]),其在互联网路由层之上构建了覆盖网,并且连续地探索和监控覆盖网节点间的路径。当检测到问题时,覆盖网就会激活替代路径。

另一个最近的解决方案称为路径拼接[21],其延续了多拓扑的思想并且通过运行多个协议实例生成不同路径,从而创建多个朝向目的地的树,但是其并没有共享许多共同的边。一般的多拓扑方案只会针对不同的数据包(或者流)使用不同的拓扑,而这里的想法是允许数据包在任何中间跳的拓扑之间切换,这对于给定的源到目的对来说增加了可用的路径数量。路径的选择由端系统完成,而端系统包括数据包中某些用来选择下一跳必须用到的转发表的比特位。在比基于覆盖网方案提供更少开销的同时,这个方案比一般的多拓扑选择有更高的可靠性和更快的恢复要求。

12.4.3　其他解决方案的动机

由于各种原因,之前的建议还没有提升到真正的替代选择上。在本章,为了使其早期采用,介绍两个基于以下动机和假设的建议。

(1) 尽可能少地改变 BGP 语义。

(2) 尽可能少地改变 BGP 路由器。

(3) 能够与目前的 BGP 路由器相互操作。

(4) 比现有方案提供更多的路径多样性。

此外,值得注意的是任何解决方案都应该服从基于经济利益的对等/传输的互联网模型(文献[8])。这个模型的基本原理是实现由于需要为此支付的结果(成为一个服务客户或者服务已付费节点的提供者),所以在大多数情况下,一个站点只携带到或来自于一个邻居节点的数据量,或者因为存在双方获得同样好处(对等)的协议。这导致要求加强两个主要的限制。

(1) 出口路由过滤限制:客户的 AS 应该通知它们自己的前缀和它们客户的前缀,但是它们从不通知从其他提供商收到的前缀。在这种方式下,一个站点不能提供本身携带通信量到属于不会获得直接利益的站点的目的地。

(2) 路由选择的喜好:路由器应该更喜欢对等链接之上的客户链接是因为在客户链接上发送和接收数据量能使它们赚钱,并且提供者链接上的对等链接是因为对等链接至少没有花费它们的钱。根据这个,多路径路由选择过程可以从多个不同的客户链接或者多个对等链接或者多个提供者链接上聚合路由,但是它永远不能混合不同关系类型的链路。由于经济原因、交通工程等,管理员甚至可能在相同关系站点的邻居上接收路由时有特定的喜好。

由于对等/传输模型,互联网上的路径可以从原始站点开始"上升"到提供者,然后升到另一个提供者,重复多次直到达到对等关系,然后下降到客户站点,再次下降,重复多次直到到达目的地。因为不可能找到从站点到客户下降而又上升的路径,或者一个对等链接跟着一个上升转向提供者的路径,所以作为对等/传输模型应用的结果,互联网是"呈山谷状的"[8]。

"山谷状"模型表明在通知过程(即一个路由通知给一个站点,其已经包含那个站点的 AS_PATH 和 AS 数量)中的循环只发生在路由通过提供者接收时。这是因为根据上面的限制条件,客户或者站点 S 不能通知给 S 以前通知过的路由。这个山谷情况也确保路由包含从一个曾经由 S 通知的提供者 P1(S)到另一个提供者接收的 S。由于 S 只是通知它自己的前缀或客户的前缀给它的提供商,所以任何导致循环选择的提供者接收的前缀都是它自己的前缀或客户的前缀。这些路由永远不会被选中,要么因为目的地已经在站点中,要么因为它总是偏向客户链接而不是提供者链接。因此,尽管 BGP 中有特定的机制去检测路由中的循环,但是对等/传输模型的应用本身就足以保证循环永远不会发生。当然,为了应付路由的不稳定性和配置的错误等,循环预防机制必须存在。然而,我们能够扩展这个推理到多路径的情况,也就是说如果任何多路径 BGP 策略符合之前要求的对等/传输模型,那么具有同等条件路由的聚合(只是客户路由。如果不是,则只是对等路由,以及如果不是,则只是提供者接收路由)将不会导致路由丢弃,这归于配置很好的网络在稳定状态下循环的预防。然而,任何多路径 BGP 机制必须提供循环预防以应付瞬时条件和配置错误。

本章提出了两个建议及一些机制,如部分路由选择方法,与不同于其他方法的一些机制,如循环预防机制。

12.4.4　mBGP 和 MpASS

1. 路由选择和传播

由于运行在 BGP 的路由往往会从不同的邻居路由器接收到同一目的地的多个路径,所以允许使用多个路径限制每个人的路由器和 BGP 协议的修改是不必要的。多路径 BGP 的选择过程应该以单一路径 BGP 规则为出发点,禁止那些在类似规则之间用于打破僵局的规则以允许多个路径替代只是单一路径的选择。注意,更多的规则是无效的,具有同样偏好的大量路由可以选择用于多路径转发。然而,从经济原因、交通工程考虑或者一般来说,任何管理者想去强制的策略中达到偏好的同时,对管理者来说只有等价的路由必须被选择。所以修改后的多路径路由首先适应正常的 BGP 政策标准,然后选择接收路径的子集用于同时使用。为了它们应用在以下几个方面,通过这些属性和规则管理者的相关偏好是强制性的。

(1) 在较高的 LOCAL_PREF 上丢弃路由。这个规则执行管理者任何特定的愿望,并且这个规则是用来确保只有路由从被选择的客户接收的规则;或者如果没有从客户的路由存在,则只有路由从对等节点接收;或者以前的都不存在,则路由从提供者接收。

（2）在较高的 MED 上丢弃路由。为了实现"冷土豆"路由①，以至于根据传输成本的客户成本能够减少，这个规则用来满足客户的愿望。

（3）丢弃最低的起源。这个规则用在作为交通工程工具的某些情况下。如果不是，那么它的应用程序的影响会很低，因为几乎所有的路由都应该有平等的起源属性。

（4）如果存在 eBGP 路由则丢弃 iBGP 路由。它用来部署"热土豆"路由②，其可能与减少内部传输成本有关。此外，它也消除了路由传播中的内在循环。在应用以后，从外部邻居接收路由的路由器只使用外部邻居，因此内部循环永远不会发生。不从外部邻居接收路由的路由器选择 AS 内部的路由，并将数据包发送到 AS 外部。

（5）在较高下一跳成本下丢弃路由。这也是用来执行"热土豆"路由。然而，可以引入这个规则的一些缓和机制，条件是预防域间转发的循环可以通过一些隧道技术，如 MPLS 来实现。

其他的规则（选择路由从最小回环地址的路由器中接收等）用来确保结果的唯一性，因此对于多路径路由，它们可以被删除。

因此，修改后的路由器首先适用于正常的 BGP 策略准则，然后选择接收路径的子集用于并发使用。请注意，多个路径主要来自忽略 AS_PATH 长度的可能（尽管在这个长度上的有些条件下，可以用于接受路由）和在不同下一跳距离上接受路由。

2. LP-BGP：通过传播最长路径在多路径 BGP 上无回路

在这个特别的建议里，在获得对同一目的地前缀建立在转发表中的不同路径后，具有到上游 AS 的最长 AS_PATH 路径将散布到政策允许的邻居路由器上。尽管分发一个在它的 AS_PATH 中具有大量 AS 的路径看起来是违反直觉的，但是在没有循环风险的前提下，它具有允许路由器使用所有较小的或者平等的 AS_PATH 长度的路径的属性，如图 12.2 所示。

然而，这种变化意味着在通过网络和 BGP 通知的路径数据包沿着的路径之间不再有一个聚合的关系。在边缘的观察者看来，由此产生的网络拓扑的混淆对于那些想基于某些中间域的存在去学习网络或者应用策略的人来说是有害的，而对于那些希望在他们网络中隐藏内部工作的人来说是有益的。

---

① 译者注："冷土豆"路由是指在进行数据传送时，发起传送操作的自治系统尽可能地使数据在自己的域内传送，直到离目的地近得不可能再近时，才将数据交给另一个自治系统。

② 译者注："热土豆"路由是指在数据传送时，发起传送的自治系统尽可能快地将数据交给另一个自治系统，以便快速释放自己的传送资源。

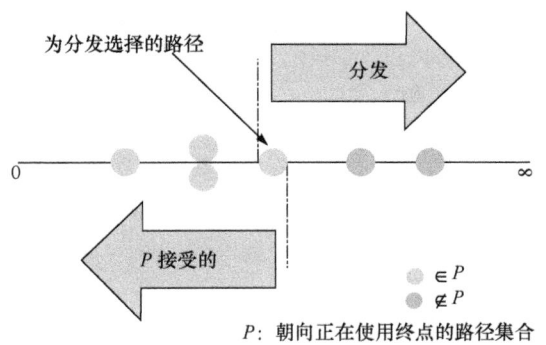

图 12.2　LP-BGP 中多路径选择

　　多路径 BGP 的修订，允许个人 AS 在没有与其他 AS 协调的情况下部署多路径 BGP 并获得它的好处。因此，当一个个别的 BGP 路由局部地平衡多路径路由的通信量时，变更为 BGP 语义是不必要的。

　　在正常情况下，BGP 的 AS_PATH 属性确保了无回路。由于这些变化允许 BGP 同时使用多个路径，但是只有一个单一路径散布到邻居 AS，所以对于本地 AS 数目的出现，检查 AS_PATH 将不再足以避免循环。相反，Vutukury/Garcia-Luna-Aceves LFI(无回路的不变式)[27] 条件用于确保无回路。

　　直观地说，这些条件都很简单：因为一个路由器只使用传播到它的邻居中成本较小的路径(或者只传播到拥有较大成本的路径)，所以循环是不可能的。一个循环发生在路由器使用一个其早期传播的路径时，在这种情况下，这个路径必须同时比它传播的其他路径具有更高和更低的成本，而这显然是不可能同时存在的。当下面两个由 Vutukury/Garcia-Luna-Aceves 表述的条件成立时，路径是无回路的：

$$\mathrm{FD}_j^i \leqslant D_{ji}^k \quad k \in N^i$$

$$S_j^i = \{k \mid D_{jk}^i < \mathrm{FD}_j^i \wedge k \in N^i\}$$

式中，D_{ji}^k 表示通过它的邻居 k 报告给 i 的值 D_j^k；FD_j^i 表示对于目的地 j 来说路由器 i 的可能距离 D_j^i，并且是的一个估计值，在稳定状态时 FD_j^i 等于 D_j^i，但是在网络传输期间这两个值允许临时地不同[27]；D_j^i 表示从路由器 i 到目的地 j 的距离或成本；N^i 表示对于路由器 i 的一组邻居；S_j^i 表示路由器对目的 j 使用下一跳路由器的后继集合。

　　我们解释与 BGP 相关的两个 LFI 条件如下：

$$\mathrm{cp}(p_r) < \mathrm{cp}_r(p_r)$$

$$P = \{p \mid \mathrm{cp}(p) \leqslant \mathrm{cp}(p_r) \wedge p \in \pi\}$$

式中，P 表示一组朝向目的地正在考虑使用的路径集合；π 表示一组朝向目的地通过邻居路由器分发到本地路由器的路径集合；p_r 表示为分发选择的路径；$\mathrm{cp}_r(\pi)$

表示通过转发到其他路由器上的路径到达目的地的成本；成本 $cp(x)$ 表示在 eBGP 和对于 iBGP 为内部成本的情况下路径 x 的 AS_PATH 长度。内部成本指通过使用内部路由协议到达目的地的成本。

因为当路径被分发到邻居 AS 时，本地的 AS 会添加到 AS_PATH 中，所以在这两个条件之间较小的和严格较小的要求将互换。

BGP-4 规范[24]允许多个前缀聚集为一个前缀。在这种情况下，AS_PATH 中的 AS 数目将替换为一个或多个 AS 集，其中包含在原始路径中的 AS 数目。这种情况应该出现在拓扑而不是呈山谷状[8]，并且在不同的 AS 中有两个路由器：一个路由器实现与本章描述一样的多路径 BGP；另一个路由器通过使用 AS 集合执行聚合，然后路由循环也许有可能。这是因为根据实现，一个创建 AS_SET 的路由器可以缩短 AS_PATH 的长度并打破由 LFI 条件强加的限制。为了避免这些循环，可以包含一个单一路径和含有 AS_SET 的 AS_PATH，也可以包含 AS_SET 的 AS_PATH 但没有路径。注意，现在很少使用 AS_SET，快速浏览路由视图项目数据显示，只有不到 0.02% 的所有路径在它们的 AS_PATH 中有一个或多个 AS_SET[25]。

在之前的步骤和策略被应用以后，仍然留在多路径集合的所有路径被放置在路由表里，并用于转发数据包。在可用路径之间，通信量分流比的决定是未来工作的一个主题。

此时，P 中最长 AS_PATH 的路径被选择用于分发给 BGP 邻居。由于 LFI 的条件，多路径感知的 AS 利用在循环部分路径中的一个多路径感知的 AS 抑制循环的路径。然而，常规的 BGP 的 AS_PATH 处理利用在循环部分的路径中没有多路径感知的 AS 抑制循环的路径。为了避免非多路径感知的 iBGP 路由器的循环，选中的路径也没有散布在路由器能够学到多路径集合中路径的任何 BGP 会话中，并且如果路由器之前在一个朝向，在选择的多路径集合 P 中提供路径的邻居路由器的会话中分发路径，那么现在它为多路径目的地发送一个"取消"消息。

3. MpASS：多路径 BGP 与 AS_SET

MpASS 的主要思想是在 AS_PATH 中包含到目前由路由聚合的 AS_PATH 属性的联合造成的所有 AS 数目。特别地，AS_PATH 通过连接 AS_SEQUENCE 结构、AS_SET 结构和站点的 AS 数来获得，其中 AS_SEQUENCE 结构包括与 BGP 路由器从中选择应用 BGP 单一路径选择规则的路由相关的 AS_PATH，而 AS_SET 结构包含其余路径的所有 AS 数目。这个特殊的结构机制保证包含所有的 AS 数，并且 AS_PATH 结构的长度，由 AS_PATH 长度压缩规则定义[24]，等于最好路由的 AS_PATH 长度加 1（当它发生在遗留单一路径的 BGP 路由器时）。这样，当一个遗留路由对较大 AS_PATH 长度应用丢弃路由的规则时，与它将要生成的单一路径路由相比，这个多路径路由并没有处于不利地位。

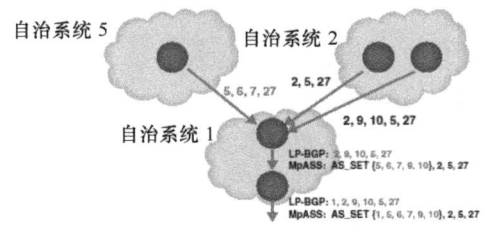

图 12.3　LP-BGP 和 MpASS 中的 BGP 传播

　　循环预防是由常规的单一路径 BGP 检查而强制执行的，并且它不需要定义任何额外的机制或者特定条件，即丢弃路由包含接收通告的路由站点的 AS 数（图 12.3）。一个额外的特征是：当选择一个路由时，站点上所有 AS 数目的包含允许基于特定 AS 传送的策略应用，而这个包含可能通过发送到目的地的数据包传输。遗留 BGP 路由器收到一个与常规 BGP 路由不能区分的路由，如果路由器选择了这个路由，那么数据包可能会从多个可用的路径上获益。

12.5　总结和下一步工作

　　当与单路径路由相比时，多路径路由显示出很多优势：更高的网络容量、可扩展的交通工程能力、更好的应对路径改变和可靠性、增强的安全性、更好的市场透明度。

　　对于域内路由环境来说，可以（有效地）应用不同的解决方案，并且部署范围限制在单个路由域内这一事实特别有助于这项任务（只在提供者的内部网络中的实施）。

　　在域间路由框架中，情况更加复杂。因为大多数不同的现有建议意味着重要的改变发生在固定下来的基于 BGP 的域间通信技术上，BGP 连接着不同的业务提供者，而每个业务提供者又有自己的兴趣和需求。

　　欧洲研究和开发项目 Trilogy 把多路径路由作为一个主要目标。在这个项目中，多路径路由与拥塞控制机制和不同的互联网经济动因联系在一起，以试图依靠提供一个基于这三个领域联络的协同解决方案来改进现有互联网通信机制。

　　本章集中于其中的一个领域——多路径路由，并且我们已经提出了两个机制用于在项目考虑的域间层次提供多个路由。这些机制在选择路由方法上有所不同并且强制了如何进行循环预防。第一个机制（LP-BGP）有可能减少 BGP 传播到邻居路由器的更新数量，因为用于短路径的更新不会影响路径的选择并且不会传播到邻居路由器。然而，在长路径中存在更多失败的可能，因为与只使用短路径的情况相比，多路径路由使用的路径集合中长路径的包含可能会暴露更多的更新。当只是传播最长路径时，BGP 不再匹配所有数据跟随的路径。第二个机制（MpASS）允许选择带有任何 AS_PATH 长度的路由，因为循环预防依赖于运输横穿 AS 数目的完整目录。

这两个机制的区别是 LP-BGP 可能比最好的聚合路由传播更多带有 AS_PATH 的路由,所以多路径聚合的结果可能是一个对其他 BGP 路由器较少吸引的路由(同时展示了对于客户的长路径可能把服务提供者置于商业上的劣势地位)。尽管如此,传播长路径具有强健的循环预防属性,并且运营商可能在他们的判定下限制可接受的路径长度,所以第二个缺点相对次要些(如他们可能需要等长的所有最优路径)。

此外,MpASS 可能遭受过多的更新频率,因为每次新路径聚合在路由器上时,一个新的更新必须传播给所有其他接收该路由的路由器,以确保循环预防的保存(注意,在单一路径情况下,如果最新接收的路由更新了以前的路由,那么 BGP 只传播一个路由,然而在这种情况下许多路由可能逐渐添加到转发路由集合中)。这个问题可以通过设置限制聚合过程的速率来解决。

作为未来工作的一部分,我们计划对这两个协议的稳定性属性进行一个深入的分析,即路由收敛和收敛动力。Griffin 和 Sobrinho[9] 开发的路由代数理论的一些直觉表明 LP-BGP 是稳定的,并且只要等于 AS_PATH 路径的路由是聚合的,那么 MpASS 保证是稳定的,尽管很多分析需要确定使用不同的长度是否会导致稳定的解决方案。

为了分析路径多样性的情况,评估这些机制在真实的互联网上应用的影响是必需的:当前可用路径的数量是否太低或太高?使用等长 AS_PATH 路由是否足够?是否有什么成本添加到本来就已经紧张的域间路由系统?Trilogy 将继续研究上述问题,敬请期待。

参 考 文 献

[1] B. Albrightson, J. J. Garcia-Luna-Aceves, and J. Boyle. EIGRP - A fast routing protocol based on distance vectors. In Networld/Interop 94, Las Vegas. Proceedings, pages 136-147, 1994.

[2] D. Andersen, H. Balakrishnan, F. Kaashoek, and R. Morris. Resilient overlay networks. In ACM SOSP Conference. Proceedings, 2001.

[3] M. Bagnulo, L. Burness, P. Eardley, et al. Joint multi-path routing and accountable congestion control. In ICT Mobile Summit. Proceedings, 2009.

[4] S. M. Bellovin. Security problems in the TCP/IP protocol suite. ACM SIGCOMM Computer Communication Review, 19(2):32-48, 1989.

[5] T. W. Chim, K. L. Yeung, and K. S. Lui. Traffic distribution over equal-costmulti- paths. Computer Networks, 49(4):465-475, 2005.

[6] A. de la Oliva, M. Bagnulo, A. Garcìa-Martìnez, and I. Soto. Performanceanalysis of the reachability protocol for IPv6 multihoming. Lecture Notes in Computer Science, 4712:443-454, 2007.

[7] B. Fortz and M. Thorup. Internet traffic engineering by optimizing OSPF weights. In IEEE INFOCOM 2000. Proceedings, volume 2, pages 519-528, 2000.

[8] L. Gao and J. Rexford. Stable Internet routing without global coordination. IEEE/ACM Transactions on

Networking, 9(6):681-692, 2001.

[9] T. G. Griffin and J. L. Sobrinho. Metarouting. ACM SIGCOMM Computer Communication Review, 35(4):1-12, 2005.

[10] H. Han, S. Shakkottai, C. V. Hollot, R. Srikant, and D. Towsley. Overlay TCP for multi-path routing and congestion control. IEEE/ACM Transactions on Networking, 14(6):1260-1271, 2006.

[11] C. Hopps. Analysis of an Equal-Cost Multi-Path Algorithm. RFC2992, 2000.

[12] G. Huston. Potaroo. net. [Online]. Available: www. potaroo. net/, 2009.

[13] H. T. Kaur, S. Kalyanaraman, A. Weiss, S. Kanwar, and A. Gandhi. BANANAS: An evolutionary framework for explicit and multipath routing in the Internet. ACM SIGCOMM Computer Communication Review, 33(4):277-288, 2003.

[14] F. Kelly and T. Voice. Stability of end-to-end algorithms for joint routing and rate control. ACM SIGCOMM Computer Communication Review, 35(2):5-12, 2005.

[15] F. P. Kelly. Loss networks. The Annals of Applied Probability, 1(3):319-378, 1991.

[16] A. Khanna and J. Zinky. The revised ARPANET routing metric. ACM SIGCOMM Computer Communication Review, 19(4):45-56, 1989.

[17] C. N. Laws. Resource pooling in queueing networks with dynamic routing. Advances in Applied Probability, 24(3):699-726, 1992.

[18] X. Meng, B. Zhang, G. Huston, and S. Lu. IPv4 address allocation and the BGP routing table evolution. ACM SIGCOMM Computer Communication Review, 35(1):71—80, 2005.

[19] T. Moncaster, B. Briscoe, and M. Menth. Baseline encoding and transport of pre-congestion information. IETF draft. draft-ietf-pcn-baseline-encoding-02, 2009.

[20] R. Moskowitz, P. Nikander, P. Jokela, and T. Henderson. Host Identity Protocol. RFC5201, 2008.

[21] M. Motiwala, N. Elmore, M. Feamster, and S. Vempala. Path splicing. In ACM INFOCOM. Proceedings, 2008.

[22] J. Moy. OSPF Version 2. RFC2328, 1998.

[23] P. Psenak, S. Mirtorabi, A. Roy, L. Nguyen, and P. Pillay-Esnault. Multitopology(MT) routing in OSPF. RFC4915, 2007.

[24] Y. Rekhter, T. Li, and S. Hares. ABorder Gateway Protocol 4 (BGP-4). RFC4271, 2006.

[25] Routeviews. University of Oregon Route Views Project. [Online] Available: http://routeviews. org/, 2009. 256 F. Valera, I. van Beijnum, A. Garcìa-Martìnez, and M. Bagnulo.

[26] A. Sridharan, R. Guerin, and C. Diot. Achieving near-optimal traffic engineeringsolutions for current OSPF/IS-IS networks. IEEE/ACM Transactions on Networking, 13(2):234-247, 2005.

[27] S. Vutukury and J. J. Garcia-Luna-Aceves. A simple approximation to minimum-delay routing. In ACM SIGCOMM. Proceedings, pages 227-238. ACM, 1999.

[28] D. Wischik, M. Handley, and M. Bagnulo. The resource pooling principle. ACM SIGCOMM Computer Communication Review, 38(5):47-52, 2008.

[29] W. Xu and J. Rexford. MIRO: Multi-path interdomain routing. In Proceedings of the 2006 Conference on Applications, Technologies, Architectures, and Protocols for Computer Communications, volume 36, pages 171-182. ACM, 2006.

[30] D. Zhu, M. Gritter, and D. R. Cheriton. Feedback based routing. ACM SIGCOMM Computer Communication Review, 33(1):71-76, 2003.

第 13 章　显式拥塞控制：命令、公平和准入管理

Frank Kelly[1]，Gaurav Raina[2]

[1] 剑桥大学(University of Cambridge)，英国

[2] 马德拉斯印度理工学院(Indian Institute of Technology Madras)，印度

在设计大规模通信网络时，一个重要的实际问题是控制可以分散到何种程度。随着互联网从小规模的研究网络逐渐形成到如今数亿台主机的互连，流量控制的分散处理方法已经非常地成功，但是现在它开始出现紧张的迹象。在开发新的端到端的协议时，面临的挑战是理解分散流量控制的哪个方面才是重要的。人们可能从如何能在用户之间共享开始问起。或者，如何组织通过一个网络的流量，以便网络明显地响应失败和过载。此外，路由、流量控制和连接接受算法是否很好地在不确定和随机的环境下工作。

一个更富有成效的理论方法已经基于一个允许拥塞控制算法用分布式机制去解决全局优化问题框架，这方面的概述可见文献[1]～文献[3]。最初的算法，例如，传输控制协议(TCP)，明显地符合利用增减规则的形式来将网络反馈的噪声在端点均分掉的拥塞控制机制。这种方式是由 Jacobson 首次提出的[4]。从平均资源在拥塞到端点上优于相对确切信息的反馈来看，对偶算法明显地符合更加显式的拥塞控制机制。显式拥塞控制协议的例子包括显式控制协议(XCP)[5]和速率控制协议(RCP)[6-8]。

目前人们对显式拥塞控制有相当大的兴趣。一个主要的动机是它允许设计一个公平的、稳定的、低损耗的、低延迟的和高利用率的网络。特别地，显式拥塞控制应该允许快速地完成短流量，并且还提供一个用于命令的自然框架。在这一章中，我们回顾一些关于显式拥塞控制的理论背景，并提供一些新的结果尤其集中在准入管理。

13.1 节描述了比例公平的概念，并展示了公平和命令之间密切的关系。在速率控制的数学框架中，比例公平允许调和公平和效率之间可能的冲突。速率控制协议使用路由器上的显式反馈允许快速收敛到一个平衡，而在 13.2 节中概述了速率控制协议的一个成比例公平的变体，其用在队列较少的网络中。在 13.3 节中关注流量的注入管理，首先描述了一个阶梯式的算法，其允许新的流量以公平的、高起始速率进入网络。然后研究这个算法在发生突然和较大的负载变化时的鲁棒性。特别地，我们探索设计准入管理算法的关键折中方法，也就是在网络资源的期

望利用和突然到来的通信量的规模之间的折中，而网络在没有缓冲过载的情况下能够处理这些通信量。在 13.4 节中给出了一些结论。

13.1　公　　平

通信网络设计的一个关键问题是如何在网络的竞争用户之间共享可用带宽？在这一节中，我们描述了一个数学框架，这个框架允许我们解决这个问题。

考虑具有一组资源 J 的网络。假设一个路由 r 是 J 的一个非空子集，那么 $j \in r$ 表示路由 r 通过资源 J。假设 R 是一组可能的路由。如果 $j \in r$，则设置 $A_{jr} = 1$，以使资源 j 位于路由 r 上，否则设置 $A_{jr} = 0$。这里定义了一个 0-1 的关联矩阵 $A = (A_{jr}, j \in J, r \in R)$。

假设路由 r 关联到一个用户，这代表路由 r 上的流量服务的一个更高层次的实体。假设速率 $x_r > 0$ 分配给路由 r 上的流量，则表示有给用户的效用 $U_r(x_r)$。假设效用 $U_r(x_r)$ 在 $x_r > 0$ 上是 x_r 的一个渐增的、严格的凹函数（根据 Shenker[9]，我们把通信量称为导致这样一个效用函数的弹性通信量）。为了简化结果的声明，我们再假设 $U_r(x_r)$ 是持续可微分的，也就是当 $x_r \downarrow 0$ 时 $U'_r(x_r) \to \infty$，而当 $x_r \uparrow \infty$ 时 $U'_r(x_r) \to 0$。

再假设效用是加法的，所以综合效用的比率 $x = (x_r, r \in R)$ 是 $\sum_{r \in R} U_r(x_r)$。假设 $U = (U_r(\cdot), r \in R)$ 并且 $C = (C_j, j \in J)$。这种模式下系统最优比率可以解决以下问题。

SYSTEM(U, A, C)：

$$\text{maximize} \sum_{r \in R} U_r(x_r)$$
$$\text{其中 } Ax \leqslant C$$
$$x \geqslant 0$$

虽然这个优化问题在数学上是很容易处理的（严格凹的目标函数和凸的可行域），但是它涉及网络不大可能知道的效用 U。因此，我们考虑这个简单的问题。

假设用户 r 可能选择一定数量去支付每个单元时间 w_r，并且获得与 w_r 成正比的流量 x_r，也就是 $x_r = w_r / \lambda_r$，其中 λ_r 可以认为对用户 r 来说，每单元流量的费用。然后用户 r 的效用最大化问题如下。

USER$_r(U_r; \lambda_r)$：

$$\text{maximize} U_r\left(\frac{w_r}{\lambda_r}\right) - w_r$$

其中　　　　　　　　　　　　　$w_r \geqslant 0$

假设网络知道向量 $w = (w_r, r \in R)$，并且试图最大化函数 $\sum_r w_r \log_{10} x_r$。然

后网络的优化问题如下。

NETWORK$(A,C;w)$：

$$\text{maximize} \sum_{r \in R} w_r \log_{10} x_r$$
$$\text{其中 } Ax \leqslant C$$
$$x \geqslant 0$$

众所周知[10,11]，总是存在向量 $\lambda=(\lambda_r,r \in R)$，$w=(w_r,r \in R)$ 和 $x=(x_r,r \in R)$，对于 $r \in R$ 满足 $w_r=\lambda_r x_r$，这样对于 $r \in R,w_r$ 解决 USER$_r(U_r;\lambda_r)$，并且 x 解决 NETWORK$(A,C;w)$。进一步地，向量 x 于是成为 SYSTEM(U,A,C) 的唯一解。

如果一个向量的比率 $x=(x_r,r \in R)$ 是可行的，也就是 $x \geqslant 0$ 和 $Ax \leqslant C$，并且如果对于任何其他可行的向量 x^*，总体比例变化为零或负，那么它是成比例公平的：

$$\sum_{r \in R} \frac{x_r^* - x_r}{x_r} \leqslant 0 \tag{13.1}$$

如果 $w_r=1,r \in R$，则当且仅当一个向量比率 x 是按比例公平时其解决 NETWORK$(A,C;w)$。这样一个向量也是原本在两个用户的特定环境下[12]的 Nash 谈判方案自然延伸到任意数量的用户，并且同样地满足一定公平的自然定理[13,14]。

如果向量 x 是可行的，并且对于任何其他可行的向量 x^*，那么它是每个单元费用按比例的一个比率。

$$\sum_{r \in R} w_r \frac{x_r^* - x_r}{x_r} \leqslant 0 \tag{13.2}$$

当 w_r 和 $r \in R$ 都是不可或缺时，条件(13.1)和条件(13.2)之间的关系能够得到很好的体现。对于每个 $r \in R$，用 w_r 同一子用户代替单一的用户 r，在结果 $\sum_r w_r$ 用户下构建成比例的公平分配，并且提供给用户 r 分配给它的 w_r 子用户的聚合比率，然后产生每单元费用的比率是成比例公平的。当且仅当每单元费用的比率是成比例公平时，检查一个向量比率 x 是否解决 NETWORK$(A,C;w)$ 是很简单的事情。

为什么要提出比例公平呢？

当有单一的瓶颈链接时，RCP 接近处理器共享队列的规定，因此允许迅速完成短流量[7,15]。对于在单一瓶颈链接中的处理器共享规定，传送文件的平均时间与文件的大小成正比，并且对文件大小的分布不敏感[15,16]。比例公平是自然的处理器共享的网络一般化原则，日益增多的文献显示它有精确的或近似不敏感的属性[17,18]和重要的效率与鲁棒性的特征[19,20]。

在 Le Boudec 和 Radunovic[20] 的多跳无线网络研究中，强调比例公平在效率与公平之间取得了良好的权衡,并建议移动自主网协议的比率性能指标应该基于比例公平。我们也强调两部分的论文系列[21]，也就是研究使用比例公平作为在多通道多比率的无线网络中资源分配和调度的基础。在他们研究的许多方面，作者推断与如今 802.11 商业产品的默认解决方案相比，比例公平的解决方案能够同时达到更高的系统吞吐量、更好的公平性和更低的中断概率。

Briscoe[22]已经为成本公平雄辩地提出，也就是每单元费用比率是比例公平的。就像 Briscoe 讨论的那样，它并不一定遵循用户根据上述的简单模型来进行支付，例如，如果用户更喜欢 ISP 来提供统一费用订阅。但是为了避免不正常的动机，责任就应该基于成本公平。例如，ISP 可能要限制他们用户造成的拥堵成本，而不是对用户造成的无限损失收取他们的费用。

13.2 节展示速率控制协议可能适合实现成本公平，进一步地，可能展示为了保持平衡的能力，在快速的往返时间的时间量程上收敛。

13.2　比例公平的速率控制协议

在这一节中，我们概括 RCP 在文献[23]中介绍的比例公平变体。我们使用的框架是基于数据包流的流体模型，其中动态的流模型允许控制理论的机构用于研究快速往返时间的时间量程的稳定性。

缓冲区大小在设计端到端协议时是一个重要的问题。在速率控制网络中，如果链接运行接近容量，那么缓冲区需要非常大，以便新的流能够给定一个高的起始速率。然而，如果链接运行在备用容量，那么这可能足以应付新的流，并允许缓冲区可以小一点。为了低延迟和低损耗网络的目标，必须努力保持小的队列。在这样一个体制中，队列大小波动是非常快的，因此不可能去控制队列的大小。相反，如文献[24]和文献[25]中的描述，协议充当控制队列大小的分配。因此，首先是时间尺度上相关协议的收敛，然后平均队列大小是重要的。这种简化处理的队列大小允许我们获得一个模型，该模型容易驾驭甚至是一个通用的网络拓扑。接下来，我们描述具有小队列 RCP 的网络模型，其旨在让缓冲区要小。

回想一下，我们把网络看成为一组资源 J 和一组路由 R。一个路由 r 是 J 的一个非空子集，并且我们说 $j \in r$ 表明路由 r 经过资源 j。对于 $j \in r$ 中每个 j 和 r，T_{rj} 表示从流量源到资源 j 在路由 r 上的传播延迟，而 T_{jr} 表示从资源 j 到流量源的返回延迟。因此

$$T_{rj} + T_{jr} = T_r, j \in r, r \in R \tag{13.3}$$

式中，T_r 是在路由 r 上往返的传播延迟。式(13.3)是端到端信号机制本身的一个直接后果，即路由上的拥塞通过数据包中的一个字段传送给目的地，然后目的地通知源点。假设队列延迟构成一个端到端延迟中微不足道的组件，这符合假设的小队列的网络操作。

我们的小队列公平 RCP 变体由系统的微分方程模式化

$$\frac{\mathrm{d}}{\mathrm{d}t}R_j(t) = \frac{aR_j(t)}{C_j\,\overline{T}_j(t)}(C_j - y_j(t) - b_jC_jp_j(y_j(t))) \tag{13.4}$$

式中

$$y_j(t) = \sum_{r:j\in r}x_r(t - T_{rj}) \tag{13.5}$$

是链接 j 的总负载,当有负载 y_j 时,$p_j(y_j)$ 是在链接 j 上的平均队列大小,并且

$$\overline{T}_j(t) = \frac{\sum_{r:j\in r}x_r(t)T_r}{\sum_{r:j\in r}x_r(t)} \tag{13.6}$$

是数据包通过资源 j 的平均往返时间。假设流量率 $x_r(t)$ 在时间 t 离开路由 r 的源由下面的公式给定

$$x_r(t) = w_r\,\big(\sum_{j\in r}R_j\,(t - T_{jr})^{-1}\big)^{-1} \tag{13.7}$$

我们解释这些公式如下所示。根据式(13.4),资源 j 更新 $R_j(t)$,单独地通过资源 j 流量的名义利率。在这个公式中,$C_j - y_j(t)$ 表示在时间 t 时,资源 j 上衡量速率的不匹配,而 $b_jC_jp_j(y_j(t))$ 与资源 j 上的平均队列大小成正比。式(13.7)给出的是路由 r 上的流量率,用权重 w_r 乘以每个路由 r 上资源的名义利率的倒数的总和的倒数来表示。式(13.5)和式(13.7)为传播延迟和缩放资源 j 适应式(13.4)通过资源 j 比率的数据包的平均往返时间(式(13.6))做出适当的修订。

计算式(13.7)可以执行如下。如果一个数据包在时间 t 通过链接 j 服务,那么 $R_j(t)^{-1}$ 添加到数据包包含拥塞指示的字段中。当确认返回到其源点时,确认反馈总和和源点设置的流量率等于返回功率-1。

用于平均队列大小的简单近似法如下。假设在一段时间 τ 内到达资源 j 的工作负载是 Gaussian,具有平均值 $y_j\tau$ 和方差 $y_j\tau\sigma_j^2$。然后队列中的工作负载反映为 Brownian 运动[26],这意味着其平稳分布

$$p_j(y_j) = \frac{y_j\sigma_j^2}{2(C_j - y_j)} \tag{13.8}$$

式中,参数 σ_j^2 表示资源 j 的通信量在数据包层的可变性。其单位取决于如何衡量队列大小:例如,如果数据包的大小不变,那么单位为数据包,否则单位为千比特。

对于式(13.4)～式(13.8),在平衡点 $y = (y_j, j\in J)$ 有

$$C_j - y_j = b_jC_jp_j(y_j) \tag{13.9}$$

从式(13.8)～式(13.9)中可见平衡点

$$p'_j(y_j) = \frac{1}{b_jy_j} \tag{13.10}$$

通过观察以上两个模型公式,可以发现有两种反馈形式:速率的不匹配和队列

的大小。

13. 2. 1　局部稳定性的充分条件

对于 RCP 动力系统,根据并入协议定义的反馈形式,其可能为局部稳定性展示两个简单的充分条件。对于必要的推导和相关分析,可参见文献[23]。

基于速率不匹配和队列大小带有反馈的局部稳定性。对于式(13.4)～式(13.8)去局部稳定其平衡点,一个充分条件为

$$a < \frac{\pi}{4} \tag{13.11}$$

可以观察到假如我们的模型假设是满意的,那么这个简单的分散充分条件在参数 $b_j, j \in J$ 上没有限制。

参数控制每个源的收敛速度,而参数控制在平衡点上资源的利用率。从式(13.8)～式(13.9)中,我们可以推断出资源的利用率为

$$\rho_j \equiv \frac{y_j}{C_i} = 1 - \sigma_j \left(\frac{b_j}{2} \cdot \frac{y_j}{C_i} \right)^{1/2}$$

并有

$$\rho_j = \left(\left(1 + \frac{\sigma_j^2 b_j}{8} \right)^{1/2} - \left(\frac{\sigma_j^2 b_j}{8} \right)^{1/2} \right)^2$$

$$= 1 - \sigma_j \left(\frac{b_j}{2} \right)^{1/2} + O(\sigma_j^2 b_j) \tag{13.12}$$

例如,如果 $\sigma_j = 1$,对应于常数大小数据包的泊松到达,那么 $b_j = 0.022$ 就会产生一个 90% 的利用率。

只基于速率不匹配带有反馈的局部稳定性。对于局部稳定性可能会获得可供选择的充分条件。如果参数都设置为零,并且算法使用 C_j 而不是资源 j 的实际能力,但是代替一个目标或者有 90% 的实际能力的虚拟能力,那么这也会达到一个90% 的均衡利用率。在这种情况下,对于局部稳定性等价的充分条件是

$$a < \frac{\pi}{2} \tag{13.13}$$

尽管排队术语的存在对于参数 a 关联到一个较小的选择——注意,因素在式(13.11)和式(13.13)之间的区别——但是本地的响应性是可比的,因为排队术语作为术语衡量速率不匹配来贡献大致相同的反馈。

13. 2. 2　说明性的仿真

接下来通过一个简单的数据包层仿真来举例说明 RCP 算法中小队列实体,在这种情况下,反馈只基于速率的不匹配。

模拟的网络只有一个资源,其能力为每个时间单位为一个数据包和产生泊松数据量的 100 个源。让我们激发一个简单的计算。假设往返时间为 10000 时间单位。然后假设数据包大小为 1000 字节,这将转化为一个 100Mbit/s 的服务速率和一个 100ms 的往返时间,或者一个 1Gbit/s 的服务速率和一个 10ms 的往返时间。使用 RCP 网络中数据包流的离散事件仿真器能够产生观测的数据和数据包层仿真的轨迹,其中链路被模拟为 FIFO 队列。往返时间的仿真范围为 $1000 \sim 100000$ 时间单位。在我们的仿真中,当队列术语不在反馈中时,即 $b=0$,我们设置 $a=1$,并在协议定义中用 γC 替换 C,其中 $\gamma \in [0.7, \cdots, 0.90]$。仿真在接近平衡处开始。

图 13.1 显示的是当往返范围在 $1000 \sim 100000$ 时间单位时理论和仿真结果的比较。对于较短的往返时间,观察利用率在一个往返时间内的变化性。这是可以预料到的,因为在队列大小的经验分布中这将保持变化性。由于带宽延迟产品的增加,所以这个源点的变化性有所降低,并且在这样一个管理体制中理论和仿真之间有很好的协议。

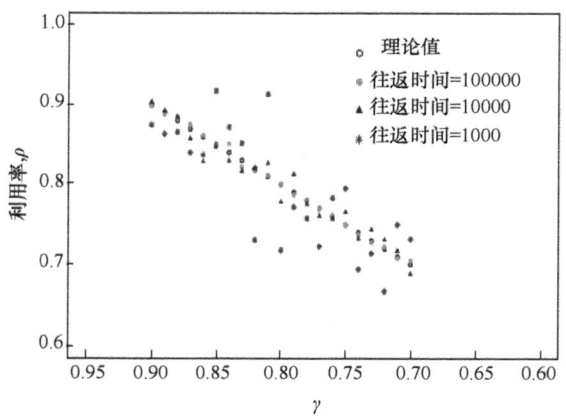

图 13.1　对于具有 100 个产生泊松数据量的 RCP 源的不同参数值 γ
和在一个往返时间内测量的利用率 ρ

13.2.3　两种形式的反馈

控制通信网络的速率可能包含两种形式的反馈:一种是基于速率的不匹配;另一种是基于队列的大小。

基于速率不匹配和队列大小的反馈存在一些争论是否有任何好处。无论有无基于队列大小反馈的系统都能产生不同的非线性方程组,虽然两个差异有无害的因素,但是它们都能产生分散的充分条件以确保局部的稳定性。

迄今为止,当基于线性系统理论的方法并没有提供一个优先的设计推荐时,注意式(13.11)和式(13.13)之间不同的简单因素,对于进一步的发展很自然地采用非线性技术。对于一个起点,文献[27]进行了调查,其中作者调查 RCP 的一些非线性属性得出结论,有利于系统的反馈只基于速率不匹配。

13.2.4　均衡调整

供需达到平衡的机制一直是经济学家关注的焦点,并存在大量关于稳定性的理论,而这些稳定性称为均衡调整。从这个角度来看,在这一节中描述的速率控制算法只是 Walrasian 拍卖者搜索保证市场供需平衡价格的一个特定体现。Walrasian 拍卖者的均衡理论通常被认为是令人难以置信的构造。然而,我们发现一个通信网络结构显示一个相当自然的环境,在其中可以为均衡调整探究结果。

在本节中,我们显示比例公平准则如何在大规模网络中实现。特别地强调简单的速率控制算法能够为比例公平的每单元费用提供稳定的收敛,并且即使在随机排队效果和传播时间延迟面前也是稳定的。

然而,一个关键的问题是新的流量如何加入这样的网络,我们将在 13.3 节继续这样的主题。速率控制网络中的缓存大小是一个局部问题,而对于这方面的最近工作进展,读者参考文献[28],并在其中引用。然而,在这一章的重点将是发展文献[23]的准入管理过程。

13.3　准　入　管　理

在显式拥塞控制网络中,当一个新的流量到达时,它期望去学习一个往返时间之后的起始速率。所以设计这样网络的一个重要方面是新流量的管理。特别地,一个关键问题是在速率上大规模的阶跃变化,这很有必要在资源上去适应一个新的流量。我们表明对于这里考虑的 RCP 变体,在没有个体流量速率的情况下,这可以从通过资源的聚合流量进行预计。

首先在 13.3.1 节描述一个资源如何估计一个新流量在其上启动造成的影响。这表明一个自然的阶梯式算法用于资源评估其名义汇率。在本节的其余部分,我们将基于阶梯式算法的接入管理程序的有效性推广到大型的、突然的、变化的负载网络进行探索。

13.3.1　阶梯式算法

平衡状态下,通过资源 j 的聚合流量为 y_j,其唯一值使得式(13.4)的右边为零。当开始传送一个新的流量 r 时,如果 $j \in r$,那么这将 y_j 增加到 $y_j + x_r$,从而打破平衡。因此,为了保持平衡,无论一个流量 r 何时开始,对于所有的 $j \in r$,R_j 都需要减少。

根据式(13.5)

$$y_j = \sum_{r:j \in r} \omega_r \left(\sum_{k \in r} R_k^{-1} \right)^{-1}$$

因此对于速率 R_j 变化的敏感性 y_j 可以容易地推导为

$$\frac{\partial y_j}{\partial R_j} = \frac{y_j \overline{x}_j}{R_j^2} \tag{13.14}$$

式中

$$\overline{x}_j = \frac{\sum_{r:j \in r} x_r \left(\sum_{k \in r} R_k^{-1} \right)^{-1}}{\sum_{r:j \in r} x_r}$$

这个 x_j 是通过资源 j 的所有数据包中未加权的公平分配一个数据包的路由的平均。

假设当一个新的权值为 w_r 的流量 r 到达时,它通过它路由上的每个资源 j 发送一个请求数据包,并且假设这个数据包上的每个资源 j 立即在 R_j 中对一个新值做出阶跃变化

$$R_j^{\text{new}} = R_j \cdot \frac{y_j}{y_j + w_r R_j} \tag{13.15}$$

减少的目的是给新的流量在资源上腾出空间。尽管在 R_j 中的阶跃变化需要在网络上花费时间运转,但是从现有流量的通信量预期的大规模变化可以从式(13.14)和式(13.15)上预计为

$$(R_j - R_j^{\text{new}}) \cdot \frac{\partial y_i}{\partial R_j} = w_r \overline{x}_j \cdot \frac{y_j}{y_j + w_r R_j}$$

因此以现有流量为目标的减少是一个适当的规模允许额外的流量通过资源 j 在平均 w_r 的权重上公平分配。注意这是在不知道通过它的个别流量率的资源情况下完成的,$(x_r, r:j \in r)$:只知道它们均衡的聚合 y_j 用在式(13.15),并且 y_j 可能由式(13.9)中的参数 C_j 和 b_j 决定。

现在,我们描述一个有趣的重要情况:大量的和突然的流量变化。很自然地,我们会想要去问协议面对突然的、大量的流量变化时的鲁棒性。网络应该能够聪明地应付本地通信量的激增。这种激增能够简单地通过突然增加希望使用特定路由的用户来引入。或者,这样的激增可能由于一个链接的错误,即其中一部分或者全部的负载被转移到仍然运行的一个链路上。

13.3.2 阶梯式算法的鲁棒性

在本节,我们简要分析基于上述阶梯式算法应对大量的和突然的流量增加的许可控制过程的鲁棒性。

考虑这样一种情况,网络由一个单一链路 j 和均衡流量速率 y_j 组成。如果有 n 个相同的流量,则均衡为 $R_j = y_j/n$。当一个新的流量开始时,执行阶跃变化

(13.15)，并且 R_j 变为 $R_j^{\text{new}} = y_j/(n+1)$。因此均衡得以维持。现在假设有个新的流量 m 开始于同一时刻。一旦 m 个流量已经开始，就应该变为 $y_j/(n+m)$。然而，每个新流量要求的带宽将只接收一次。因此，给定新流量的速率为 $y_j/(n+1)$，$y_j/(n+2),\cdots,y_j/(n+m)$。所以，当新的流量开始传送时，在一次往返时间后，通过 j 的新聚合速度 y_j^{new} 大约为

$$y_j^{\text{new}} \approx n\,\frac{y_j}{n+m} + \int_n^{n+m} \frac{y_j}{u}\mathrm{d}u$$

如果令 $\varepsilon = m/n$，则有

$$y_j^{\text{new}} \approx y_j \left(\frac{1}{1+\varepsilon} + \log_{10}(1+\varepsilon) \right) \tag{13.16}$$

为了使接入控制过程能够应付负载增加到 ε 一定比例，我们只需要 y_j^{new} 小于链接 j 的容量。直接的计算表明，如果的 y_j 平衡值等于容量的 90%，则允许增加高达 66% 的流量。此外，如果 y_j 的平衡值等于容量的 80%，那么在没有 y_j^{new} 超过链路容量的情况下，增加的流量高达 122%。

13.3.3　网络管理指南

图 13.2 强调网络资源的期望利用率和资源能够吸收的大规模突然到达的新

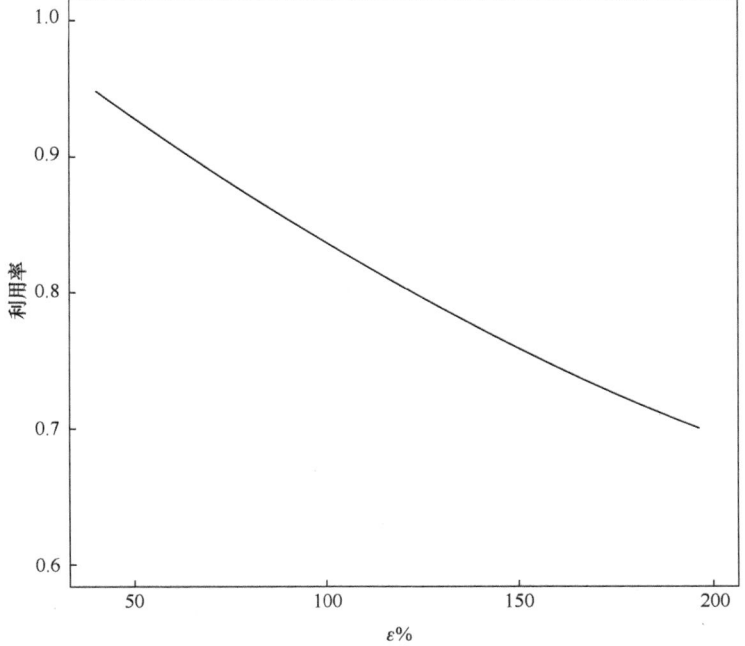

图 13.2　期望达到的利用率和在应对一个突然增加的负载时系统仍然拥有的利用率 ε%

（数值计算根据式(13.16)）

通信量之间的权衡。上述的分析和讨论围绕了一个单一链接,但是并没有提供简单的经验法则用来指导参数的选择,如 b_j 或者 C_j。如果以 ε 为最大网络可以承受的合理增加负载,那么从式(13.16)中能够计算给定 y_j 等于容量 y_j^{new} 的值。然后,使用平衡关系 $C_j - y_j = b_j C_j p_j(y_j)$,$y_j$ 的值可以用来选择 b_j 或者 C_j。流量突然增加以后可能存在两种截然不同的情况。

(1)如果在流量增加以后,负载 y_j 仍然小于容量 C_j,那么我们处在一种队列保持稳定的情况中。其平稳分布(式 13.8)将会增加均值和方差,但是不会依赖带宽与延迟的乘积。

(2)如果在流量增加以后,负载 y_j 超过了容量 C_j,那么我们处在一种队列不稳定的情况中,并且为了防止丢包缓冲区有必要存储成比例的额外带宽乘以延迟。

我们建议的方法是选择缓冲区大小和利用率来应对第一种情况,同时在第二种情况中允许数据包的丢失而不是存储。如果选择目标利用率来处理突然过载的合理水平,那么第二种情况应该很少发生。

13.3.4　阐述利用率和鲁棒性的权衡

我们首先概括描述一下包含允许一个新的流量进入 RCP 网络的过程。一个新的流量首先通过网络传送一个请求。每个链接在探测到请求包的到达后,执行阶梯式算法以便为新的流量在各自的资源中腾出空间。在一个往返时间之后,流量的源头收到请求数据包返回的确认,并开始以传达回来的式(13.7)的速率进行传送。这个程序允许一个新的流量在一个往返时间内达到接近平衡。现在我们通过一些仿真来举例说明处理新到达流量的接入管理过程。

我们希望展示在目标利用率和资源突然增加的大量负载带来的影响之间的权衡。考虑一个简单的网络,如图 13.3 所示,由五个链路组成并且终端系统产生泊

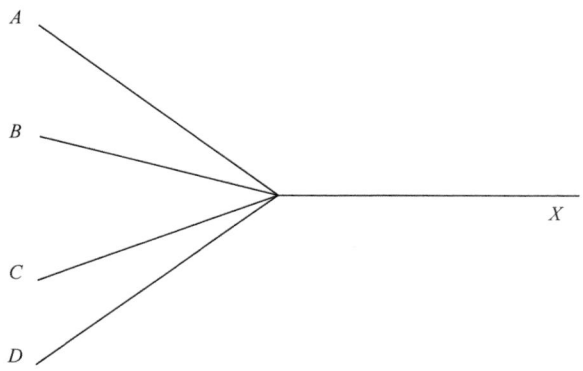

图 13.3　在数据包层仿真中用到的玩具网络,用来举例说明承认一个新的流量
进入 RCP 网络的过程

(标记为 A, B, C, D 和 X 的链路每单位时间具有的能力分别为 1,10,1,10 和 20 个数据包。
在链路 A, B 和 X 上的物理传输延迟为 100 时间单位,而在链路 C 和 D 上为 1000 时间单位)

松数据量，其中在链路上不包括基于 RCP 定义的队列大小的反馈。在我们的仿真中，由于队列术语不在反馈中，即 $b=0$，因此为了针对目标利用率 $\gamma_j<1$，在协议定义中，当时我们用 $\gamma_j C_j$ 替换 $C_j a$ 的值设置为 $0.367\approx 1/e$，以确保系统在局部稳定性上有很好的充分条件。在我们的实验中，链路 A,B,C 和 D 都以 20 个流量操作处在平衡状态。每个流量使用链路 X 和链路 A,B,C,D 中的一个。例如，发源自进入链路 C 的流量的一个请求数据包，在返回到源点之前将首先通过链路 C，然后是链路 X。

实验进行如下。所有链路的目标利用率设置为 90%，而我们考虑的场景是 50% 和 100%，然后是 200% 的瞬间流量增加。这些数字的选择由图 13.2 所示的鲁棒性分析来指导。因为我们的主要兴趣是探索在资源上突然增加负载带来的影响，所以也会展示对其中一个入口链路的影响，即链路 C。

当处理新的流量时，有两个数量是我们希望在资源上观察的：对速率的影响和对队列大小的影响。在图 13.4(a)～图 13.4(c) 中，为适应新的流量所产生必要的阶梯式速率清晰可见。然而，对队列大小的影响却是微妙的。图 13.4(a) 对应一个 50% 的流量增加，可以看到在大约 4000 时间单位时队列有个较小的尖峰。当有一个 100% 的流量增加时，队列上的尖峰更加明显，如图 13.4(b) 所示。这个尖峰持续了大约 2200 时间单位，这个时间是通过链路 C 和 X 的物理传播延迟总和的两倍，在链路 C 起源的流量的往返时间。当流量增加为 200% 时，尖峰极其明显，事实上尖峰把队列的峰值推到了接近 300 个数据包的位置，如图 13.4(c) 所示。然而，队列大约在一个往返时间之后就返回到它的平衡状态。

图 13.4(a) 显示的是 13.3.3 节中描述的第一种情况：在负载增加以后，虽然队列在均值和方差上有所增加，但是其仍然保持稳定。图 13.4(b) 和图 13.4(c) 显示的是第二种情况，也就是在增加 y_j 以后，负载超过了容量 C_j。在图 13.4(b) 中，超过的负载相对较小，并且在随机波动仍然突出的情况下，队列大小只有一个温和的向上漂移。在图 13.4(c) 中，超过的负载，C_j-y_j，在一个往返时间长度的期间内引起队列大小呈现近似线性的增长。回想一下，这两种情况分别对应两倍和三倍的流量。

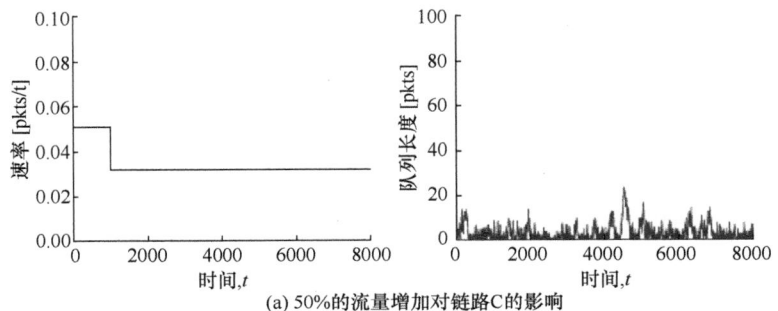

(a) 50%的流量增加对链路C的影响

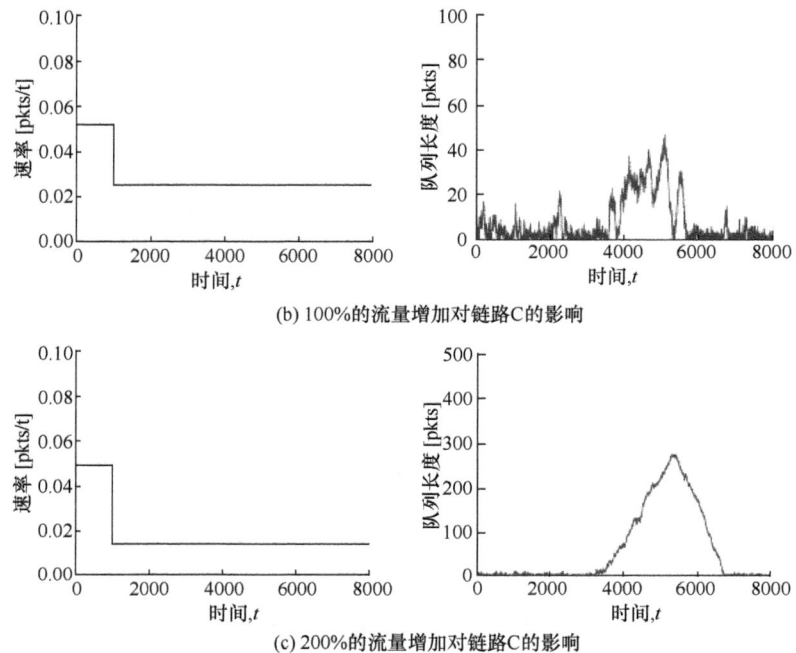

(b) 100%的流量增加对链路C的影响

(c) 200%的流量增加对链路C的影响

图 13.4　举例说明 50%,100%和 200%的流量增加瞬间地进入图 13.3 中所描述的
网络中的情况

(在仿真网络中所有链路的目标利用率为 90%)

　　上面的实验有助于阐述目标利用率和在资源上一个大的、突然的负载带来的影响之间的权衡。阶梯式算法有助于提供一个更加弹性的网络,即使面对在局部通信量的较大激增也能够很好运转的网络。阶梯式算法的综合性能评估形成接入管理过程的完整部分,而在将来研究它在速率控制网络的有效性。

13.3.5　缓冲区大小和阶梯算法

　　如今的传输控制协议事实上是用于大多数应用程序的拥塞控制标准。它的成功,在某种程度上,是因为它主要运营在无线网络上的事实,而其中损耗主要是由于路由缓冲区的溢出。这个协议已经设计为去反应和应对损耗。当检测出数据包的损耗时,在 TCP 的拥塞避免阶段中乘法减少组件提供了规避风险响应。然而,损耗给数据包造成损害。这个问题可能在比特误码率不可以忽略不计的环境中得到加剧,一个特征通常表现在无线网络。

　　在速率控制的网络中,损耗从流量控制中分离,并且在平衡状态,也在挑战的情况下,有可能维持小的队列。这样的一个结果是路由器中的缓冲区能够比目前使用的不遭损失的拇指带宽延迟乘积算法[25]标出的尺寸更小。阶梯式算法确保队列大小仍然是有界限的通过其扮演的角色展现出来,所以它形成一个相当自然的系统设计组件。例如,为了减少包丢失发展缓冲区的大小,提供一个优质的服务质量。

13.4 结 束 语

传统上,稳定性一直被认为是一个工程问题,并需要分析快速操作时间尺度的随机性和反馈。此外,公平一直被认为是一个经济问题,并包含效用的静态比较。在未来网络,工程问题和经济问题之间的区别可能会减少,并将增加一种跨学科角度的重要性。这样一种角度正是本章所追求的,其中我们在一个按步骤设计的显式拥塞控制的网络中探讨了有关公平、计费、稳定性、反馈和接入管理等方面的问题。

发展现代通信网络的一个关键问题是计费和数学框架,这个数学框架能够使我们展示公平和计费之间亲密的关系。在通信网络背景下,最大最小公平是最常讨论的公平标准。然而,它不是唯一的可能性,并且我们强调在各种设计要素如计费、稳定性和接入管理下成比例的公平。

在往返时间的时标上分析 RCP 的公平变体,显示在反馈的形式和稳定性之间存在一个有趣的关系。合并两种反馈的形式,即速度不匹配和队列大小,与较少选择 RCP 控制参数有关。然而,接近我们期望可比较的协议的局部响应平衡,因为排队术语作为衡量速率不匹配的术语贡献大约相同的反馈。分析系统远离平衡的确值得关注,然而它是有争议的,如果反馈的两种形式都是必不可少的,那么这个问题就需要更加详细地探讨。

随着网络在规模和复杂性上的发展,允许大规模通信网络自我监管的机制将特别具有吸引力。在迈向这一目标上,新流量的自动管理在速率控制网络上扮演着重要的角色,并且概述的接入管理过程似乎也有吸引力。在资源上调用阶梯式算法调解新的流量是简单的事情,从这个意义上来说,在不知道个别流量速率的情况需要做必要的计算。同时它也是可扩展的,因为它适合部署在任何大小的网络上。此外,使用分析和数据包层仿真,我们深入地理解了接入管理过程的基本设计方面:要求的利用率和资源能够承受的能力之间存在权衡,因此在面对突然的、较大的负载变化时所表现的鲁棒性。

在设计任何端到端的协议时,相当大的兴趣在于简单的、局部的和微观的规则,通常包含随机动作,如何能够在宏观层面产生连贯的、有目的的行为。对于追求想要的宏观结果,本章描述的架构框架可能允许设计一个公平的、稳定的、低损耗的、高利用率的和强健的通信网络。

致　　谢

Gaurav Raina 感谢 Defense Research Development Organisation（DRDO）-IIT Madras Memorandum of Collaboration 提供资金。

参 考 文 献

［1］M. Chiang, S. H. Low, A. R. Calderbank, and J. C. Doyle. Layering as optimization decomposition: a mathematical theory of network architectures. Proceedings of the IEEE, 95 (2007) 255-312.

［2］F. Kelly. Fairness and stability of end-to-end congestion control. European Journal of Control, 9 (2003) 159-176.

［3］R. Srikant. The Mathematics of Internet Congestion Control (Boston: Birkhauser, 2004).

［4］V. Jacobson. Congestion avoidance and control. Proceedings of ACM SIGCOMM (1988).

［5］D. Katabi, M. Handley, and C. Rohrs. Internet congestion control for future high bandwidth-delay product environments. Proceedings of ACM SIGCOMM (2002).

［6］H. Balakrishnan, N. Dukkipati, N. McKeown, and C. Tomlin. Stability analysis of explicit congestion control protocols. IEEE Communications Letters, 11 (2007) 823-825.

［7］N. Dukkipati, N. McKeown, and A. G. Fraser. RCP-AC: congestion control to make flows complete quickly in any environment. High-Speed Networking Workshop: The Terabits Challenge, Spain (2006).

［8］T. Voice and G. Raina. Stability analysis of a max-min fair Rate Control Protocol (RCP) in a small buffer regime. IEEE Transactions on Automatic Control, 54 (2009) 1908-1913.

［9］S. Shenker. Fundamental design issues for the future Internet. IEEE Journal on Selected Areas of Communication, 13 (1995) 1176-1188.

［10］R. Johari and J. N. Tsitsiklis. Efficiency of scalar-parameterized mechanisms. Operations Research, articles in advance (2009) 1-17.

［11］F. Kelly. Charging and rate control for elastic traffic. European Transactions on Telecommunications, 8 (1997) 33-37.

［12］J. F. Nash. The bargaining problem. Econometrica, 28 (1950) 155-162. 274 F. Kelly and G. Raina.

［13］R. Mazumdar, L. G. Mason, and C. Douligeris. Fairness and network optimal flow control: optimality of product forms. IEEE Transactions on Communications, 39 (1991) 775-782.

［14］A. Stefanescu and M. W. Stefanescu. The arbitrated solution for multiobjective convex programming. Revue Roumaine de Mathématiques Pures et Appliquées, 20 (1984) 593-598.

［15］N. Dukkipati, M. Kobayashi, R. Zhang-Shen, and N. McKeown. Processor sharing flows in the Internet. Thirteenth International Workshop on Quality of Service, Germany (2005).

［16］S. Ben Fredj, T. Bonald, A. Proutiére, G. Régnié, and J. W. Roberts. Statistical bandwidth sharing: a study of congestion at flow level. Proceedings of ACM SIGCOMM (2001).

［17］L. Massoulié. Structural properties of proportional fairness: stability and insensitivity. The Annals of Applied Probability, 17 (2007) 809-839.

［18］J. Roberts and L. Massoulié. Bandwidth sharing and admission control for elastic traffic. ITC Specialists Seminar, Yokohama (1998).

[19] T. Bonald, L. Massoulié, A. Proutiére, and J. Virtamo. A queueing analysis of max-min fairness, proportional fairness and balanced fairness. Queueing Systems, 53 (2006) 65-84.

[20] J.-Y. Le Boudec and B. Radunovic. Rate performance objectives of multihop wireless networks. IEEE Transactions on Mobile Computing, 3 (2004) 334-349.

[21] S. C. Liew and Y. J. Zhang. Proportional fairness in multi-channel multi-rate wireless networks - Parts I and II. IEEE Transactions on Wireless Communications, 7 (2008) 3446-3467.

[22] B. Briscoe. Flow rate fairness: dismantling a religion. Computer Communication Review, 37 (2007) 63-74.

[23] F. Kelly, G. Raina, and T. Voice. Stability and fairness of explicit congestion control with small buffers. Computer Communication Review, 38 (2008) 51-62.

[24] G. Raina, D. Towsley, and D. Wischik. Part II: control theory for buffer sizing. Computer Communication Review, 35 (2005) 79-82.

[25] D. Wischik and N. McKeown. Part I: buffer sizes for core routers. Computer Communication Review, 35 (2005) 75-78.

[26] J. M. Harrison. Brownian Motion and Stochastic Flow Systems (New York: Wiley, 1985).

[27] T. Voice and G. Raina. Rate Control Protocol (RCP): global stability and local Hopf bifurcation analysis, preprint (2008).

[28] A. Lakshmikantha, R. Srikant, N. Dukkipati, N. McKeown, and C. Beck. Buffer sizing results for RCP congestion control under connection arrivals and departures. Computer Communication Review, 39 (2009) 5-15.

第 14 章　KanseiGenie：用于无线传感器网络结构的资源管理和可编程性的软件基础设施

Mukundan Sridharan，Wenjie Zeng，William Leal，Xi Ju，Rajiv Ramnath，Hongwei Zhang，Anish Arora
俄亥俄州立大学（The Chio State University），美国

这一章描述了一个用于传感器网络（WSN）资源的切割、虚拟化和结盟的架构。我们称为 KanseiGenie 的架构允许用户——他们是传感/联网的研究人员或者应用程序开发者——在一个或多个用于发射程序的设备中指定并获得节点和网络资源以及传感器数据资源。它还包括用于用户程序的服务端测量和管理，以及用于实验组成和控制的客户端。根据一个当前 KanseiGenie 的实现来阐述 KanseiGenie 架构方面的概念，这个 KanseiGenie 的实现在俄亥俄州立大学和韦恩州立大学服务于 WSN 测试平台和以应用为中心的架构。

14.1　引　　言

部署的无线传感器网络（WSN）通常为小规模的并集中在特定的应用程序，如环境监控或入侵检测。然而，现在平台和协议设计的研究进展允许城市规模的无线传感器网络，这些无线传感器网络能够以容纳新的、未预料的应用方式部署。这让开发人员更集中在利用现有网络资源而不是单个节点。

用于无线传感器网络发展的网络抽象包括为调度任务、监控系统健康以及为应用程序、网络组件和传感元件现场编程的 API。因此，在一些情况下，无线传感器网络部署从特定应用程序的定制解决方案演变为在领域内可以定制和重用的"无线传感器网络结构"。在某些情况下，这些结构支持并管理多个同时运行的应用程序。图 14.1 比较了传统的无线传感器网络和新兴结构模型的无线传感器网络。

为什么是可编程的无线传感器网络结构？可编程的无线传感器网络结构的主要用例是测试台用例。性能敏感的应用程序的高保真验证通常在规模上授权严格的端到端回归测试。应用程序开发者需要在不同的实际野外条件下评估候选的传感逻辑和网络协议。这可以在这个领域完成，但是许多情况下在这个领域中定位测试台是不方便的，因此野外条件可以通过从相关领域环境收集数据并将这些数

据注入到测试台中来进行模拟。应用程序开发者还需要配置和调优系统性能以满足应用要求。相比之下，系统开发者需要通过检查链接不对称、拥挤、干扰行为、节点失效等现象来获得洞察力和概念验证。

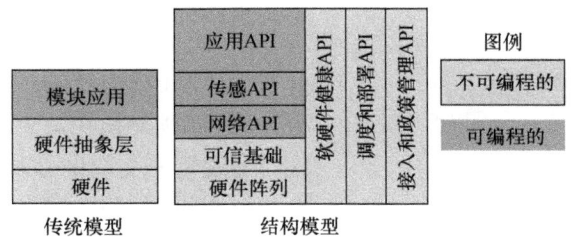

图 14.1　传统的网络模型和结构模型

关注人们和社区的传感平台是无线传感器网络结构的另外一个重要用例。现在，在校园、社区和城市空间之间部署大量连接设备在经济上是可行的，而利用这些设备在技术上也是可行的。在一些情况下，设备的成本是由多个组织和个人来共享的。例如，考虑有一群手持用户愿意通过他们的私有设备分享信息感知的情况。假设具有支持这些设备、至今意外的应用程序、任务和活动的可编程的无线传感器结构，我们就可以按需启动应用程序、任务和活动，体验多种传感器存在的情形，并享受融合的好处了。基于该区域所获得的数据运行的程序也可以得到精确的结果。利用已有的多个传感器形式和融合的好处可以发起要求。至少，必须要支持一定范围的用户，该范围包括——从访问并使用结构资源和数据的非专业客户/应用程序开发者，到负责网络管理和维护依赖的专家级域所有者。

全球环境网络创新(GENI)项目[1]具体地阐述了一个结构，在这个结构中，无线传感器结构是一个关键组件。目前处于原型阶段的 GENI 是下一代实验网络研究的基础设施。它包括支持对资源的控制和编程，这些资源横跨下一代光纤和交换机、全新高速路由器、全市范围实验的城市无线电网络、高端计算集群和传感器网格等设施。它打算支持大量的个人和具有大量测试设备的大型同步实验，之所以设计这些实验，是为了更容易收集、分析和共享真实的测量数据，并测试匹配这些互联网当前正在使用或预期将会使用的负载条件。为达到这一目的，它被赋予了以下特征。

（1）可编程性——研究人员可以下载软件到 GENI 兼容的节点中，以控制它们的行为。

（2）基于分片的实验——每个 GENI 实验将在指定的分片上进行，这些片由平台不同位置上保留资源的相互关联组成。在 GENI 环境中进行分片研究的人员，将远程地发现、存储、配置、编程、调试、操作、管理和拆除部分 GENI 套件中建立的分布式系统。

（3）虚拟化——在可行的情况下，研究人员可以在同一组资源上运行实验，就好像每个实验是单独运行的。

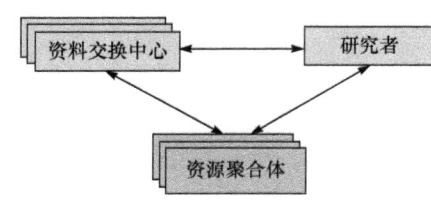

图 14.2　GENI 联合结构概述

（4）联合——不同的资源由不同的组织拥有和操作。

图 14.2 从使用的角度描述了 GENI 的架构。简而言之，GENI 包括三个实体：研究者、资料交换中心和资源聚合体。研究者通过资料交换中心来查询资源聚合体上的可用资源，并请求保留那些他需要的资源。

GENI 中的用户和资源聚合体通过 GENI 资料交换中心建立信任关系。资源聚合体和用户通过资料交换中心认证他们自己。资料交换中心记录已认证的用户、资源聚合体、分片和预订。每个资源提供者可能与它自己的资源交换中心相关，但是也有用于联合发现和管理所有参与组织资源的中央 GENI 资源交换中心。GENI 也依赖对所有实体描述潜在资源的标准。这个资源描述语言对于三个实体充当黏合剂的作用，因为所有的交互均涉及一些资源的描述，无论物理资源（如路由器和集群）还是逻辑资源（如 CPU 时间或无线频率）。

KanseiGenie 是一个专注于无线传感器网络结构资源聚合体的 GENI 兼容架构。全球环境网络创新架构实例包括位于俄亥俄州立大学的 Kansei[3] 和 People-Net[8] 无线传感器网络结构以及位于韦恩州立大学的 NetEye[6]。由于创建和部署无线传感器网络架构的工作量可能较高，所以他们正在开发 KanseiGenie 安装包以能够将 GENI 兼容的可编程性快速移植到其他资源聚合体中。KanseiGenie 软件套件的模块设计使试验床和结构开发人员为任何 KanseiGenie 已经支持的传感器阵列或新的传感器阵列组合定制程序包。

在这一章中，我们概述了下一代传感基础设施的需求，并促进 KanseiGenie 架构的各种元素为无线传感器网络结构所用。然后，我们描述了体系结构如何扩展，以及它如何支持与其他可编程网络更广泛的集成。

14.2　传感结构的特征

结构是一个独立的、解耦的、可编程的网络，其能够传感、存储和传播一组物理现象[14]。可编程的无线传感器网络结构依靠它的策略和硬件能力提供不同的服务。服务以应用程序编程接口（API）的方式提供。这些服务可以分为水平服务和垂直服务。水平服务是通用的服务，其为更加复杂的服务充当构建模块的作用。垂直服务是特殊领域，其尽量优化专门的应用目标。标准化的垂直服务是人们所期望的,这样应用程序可以很容易地组成并穿过结构传输,以适应对特定的应用领域的支持。注意,一般来说,结构不需要对其服务质量做担保,仅基于一种"尽力而为"的形式交付其结构。

14.2.1　通用服务

我们确定未来无线传感器网络结构应该提供四种类型的通用服务。

（1）资源管理服务：为实验帮助研究人员发现、存储和配置资源。

（2）实验管理服务：在实验之间提供基本的数据通信和控制。

（3）操作和管理服务：使管理员能够管理资源。

（4）仪表和测量服务：使结构能够测量物理现象,保存测量结果并使其安全有用。

1. 资源管理

所有结构提供一组可共享的资源。为了利用这个资源,研究人员需要发现、存储和配置这个资源。资源分配给由结构的一些条组成的分片,这个分片将充当其运行实验中的基础设施。为了保持一致性,我们按照 GENI[1] 定义研究人员、片和条。我们通过将创造者称为"研究人员"而参与者称为"终端用户"来区分在长时间运行的实验之上建立他们实验的创造者和参与者。分片是一个空的容器,实验可以在其中实例化,而研究人员和资源可能受其限制。所有的资源,无论物理的还是逻辑的,都抽象成组件。组件可以（例如）是一个传感器节点,一个 Linux 机器或者一个网络交换机。如果可能,则组件应该能够在多个分片之间分享其资源。因此,占据一个分片的子集结构称为条,它独立于其他条。只有研究人员绑定到分片上才可以运行实验,而分片只能利用绑定到其上的资源（条）。资源管理特征至少包括资源发布、资源发现、资源预订、资源配置,也可能还有其他的。

对于短期实验,资源发现、预订和配置可能在实验的最开始只执行一次,并假设底层环境在短时间内是相对静态的。然而,对于长期实验,资源管理是一个持续的过程以适应网络的变化。例如,参与实验的节点可能会崩溃或者更合适的节点可能会加入网络。

资源发布。结构通过发布一些子集信息给资料交换中心来共享其资源。资料交换中心可能由一些众所周知的站点或者结构本身掌握。为了提升利用,结构可以发布同一资源子集给多个资料交换中心。这可能导致多个预订请求同一资源。最后,如果有的话,则结构决定哪个预订得到资源。注意,不协调的资料交换中心可能使资源分配不一致,从而导致死锁或活锁的情况。全局的资料交换中心等级制度和交互架构,以及资料交换中心和资源提供者策略应该明确地解决这个问题。

资源发现。传感器结构提供不同的传感器、存储空间、计算和通信能力等异构类型资源。资源发现是双重的。首先,资源提供者必须能够准确地描述资源、相关的属性和资源之间的关系。其次,研究人员需要寻找他们在不同级别的细节中描述的资源。对于提供者和研究人员来说,发现服务的核心是为资源提供者和资源搜索者共同使用的资源描述语言。研究人员提供的资源请求可以是具体的,如应该选择哪个物理节点和路由器,也可以是抽象的,如请求一个 100×100 的无线传感器节点完全连接的网格。在这种情况下,发现服务必须通过查找最合适的一组资源并将请求映射到一组物理资源以满足请求。

资源预订。一旦发现了所需的资源,那么需要直接从资源提供者或者已经获得资源授权的第三方代理请求所需的资源。根据研究人员的权限不同,可用资源组和允许在其上操作的组都将有所变化。如果一个研究人员从第三方资料交换中心而不是直接从提供者那里保存资源,那么研究人员只有一个资源的承诺而不保证资源的分配。只有在研究人员向提供者提出要求以后,预留资源才会分配到研究人员的分片上。资源请求的成功取决于请求发生那一刻资源的可用性以及提供者的本地政策。

资源配置。预留资源分片需要在最开始配置以满足应用程序的规范。配置的范围从软件和运行环境安装到设置传输功率或网络拓扑结构。资源配置服务需要公开每个设备可配置的参数组和这些参数可以呈现的值。消除冗余和执行其他优化可能是重要的功能。例如,如果不同的实验运行在同一设备上并需要同一软件库,那么安装了库的副本将导致存储浪费。

2. 实验交互

无线传感器网络的实验具有多种形式。一些实验的运行无须人工干预,而有些实验则适应人为的输入和新的传感需要。一些实验运行数月而有些实验则运行时间很短暂。我们为实验交互确定一组特性作为研究人员与他们部署实验交互的通用方式的标准化内容。

调试和日志。在某些情况下,网络资源(依据内存、带宽和可靠性)如此匮乏,以至于很难或不可能漏出调试数据。但是当有可能这么做时,应该提供允许实验者暂停部分实验,检查状态并单步调试代码的标准服务。当资源允许提供实验的输出并可以给出事后的调试信息时,日志是一个相关的功能。通常,一个无线传感器网络的应用涉及几十个到上百个节点,因此日志服务应该提供一个有权使用所有日志数据的集中点。

渗漏和可视化。在推或者拉的模式下,渗漏允许研究人员收集应用程序输出,用户指示可能的聚合或改变。应该支持先进的渗漏模式,如发布—订阅。应该提供一个实验标准的可视化数据渗漏,例如,节点与连通性信息的映射,连同定制“钩子”,其提供选项给研究人员用来构建特定应用程序的可视化。

数据注入。数据注入可能具有两种形式。在注入编译中，注入的内容（即何时、何地、注入什么）已经在编译时确定了。在注入运行期间，研究人员生成数据，并将其在运行期间通过提供数据通道给设备的客户端软件注入到所需的设备中。

密钥和频率变化。长期运行的实验随时间而变化。为了确保安全并减少干扰，研究人员可能不时地改变共享的或公共的密钥，或者实验的通信频率。

暂停和恢复。听起来很直观，提供暂停和恢复服务的难度戏剧性地根据实验的语义而不同。服务归结为取得全局系统状态快照的问题，然后在之后重建它。在恢复之前的暂停之后确保系统状态的一致性是一个研究方向问题。

移动。移动服务是在"暂停和恢复"服务之上的扩展。它能使研究人员继续试验甚至当分配到实验片上的资源变得不可用或者发现一个更好的资源时。研究人员可以暂停其实验，从当前资源中删除它，为这个片获取并配置其他可用的资源，最后迁移并恢复实验。

实验组成。有时出于安全或者其他原因，结构所有者可能不想直接在结构上运行用户可执行文件。在这样结构上的实验可以看成黑盒，其采用终端用户输入，如传感器参数，计算某些输出。在这样的结构上，设计者可能想要提供实验组成库，其可以静态地或动态地重组以满足用户的需求。同时为了促进现有无线传感器网络应用的重用，结构应该提供一个从现有结构应用到另一个实验输入的重定向输出，也许用户的应用在另一个结构上。这个重定向输出可以看成是一个数据流资源。换句话说，用户而不是利用结构的物理资源，为实验使用可配置的虚拟（数据）资源。

批处理。这个服务能使研究人员安排一系列可能与一些控制参数有关的实验。取代单独的调度和配置这些实验，研究人员仅给出每个参数将循环访问的范围和连续迭代之间的步长。当研究人员试图找出对于他的实验来说最佳的参数或者研究不同参数对实验性能的影响时，这样的批处理服务将会特别有用。

3. 管理和操作服务

操作全局视图。在许多情况下，管理结构需要结构或者多个联合结构的一个全局操作视图。这个服务提供了一个入口，研究人员通过这个入口可以发现操作信息，如节点健康状况和资源使用统计。由于传感器节点比 PC 类计算设备有较少的健壮性，所以为了解释结果用户必须知道在实验期间哪组传感器节点正确地工作。因此，这个服务应该提供通用节点健康信息，如节点和它的通信接口在实验期间是否正确地运行。资源使用审计对于检查用户是否遵守政策和不滥用特权来说是必要的。审计内容包括如 CPU、网络和存储消耗。然而，对于微粒类设备，由于资源的限制每个节点基础上的详细使用信息可能是不可用的。

异常停止。当发现一个行为不端的实验时，管理员必须能够孤立这个实验或者停止这个实验,以便最小化其在网络上的负面影响。

资源使用政策。必须有可能限制实验可能调用底层结构的特权操作。特权的例子包括访问某些传感器的权利和读写结构状态的权利。编译时和运行时都应该为实施资源利用政策作准备。对于运行时的情况,管理员应该能够为保留的资源集授予或撤销一个片的特权。

可靠配置。实验结果的精确度取决于资源提供者在多大程度上执行研究人员的实验配置规范。如果在配置实验时有任何差异或者错误,那么研究人员可能会过滤掉异常结果,如果服务是由指定正确配置资源集的结构提供的。在无线网络中提供这样的服务是相当大的挑战,由于这个过程受限于噪声和干扰,所以具有更高的失效率。例如,无线传感器节点需要在实验在其上运行之前进行规划。在许多情况下,感应程序通过无线通道转移到传感器节点上。结构应该提供一些服务以确保每个传感器节点被正确地规划。

4. 仪表和测量服务

这个服务将支持多样的、并发的、不同的实验,这些实验从物理层到应用层都需要测量。没有经验的研究人员可以通过在这些服务上编写简单的脚本来构建他们的传感应用程序,而不是通过学习一个复杂的编程语言(如 nesC)去写他们的传感程序。在理想情况下,每个测量应该为将来的分析携带时间和空间信息。同时,鉴于传感器网络的本质,每个实验可能会产生大量的测量。因此,需要测量存储、聚合和测量数据查询的服务。另一个关键的要求是仪表和测量应该从实验的执行中隔离,以便实验的结果不受影响。

流量监控。无线传感器网络中的流量监控包括应用程序流量和干扰流量。无线传感结构的唯一属性是在通信中的复杂干扰现象。噪声和干扰对实验结果具有实质性的影响。因此,收集噪声和干扰数据对于研究人员正确地解释他们的实验结果来说是必要的。

传感。无线传感器节点配置多个传感器,其中每个传感器能够在不同精度下测量不同的物理现象。传感服务应该允许控制现有的传感器以及新添加的传感器。通常,无线传感器节点的本地存储非常有限。因此,传感数据的存储应该明确地由传感服务解决。

14.2.2 特定领域服务

在之前的部分,我们描述了四种类型的通用(横向)服务,这些服务为大多数无线传感结构,包括基本的构建块。在本节中,我们把注意力转移到特定域或者是垂直服务,它们是根据给定应用程序的特定需求定制的。我们举两个垂直 API 的例子:一个是设计在安全背景下的搜索服务;另一个是用于 KanseiGenie 试验床的快速程序开发 API。

1. 用于网络安全的搜索 API

在网络安全中（如入侵检测网络），设计者可能想提供给终端用户一个灵活的搜索接口[14]，其可以搜索感兴趣的对象并在必要时可以给网络重新分派任务。这些对象可以是各种类型的物理目标（如人、动物、汽车、安全代理）或传感器和网络数据对象（如失败的节点或电池寿命较低的节点）。这些搜索可以是暂时的（一次性）或者持续的（周期性的返回数据）。当这样的接口有用时，对于面向安全的网络来说这将是特殊的，因此我们称为垂直 API。提供这样搜索 API 的关键是设计带有服务的传感器结构，这将解释用户的查询并以适当的方式和参数给网络重新分派任务。

2. 用于 KanseiGenie 的 DESAL

DESAL[13]是一种专门为传感器网络开发的基于状态的编程语言，对于传感器网络来说，它方便地用于应用程序的快速原型。虽然 DESAL 主要是一种编程语言，但是特定平台的 DESAL 编译器可以看成为是一个特定域的服务。目前，DESAL 编译器在 nesC 中生成程序[5]，它可以在类似 Kansei 的试验台上进行编译和执行。因此，对于 KanseiGenie，DESAL 是一个垂直 API，它允许用户以高级 DESAL 代码编写他们的应用程序而不是更费劲的 TinyOS/nesC。

14.3　KanseiGenie 架构

14.3.1　结构模型

正如我们已经指出的，KanseiGenie 架构是基于结构的想法，也就是一个普通网络模型，其中网络设计者不必为编写应用程序负责，但是要为提供给应用开发人员用来创建应用程序的一组核心服务负责。对于应用程序运行在结构的内部还是外部，结构模型是不可知的。事实上根据结构的能力，它可以是两者的结合。结构暴露的通用服务类似于 PC 上的这些现代操作系统。当离开操作系统的低级管理功能时，用户通过定义明确的 API 进行交互并用命令来开发复杂的应用程序。

结构模型明确地从这些应用开发人员（不太可能是传感器网络专家）中分离了网络设计者的责任。结构管理者，也称为网站权威（SA），负责实施服务并将 API 暴露给用户，用户则可能通过任何可用的通信网络接入结构的 API（甚至可能通过租给用户的其他结构）。图 14.3 显示的是包含用户、网站权威和资料交换中心的结构模型之间的交互。用户可以通过一个特定设计的用户入口接入结构，这个用户入口实现并自动操作一组类似用户发现、预订、配置和可视化的用户功能。资料交换中心(CH)仲裁用户接入结构,而用户可能会从 CH 中发现用户 API 和结构资源。只要 CH 可以与权威网站安全地通信,那么它可能驻留在任何地方(甚至与SA 在同一台机器上)。单个 CH 可以管理进入多个传感器结构,而用户使用一个或多个传感器结构可以无缝地构成一个应用程序。结构模型的这个方面特别适合新兴的分层传感应用[4]。

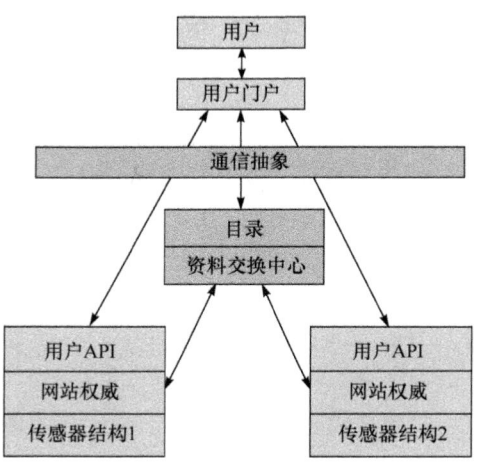

图 14.3　结构模型

根据策略或平台能力,结构一般不需要与其他结构共享状态或合作。结构设计者必须注意两个关键方面。

(1) 隔离。设计者必须确保一个用户的程序、查询和应用程序不会干扰使用同一结构其他用户的应用程序。对于传感器网络,根据结构的性质,这个任务可能很难。然而,在结构中多个用户应用程序的共存尤其重要,这是完全的部署,其中生产的应用程序可能会一直运行。虽然从生产的应用程序中不破坏数据是很重要的,但是让用户测试新版本的生产应用程序、不足的高价值应用程序和其他应用程序同样重要。

(2) 共享。在一些结构中,设计者可能需要允许用户应用程序进行交互,而在必要时提供隔离。一个典型的例子是城市安全网络,其中联邦政府可能希望访问国家机关产生的数据。但是有时两个用户之间的信任关系并不直接,例如,互不信任的用户可能为了实现互利的目标——如一个在互联网上对等文件共享服务而想去交互。结构设计者的挑战是允许动态的信任关系,从而在不影响用户应用程序或者结构本身安全的情况下使这种交互成为可能。

14. 3. 2　KanseiGenie 架构

KanseiGenie 是为多底层传感器试验台设计的。每个底层(也称为数组)可以

包含大量相同类型的传感器微粒。这个物理结构被包含组件和聚合物的软件架构
所抽象。每个传感器设备表示为一个组件，这个组件为了管理那个传感器设备定
义了统一的接口集。一个聚合物包含一组相同类型的组件，并提供支配集合。它
应该至少提供包含组件的接口集和可能需要内部组件交互的其他内部 API。鉴于
无线传感器网络应用程序的协作性，我们相信大多数用户将通过聚合接口与传感
器结构相互作用而不是通过单个组件接口。从此以后，我们分别把组件和聚合接
口表示为组件管理（CM）和聚合管理（AM）。

　　三个主要实体存在于 KanseiGenie 系统中（类似于结构模型），即权威网站
（SA），资源代理（RB）（在结构模型中又称为资料交换中心）和研究人员入口（PR）
（结构模型中的用户）。研究人员入口是软件组件，在 KanseiGenie 背景下其表示
研究人员。所有实体通过定义明确的接口相互作用，其分为四个逻辑层面，即资源
层、实验层、测量层和操作管理层。

　　资源代理从一个或多个权威网站上分配资源而处理请求从资源用户中分配资
源。一个代理也可以为其他代理委派它的资源子集。

　　鉴于每个传感器数组是一个集合，KanseiGenie SA 在概念上是聚合管理的集
合（AAM），其提供接入所有的数组。AAM 通过参数化为每个传感器数组提供一
个 AM 接口。从外部看，AAM 根据本地资源管理政策管理站点提供的资源利用；
通过 SA 通知它的共享资源给一个或多个已认证代理来提供接口；通过研究人员
（使用 RP）能够调度、配置、部署、监控和分析他们的实验来提供编程接口。从内
部看，AAM 为内部聚合的通信和协调提供机制。

　　RP 是为了研究人员与 SA 相互作用来运行实验的软件。它包含了一组工具，
这个工具用来简化一个实验从资源预订到实验清除的生命周期。根据目标用户，
RP 可以提供一个 GUI、命令行或者原始编程接口。尽管由于其图形性质交互的
类型可能在它们的功能上会有所限制，但是 GUI 用户接口的使用将是最友好的和
最容易的。命令行和编程接口将针对更有经验的用户，这些用户需要比 GUI 提供
更多的控制和可行性。例如，研究人员可以利用提供的命令行编写脚本和程序来
运行一批实验——有时 GUI 不能提供这些功能。

　　所有这些操作都是基于信任关系的，并且所有的实体必须实现适当的验证和
授权机制以支持信任的建立。例如，SA 可以直接授权和认证资源用户，或者委托
这样的授权和认证给其他可行的第三方代理。为了调用 AAM 功能，用户需要在
与 AAM 交互期间呈现认证和授权的形式。由于除了为特定数组用于举例说明
AM 接口的参数，AAM 中所有的 AM 接口都是相同的，所以这足以仅描述一个
AM 接口而理解 AAM 的所有功能。在 14.2 节中提到 AM 提供的 API 被组织成
四层。

14.3.3　GENI 扩展 KanseiGenie

图 14.4 给出了 GENI 背景下的 KanseiGenie 结构。KanseiGenie SA 为聚合实现了接口。SA 为了资源发布与资料交换中心交互,而研究人员为了存储资源与资料交换中心交互。研究人员也与 SA 交互,其目的是恢复他们的存储并运行实验。为了可扩展性和兼容性,SA 的接口通过 Web 服务实现。

为了便于访问其资源,KanseiGenie 提供了一个基于 Web 的研究人员入口实现。RP 的一个可下载的 IDE 软件(就像 Eclipse)版本正在开发中,并对未来的用户可用。研究人员入口提供了与 KanseiGenie 底层最常见的交互模式,以便大多数研究人员不需要为了安排 KanseiGenie 中的实验而实现他们的客户端软件。

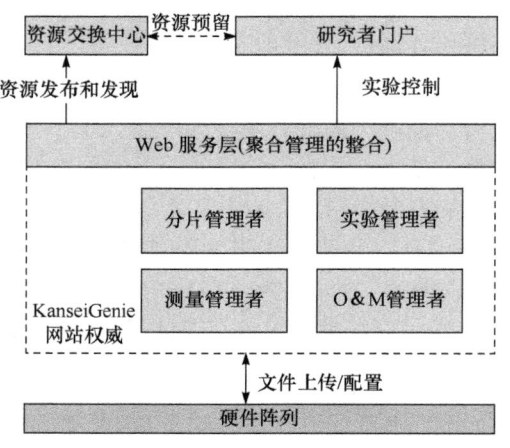

图 14.4　KanseiGenie 架构

KanseiGenie 利用 ORCA 资源管理框架[7]实现资料交换中心。利用第三方框架的动机来自于 GENI 中联合实验的需求。尽管每个实体之间的交互被明确地定义,但是使用一个共同的和稳定的资源管理框架可以帮助解决很多不兼容的问题,并有助于分离 SA 和代理的并发演进。

14.3.4　KanseiGenie 的实现

KanseiGenie 软件集包括三个实体:研究人员入口软件、基于 Orac 的资源管理系统和 KanseiGenie 权威网站。

1. 研究人员入口(RP)

研究人员入口是使用 PHP 编程语言实现的。通过 Web 服务层,PHP 的 Web 前端与 AAM 交互。这种分离能使 RP 和 SA 并行发展和演进。基于 Web 的 RP

抽象与试验台最常见的交互,即一次性的、短暂的实验。为了引导长期运行或重复
的实验,研究人员可以基于 KanseiGenie 的 Web 服务 API 编写自己的程序而获得
更细粒度的控制。目前 RP 入口允许用户与唯一的权威网站交互。我们就是在这
样的过程中扩展 RP 并与联合环境中的多个权威网站共同工作的。

2. 基于 ORCA 的资源管理系统

ORCA 系统包括三个角色。

（1）服务管理者。服务管理者与用户交互获得资源请求,然后将其转发给代
理并获得资源的租约。一旦收到租约,资源管理者将其转发给权威网站以恢复
租约。

（2）权威网站。ORCA 权威网站保留了所有需要管理资源的清单。它委派这
些资源给一个或多个代理,这些代理反过来通过服务管理者租赁资源给用户。

（3）代理。代理记录各种 SA 授权的资源。它从服务管理者接收资源请求,
如果资源是空闲的,则它就将资源租赁给服务管理者。利用政策插件可以实现许
多不同的分配策略。

为了整合 ORCA 的资源管理,我们修改 ORCA 的服务管理为包括从 RP 接收
资源请求的 XML-RPC 服务。同样地,为了试验的设置和拆卸,ORCA 的 SA 适
当地修改以使 Web 服务调用 KanseiGenie 的 AAM。图 14.5 显示这种整合的
结构。

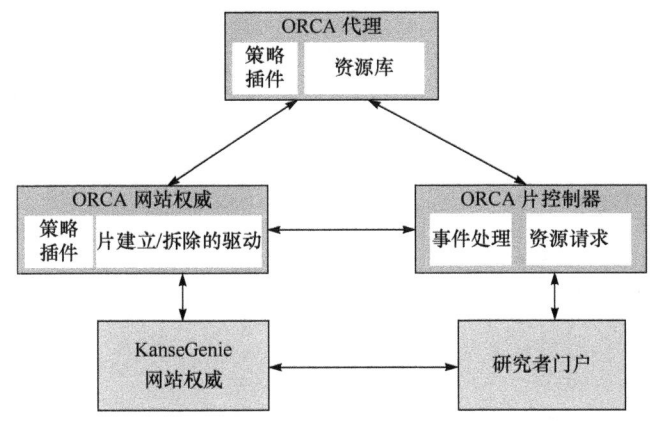

图 14.5　KanseiGenie 与 ORCA 整合

ORCA 的代理、SA 和 RP 之间共享的资源和信任关系预先配置在 ORCA 中。

3. KanseiGenie 权威网站

KanseiGenie 权威网站为 KanseiGenie 支持的每个设备类型依次有三个组件,

Web 服务层(WSL)、聚合管理的 KanseiGenie 集合(KG AAM)和个体组件管理者(CM)。

(1) Web 服务层。Web 服务层为 KanseiGenie 权威网站充当一个单点外部接口。Web 服务层提供了一个可编程的、基于标准的接口到 AAM。利用企业版 Java Bean 框架来包装四个功能的 GENI 层。每个管理者接口都作为一个 SessionBean 来实现。将 JBoss 应用服务器作为 EJB 的容器,在一定程度上是因为作为 Web 服务,JBoss 给用户提供了便于暴露 SessionBean 接口的机制。我们选择 JBoss 还有其他原因,包括来自社区的良好支持、广泛的采用、开源许可证和稳定性等。

(2) 聚合管理的 KanseiGenie 集合。KG AAM 为 Kansei 基底实现了 API。它记录一个站点全部可用的资源,检测它们的健康状况和给用户的分配。它也记录个别的实验,它们的状态、部署和清除。资源和实验的状态存储在 MySQL 数据库中。调度守护进程(用 Perl 编写)使用个人基底的基底管理完成实验的部署、清除和日志文件的检索(在实验完成之后)。KanseiGenie AAM 支持 14.2 节讨论的大部分通用 API。

(3) 个体组件管理者。Kansei 中的每个设备都有自己的管理者(但是对于一些原始设备,如微粒,管理者可能执行在更有能力的设备上)。组件管理者实现了与 KG AAM 一样的 API,并负责在单个设备上执行 API。属于同一基底的所有设备管理者的逻辑集合形成那个基底的聚合管理者。目前,KG 支持 Stargate[9]、TelosB[11]和 XSM[12]。针对 Imote2[2]和 SunSpots[10]的 AM 正在开发之中。TelosB 和 XSM 属于微粒型设备而没有持久的操作系统,它们的管理者在 Stargate 上(用 Perl)实现。CM 使用 Perl 实现。大量用于用户与微粒编程和交互的工具都通过 Python 和 C 编程语言编写。

14.3.5　KanseiGenie 联合

KanseiGenie 软件架构是为传感器网络的联合而设计的。下面讨论 KanseiGenie联邦中的用例和关键问题。

1. 用例

联邦无线传感器网络结构能够支持进行回归测试、多数组实验和资源共享。

(1) 回归测试。无线传感器网络在诸如无线通信、传感和系统可靠性等方面引入了复杂动态性和不确定性。然而这很值得具有预测系统行为,尤其是当传感器用来支持关键的任务(如在新能源电网中的安全控制)。也就是说,按照在广泛的系统和环境设置中的某些规范,对于系统服务和应用,值得这样表现。

无线传感器网络中现有的测量研究大多数都基于单一结构,如 Kansei 和 Net-

Eye，这些只代表了单一的系统和环境设置。然而，为了了解无线传感器网络系统服务和应用的可预见性和灵敏度，我们需要评估它们在不同系统和环境设置中的行为。无缝地整合不同的无线传感器网络结构在一起而提供一个联合测量基础设施将使我们能够在广泛的系统和环境设置中实验性地评估系统和应用的行为，从而提供一种基本工具用来评估无线传感器网络解决方案的可预见性和灵敏度。

（2）多数组实验。下一代无线传感器网络应用将涉及不同的无线传感器网络基底。这些包括传统的、资源受限的无线传感器网络平台以及新兴的、资源丰富的无线传感器网络平台如 Imote2 和 Stargate。联邦还支持多个无线传感器网络结构同时进行实验，从而使无线传感器网络系统服务和应用的评估包含多个无线传感器网络基底。

（3）资源共享。不同的无线传感器网路结构联邦也能够共享不同组织之间的资源。资源共享可以使整个系统的资源利用最优化，这将提高资源利用和用户体验。资源共享也有助于实验的可预测性，即基于其在试验台上的行为预测一个协议或应用在目标网络上的行为。这是因为无线传感器网络结构联邦提高了发现类似于域部署的目标网络的可能性。资源共享也将通过使更多的用户在不同的组织接入异构的无线传感器网络结构来加速无线传感器网络应用的演变。

2. 关键问题

为了使无线传感器网络的联邦安全有效，我们需要解决资料交换中心架构、访问控制、资源发现和分配以及网络融合等方面的问题。

（1）资料交换中心架构。为了在联邦的而不是自治的无线传感器网络结构中进行有效的资源管理，我们期待资料交换中心以分层的方式组织。例如，如图 14.6 所示，美国的一些无线传感器网络可能形成一个集群，而这个集群与欧洲的无线传

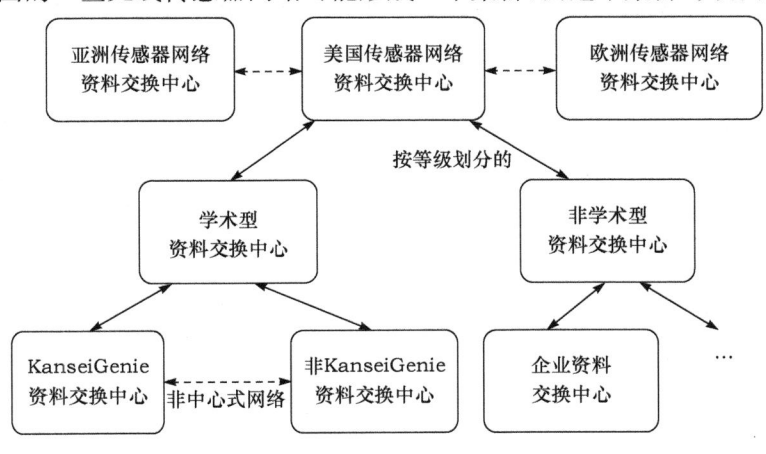

图 14.6　KanseiGenie 联邦中的资料交换中心架构

感器网络集群进行交互。资料交换中心分层的确切形式依赖于诸多因素，如信任关系、资源管理策略和信息一致性的要求。随着策略和技术的发展，目前我们正在与国内外的合作伙伴包括阿拉莫斯国家实验室和印度科学研究所共同为联邦等级制度开发概念框架，以及为支持灵活的适应联邦等级制度开发实现机制。这个分层的联邦架构将由层次结构的一部分中负责资源管理的资料交换中心的一层反射。

在联邦无线传感器网络的层次结构中，我们也期待不同结构之间的对等交互。例如，来自美国学术界的无线传感器网络可能形成美国集群的一个子集，并且这些结构可以通过对等方式来共享资源而不包括美国集群的顶层资料交换中心。

（2）访问控制。GENI 的一个基本安全要求是只允许合法用户访问它们的授权资源。因此，联邦无线传感器网络结构的一个基本元素是用于身份验证、授权和访问控制的基础设施。对于身份验证，我们可以通过公钥密码学使用密码认证方法，在这个背景下也可以采用混合信息模型，其中垄断和无政府模型被紧密地整合在一起。在这种混合信任模型下，每个结构维持自己的认证授权（CA），这个认证授权管理公钥用户直接地联系结构，并且分布的、PGP 类型的、无政府的信任模型在不同结构之间用于促进联邦和信任管理上的灵活策略。（注意，结构可能根据其局部结构和策略也维持了一个内部层次的认证授权）。使用这个公钥基础设施（PKI），一个结构认证授权可以在它的结构内保证每个实体的公钥（如组件管理者的用户或软件服务），并且每个实体可以通过本地结构认证的公钥来验证其他实体的身份。在结构上形成的信任链将在结构上实现身份验证。例如，如果 B 的本地 CA CA-B 信任由 CA-A 发行的证书，那么实体 B 也可以信任公钥 Key-A，其由 CA CA-A 在不同的结构 Fabric-A 上对不同的实体 A 认证。PKI 也将用于安全的资源发现和分配。

对于每个合法用户，片管理者（SM）在其相关的资料交换中心上产生必要的片证书，通过这个片证书用户可以请求接入不同结构资源的权证。基于他们的接入控制策略，相关结构的组件管理者（CM）与用户交互以发出门票，并在之后根据权证中输入的授权来分配相关资源。

（3）网络融合。实验从联合的 KanseiGenie 结构中获取资源以后，一个重要的任务是融合来自不同的无线传感器网络结构中的分片。为此，KanseiGenie 研究入口将协调一个或多个资料交换中心为访问分配的资源获得权证。然后，研究入口将配合相关权威网站建立不同结构中分片之间的通信通道，在这之后实验将可以在 KanseiGenie 联邦内部使用连接的分片。

14.4　KanseiGenie 的定制和使用

14.4.1　如何定制 KanseiGenie

KanseiGenie SA 软件使用分层设计的分布式架构。KanseiGenie AAM 实现四个功能层的 API。AAM 又委托 API 根据基底正在为实验使用的 AM 来调用特定的 AM。AM 的 API 被清楚地定义，并可以在任何平台/技术上实现。

目前，KanseiGenie 支持 Stargate、XSM 和 TelosB 等传感器平台。针对 Imote2 和 SunSpots 的 AM 正在开发中。KanseiGenie 架构同时支持平面的和分层排列的基底，并且使用平台中立语言如 Perl 使其定制更加容易。为了使用 KanseiGenie 来管理已经支持的传感器基底，管理员只需要填充关于基底数量和物理拓扑的 MySQL 数据库表。试验台管理员还可以为已经支持的传感器平台的任何组合配置 KanseiGenie。

对于一个新的传感器基底，KanseiGenie 的定制包括三个步骤：第一步是为那个基底实现 AM 的 API（无论直接在这些设备上还是在另一个基底上可以反过来控制新增加的）；第二步是对于新的基底拓扑和资源更新 AAM 资源和策略数据库；第三步是为了支持新平台的配置参数修改和/或增加新的 GUI 接口给 RP。

14.4.2　垂直 API 和定制中的角色

除了四个功能层的标准（通用）API，KanseiGenie 架构还支持额外的 API。基于面向服务的架构（SOA），以及将其分为垂直（领域特定）API 和横向（通用）API 为不同基底的定制提供了基础。垂直 API 为特殊应用领域提供一个便利的方法，同时也为它们提供了规范。

KanseiGenie 架构的两个定制是下面我们要描述的用于入侵检测系统的 PeopleNet 和 Search API。

PeopleNet[8] 是俄亥俄州立大学的一个移动性试验床，其大约由 35 部移动电话和 Dreese 建筑结构组成。Dreese 建筑结构沿着一个结构为通用实验提供类似电梯定位、建筑温度控制和光监控等服务。PeopleNet 的移动电话结构为即时消息和好友搜索服务支持 API。

Search API[14] 为入侵检测网络组成一个接口。这个接口允许用户为目标对象例如单个查询或持续查询而查询网络。此外，查询可以是网络中的真实物理目标或逻辑数据对象，并且它们可以限制网络中的一个地理区域或者用户可以查询整个网络。

以上两个例子提供了深刻理解结构架构的定制和如何支持多个不同的结构。架构的灵活性是通过从垂直 API 中分离横向 API 而体现的，因为我们脱离特定的聚合管理实现 API,同样的 API 也可以由不同的基底实现。

14.4.3　KanseiGenie 用法的逐步浏览

KanseiGenie 研究人员入口为用户设计成一个简单直观的方法以便访问试验床的资源。下面我们给出一个典型使用场景的逐步浏览。

（1）获得访问。用户需要做的第一件事是获得访问试验床的资源。用户可以通过联系 KanseiGenie 管理员（由电子邮件）或者从 GENI 资源交换中心的登录获得访问。

（2）获得一个分片。用户将首先创建一个或多个分片（如果用户想要同时运行多个实验,那么将需要不止一个分片）。一个分片代表结构内部的用户。对于用户的资源来说,它是一个逻辑容器。

（3）选择基底。入口显示 KanseiGenie 联合中空闲的所有不同的基底。用户需要决定他将为实验使用哪个基底。

（4）上传可执行文件。用户下面将准备需要为特定基底测试的可执行文件和/或脚本。

（5）创建资源列表。用户可能希望在特定的拓扑上测试他的程序。入口提供了一项服务,这个服务允许用户从特定基底的可用节点中创建任何想要的拓扑。

（6）获得租约。接下来用户将必须为他想使用的资源获得租约。通过入口与 ORCA 资源管理系统交互并为资源获得租约。

（7）配置实验。一旦用户获得租约后,需要为他想运行这些资源配置实验。他将选择参数如实验应该运行多长时间,应该运行哪个可执行文件,使用哪些日志和漏出服务,哪些注入是必需的等。

（8）运行实验。一旦完成配置,用户就可以从实验控制面板上开始实验。

（9）与实验交互。在实验运行的时候,入口还提供了用户与实验交互的服务。用户可以将预录的传感器数据注入片中,实时查看日志,实时显现网络,查看资源健康数据。为了使大多数的服务可用,用户应该指定/选择配置步骤中的服务。

（10）下载结果。一旦完成实验,实验中的结果和日志就可以从入口中下载。

14.5　下一代网络中进化研究问题

本节将概述一下结构模型中的一些新兴研究问题。

14.5.1　传感器结构的资源规范

传感器结构的资源规范充当架构中所有实体理解的语言。对于设计者,想出一个本体,即对于域用户足够详细地利用结构服务和功能,并足够显著地与其他可编程结构的交互和联合实验是重要的。

许多复杂的传感器网路需要嵌入资源规范（Rspecs）。资源规范也将是联合 KanseiGenie 接口的扩展部分。当增加新的资源和能力时，这些规范将不可避免地需要扩展。我们希望利用分层的命名空间进行扩展。这将允许联合 KanseiGenie 的新社区在他们自己的分区命名空间中扩展资源规范。提供专门资源的组件将同样地在他们自己的命名空间中扩展资源规范。另外，我们需要考虑资源规范的粒度，这决定资源描述的细节层次。在联邦资源管理中，没有唯一的解决方案，而在实施策略时受限于技术的和管理的约束。例如，资源交换中心是否应该维持资源属性或应该维持多少信息的资源属性取决于涉及实体之间的信任关系，并可能在不同的粒度级别中编码成资源规范。

为了在实验中实现可靠性和可预测性，资源规范还需要精确地描绘无线传感器网络试验台可靠性和可预测性的属性，包括来自 802.11 网络的外部干扰、链路属性的稳定性和试验床中节点的故障特性等，这样实验也将使用面向可靠性和可预测性的规范来定义它对分配资源的要求。

对于同样的实验可能有不同的指定实际所需资源的方法。例如，对于一个需要两个 TelosB 微粒和 90% 可靠性的链路链接这两个微粒的实验，可以定义资源规范来要求 6 米远的两个微粒和必要的功率电平以确保两个微粒之间 90% 的链路可靠性，或者也可以定义资源规范来要求任何两个微粒通过 90% 可靠性的链路链接。这两种方法都会给用户所需的资源，但是第二种方法将允许在资源分配中有更多的灵活性，从而可以提高整个系统的性能。

14.5.2　资源发现

对于联邦的资源管理，不同的资源交换中心需要根据它们本地的资源共享策略来彼此共享资源信息。资源发现的两个基本模型是推模型和拉模型。在推模型中，一个资源交换中心定期在其关联的可共享的结构上通知可用的资源给对等的或上部的资源交换中心。在拉模型中，一个资源交换中心从其对等的或上部的资源交换中心请求它们最新的可用资源。当一个资源交换中心不能找到足够的资源以满足用户的请求时，我们希望拉模型主要用于按需方式。注意，使用资源交换中心的这种交互也需要被认证，如前面讨论的 PKI。

14.5.3　资源分配

我们预计联邦的无线传感器网络基础设施将支持大量用户。因此，有效的实验安排对于确保高系统利用率和提高用户体验来说是至关重要的。不同于调度计算任务（如在网格中），调度无线实验由于无线网络的性质而引入了独特的挑战。例如，需要考虑资源的物理空间分布如传感器节点影响我们应该如何安排实验。

举个例子,让我们考虑两个结构 S1 和 S2,这两个结构都有 100 个 TelosB 微粒,但是在 S1 中这些微粒部署为一个 10×10 的网格而在 S2 中则部署为 5×20 的网格。现在假设我们有两个任务 J1 和 J2,其中 J1 比 J2 到达得早些,并且 J1 和 J2 分别请求 5×10 和 5×12 的网格。如果我们只关心请求微粒的数字而不是空间分布,那么无论 J1 安排在 S1 还是 S2 上运行都不会在 J1 运行的时候影响 J2 的可调度性。但是节点的空间分布确实在无线网络中有用,并且分配 J1 到 S2 上将阻止 J2 并发运行,然而分配 J1 到 S1 上并将 J2 分配到 S2 上将允许 J2 的并发执行,从而提高系统利用,减少等待时间。

联合 GENI 中的无线实验很可能从多个结构以并发和/或进化的方式使用资源。从多个结构中并发调度使用资源类似于在单一结构中调度资源,即使我们可能需要考虑结构之间的联系。对于以进化的方式使用多个结构的实验,可以基于技术如"任务聚类"来调度资源利用,其中连续请求的资源聚合在一起,并且每个请求的集群分配给相同的结构以减少协调成本和最大化资源利用。为了减少死锁和争夺,我们需要开发机制以便实验可以选择通知其暂时资源请求的资源交换中心调度,以便后续实验不使用可能阻塞之前安排实验的资源。

14.5.4　数据作为资源

结构模型的一个后果是网络被隐藏在一些接口之后,并且只要接口标准化和已知,那么用户就可以以编程的方式访问它。也就是说,如果接口通过一个传感器网络或者单一 PC 实现是没问题的。因此,dataHub——一个数据库,其可以标注和保存实验结果并为相似的未来查询返回数据——现在可以被视为一个传感器资源。另外,传感器网络对于数据流来说被视为资源而对于数据转换程序来说被视为用户。在这种统一的视角下,可以解释查询并转换存储数据的 dataHub 相应地可以伪造成一个传感器结构。因此,在结构模型下,数据(正确地注释和限制)和传感资源是可互换的,并提供了有趣的混合实验场景。

体系结构提供了许多研究机遇和挑战,如大量问题需要在体系结构可以用来超越最简单的场景之前回答。挑战包括以下几个方面。

(1) 如何自动地注释和标记来自传感器网络的数据以创建一个可行的 dataHub?

(2) 对于同一实验在无线网络中产生多个类似的数据集是常见的。用户如何决定哪个数据集用于表示一个实验?

(3) RSpec 本体是否需要扩展以代表数据?

(4) 当前数据可以回答什么范围的查询?数据是否应该预处理以判决可接受的查询?

14.5.5　网络虚拟化

体系结构的根本目的是虚拟化和全球化传感器网络中的资源，所以原则上世界上任何地方的用户都可以请求、预约和使用资源。然而，资源被虚拟化得越多，用户在其上的控制就越少。因此，访问层和虚拟化层之间有一个权衡。现代网络设计者的挑战是为了提供给用户尽量多的控制（尽量低到栈），同时保留能够安全地恢复资源并确保资源可共享。

在结构中，多个研究人员将在同一类型的一组传感器的不同子集上同时运行他们的实验。通常传感器密集地部署在空间中。这种密度为不同的实验共享相同的地理空间和传感器数据提供方法以引导并发实验，这些实验受限于非常相似的（如果没有统计上的相同）物理现象。在这样的环境下，由于无线通信的广播本质用户之间的干扰是与生俱来的，当通信设备彼此接近时，它的影响将更加突出。无线网络的虚拟化为传感器结构提供者强加了进一步的挑战以确保并发运行实验之间的隔离。这种干扰隔离通常通过仔细的频率或时间槽分配来实现。然而，这些解决方案本质上是相当简单的，并且不提供最佳的网络利用。更重要的是，这些解决方案不适合传感基础设施，其中来自不同用户的多个应用程序需要在生产模式下同时运行。

在这个领域的最近研究，我们使用统计复用作为虚拟化的基础，它承诺提供更好的解决方案，能够有更好的网络利用和外部噪声隔离。

14.6　结　　论

用于无线传感器网络结构的 KanseiGenie 体系结构通过在不同网络之间的分片、虚拟化和联合支持广泛的实验。不仅限于传感器网络结构，体系结构可以很容易地引入到更加通用的可编程网络（如 GENI）。体系结构模型以网络结构为中心而不是节点，从而导致抽象层支持广泛的服务并使结构设计者没有预料的应用程序成为可能。KanseiGenie 可以通过垂直 API 为特定域应用程序进行定制，允许研究人员添加丰富的功能，这些功能远超过这里提到的基本服务集。

这里有许多开放的领域，包括资源规范、发现和分配以及数据作为资源的问题。

参 考 文 献

［1］Global environment for network innovation. www. geni. net.

［2］Intelmote2：High-performance wireless sensor network node. http://docs. tinyos. net/index. php/Imote2.

[3] Kansei wireless sensor testbed. kansei. cse. ohio-state. edu.

[4] Layered sensing. www. wpafb. af. mil/shared/media/document/ AFD-080820-005. pdf.

[5] Nested c: Alanguage for embedded sensors. www. tinyos. net.

[6] NetEye wireless sensor testbed. http://neteye. cs. wayne. edu.

[7] Open resource control architecture. https://geni-orca. renci. org/trac/wiki/. Kansei: a software infrastructure for sensor nets 299.

[8] Peoplenet mobility testbed. http://peoplenet. cse. ohio-state. edu.

[9] Stargate gateway devices. http://blog. xbow. com/xblog/stargate xscale platform/.

[10] Sunspots: Aja va based sensor mote. www. sunspotworld. com/.

[11] Telosb sensor motes. http://blog. xbow. com/xblog/telosb/.

[12] Xsm: Xscale sensor motes. www. xbow. com/Products/Product pdf files/ Wireless pdf/ MSP410CA Datasheet. pdf.

[13] Arora A. , Gouda M. , Hallstrom J. O. , Herman T. , Leal W. M. , Sridhar N. (2007). Astate-based language for sensor-actuator networks. SIGBED Rev. 4, 3, 25-30.

[14] Kulathamani V. , Sridharan M. , Arora A. , Ramnath R. (2008). Weave: An architecture for tailoring urban sensing applications across multiple sensor fabrics. MODUS, International Workshop on Mobile Devices and Urban Sensing.

第四部分
理论和模型

第 15 章 互联网交换机的缓存和调度理论

Damon Wischik

伦敦大学学院（University College London），英国

15.1 引　　言

我们认为未来的高速交换机应该使用更小的缓存。我们介绍了当前关于排队理论的研究，这些理论有助于设计这种高速交换机。

小缓存有两个主要的好处。首先，小缓存意味着更少的排队延迟或抖动，进一步带来更好的流量交换的服务质量。其次，小缓存能帮助设计新的更快的交换机。一个例子是文献[7]中提出的单片交换，其中一小片硅能同时处理交换和缓存，这减轻了两个功能之间的通信瓶颈；另一个例子是一个全光学数据包交换，光学延迟线被用来模仿缓存[3]。这两个例子不适用于大缓存。

缓存不能任意小。我们拥有缓存的初衷是在不丢包的情况下，能够吸收流量中的波动。我们得考虑两种波动：端到端拥堵控制机制（很可能由 TCP）下波动和报文按机会排队导致的固有的随机性波动。

15.2 节介绍了排队理论，该理论考虑了一个队列和 TCP 端到端拥堵控制之间的交互。传输控制协议想占有路径上的所有可用容量，它尤其想填满瓶颈缓存。为了使 TCP 能维持大队列而创建大的缓存，其荒谬性是不言而喻的。15.2 节中的分析指出，通过提供合理的拥塞反馈，小缓存依旧能容许 TCP 得到高使用率。作为该分析的一部分，我们解释了 TCP 同步产生的原因和突发性 TCP 流量的结果。

15.3 节描述队列理论来分析机会波动对流量的影响。这些是队列理论多年来的重点领域，但该理论最新的发展考虑了交换的架构和它的调度算法。例如，在输入队列交换中可能存在好几个输入，都想把数据包发给同一个输出，为其中一个提供服务必然会拒绝其他输入的请求。15.3 节分析了队列和调度之间的相互影响。

15.4 节综合了队列理论的两个分支内容，提出了未来互联网包级设计的架构。我们建议活跃队列管理比较适合于高速交换，并描述一些新交换架构合适的性能分析。同时，我们讨论 TCP 替换方案的设计，以及这些方案如何更适合网络。

在继续之前,我们应该明白这些理论是基于大系统中的统计规律。我们以模型的方式将这个理论应用到核心的互联网路由器中,但不包括小型交换机。我们需要做更多的实验工作来确定使用的范围。

15.2　缓存大小和端到端拥塞控制

路由器缓存的一个功能是保持数据包的储备,所以链路不会空闲。这依赖于有足够的流量保持链路的繁忙。

今天路由器供应商主要使用拇指定律来确定缓存大小:他们保证了路由器能提供至少一个往返时间的缓存,通常是 250ms 左右。当流量由一个 TCP 流组成时,存在一个简单启发式的拇指定律能轻易被证明。Appenzeller,Keslassy 和 McKeown 在 2004 年指出:核心路由器能够容纳数千条流量,而这些流量大量的聚合行为和单字流量差异很大。这是第一个对拇指定律严重的挑战。他们的洞察力提升了本节介绍的理论研究,取自文献[9]。如果想看最近的关于不同方法的观点,则请参看文献[15]。

15.2.1 节给出了缓存大小四个启发式的论点。第一个是现在使用拇指定律的证明,其他只是简单介绍了深度模型。15.2.2 节衍生出一个流量模型,该模型是许多共用一条瓶颈链路 TCP 流的聚合。15.2.3 节研究了该模型的行为:展示了缓存大小变化的规矩,解释了 TCP 流同步的原因。在 15.2.4 节讨论了在次 RTT 时间范围内突发性的影响。在总结部分,15.4 节将展示如何在未来网络中处理包数据层的突发性,包括如何设计 TCP 的替代协议。

15.2.1　缓存大小的四个启发性争论

1. 启发 1

传输控制协议通过限制拥塞窗口来控制网络中飞行包文的数量,即源发送但还没收到回执单的包的数量。它会线性扩大自己的拥塞窗口直到删除一个丢包,这时它会将窗口缩减一半。

考虑单个 TCP 流使用单个的瓶颈链路的情景。现在我们给出一个简单的计算,计算缓冲区要多大才能防止链路闲置。以 B 为缓冲区的大小,C 为服务速率,PT 是往返传播延迟,即往返时间排除了任何的排队延迟。当缓冲区刚好填满且在丢包之前,拥塞窗口是 $w=B+CPT$,其中 B 是排队的报文数,CPT 是在飞行的报文数。在丢包之后,拥塞窗口缩减到 $w'=(B+CPT)/2$。我们希望 $w' \geqslant CPT$ 所以将会有飞行中的报文保持链路繁忙。因此我们需要 $B \geqslant CPT$。这个简单的启发需要被精密化来考虑 TCP 如何控制它的窗口大小,具体的例子见文献[1]。一个

1994 年的实验研究[14]证明了该启发可以使在 40Mbit/s 链路上传输多达 8 条 TCP 流。

在 40Mbit/s 的链路上,拇指定律建议提供 10Mbit 的缓冲区。现在 10Gbit/s 的链路很常见,拇指定律指出需要 2.5 Gbit 的缓冲区。

2. 启发 2

我们给出一个原始的排队模型,该模型建议使用小缓冲区。假设有一个入队速率为 λ 个包/秒,服务速率为 μ 个包/秒的队列,假设所有的包都是同样大小,缓冲区是 B 个包,入队是一个泊松进程,服务时间呈指数变化,即这是一个 $M/M/1/B$ 队列。经典排队论指出丢包概率是 $\dfrac{(1-\rho)\rho^B}{1-\rho^{B+1}}$,其中 $\rho=\lambda/\mu$。一个约等于 1Mbit 的 80 个包的缓冲区应该足以在 98% 的使用率下将丢包率限制在 0.5% 以下。这表示 40Mbit/s 链路的缓冲时间为 24ms,而 10Gbit/s 链路缓冲时间为 0.1ms。

该方程式的最大特点是丢包率只依赖于使用率 ρ,而与绝对链路速度 μ 无关,所以 10Gbit/s 链路与 10Mbit/s 的链路拥有同样的缓冲区需求。

该启发忽视了 TCP 是闭环拥塞控制的。接下来的两个启发显示了如何补救这点。

3. 启发 3

考虑 N 个 TCP 流,常见往返时间为 RTT。假设这些流共享一个丢包率为 p,服务率为 C 的瓶颈链路。TCP 吞吐量方程(衍生自 15.2.2 节)显示平均吞吐量为

$$x=\frac{\sqrt{2}}{\text{RTT}\sqrt{p}}$$

尽管我们知道 TCP 旨在充分利用任何可用的容量,但是如果缓冲大到容许完全利用率,那么

$$Nx\approx C$$

现在,往返时间由 RTT＝PT＋QT 组成,其中 PT 是传播延迟,QT 是排队延迟。重新排序后得到

$$p=\frac{2}{(C/N)^2(\text{PT}+\text{QT})^2}$$

缓冲区的大小越大,QT 越大,丢包率就会越小。特别地,启发 1 建议 $B=$ CPT,因此 QT＝B/C＝PT,启发 2 提出 QT≈0,因此在启发 2 下丢包率将高出 4 倍。

即使两个建议都使链路完全使用。在我们已经描述的模型中,大的缓冲区如同延迟管道,TCP 流将经历更大的延迟,TCP 被强制减速,这样降低了丢包率。我

们相信在未来的互联网中,路由器不应该只引入人工延迟来减慢终端系统。终端系统能用重新传输或向前纠错来应对丢包,但它们永远不能修复损害的延迟。

4. 启发 4

另外一个引起广泛关注的启发[6]是 TCP 流被最大的窗口大小所限制,该窗口由终端操作系统所控制。假设有 N 条流,常用往返时间为 RTT,每条流的窗口 ω 被限制到 $w \leqslant w_{max}$。问题中的链路服务速率 $C > N w_{max}/\text{RTT}$。如果网络中没有丢包,则每条流将能以 $x_{max} = w_{max}/\text{RTT}$ 的恒定速率发送包。但每个丢包将导致窗口大小减少到 $w_{max}/2$,随后窗口大小每个 RTT 增加一个包,直到它再次达到 $w = w_{max}$;整个可以发送但没发送成功的包文数量是 $w_{max}^2/2$。为查看对丢包率 p 对链路使用的影响,考虑在一定时间 Δ 内发送的整个包数量 $N x_{max}\Delta$:本来应该有包被发送,但实际上存在 $N x_{max}\Delta p$ 个丢掉的包,因此只发送了 $N x_{max}\Delta(1 - p w_{max}^2/2)$ 个包。为了使该链路不损害太多使用,注意不是在瓶颈之后,对于一些合适小 ε 的,我们要求 $p \leqslant 2\varepsilon/w_{max}^2$。基于启发 2,如果 ρ 是实际的流量强度且 $\rho < \rho_{max} = N x_{max}/C < 1$,则

$$p = \frac{(1-\rho)\rho^B}{1 - \rho^{B+1}} \leqslant \rho^B \leqslant \rho_{max}^B$$

使用的缓冲区大小为

$$B \geqslant \frac{\log_{10}(2\varepsilon/w_{max}^2)}{\log_{10}\rho_{max}}$$

由于以下的假设不是设计下一代网络的可靠依据,我们将不再进一步分析。

15.2.2　流量往返模型和排队模型

为了能追踪排队问题,我们必须得主要考虑一个有排队序列限制的系统,应用一些概率极限定律。这里我们考虑一个排队序列系统,索引为 N 表示第 N 个系统是一个 N 个 TCP 流的瓶颈链路,其常见往返时间为 RTT,链接速度为 NC。我们想衍生出一个 TCP 拥塞控制的模型:如果我们取任意小的链接速度,例如 $\sqrt{NC}$,那么这些流将很可能超时,如果我们取任意大的链接速度,那么我们得用一些高速 TCP 修改来使用这些容量。

1. TCP 模型

假设所有的 N 个 TCP 流受限于一般的丢包概率。设在时间 t 内,包内 N 条流的平均拥塞窗口大小为 $w(t)$。使 $x(t) = w(t)/\text{RTT}$;这是时间 t 内的所有流的平均传输速率。设时间 t 内数据包的丢包概率为 $p(t)$。那么窗口大小 $Nw(t)$ 在短时间内演变的一个合理的近似为

$$Nw(t+\delta)\approx Nw(t)+\delta Nx(t-\mathrm{RTT})(1-p(t-\mathrm{RTT}))\frac{1}{w(t)}-\delta Nx(t)p(t)\frac{w(t)}{2}$$

$$(15.1)$$

多项式 $Nx(t-\mathrm{RTT})(1-p(t-\mathrm{RTT}))$ 是在时间 $t-\mathrm{RTT}$ 内用发送包的总速率乘以未丢包的概率,即它是在时间 t 内收到应答数据包(ACK)的速率。乘以 δ 表示在时间间隔 $[t,t+\delta]$ 内收到的 ACK 总数。TCP 规定在收到一个 ACK 后流量应该将其拥塞窗口 w 增加 $1/w$。每条流拥有自己的拥塞窗口大小,但我们应该通过平均窗口大小 $w(t)$ 来估算它们。因此右边公式的中间的部分是流量在时间间隔 $[t,t+\delta]$ 增加的总量。方程式最后一项由相同的原因推出:它是拥塞窗口在该时间段由于丢包减少的总量,基于 TCP 原理,在检测到丢包后,拥塞窗口应该减少 $w/2$。方程进一步可以近似为

$$\frac{\mathrm{d}w(t)}{\mathrm{d}t}\approx\frac{1}{\mathrm{RTT}}-\frac{w(t)}{2}\left[x(t-\mathrm{RTT})p(t-\mathrm{RTT})\right]$$

$$(15.2)$$

该方程在 TCP 建模的文献被大量使用。

该方程有很多近似值:所有流在拥塞避免中;所有包都有同样的丢包概率;$p(t)$ 值很小,所以 $1-p(t)\approx1$;平均窗口增加近似于 $1/w(t)$;流可能被这样对待,即一旦缺失一个 ACK 它们就能检测出丢包;数据流响应每个丢包,不仅只是每个窗口一次;排队延迟是可以忽略的,即往返时间是恒定的。尽管如此,方程似乎能可靠地预测仿真的结果。

观察可知,如果系统是稳定的,那么根据定义 $w(t)$ 和 $p(t)$ 也是恒定的,方程(15.2)化解为

$$0=\frac{1}{\mathrm{RTT}}-\frac{w}{2}xp\Rightarrow x=\frac{\sqrt{2}}{\mathrm{RTT}\sqrt{p}}$$

这是经典的 TCP 吞吐方程。

2. 小缓冲区的排队模型

设 N 条 TCP 流共用一个普通瓶颈链路,其中链路速度为 NC,缓冲区大小为 B,即缓冲大小与 N 无关,见 15.2.1 节的启发 2。设时间 t 入队速度为 $Nx(t)$。在一个短时间间隔 $[t,t+\delta]$ 队列大小可能变化多少? 我们将逐步回答该问题,首先考虑一个开环队列,其泊松到达速率为 $Nx(t)$,接着检查它的泊松假设。在15.2.3 节关闭该环路。

首先,假设队列的泊松到达速率为 $Nx(t)$。从式(15.2)知道在短时间间隔 $[t,t+\delta]$ 内,通信流强度更少变化。同时从经典的 Markov 链分析可得,一个到达速率为 Nx,服务速率为 NC 的 $M/D/1/B$ 队列与到达速率为 x,服务速率 C 为队列有相同的分布,它只是快了 N 倍而已。因此队列看到快速波动,繁忙的周

期长度 $O(1/N)$，它将会快速获取它的均衡分布，比改变 $x(t)$ 的时间间隔还要快。

我们为什么不假设聚合的流量是个泊松过程？这是一个标准结果，即只要节点之间还有一些最小的时间分离，我们就能在长度为 $O(1/N)$ 的时间尺度上将 N 个独立节点处理集合聚合为一个泊松进程[4]。需要验证独立性和最小时间分离等假设查看文献[6]扩展版的附件显性计算。观察队列波动的时间尺度为 $O(1/N)$，其中往返时间 RTT=$O(1)$ 应该足够使流量在短时间间隔内是独立的。此外如果每个 TCP 流中的报文遇到一些最小串行延迟，或者它们经过一些相对较慢的接入点队列，接着时间分割被满足(查看 15.2.4 节)。

总之，我们期待队列大小的平均分布作为瞬时到达速率 $x(t)$ 的一个函数，当 $x(t)$ 缓慢改变时，平均分布也缓慢改变。特别地，丢包率 $p(t)$ 是瞬时到达速率 $x(t)$ 的函数，该函数由经典的 Markov 过程技术来运算。

$$p(t)=D_{C,B}(x(t)) \tag{15.3}$$

对于很大的 B 值，表达式可变为

$$p(t)\approx\max\left(1-\frac{C}{x(t)},0\right)=\begin{cases}(x(t)-C)/x(t), & x(t)>C \\ 0, & x(t)\leqslant C\end{cases}$$

在 $x(t)<C$ 的情况下，假设 B 足够大以至于队列很少溢出。将小数定律应用到缓冲区尾部的空闲空间可得出 $x(t)>C$ 的情况，其中假设队列很少是空置的。

我们已经做了该推导的几个近似，最值得疑问的是哪一个是包数据能充分地置于泊松限制下的时间。15.2.4 节讨论了如何应对突发性流量。

15.2.3　排队延迟、利用率和同步

我们已经为共享瓶颈链路的 N 个 TCP 流系统推导出了动态模型，其链路速度为 NC，缓冲区大小为 B。如果时间 t 时的平均传输速率为 $x(t)$，$p(t)$ 是时间发送包的丢包率，那么

$$\frac{\mathrm{d}x(t)}{\mathrm{d}t}=\frac{1}{\mathrm{RTT}^2}-\frac{x(t)}{2}\big[x(t-\mathrm{RTT})p(t-\mathrm{RTT})\big] \tag{15.4}$$

$$p(t)=D_{C,B}(x(t))$$

注意没有队列大小的术语，因为队列大小在时间度量 $O(1/N)$ 上波动，其中 N 是流量的数目，在一个短时间间隔 $[t,t+\delta]$ 中我们无法知道队列大小。队列大小的均衡分布像函数 $x(t)$ 是个平缓变化的量，是队列大小分布而不是队列大小给出了 $p(t)$ 的值。

分析系统的第一步是找到固定点，即找到 x 和 p 的值，使动态的系统达到稳定。它们是

$$x = \frac{\sqrt{2}}{\text{RTT}\sqrt{p}} \text{和} \quad p = D_{C,B}(x) \tag{15.5}$$

如果缓冲区的尺寸很大,那么 $p = \max(1 - C/x, 0)$,固定点是在 $x > C$ 时,即系统在队列满或者接近满的状态下永久地运行,所以使用率是 100% 的。如果缓冲区尺寸很小,则以 $(x/C)^B$ 近似于 $D_{C,B}(x)$,这就是一个 $M/M/1/\infty$ 队列里尾队列大小分布的方程,使用 $x/C = (\sqrt{2}/\text{wnd})^{1/(1+B/2)}$,其中 wnd = CRTT 是链路被完全使用后每个流的拥塞窗口。如果 $B = 250$ 个包,则使用率至少有 97%,wnd = 64 个包。小缓冲区肯定损失一些使用率,但这些损失非常小。

下一步是分析动态系统的稳定性。我们能模拟出包级别的 TCP 流,或者解微分方程,或线性化公式(15.4)的固定点并用代入法计算它是否局部稳定,如果系统未能稳定评估振动的振幅,则对固定点执行一个幂级展开。

为计算式(15.4)是否局部稳定,取式(15.4)中固定点 x 的一阶近似,设方程为 $x(t) = x + e^{wt}$,求解 w。如果 w 有负实数的解,则它就是局部稳定的。最终发现局部稳定的充分条件为

$$\text{RTT} < \frac{\pi}{2} \frac{2}{x\sqrt{(p+xp')^2 - p^2}} \tag{15.6}$$

式中,$p = D(x)$;$p' = \mathrm{d}\,D_{C,B}(x)/\mathrm{d}x$。Raina 和 Wischik 计算了系统不稳定时的震荡幅度,使用一个 $M/D/1/B$ 队列模型来定义 $D_{C,B}(\cdot)$,他们建议缓冲区大小应该为 20~60 个包:任何更小的尺寸将导致使用率过低,任何更大的尺寸将导致大的振荡。

图 15.1 显示了一个 70 个包大小(左边)和一个 15 个包大小(右边)缓冲区包级别的模拟。我们已经选择其他的参数,所以代数理论能预测 70 个包的振荡,它还能预测 15 个包缓冲区的稳定性。我们有 1000 条流共享一个 480Mbit/s 的链路(即每条流的带宽为 $C = 40$ 包/s)。我们从 [120, 280] 中随机选择往返时间。同时,每条流有容量为 3C 入口链路,其逆向路径载入了 1000 条参数类似的 TCP 流。最上面的面板显示了流 $x(t)$ 的平均吞吐量,这通过用平均往返时间分割平均窗口大小来估算。虚线显示了每条流的可用带宽 C。中间的面板显示了队列大小。对于一个 70 个包的缓冲区,当 $x(t)$ 围绕 C 波动时,队列大小显著地随之波动:当 $x(t) > C$ 时,队列大小接近满,丢包概率 $p(t) \approx 1 - C/x(t)$;当 $x(t) < C$ 时,队列大小接近空 $p(t) \approx 0$。$x(t)$ 很轻易影响到队列大小的改变。对于 15 个包的缓冲区,$x(t)$ 的波动很小,而且这些波动并没有太大的影响;队列有很小很快的波动。最下面的面板显示了 TCP 窗口大小的例子。

TCP 窗口的样本平面图表明在不稳定的情况下,有一段时间队列变满,很多的流同时收到丢包。在稳定的例子不会发生这个情况。我们发现"不稳定动态系

统"意味着"同步的 TCP 流。"在该例子中同步不会损伤使用,尽管突发的丢包可能有害,如共享链路的语音流。

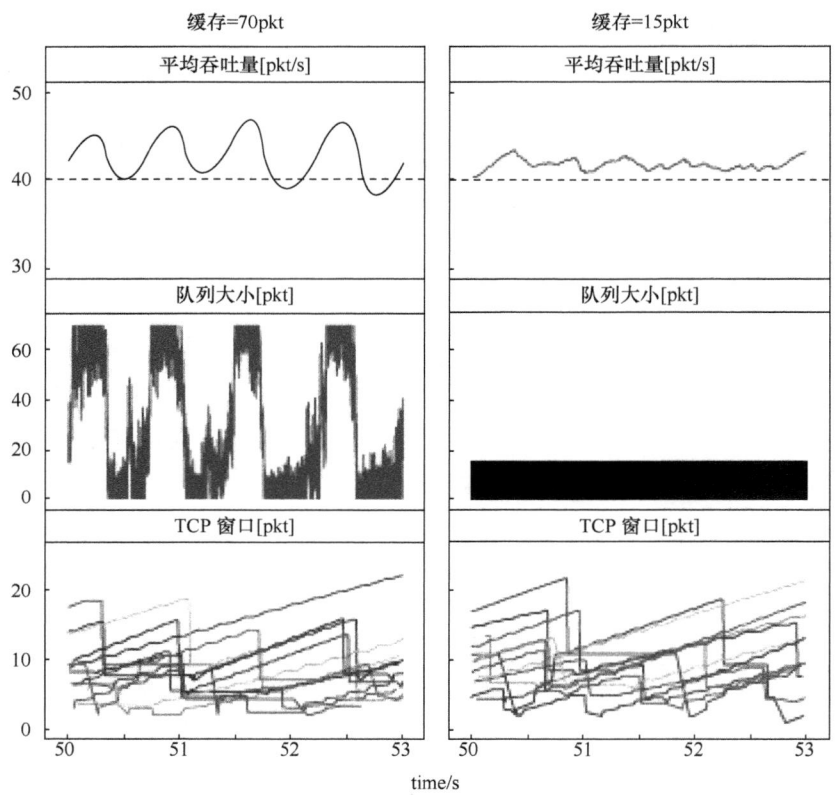

图 15.1　单瓶颈链路包级仿真跟踪

(1000 条流,往返时间在[120,280]ms,容量为 480Mbit/s,缓冲区是 70 或 15 个包)

15.2.4　流量颠簸

在 15.2.2 节导出的流量模型依赖于聚合的流量在短时间间隔里查看泊松分布的假设。本节我们用模拟和简单模型来探索短时间内流量比泊松分布的抖动更激烈,会发生什么情况,该分析取自文献[16]。15.4 节提出实际的方法来应对未来互联网中的激烈抖动。

考虑一个 TCP 流在整个路由中有很快的链路。它通常会发送一个包,收到一个 ACK,紧接着发送两个包,得到两个紧邻的 ACK,连续再发送三个包,以此类推,即每个往返时间,它将发送一个包的突发。该问题很可能被恶化如果有很多流都是慢启动,它们本来就是突发的。经验上的结果是流量不像子 RTT 时间间隔上的泊松分布;建模的问题是它未曾满足 15.2.2 节中"最小空间"需求,所以泊松限制没有应用。

图 15.2 中的绘制来自总容量 $NC=400\mathrm{Mbit/s}$, $N=1000$ 长期 TCP 流,RTT 值范围为 $[150,200]\mathrm{ms}$,缓冲区大小为 300 个包的瓶颈链路的仿真。我们使每个流通过它自己限速出入链路来缓和流量,将速度由 $5C$ 调至 $40C$。当出入链路相对较慢时会产生同步。但出入链路变得更快,队列的大小还在它的整个范围里波动,但这些波动是随机的而且并没有同步。

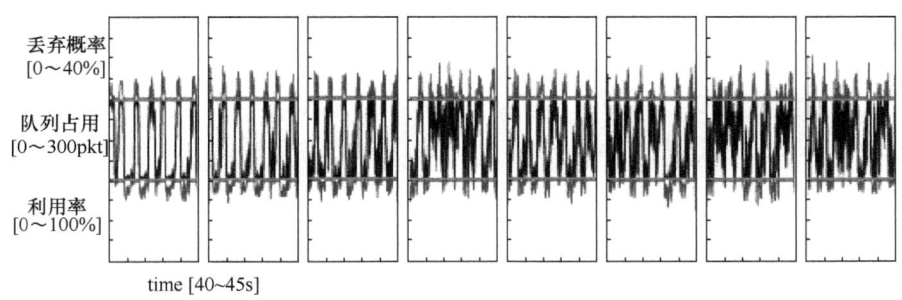

丢弃概率
$[0\sim40\%]$

队列占用
$[0\sim300\mathrm{pkt}]$

利用率
$[0\sim100\%]$

time $[40\sim45\mathrm{s}]$

图 15.2　同步接入链路速度的影响
(每个小图显示了一个仿真跟踪,其出入链路速度从每条流 5 倍的核心带宽增长到 40 倍。
当出入速度增长时,TCP 流变地颠簸,这减少了同步的影响)

现在是一个解释该行为的大致的理论模型。考虑如下两个极端情况。在"流畅流量"情况里,我们假设所有的包合理隔开,泊松限制生效,所以所有之前的理论都可以应用,$D_{C,B}(x)$ 是泊松速率 x 控制的队列丢包概率。在"流量激烈抖动"情况下,假设源连续发出 m 个包,它们以块的形式到达瓶颈链路。总体流量还是很多独立节点处理的聚合,但是每个节点指向连续包块,所有之前的理论都适用,而 $D_{C,B}(x)$ 是泊松进程速率 x/m 控制的队列的丢包率,每个泊松流量到达都预示着一堆 m 个突发包的到达。为了从定性的角度查看突发的影响,我们得用 $M/M/1/\infty$ 队列长度分布来近似 $D(\cdot)$,所以使包聚团是不可分割的。这导致了在流畅情况下 $D_{C,B}(x)\approx(x/C)^{B}$,在突发情况下 $D_{C,B}(x)\approx(x/C)^{B/m}$。在突发情况下 $D'_{C,B}(x)$ 缩小 m 倍,式(15.6)指出了系统应该更稳定。

15.3　交换机排队调度理论

交换是包交换数据网络的积分函数。一个互联网路由器有几个输入端口和几个输出端口,它的功能是在输入端口接收这些包,决定将这些包发往哪个端口,然后向这些输出端口发送这些包。交换机的物理架构或许有哪些包能被同步交换的限制,例如,在一个输入排队交换的限制,在任何时钟周期,输入端口不能发送超过一个包,输出端口不能发送超过一个包。交换机必须能包含一个调度算法来决定哪些包应该在何时被交换。

交换机展现了两个问题:给出一个物理架构,应该使用哪种调度算法;以平均排队延迟来衡量,结果的性能如何?

本章描述了一些交换机性能分析的工具。其中有两点值得注意:首先,这些工具应用于通用的交换机系统,而不只是输入排队交换机。其次,这些工具现在只能处理一小类的调度算法,这些算法衍生自最大权重 MW 算法。我们现在描述的这些工具只被开发了几年,详细内容见文献[10]、[12]、[13]。未来将有关于容易实现的分布式调度算法的设计和性能分析的工具。

15.3 节描述了交换机的基本模型。15.3.2 节具体描述了交换机容量的优化问题。15.3.3 节总结过度负载、负载不足、精密加载的交换机性能分析理论。

15.3.1　交换网络模型

我们考虑的抽象模型如下。有一组 N 队列。令时间为离散的,用 $t \in \{0, 1, \cdots\}$ 表示。令 $Q_n(t)$ 是队列 $n \in \{1, \cdots, N\}$ 在时间 t 的工作量,$Q_n(t)$ 为队列的向量。在每个时隙中,调度算法选择一个调度 $\boldsymbol{\pi}(t) = (\pi_1(t), \cdots, \pi_n(t))$,队列 n 被给予服务 $\pi_n(t)$。我们得从一组 $\boldsymbol{\pi}(t) \subset \mathbb{R}^N_+$ 选择调度 $\boldsymbol{\pi}(t)$,其中 $\mathbb{R}_+$ 是一组非负的实数。在选择了调度和提供了服务后,新的工作将到达。让每个 N 队列拥有一个专有的外源到达处理,设队列 n 的平均到达速率为 λ_n,即单位时隙中的工作量。为简单起见,假设到达是伯努力方程或泊松分布。我们应该对最大权重调度算法感兴趣,用如下方式选择调度 $\boldsymbol{\pi}(t) \in S$

$$\boldsymbol{\pi}(t) \cdot \boldsymbol{Q}(t) = \max_{\rho \in S} \boldsymbol{\rho} \cdot \boldsymbol{Q}(t) \tag{15.7}$$

式中,$\boldsymbol{\pi} \cdot \boldsymbol{Q} = \sum_n \pi_n Q_n$。连接被强制打破。我们也可以赋予一些权重,例如,用 $w_n Q_n(t)^a$ 来代替 $Q_n(t)$,其中 $w > 0, a > 0$。本章中所有的分析均要求 S 是有限的。

例如,一个 3×3 的输入排队交换一共有 $N = 9$ 条队列,每个输入端口都有三条队列。可能的调度组 S 为

$$S = \left\{ \begin{bmatrix} 1 & 0 & 0 \\ 0 & 1 & 0 \\ 0 & 0 & 1 \end{bmatrix}, \begin{bmatrix} 1 & 0 & 0 \\ 0 & 0 & 1 \\ 0 & 1 & 0 \end{bmatrix}, \begin{bmatrix} 0 & 1 & 0 \\ 1 & 0 & 0 \\ 0 & 0 & 1 \end{bmatrix}, \begin{bmatrix} 0 & 1 & 0 \\ 0 & 0 & 1 \\ 1 & 0 & 0 \end{bmatrix}, \begin{bmatrix} 0 & 0 & 1 \\ 1 & 0 & 0 \\ 0 & 1 & 0 \end{bmatrix}, \begin{bmatrix} 0 & 0 & 1 \\ 0 & 1 & 0 \\ 1 & 0 & 0 \end{bmatrix} \right\}$$

在这我们以 3×3 矩阵的形式而不是 1×9 的向量写出调度。这些调度大致满足了约束"数据包从任意给定的输入到任意给定的输出。"

我们能修改交换的网络模型使其可以应用于无线基站[11]。基于这个目的,假设可能调度组取决于一些随机变化的"自然状况"。假定调度算法了解任意给定时

隙的自然状态,它基于节点的积压工作和当前自然状态下的吞吐量来选择向哪个
节点传输数据。

我们也能修改该模型使其应用于 TCP 带宽分配的流级模型[8]。设 $Q_n(t)$ 是在
时间 $t \in \mathbb{R}_+$、网络路径 n 上的活跃 TCP 流的数目,并设 $\pi_n(t)$ 为路径 n 接收到的吞
吐量,则按照 TCP 拥塞控制算法有式(15.7)。

15.3.2　容量区域和虚拟队列

交换网络的研究都是基于优化问题的。最基本的问题称为 PRIMAL(λ),它
是对于所有 $\pi \in S, \alpha_\pi \in \mathbb{R}_+$,最小化 $\sum\limits_{\pi \in S} \alpha_\pi$,使得 $\lambda \leqslant \sum\limits_{\pi \in S} \alpha_\pi \pi$ 的分量方程。

这个问题探讨一个到达率为 λ 的脱机调度程序,是否能找到处理 λ 的调度组
合;其中 α_π 是花在调度 π 上的时间段。如果 PRIMAL(λ)解 $\leqslant 1$,则该 λ 是可行的。
定义容量区域 Λ 是可接受 λ 的集合。对偶问题 DUAL(λ)是当 $\xi \in \mathbb{R}_+^N$,最大化
$\xi \cdot \lambda$,使得 $\max_{\pi \in S} \xi \cdot \pi \leqslant 1$。

将 ξ 当成队列权重, $\xi \cdot q(t)$ 为一个虚拟队列。虚拟队列到达率为 $\xi \cdot \lambda$。由于
$\xi \cdot \lambda \leqslant 1$,服务行为无法从虚拟队列中排出多于一个单元的工作量。如果 DUAL(λ)
的解是大于 1 的,那么交换是超载的。

这两个优化问题都是可解的,而且有很多答案。对偶可行变量组是一个凸多
面体,所以我们将注意力集中于极限点,它们的个数是有限的。我们称这些为主要
虚拟队列。

例如,在 3×3 输入排队交换中,有六个主要虚拟队列,具体如下

$$\left\{ \begin{bmatrix} 1 & 1 & 1 \\ 0 & 0 & 0 \\ 0 & 0 & 0 \end{bmatrix}, \begin{bmatrix} 1 & 0 & 0 \\ 1 & 0 & 0 \\ 1 & 0 & 0 \end{bmatrix}, \begin{bmatrix} 0 & 0 & 0 \\ 1 & 1 & 1 \\ 0 & 0 & 0 \end{bmatrix}, \begin{bmatrix} 0 & 1 & 0 \\ 0 & 1 & 0 \\ 0 & 1 & 0 \end{bmatrix}, \begin{bmatrix} 0 & 0 & 0 \\ 0 & 0 & 0 \\ 1 & 1 & 1 \end{bmatrix}, \begin{bmatrix} 0 & 0 & 1 \\ 0 & 0 & 1 \\ 0 & 0 & 1 \end{bmatrix} \right\}$$

这些反映出"输入端口 1 的工作量"以及"输出端口 1 的所有工作"等。

15.3.3　性能分析

交换机的排队理论分为三个部分:针对过载的交换机,即 PRIMAL(λ)>1;轻
负载交换机,即 PRIMAL(λ)<1;适度加载交换机,即 PRIMAL(λ)$=1$。通过流体
模型的概念能很好的理解它们。

1. 流体模型

流体模型是不同方程式的集合,描述了交换机的操作。这些操作与在时间 $[0,t]$
到达的工作量 $a(t)$,时隙内花费在行为 π 上的时间量 $s_\pi(t)$,时隙内每个队列的闲
置时间 $z(t)$ 和时间队列大小 $t \in \mathbb{R}_+$ 有关。方程如下:

$$a(t) = \lambda t$$

$$q(t) = q(0) + a(t) - \sum_{\pi \in S} s_{\pi}(t)\pi + z(t)$$

$$\sum_{\pi \in S} s_{\pi}(t) = t$$

如果 $q_n(t) > 0, \dot{z}_n(t) = 0$

如果 $\pi \cdot q(t) < \max_{\rho \in S} \rho \cdot q(t) \dot{s}_{\pi}(t) = 0$

前四个方程是队列动态变化的直接表示,最后的方程表达了调度策略。

这些不同的方程是一个大规模系统的有限的表示方式。设 $A(t)$ 是在时隙 $[0, t]$ 内到达每个队列的实际流量,$Q(t)$ 是在时隙 t 的实际队列大小,$Z(t)$ 是时隙内累计的闲置,$S_{\pi}(t)$ 是用在动作 π 累计的时间。然后定义重新调节后的版本:$a^T(t) = A(rt)/r, q^T(t) = Q(rt)/r, z^T(t) = Z(rt)/r, s_{\pi}^r(t) = S_{\pi}(rt)/r$,将这些函数通过线性插值扩展到 $t \in \mathbb{R}$。表面上用变量 r 缩小了时间和空间。似乎这些重新调节后的版本"几乎"解决了流体模型方程。特别地,设 $x^r(\cdot)$ 包括新流程,设 FMS 包含流体模型方程的所有答案,FMS_{ε} 是时隙 $[0, T]$ 间路径的 ε-扩展,即

$$\text{FMS}_{\varepsilon, T} = \{x : \sup_{0 \leqslant t \leqslant T} |x(t) - y(t)| < \varepsilon (对于某个 \ y \in \text{FMS})\}$$

式中,$|\cdot|$ 是所有组件中的最大值。对于大范围的到达率,包括伯努利到达和泊松到达

$$对于任何 \ \varepsilon > 0, T > 0, 有 \mathbb{P}(x^r(\cdot) \in \text{FMS}_{\varepsilon, T}) \to 1 \tag{15.8}$$

2. 稳定性分析

如果排空时间 $H > 0$,那么流体模型应该是稳定的,这样每个初始绑定队列大小为 $|q(0)| \leqslant 1$ 的流体模型的解对于所有 $t \geqslant H, q(t) = \mathbf{0}$。定义

$$L(q) = \left(\sum_{1 \leqslant n \leqslant N} q_n^2\right)^{1/2}$$

我们很容易使用流体模型方程显示

$$\frac{dL(q(t))}{dt} = \frac{\lambda \cdot q(t) - \max_{\rho \in S} \rho \cdot q(t)}{L(q(t))}$$

假设交换是负载不足的,即 PRIMAL$(\lambda) < 1$,所以对于 $\sum_{\pi} \alpha_{\pi} < 1$,有 $\lambda \leqslant \sum_{\pi} \alpha_{\pi} \pi$。通过代数运算之后,得

$$\frac{dL(q(t))}{dt} < \left(\sum_{\pi} \alpha_{\pi} - 1\right) \frac{S^{\min} |q(t)|}{N^{\frac{1}{2}} |q(t)|} = -\eta < 0$$

只要 $q(t) \neq 0$。这里 $S^{\min}$ 是它能给队列的最小非零服务量,$|q|$ 是 $\max_n q_n$。由于 $L(q(t))$ 以至少 η 的速率下降,系统在时间 $L(q(0))/\eta$ 内完全排空。这证明了系统的稳定性。

这说明了如果流体模型是稳定的,且到达的流量在时隙内是独立的,那么队列大小处理是正复发的马科夫链。这是排队系统的一个传统的概念。

3. 过载交换

假设交换机是过载的,即 DUAL(λ)>1。我们明白当到达速率超过最大服务速率时会产生一些虚拟队列,因此这个虚拟队列必须无限地增长,而事实上它以精确的方式增长。通过显示 $dL(q(t)/t)/dt \leqslant 0$ 我们能证明对于任何初始队列大小 $q(0)$,标度队列大小趋向一个极限,即 $q(t)/t \rightarrow q^\dagger$。如果队列开始是空的,那么流模型的解为 $q(t)/t = q^\dagger$。$q^\dagger$ 是优化问题 ALGP†(λ)的唯一解:

最小化 $L(r)$,其中 $r \in \mathbb{R}_+^N$,使的所有的 $\xi \in S^+(\lambda)$,$r \cdot \xi \geqslant \lambda \cdot \xi - 1$。

其中 $S^+(\lambda)$ 是过载主要虚拟资源组,即 $\lambda \cdot \xi > 1$ 时 DUAL(λ)的极值。

最大权重算法显示出负载一些惊人的行为:负载的增加确实会导致离开率的下降。下面是一个例子,在一个 2×2 输入排队交换机中。两个可能服务行为如下

$$\pi^1 = \begin{bmatrix} 1 & 0 \\ 0 & 1 \end{bmatrix} \text{和} \pi^2 = \begin{bmatrix} 0 & 1 \\ 1 & 0 \end{bmatrix}$$

考虑两个可能到达速率矩阵

$$\lambda^{\text{critical}} = \begin{bmatrix} 0.3 & 0.7 \\ 0.7 & 0.3 \end{bmatrix} \text{和} \lambda^{\text{overload}} = \begin{bmatrix} 0.3 & 1.0 \\ 0.7 & 0.3 \end{bmatrix}$$

在精确加载情况中,交换机只能在 $\sigma^{\text{crit}} = 0.3 \pi^1 + 0.7 \pi^2$ 下达到稳定,对于任意初始队列大小,我们可以直接用流体模型方程来检查最大权重算法将最终获得该服务速率。然后,在过载的情况下,从 $q(0) = \mathbf{0}$,最大权重算法将得到

$$q(t) = \begin{bmatrix} 0.1t & 0.2t \\ 0 & 0.1t \end{bmatrix}$$

取 $0.2 \pi^1 + 0.8 \pi^2$ 的速率,意味着队列 $q_{2,1}$ 在空置,总共的离开速率是 1.9。另一种不同的调度算法选择 σ^{crit} 的服务率,这将导致更高的离开速率,即 2。

4. 欠负载交换

考虑一个欠负载交换。由于交换是稳定的,我们知道队列大小不会无限增加,事实上我们能使用流体限制来推理

$$\text{当 } r \rightarrow \infty, \mathbb{P}(L(Q) \geqslant r) \rightarrow 0。$$

本节我们将使用大的偏差理论来估计收敛的速度。也就是说,我们将发现最大权重算法下 $L(Q)$ 分布的尾部。该方法同时容许我们发现其他数量尾部的下界,如 $Q \cdot \mathbf{1}$ 总工作量或最大队列大小 $|Q|$,尽管没有上界。参看 15.4 节的观点 4。

这是获取分布尾部的一个启发式的论据。假设队列在 0 点时间为空,T 足够大以致 $Q(T)$ 有静态的队列大小分布。对于大 r

$$\frac{1}{r}\log_{10}\mathbb{P}\left(L(\boldsymbol{Q}(rT))\approx r\right)=\frac{1}{r}\log_{10}\mathbb{P}\left(L(\boldsymbol{q}^r(T))\approx 1\right)$$

$$=\frac{1}{r}\log_{10}\mathbb{P}\left(\boldsymbol{a}^r(\ \cdot\ )\in\{\boldsymbol{a}:L(\boldsymbol{q}(T;\boldsymbol{a}))\approx 1\}\right)$$

$$\approx\sup_{\boldsymbol{a}:\boldsymbol{q}(T;\boldsymbol{a})=1}\frac{1}{r}\log_{10}\mathbb{P}\left(\boldsymbol{a}^r\approx\boldsymbol{a}\right)$$

$$\approx-\inf_{\boldsymbol{a}:\boldsymbol{q}(T;\boldsymbol{a})=1}\int_0^T l(\dot{\boldsymbol{a}}(t))\mathrm{d}t \tag{15.9}$$

第一步是简单的改变尺度。第二步强调底层的随机是在到达过程中,同时我们想找出到达导致大队列的概率。$\boldsymbol{q}(T;\boldsymbol{a})$ 是队列在时间 T 的大小,强调它依赖于到达过程。第三步称为最大条件的原理,它支持一组概率大致是它最大元件的概率。第四步是对任意给出样本路径概率的一个估计。函数 l 称为本地速率函数。如果 $\boldsymbol{X}$ 是在一个时隙内到达每个队列工作量的分布,那么到达速率是 $\boldsymbol{\lambda}=\mathbb{E}\boldsymbol{X}$,如果到达率与时隙无关,那么

$$l(\boldsymbol{x})=\sup_{\boldsymbol{\theta}\in\mathbb{R}^N}\boldsymbol{\theta}\cdot\boldsymbol{x}-\log_{10}\mathbb{E}\,\mathrm{e}^{\boldsymbol{\theta X}}$$

注意到 $l(\boldsymbol{\lambda})=0$,且 l 是非负的。大偏差理论使这些探索步骤更严谨。

式(15.9)依然需要进一步的计算。该问题称为"寻找最便宜的路径来溢出。"很简单能绑定答案,只是简单地猜测一个方案 $\boldsymbol{a}(\ \cdot\ )$ 得出 $\boldsymbol{q}(T;\boldsymbol{a})=1$。在该例子中,一个好的猜测是最可能的路径由两个线性块构成:在时间 $T-U$ 和 $\dot{\boldsymbol{a}}(t)=\boldsymbol{\lambda}$ 计算,保持 $\boldsymbol{q}(t)=\boldsymbol{0}$,挑出一些到达率 $\boldsymbol{x}\geq 0$,在时间 U 和 $\dot{\boldsymbol{a}}(t)=\boldsymbol{x}$ 时计算,选择 U 使 $L(\boldsymbol{q}(T))=1$。第一阶段花费为 0,第二阶段花费 $Ul(\boldsymbol{x})$。注意在第二个节点交换处于过载状态,从之前交换机过载的结果来看,我们知道队列将线性增长,因此 $L(\boldsymbol{q})$ 将线性增长;实际上需要花费 $U=1/\mathrm{ALGP}^{\dagger}(\boldsymbol{x})$ 来使 $L(\boldsymbol{q})=1$。我们也能选择过载速率 x 来最小化路径成本。这显示

$$\inf_{\boldsymbol{a}:\boldsymbol{q}(T;\boldsymbol{a})=1}\int_0^T l(\dot{\boldsymbol{a}}(t))\mathrm{d}t\leqslant\inf_{\boldsymbol{x}\geqslant 0}\frac{l(\boldsymbol{x})}{\mathrm{ALGP}^{\dagger}(\boldsymbol{x})}$$

事实上我们能证明这是个等式。该证明采用了 $\mathrm{ALGP}^{\dagger}$ 双问题。

5. 精确负载交换

假设交换机是精确负载的,即假设 $\mathrm{DUAL}(\boldsymbol{\lambda})=1$。我们能将 $\mathrm{DUAL}(\boldsymbol{\lambda})$ 问题的可行解翻译为虚拟队列。由于交换机是极度过载的,必定存在一些虚拟队列,其到达速率等于最大的服务速率。

例如,考虑一个输入排队交换机,设虚拟队列"所有输出 2 的工作"是精确负载的。这意味着输出 2 的工作量(累加所有输入端口)到达率等于一个包每时隙。现在虚拟队列的内容,即输出 2 所有累加的工作量分配给输入端口。如果输入端口

1 占用更多的服务能力,则虚拟队列就转移到其他输入端口。通过为最长队列设置优先级,虚拟队列均匀地分布给输入端口。

我们发现调度算法实际上能够选择从哪存储虚拟队列的内容。为使其精确,我们应该引入另外一个优化问题 ALGD(λ, q):最小化 $L(r)$,(其中 $r \in \mathbb{R}_+^N$)使得对于所有的 $\xi \in S^*(\lambda)$,有 $\xi \cdot r \geqslant \xi \cdot q$。其中 $S^*(\lambda)$ 包括所有适度负载的主要虚拟队列。该问题表示:搅乱实际队列之间的工作来最小化成本(由 Lyapunov 函数 L 来衡量),屈从于这样的限制,精确负载虚拟队列中的所有工作量 $\xi \in S^*(\lambda)$ 必须得存储在一个地方。该问题有唯一解,称为 $\Delta^\lambda(q)$。(该解是唯一的,因为可行集是凸面的而且非空,目标函数是 $\sum r_n^2$ 的一个凸面增长函数。)

这证明了最大权重调度算法有效地解决了该优化问题,它能找到一个队列状态 q 来解 ALGD(λ, q)。换而言之,队列状态在集合中或接近于集合

$$\mathcal{L} = \{q : q = \Delta^\lambda(q)\}$$

我们能用该集合来进行显示计算。例如,在一个输入排队交换中,只有输出端口 2 是精确负载的,我们很容易检查 $\Delta^\lambda(q)$ 将端口 2 的所有工作平均地分配到了输入端口,而其他的队列是空的。更普遍的,我们相信通过理解 $\mathcal{L}$ 的几何意义,我们能明白算法的性能。例如,$\mathcal{L}$ 与调度算法相关,在所有的例子里,$\mathcal{L}$ 越大,平均排队延迟越小。

有两种方程化最大权重解决 ALGD(λ, q) 的方法:①当且仅当 $q = \Delta^\lambda(q)$ 时,q 是一个流体模型的定点,另外对于任意流体模型,$t \to 0$ 时,$|q(t) - \Delta^\lambda(q(t))| \to 0$;②我们有一种对该收敛的概率性解释,需要定义另一个标量:设 $\hat{q}^r(t) = Q(r^2 t)/r$。那么有

$$当 r \to 0, \mathbb{P}\left(\frac{\|\hat{q}^r(t) - \Delta^\lambda(\hat{q}^r(t))\|}{\max(1, \|\hat{q}^r(t)\|)} > \varepsilon\right) \to 0$$

式中,$\|x(\cdot)\| = \sup_{0 \leqslant t \leqslant T} |x(t)|$,限制有任意 $\varepsilon > 0$,任意 $T > 0$(似乎左侧分母是不必要的,但还没得到论证)。

15.4　报文级架构提议

本节提出一个架构来囊括 15.2 节和 15.3 节中讨论的理论。简而言之,核心路由器的缓冲区应该较小,这样能保持小的排队延迟和抖动。另外一个附带好处是允许新的交换架构,如单片交换。为了使该系统运转良好,采取如下措施。

(1) 交换机应该使用显性拥塞通知(ECN)标志来广播拥塞,这样能将利用率控制在一个合理的水平,如不高于 95%。对于不支持显性拥塞通知的流,应该丢掉该报而不该去标识它。

(2) 应该向每条虚拟队列通知拥塞。一个虚拟队列由一组实际队列加权集合

构成；一个给定交换架构的虚拟队列来自该架构的容量区域。

（3）当一个包引起一个虚拟队列超过一些小的阈值时，如 30 个包，我们就给它一个 ECN 标记。反应函数即一个 ECN 标记被赋予一个使用级别的概率，应该被用来达到较好的稳定性和不错的利用率。

（4）实际的缓冲区应该稍大一些，它应该是可以衡量的所有实际的包丢失是少见的。使用欠负载交换机的大偏离理论来实现这点。

（5）任何未来 TCP 的高速替代应能平稳地应对拥塞，它能产生间隔合适的包。

1）ECN 标志

15.2.1 节中的启发 3 解释了 TCP 减少它的传输速率来应对排队延迟和丢包。如果缓冲区很小，那么排队延迟也会很小，因此丢包率必须很高才能调节 TCP 流。显性拥塞通知是控制丢包的另外一种方法：当一个交换机拥塞，它能在包的头部设置 ECN 比特；当包已经被丢弃但还未真正丢弃时，就告诉 TCP 后退。

2）虚拟队列

正如在 15.3.2 节定义的一样，虚拟队列显示了一个交换机的容量限制。例如，一个 3×3 输入排队交换总共有九个队列，号称"输入 1 输出 1，"但是只有六个虚拟队列，称为"输入 1 的所有工作"，"为输出 1 的所有工作"。虚拟队列上的负载决定了交换机作为整体是欠负载、适度负载还是超负载。15.3.3 节的性能分析表明调度算法能转移实际队列上的工作，但如果一个虚拟队列适度过载或者超负载，则它不能抽空一个虚拟队列。因此虚拟队列是需要防止拥塞的资源，ECN 标志应该基于虚拟队列。

3）反应函数

15.2.3 节显示了如何使用式（15.5）和式（15.6）来计算使用率和稳定性。它们依赖于函数 $D(x)$，即到达率为 x 时的丢包概率（或 ECN 标志概率）。然而 15.2.4 节的分析表明对于一个丢包的简单队列，当它是填满时，$D(x)$ 取决于流量的颠簸，该颠簸受到存取速度和其他形式的包间隔影响。其结果是没有一个单独的缓冲大小能够在一定范围的包间距内平衡利用率和稳定性。此外，如果上游队列有强烈的流量控制，那么各个流不会独立，所以式（15.2）中的泊松近似无法持续，这将会影响到 $D(x)$。

我们提出交换应该执行一个反应函数 $D(x)$，该函数应该在包间距范围和流量统计中保持一致。一个大致的方案将能测量 x 接着用概率 $D(x)$ 标记包，其中 D 是一个预定义的函数。一个更完美的方案是模拟指数服务时间的虚拟队列，基于虚拟队列的大小来标记包。一个替换方案[2]是建立交换能够显性延迟包来保证流量的泊松特性得到保存。

4）缓冲区尺寸和管理

假设虚拟队列反应函数用来保证交换机提供的到达速率在一些限制内，如95％的全容量范围。15.3.3 节给出了近似

$$\mathbb{P}(L(\boldsymbol{Q})>b)\approx e^{-bI} \tag{15.10}$$

式中，L 是交换调度算法的李雅普诺夫函数；$\boldsymbol{Q}$ 队列大小的向量。I 的方程基于解 L 的优化问题。

为阐述这如何应用于缓冲区尺寸，假设交换机中每个队列有它自己的非共享缓冲大小 B，我们希望选择 B 使任意队列都很少溢出。设交换机用最大权重调度算法，其中 $L(\boldsymbol{Q})=(\sum_n Q_n^2)^{1/2}$，我们可以直接验证 $\max_n Q_n \leqslant L(\boldsymbol{Q})$，因此

$$\mathbb{P}(\max_n Q_n \geqslant B) \leqslant \mathbb{P}(L(\boldsymbol{Q})>B) \approx e^{-BI}$$

该不等式可以用来选择合适的 B。查看文献[13]，讨论如何设计一个调度算法使该不等式几乎紧的，文献[10]中描述了一个是 $\sum_n Q_n$ 不是 $\max_n Q_n$ 等价分析，例如，如果这些队列共享存储或如果我们想控制平均队列延迟。

速率函数 I 依赖于流量模型。15.2.2 节争论在小缓冲区的情况下一个泊松模型是合理的近似。Cruise[5] 已经证明，当缓冲区适当增大，大到式（15.10）足以能框住的时候，泊松近似依然适用。我们需要多花些精力去理解 15.2.4 节的模型，在流量激烈变化时如何修改 I。

5）良好流量

15.2.2 节为许多 TCP 流聚合找到了不同的方程模型。方程的精确形式对于分析不重要，真正重要的是总流量应该随时间流畅地改变，它能渐渐应对拥塞的小变化。任何 TCP 的替代应该有相同的属性。单 TCP 流使用一个高容量链接不会合适的反应：它将窗口消减一半以应对单丢包，这无法用不同的方程来建模。

我们同时建议任意 TCP 的高速替代应该隔开它的包，所以使总流量在很短的时隙内近似于泊松分布。如果一条流量能够将一些突发包送入网络，则很难如论点 3 设计出一个合理的反馈函数 D，或如论点 4 计算一个健壮的速率函数。

参 考 文 献

[1] Guido Appenzeller, Isaac Keslassy, and Nick McKeown. Sizing router buffers. In SIG-COMM, 2004. Extended version available as Stanford HPNG Technical Report TR04-HPNG-060800.

[2] N. Beheshti, Y. Ganjali, and N. McKeown. Obtaining high throughput in networks with tiny buffers. In Proceedings of IWQoS, 2008.

[3] Neda Beheshti, Yashar Ganjali, Ramesh Rajaduray, Daniel Blumenthal, and Nick McKeown. Buffer sizing in all-optical packet switches. In Proceedings of OFC/NFOEC, 2006.

[4] Jin Cao and Kavita Ramanan. AP oisson limit for buffer overflow probabilities. In IEEE Infocom, 2002.

[5] R. J. R. Cruise. Poisson convergence, in large deviations, for the superposition of independent point processes. Annals of Operations Research, 2008.

[6] M. Enachescu, Y. Ganjali, A. Goel, N. McKeown, and T. Roughgarden. Routers with very small buffers. In Proceedings of IEEE INFOCOM, 2006.

[7] Yossi Kanizo, David Hay, and Isaac Keslassy. The crosspoint-queued switch. In Proceedings of IEEE INFOCOM, 2009.

[8] F. P. Kelly and R. J. Williams. Fluid model for a network operating under a fair bandwidth-sharing policy. Annals of Applied Probability, 2004.

[9] Gaurav Raina and Damon Wischik. Buffer sizes for large multiplexers: TCP queueing theory and instability analysis. In EuroNGI, 2005.

[10] Devavrat Shah and Damon Wischik. The teleology of scheduling algorithms for switched networks under light load, critical load, and overload. Submitted, 2009.

[11] A. L. Stolyar. MaxWeight scheduling in a generalized switch: state space collapse and workload minimization in heavy traffic. Annals of Applied Probability, 2004.

[12] Vijay G. Subramanian, Tara Javidi, and Somsak Kittipiyakul. Many-sources large deviations for max-weight scheduling. arXiv:0902. 4569v1, 2009.

[13] V. J. Venkataramanan and Xiaojun Lin. Structural properties of LDP for queue-length based wireless scheduling algorithms. In Proceedings of Allerton, 2007.

[14] Curtis Villamizar and Cheng Song. High performance TCP in ANSNET. ACM/SIGCOMM CCR, 1994.

[15] Arun Vishwanath, Vijay Sivaraman, and Marina Thottan. Perspectives on router buffer sizing: recent results and open problems. ACM/SIGCOMM CCR, 2009.

[16] D. Wischik. Buffer sizing theory for bursty TCP flows. In Proceedings of IZS, 2006.

第 16 章　随机网络效用最大化和无线调度

Yung Yi[1], Mung Chiang[2]

[1] 韩国科学技术高级研究院(Korea Advanced Institute of Science and Technology),韩国

[2] 普林斯顿大学,(Princeton University)美国

作为优化分解的分层(LAD)已经提供第一原则,自上而下的方法来获得,而不只是描述网络架构。合并随机网络动力学是精炼方法并扩展其适用性的主要方向之一。本章综述了跨会话层、数据包层、通道层和拓扑层的随机网络效用最大化(SNUM)的最新研究。开发简单但有效的分布式算法是在 LAD 中经常面临的又一挑战,如针对 SNUM 在无线网络中的调度算法就是一例。我们提供了关于无线调度的结果分类,并强调了在理解和减少调度算法的通信复杂性上的当前进展。

16.1　引　　言

Kelly 等的论文[44,45]在网络资源分配上提出一个创意——网络效用最大化(NUM)——这引起了之后许多的研究活动。在基本的 NUM 方法中,优化问题通过公式表示,其中变量是由链路能力限制的源速率而目标函数捕获设计目标:

$$\text{maximize} \sum_i U_i(x_i) \tag{16.1}$$
$$\text{其中 } \boldsymbol{Rx} \leqslant \boldsymbol{c}$$

式中,源速率向量 x 是一组优化变量;每个源的索引由 i 表示;$\{0,1\}$路由矩阵 $\boldsymbol{R}$ 和链路能力向量 $\boldsymbol{c}$ 是常数;$U_i(\cdot)$ 是源点 i 的效用函数。将上述问题分解为几个子问题可以完美地开发一个分布式问题,其中每个链路和源点基于本地观测的如链路负载或者路径价格来控制其本地的变量,如链路价格或者源速率。

基于网络的 NUM 模型的理论、算法、应用程序等相关工作已经取得了实质性进展,甚至有的已经商业化了。现在,NUM 的思路已经扩展并用于显著地模拟大规模数组的资源分配问题和网络协议,其中效用可能取决于速率、延迟、抖动、能源、失真等,可能跨用户的耦合,也可能是任何非递减函数,而被称为广义的 NUM(尽管大多数论文假设是平滑的和凹形的效用函数)。它们可以基于用户行为模型、操作成本模型或流量弹性模型来构建。

　　网络效用最大化担当建模语言和起点的作用以理解网络层作为最优化分解[18]：通过查看"分层"流程，分层交互可能被表示而分层协议栈可能被设计，即当给定(广义)NUM 问题分解成多个子问题时，网络功能的模块化和分布进入到层或者网络元素中。然后，这些子问题通过某些原始功能和对偶变量"黏合在一起"。LAD(作为优化分解的分层)的倾向已经影响了联合控制拥塞、路由、调度、随机访问、传输功率、编码和调制等活跃研究领域，以及充当一种语言来解释创新机制如背压算法和网络编码的好处。以不同的方式替代分解相同的 NUM 公式，进一步导致枚举和比较可选择的协议栈的机会。因此分解 NUM 的理论成为一个基础，它以概念上的简单方式去理解网络架构的复杂性："谁做什么"和"如何连接它们"。

　　LAD 当前的挑战是随机动力学和复杂性归约，这也是本章的重点。

　　在基本的 NUM(式(16.1))和相关解决方案中，通常假设用户数量保持静止，其中每个用户携带被视为流量无限积压的数据包，其通过静态链接和不变时通道注入到网络。NUM 理论的结果是否仍然有效，并且在这些随机动力学下结论是否保持预测能力？是否也能回答来自随机因素的新问题？将随机网络动态学合并到广义的 NUM/LAD 公式中，称为 SNUM(随机 NUM)，通常给那些随机网络理论或者分布式优化算法等工作引起挑战性的模型。本章的前半部分综述了以上问题在过去 10 年的研究成果。我们根据随机动力学的不同层：会话、数据包、约束甚至这些层的混合进行分类。

　　本章的后半部分聚焦在无线网络中实现 LAD 的一个重要的且具有挑战性的组件。最近在无线网络的 LAD 研究中联合拥塞控制、路由和调度研究工作的一个关键信息表明调度可能是最难的部分。调度可能需要巨大的计算开销和/或大量的消息传递。它促使研究人员去研究各种形式的性能保障和具有分布式操作能力的算法。这个综述着重于理解和减少调度算法的复杂性，包括吞吐量、延迟和复杂性之间的三维权衡，以及以自适应 CSMA(携带感知多个接入)方式的效用最优随机接入。

　　我们使用标准的 $\mathbb{R}^N$ 和 $\mathbb{R}^N_+$ 分别表示 N 维实数欧氏空间和 N 维非负欧氏空间。使用书法字形 S 表示一个集合，使用黑体字 x 和 X 分别表示向量和矩阵。根据本章的需求，我们将引入更多的符号。

16.2　LAD(作为优化分解的分层)

16.2.1　背景

　　网络体系结构基本上决定功能分配，即"谁做什么"和"如何连接它们"。网络体系结构的研究比资源分配的研究通常更具影响力，更难改变，但是更少理解。例如，功能分配可以发生在网络管理系统和网络元素之间，终端用户和中间路由器之间,以及源点控制和网络控制,如路由和物理资源共享之间。网络体系结构的决定包括功能分配中替代物的探索和比较。

分层为网络协调采用模块化的和通常为分布式的方法。称为层的每个模块控制决策变量的子集,并观察来自其他层常数参数和变量的子集。协议栈的每一层在其自身中隐藏复杂行为,并提供服务和接口给之前的上层,以使可扩展的、可发展的和可实现的网络设计成为可能。

"作为优化分解的分层"的框架由一个约束的最优模型开始,如下所示:

$$\text{maximize} \sum_s U_s(x_s, P_{e,s}) + \sum_j V_j(w_j)$$
$$\text{其中 } \boldsymbol{R}\boldsymbol{x} \leqslant c(w, P_e),$$
$$\boldsymbol{x} \in \mathcal{C}_1(\boldsymbol{P}_e), x \in \mathcal{C}_2(\boldsymbol{F}) \text{ or} \in \boldsymbol{\Pi},$$
$$\boldsymbol{R} \in \mathcal{R}, \boldsymbol{F} \in \mathcal{F}, w \in \mathcal{W}$$
$$\text{variables} \boldsymbol{x}, \boldsymbol{w}, \boldsymbol{P}_e, \boldsymbol{R}, \boldsymbol{F} \tag{16.2}$$

式中,x_s 表示源点 s 速率;w_j 表示网络元素 j 上的物理层源点;U_s 和 V_j 是效用函数,其可以是任何非线性的单调函数;R 是路由矩阵,而作为物理层资源 w 和所需的编码错误概率P_e 的两个函数,其中函数相关性、信号干扰问题和功率控制可以被捕获,$c(w, P_e)$ 表示逻辑链路的能力;$\mathcal{C}_1(\boldsymbol{P}_e)$ 是一组速率,其由通道解码可靠性和其他跳错误控制如 ARQ 之间相互作用限制;$\mathcal{C}_2(\boldsymbol{F})$ 是一组速率,其由媒介访问成功概率或者可调度性约束集合 $\boldsymbol{\Pi}$ 限制,其中 $\boldsymbol{F}$ 是竞争矩阵;$\mathcal{W}, \mathcal{F}, \mathcal{R}$ 分别表示可能的物理层资源分配方案集合,可能的调度或基于竞争的媒介访问方案集合和单路径或多路径路由方案集合。

保持一些变量不变并指定这些函数依赖和约束集将导致 NUM 公式的一种特殊类型。一般而言,效用函数和约束集可以比式(16.2)中的问题更加丰富。

16.2.2　关键思想和程序

严格理解分层的一个可能的角度是整合各种协议层为单一连贯的理论,这需要把它们看成在网络上实施异步的分布式计算以隐式地解决全局优化问题,如式(16.2)。不同的层利用本地信息迭代决策变量的不同子集以实现个体最优。综上所述,这些本地算法试图实现全局目标,其中全局最优可能实现,也可能实现不了。这样一个模块化的设计过程可以通过针对约束优化的分解理论的数学语言在数量上进行理解[77]。"作为优化分解的分层"的框架暴露了作为不同方法来模块化和分发集中计算协议层之间的相互连接。

一个优化问题的不同垂直分解,广义 NUM 的一种形式,在通信网络中映射为不同的分层方案。给定的分解中每个分解的子问题对应一个层,而某些主要的或拉格朗日对偶变量(配合子问题)函数对应层之间的接口。横向分解可以进一步在一个功能模块中开展分布式计算并控制地理上分散的网络元素。基于这些广义NUM问题的LAD,为了网络设计将终端用户的实用程序放到"驾驶员的位置"。例如,物理层创新的好处如调制和编码项目,现在以增强应用程序为特征而不是只降低用户不直接观察的误比特率。隐式消息传递(信息具有物理意义,并可能需要测量)或者显式消息传递为特定的分解量化信息共享和决策所需的耦合。

现有协议可以作为一种优化器的反向工程采用分布式方法解决广义优化问题,如 TCP[37, 45, 47, 48, 61-63, 69, 92, 108],BGP[30]和 MAC[51,100]。在正向工程中,由于不同的分解导致可供选择的分层体系结构,所以我们也可以通过调查分解方法的优缺点来解决"如何分层和如何不分层"的问题。通过比较不同形式的优化分解和次优分解下的目标函数值,我们可以在层之间寻找"分离定理":条件下的分层不得损失最优性,或者允许总体设计的次优性差距至多为特定层的差距。

尽管过去几年 LAD 已经在概念上、数学上和实际上取得了进步,但是在这个领域还有大量的挑战,包括随机动力学、非凸性、高维度和通信复杂性。现在本章综述一些最新的结果以解决这些挑战的一部分。

16.3　随机 NUM(网络效用最大化)

16.3.1　会话层动力学

1. 系统模型

考虑一个网络,其中会话(如分类成一对源地址和目的地址)由用户随机生成,并在完成后停止。首先假设会话 S 类型的有限集 $\mathcal{S}$,其根据泊松过程的强度 λ_s,$s\in\mathcal{S}$,会话/秒和平均 $1/\mu_s$,$s\in\mathcal{S}$(单位为比特)指数分布文件大小到达系统。S 级会话的流量强度表示为 $\rho_s=\lambda_s/\mu_s$ 比特每秒。我们也可以将 $N_s(t)$ 表示在时刻 t 时 s 级会话活跃的数量。因此网络状态为 $N(t)=(N_1(t),\cdots,N_S(t))$,其为一个随机过程。约束集 $\mathcal{R}$,在研究文献中通常称为速率范围,是可用资源向量 $\varphi=(\varphi_1,\cdots,\varphi_S)$(由考虑过的资源分配算法提供)的集合,其中 φ_S 是分配给 S 级会话的总速率。速率范围的形式是多种多样的,并且根据系统模型和资源分配算法速率范围的形式,既可以固定也可以随时间变化,既可以是凸形的也可以是非凸的 。

会话离开时间与文件大小和服务速率成形,即资源分配向量 $\{\phi_s\}$ 通过解决NUM 获得,其中,每个级别 s 中的会话接收速率为 $\phi_s/N_s(t)$。

资源分配算法根据当前网络状态 $N(t)$,效用函数和速率范围来分配网络资源(通常是带宽或速率)给不同的会话级别。我们的兴趣是基于 NUM 的资源分配,其速率是以下优化问题的解决方法:在时刻 t

$$\text{maximize} \sum_s N_s(t) U_s(\phi_s/N_s(t))$$

$$其中 \phi \in \mathcal{R} \tag{16.3}$$

式中,效用函数U_s假设满足一些技术条件(如两次可微性和凹性)。我们特定的兴趣在于资源分配的公平性,这通过专注效用函数的特定级别,称为α-公平效用函数,其中参数$\alpha \geqslant 0$:对于$\alpha \geqslant 0$,$U^{\alpha}(\bullet)=(\bullet)^{1-\alpha}/(1-\alpha)$,对于$\alpha=1$,$\log_{10}(\bullet)$[69],并且如果对于任何其他可行的分配$y$存在$\sum_s (y_s - x_s)/x_s^{\alpha} \leqslant 0$,那么可行分配$x$称为$\alpha$公平。$\alpha$公平的概念包括最大最小公平、比例公平和特殊情况下的吞吐量最大化。

图 16.1 描述了会话级动力学研究的框架。有时假设时间尺度分离在资源分配上比会话级动力学要更快,即无论$N(t)$何时变化,当式(16.3)解决时资源分配立即完成。

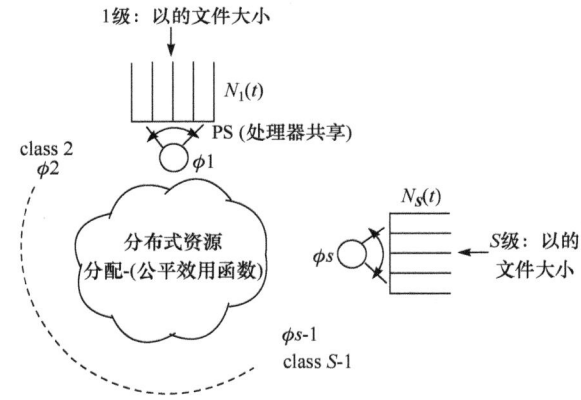

图 16.1　解决动态用户群体下的 NUM 和会话到来的分布式资源分配

2. 性能指标:会话级稳定性

集中在会话级动力学的一个主要研究为,对于给定的资源分配去计算会话级稳定性范围,这个范围是一组通信强度$\boldsymbol{\rho}$并且其随着时间活跃的会话数量是有限的。然后,最大化稳定性范围是取得所有可能资源分配的稳定性范围的并集:对于这个集合外在的任何流量强度向量,没有资源分配算法可以使网络在会话级稳定。

根据泊松到达和指数文件大小的假设,系统可以模式化为一个马尔可夫链。然后,在数学上稳定意味着马尔可夫过程$\{N(t)\}_{t=0}^{\infty}$是正数周期性的(在非周期性和不可约性的技术条件下)。在一般网络拓扑下,证明基于 NUM 资源分配的会话稳定性是具有挑战性的。它是一个依靠解决 NUM 的多级排队网络与服务速率,而 NUM 的解决反过来依靠活跃流的数量。一个广泛使用的技术称为限制流扩展[20],其中原始系统的合适比例(由时间和空间)可以限制系统的确定性而不是随机性,从而促进证明其稳定性。

3. 稳定性研究成果的发展现状

关于会话级稳定性主要研究成果的总结如表 16.1 所示。

表 16.1　关于会话级稳定性主要研究成果的总结

Work	文献
Fast timesc.	快速的时间尺度
Rate stab.	速率稳定
Open prob.	开放问题
Arrival	到达
File size dist.	文件大小分布
Pois. ,	泊松分布
Exp.	显式的
Pha.	阶段性的
Gen.	一般性的
Topology	拓扑结构
General	一般性的
Grid	网格
Tree	树形
Rate regions	速率区域
Conv.	凸面
Non-conv.	非凸面
Time-var.	随时间变化
Same	相同
Diff.	不同
shape	形状

注:表 16.1 总结的是关于会话级稳定性的现有研究成果,包括不同的网络拓扑、速率范围的形状、效用函数以及到达过程和文件大小分布。随时间变化的速率范围的情况将分别在 16.3.4 节讨论

1) 多面体和一般的凸面速率范围

对会话级稳定性的第一个分析集中只支持数据流量的有线网络与固定路由[4,22]。对于这样的网络,速率范围是一个由有限数量的线性容量约束交叉形成的多面体,即 $\mathcal{R}=\{\rho \mid R\rho \leqslant c\}$。对于这个速率范围,假设时间尺度在资源分配算法和会话级动力学之间分离,这表明:①所有 $\alpha > 0$ 的 α 公平分配提供会话级的稳定性在当且仅当表示会话级流量强度的向量位于速率范围时;②这种稳定性范围也是最大的稳定性范围。直接扩展将允许一般的凸面速率范围。文献[5]中证明速

率范围对于 $\alpha > 0$ 的 α 公平也是稳定性范围。在一些网络中,会话级动力学可能在同一时间尺度上快速操作如资源分配,因此关于会话到达时资源分配算法瞬间收敛的假设是站不住脚的。文献[53]和文献[93]研究没有时间尺度分离假设的会话级稳定性。

2) 一般的非凸速率范围

通常由于潜在资源分配算法的有限能力,在一些实际场景中速率范围也是非凸的。例如,一个简单的随机访问可能导致连续地但非凸速率范围,并且参数控制的量化等级导致其是离散的,因此是非凸的速率范围。对于非凸速率范围,由于会话到达和离开过程中稳定性条件的依赖,通常不可能得到一个明确的和精确的稳定性条件,其中离开过程特别地取决于非凸优化问题的解决方法。

在这种情况下,最初的结果尝试:①为特定拓扑和分配机制计算范围,如文献[3]和文献[64];②以递归的形式为特定类型的网络提供精确的条件,如文献[3]、[9]、[38]、[64]和[99];③为两种类型的会话和离散速率范围表现稳定性条件,但不是一般的非凸速率范围[6]。最近,文献[55]的作者在离散的速率范围上任意数量级别的网络中为 $\alpha > 0$ 的会话级稳定性描述了充分必要条件。在这种情况下,对于稳定性来说在充分必要条件之间存在一个差距。然而,当分配速率向量的集合连续时,这些条件同时发生,从而对于连续非凸速率范围的网络导致一个显式的稳定性条件,其相关总结如下。对于连续的 $\mathcal{R}^a$,其中 $\mathcal{R}^a$ 是一组 α 公平分配选择的速率向量,α 公平分配的稳定性范围是最小的坐标凸集①包含 $c(\mathcal{R}^a)$,其中 $c(\mathcal{Y})$ 表示最小的封闭集包含 $\mathcal{Y}$。注意,现在的稳定性范围对于 α 的不同值有不同的变化,这与凸面速率范围情况的稳定性结果形成对比。

3) 一般的到达和文件大小分布

另一个挑战性的扩展是删除泊松到达和/或指数文件大小分布的假设,这通常是不现实的。在这种情况下,我们通常会失去马尔可夫链的属性,并且跟踪剩余文件大小不是一个可扩展的方法。新的李雅普诺夫函数中偶然进来的新流量范围和紧界需要为稳定性的证明而建立。

此外,通过研究通用固定式和突发性网络模型,文献[20]和文献[109]使用的限制流量技术降低了泊松到达的假设条件。在文献[46]中,流量模型公式为指数分布的工作负载作为一个中间步骤对所有的 $\alpha \in (0, \infty)$ 获得扩散近似来研究"不变状态"。在文献[31]中,流量模型在到达过程和服务分布的通用分布条件下建立为 α 公平速率分配,$\alpha \in (0, \infty)$。使用这些流量模型,他们已经获得了"不变状态"的特征,而当网络拓扑是树形时,这导致了在 α 公平分配,$\alpha \in (0, \infty)$ 情况下网络的稳定性。

①　当以下为真时:如果 $b \in \mathcal{Y}$,则对于所有的 $a:0 \leq a \leq b, a \in \mathcal{Y}$,则集合 $\mathcal{Y} \subset \mathbb{R}^+$ 被认为是坐标凸面的。

对于一般的网络拓扑,针对效用函数的不同特殊情况:文献[11]建立稳定的最大最小公平(对应于 $\alpha \to \infty$)速率分配,而文献[67]为泊松到达和阶段式文件大小分布建立稳定的比例公平(对应于 $\alpha=1$)速率分配,三个最近的工作已经解决在通用文件大小分布下随机稳定性这一难题。使用文献[31]中的流量模型但在不同的缩放比例下,文献[19]为 α 连续的通用文件大小建立 α 公平分配的速率稳定性: α 充分接近(但是严格大于)0,以及对于任何 $\alpha>0$ 公平分配策略的局部稳定性结果。它也证明了 α 公平分配是速率稳定的,当在凸面速率范围对于不同的用户通用拓扑和可能不同的效用函数对于所有的 $\alpha>0$ 按 $1/(1+\alpha)$ 比例缩小时。会话级稳定性的一般问题仍然有很多方面有待进一步讨论。

16.3.2　数据包级动力学

与会话级动力学相比,数据包级动力学需要较短的时间尺度,并且出现在各种形式。由于动态流量模式(如实时流量)、网内随机排队如 AQM(活动队列管理)和噪声反馈,本章着重于数据包级的随机性。

1. NUM 和数据包级的随机性

为了易于管理分析,多数研究在 NUM 上使用确定的流量近似,其在大量流量的制度下尤其有效。在文献[88]中,作者证明随机延时差分方程,其模拟系统在随机噪声下带有基于原始比例的拥塞控制[45],收敛到一个确定的泛函微分方程:从在路由器收敛上的平均速率(流量上)到确定性模型和替换为它的平均值的噪声部分的平均速率的轨迹。文献[88]中的结果支持流行的基于确定性近似的建模方法,至少对于在具有均匀延迟的单个链接上的日志效用函数是支持的。收敛到一个确定的流量微分方程发生在有限的时间范围内,而对于无限时间范围的收敛还要在额外的技术条件下证明。文献[88]的工作扩展为文献[23]中的"类似 TCP"控制器。其他的工作[1,103]也证明了确定性反馈系统模型。文献[103]的作者证明具有 AQM 机制路由器的队列动力学可以再次在大量流量制度下准确地接近确定过程和随机过程的总和。AQM 的例子包括随机早期检测(RED)[29],其在中间路由器上标志和/或降低数据包以给源点收敛的信号。文献[1]中也显示随着源点数量和链路能力的同时增加,队列过程收敛到一个确定的过程,并对 N 个 TCP Reno 资源共享单个瓶颈链路和实现 RED 的容量 Nc 使用随机模型。

互联网中随机的来源之一是一组实时流量,其需要特定的服务质量,如数据包丢失率。文献[112]的作者在实时流量的服务质量上检查了拥塞控制机制的效果。特别地,他们使用 LDP(大偏差原理)技术研究中间路由器标记函数的"侵略性"和实时流量达到的服务质量之间的权衡。这个结果表明用户的弹性,即通常不太关心上下的传输率但是关心长期的吞吐量,帮助实时用户获得更好的服务质量。

2. 应用层的突发性

数据包级随机动力学的另一方面是理解应用层的突发性对传输层的拥塞控制的影响。例如,文献[13]中作者研究了思考时间和传输时间随机交替的 HTTP 流的单一链接访问。HTTP 流有很多种类型,其中有一种就是通过思考时间和传输时间的平均值来标识的。在传输时间中只有 HTTP 通过 NUM 配置分配一些数量的网络带宽,其中传输时间的长度取决于传输时间内 HTTP 流的活动数量。他们又在大量流量制度下证明:平均吞吐量,即聚合在通过每种类型流量总数标准化的各种类型的活动流量上的吞吐量,变成在传输层上解决效用最大化问题与改进的效用函数。

3. 随机噪声反馈

在研究 NUM 问题的分布式实现时,网络元素之间的反馈经常假设为完全的沟通。然而,在实践中完美的反馈是不可能存在的,这主要是由于概率的标记和下降,竞争诱发的数据包丢失,有限的信息大小等。在文献[116]中,作者研究随机噪声反馈对分布式算法的影响,其中他们用下面的通用形式来考虑原始对偶算法:

$$x_s(t+1)=[x_s(t)+\varepsilon(t)(L_{x_s}(x(t),\boldsymbol{\lambda}(t)))]_{\mathcal{D}},$$
$$\lambda_l(t+1)=[\lambda_l(t)+\varepsilon(t)(L_{\lambda_l}(x(t),\boldsymbol{\lambda}(t)))]_0^\infty$$

式中,x_s 是会话 s 的源点传输速率;λ_l 是阴影链接成本;L 是梯度更新;$\in$ 是步长;$[\cdot]_{\mathcal{D}}$ 是可行集合 $\mathcal{D}$ 的映射。

噪声反馈为变成随机渐变的 L_{x_s} 和 L_{λ_l} 增加噪声。两种情况都需要为梯度估计量考虑分析:无偏反馈噪声和偏置反馈噪声。对于无偏反馈噪声,通过联合随机李雅普诺夫稳定性定理和本地分析,建立由分布式 NUM 算法产生的迭代收敛到一个可能的最优点。而对于偏置反馈噪声,收敛到最优点附近的收缩区域。这些结果扩展到一个算法和基于原始分解的多个时间尺度。这些结果证实那些反馈模型与确定性误差[17,68]。

16.3.3　约束层动力学

Tassiulas 和 Ephremides 在其开创性的论文(见文献[102])中提出路由和调度的联合控制策略,这个策略不在意到达过程和实现最大稳定性范围的统计。现在考虑这样一种情况,到达是随机的,但是在稳定性范围之外,并且为单位体积数据的传输定义一定数量的效用。结合 NUM 框架和稳定性要求通常是有意义的,因为速率范围很难由分布式控制器来描述,并且速率范围由于如随时变化的通道和移动性而随时变化。本节讨论的这个研究课题通常在约束层动力学下称为“受限于稳定性的效用最大化”。

下面的优化问题给出了这个课题的一般问题公式：

$$\text{maxmize} \sum_s U_s(\overline{x}_s)$$
$$\text{其中 } x \in \Lambda \tag{16.4}$$

式中，x 是长期会话速率向量，在时刻 τ 瞬时速率 $x(\tau)$ 的平均，即 $\overline{x}_s = \lim_{t \to \infty} \frac{1}{t}$ $\int_{\tau=0}^{t} x(\tau)\mathrm{d}\tau$；$\Lambda$ 是平均的速率范围，Λ 是到达速率的集合，而对于到达速率存在控制策略以稳定系统，此外到达速率的集合依次是瞬时速率范围 $\mathcal{R}(t)$ 的平均。

对于受限于稳定性的效用最大化有两个主要的公式和相关的分布式算法：①基于节点的算法[15,27,28,74]；②基于链路的算法[54]，在表 16.2 中对其进行比较。本节只关注基于节点的算法。

表 16.2　基于节点算法和基于链路算法的对比

算法	Λ	路由	拥塞成本	延时	队列
基于节点	较大	不固定	成本只在每个源队列	大(反压)	每个目的地或者每个会话的队列在一个节点上
基于链路	较小	固定	聚合链路成本在路径上	小	单独队列在一个链路上

我们首先引入符号：$tx(l)$ 和 $rx(l)$ 分别表示链路 l 的发送器和接收器，$Q_{s,v}(t)$ 表示在槽 t 中节点 v 上会话 s 队列的长度。我们也将 $Q_s(t)$ 表示为会话 s 的源节点的队列长度。现在在图 16.2 中描述这个算法。开发这个算法的主要工具是 LAD，其将最优化问题式(16.4)分解为三个不同的子问题，每个子问题由图 16.2 中的一层算法解决。这些层通过队列大小进行交互。

我们注意到只使用本地信息很容易实现式(16.5)和式(16.6)。然而，式(16.7)中的问题通常很难实现，并且在分布式方法结合合理的低复杂性下也不可以解决，除非速率范围 $R(t)$ 的特殊结构被指定和被开发。我们将在本章的后半部分讨论低复杂性、分布式实现的调度算法的详细信息和最新进展。

至于源点的速率控制，式(16.5)中的控制器称为双控制器，因为它是从式(16.4)的对偶分解发展而来的[15,27,74]。也有其他类型的控制器主要是基于源点控制器和成本更新的不同分解方法和不同时间尺度假设，其中之一是原始对偶控制器[28,94,97]。这两种类型的拥塞控制器首先在有线互联网拥塞控制中被研究(详见文献[60]、[61]和[92])。简而言之，双控制器包含一个为影子成本更新的梯度算法和一个静态源速率算法，即为影子成本更新和源速率更新的不同时间尺度。在原始对偶算法中，源速率和影子成本在同一时间尺度上更新。

对于每个时隙 t，系统运行下面每层算法：

拥塞控制会话 s 的源点通过式(16.5)决定它的传送速率$x_s(t)$

$$x_s(t)=U'^{-1}_s(Q_s(t)/V) \qquad (16.5)$$

其中 $V>0$。

路由在每个链路 l 上，决定具有最大差异积压的会话$s_l^*(t)$，即

$$s_l^*(t)=\arg\max_{s\in S}(Q_{s,\mathrm{tx}(l)}(t)-Q_{s,\mathrm{rx}(l)}(t)),\forall l\in L \qquad (16.6)$$

链路 l 将使这个链路上的会话$s_l^*(t)$包以调度层下面决定的速率前进，其中 $Q_l(t)=\max\limits_{s\in S}(Q_{s,tx(l)}-Q_{s,rx(l)})$。

调度以速率调度$r^*(t)$的最大化聚合权值（即最大权值）分配速率给链路，即

$$r^*(t)=\max_{r\in R(t)}\sum_{l\in L}Q_l(t)\,r_l \qquad (16.7)$$

图 16.2　最优的基于节点的背压算法

参数 V 控制延迟和效用最优之间的权衡。通过选择足够大的 V（或者足够小的步长），达到的效用表示为 $\bar{U}$，可以任意地接近最优效用U^*。然而，对于大的 V 可能会有一些成本，如总的平均队列长度测量的延迟[73,74]。参数 V 的这种权衡以各种形式为不同类型的算法出现，如文献[28]中的 K 和文献[15]中的步长。

动力学约束的另一来源是由于无线节点的移动性或能源消耗引起网络拓扑的变化。文献[78]的作者通过考虑一些平稳过程模拟的拓扑变化扩展了文献[102]的结果，并表明文献[102]中以静态拓扑联合最大权调度和背压路由可证明实现的最优吞吐量在动态拓扑下也可以实现系统的最优吞吐量。当时变通道和拓扑信息不是立即可用和延迟时，文献[79]和文献[114]中的工作还研究了最优或接近最优调度/路由方案。

16.3.4　多个动力学的组合

超过一种类型的随机模型组合自然也会产生。我们在这专注于 NUM 的会话级稳定性与时变的约束集合之间的问题。多个随机动力学的存在需要在每个动力学操作的时间尺度下谨慎地处理不同的时间尺度。我们主要关注三个时间尺度：①T_s为会话到达；②T_c为约束集变化；③T_r为资源分配算法的收敛。当 A 的时间尺度类似于（低于）B 的时间尺度时，我们使用符号 $A=B(A>B)$来表示。我们首先认为一个合理的假设$T_s\geqslant T_r$和$T_s\geqslant T_c$，即会话级动力学比其他动力学都慢。然后，剩下 5 种可能的情况，其中一些情况仍然保持开放，如下述讨论。

(1) $T_c=T_r=T_s$。文献[53]中，作者研究当三个时间尺度类似时会话级的稳定性，其中它证明 α 公平分配的最大稳定性仍然对$\alpha\geqslant1$ 的情况有效。

(2) $T_c=T_r<T_s$。当速率范围变化和资源分配算法的时间尺度类似时，资源

分配算法可以通过随机地分配资源来利用速率范围变化。这样系统的一个典型例子是蜂窝网络中通道感知的调度[2,8,59],其中通道的衰减变化被利用以实现更多的吞吐量。

(3) $T_c < T_r < T_s$。由于通道的快速波动,这种情况相当于速率范围的快速变化。在这种情况下,即使资源分配算法不追踪资源的变化,也只能看见随时间变化资源的平均。资源变化的随机特性对于资源分配算法和会话级动力学是模糊的和不可见的。许多论文对无线网络的常量链路能力的假设含蓄地假定这种情况。

(4) $T_r < T_c = T_s$。这种情况最近已经在文献[55]中研究过了。这种情况明显地阻止系统变为投机的,并且只在牺牲源点感知的折衷延迟下约束层的变化才可以被利用。文献[55]的作者研究这种情况下的会话层稳定性(α 公平分配),并证明类似于非凸速率范围的情况,稳定的范围取决于 α。特别地对于二级网络,作者描述了稳定范围依靠 α 的类型,其通过公平和稳定之间的权衡,即公平可以以减少网络稳定为代价来增强。这与固定的凸率范围即公平不会影响稳定的情况相反。

(5) $T_c < T_r = T_s$。这种情况再次使假设对于资源分配算法和会话级动力学没有可观察的通道变化和只有平均的通道行为成为可能。这种情况可以看成(1)的一种特殊情况。

16.4 无 线 调 度

MAC(介质访问控制)的分布式调度——解决"在干扰环境下谁协商"的问题——通常基于 LAD 设计的无线网络最具挑战性的部分,并假设 SUNM 公式的各种形式。无线网络的介质访问控制成为最活跃的研究领域已经有 40 年了。在本章的剩余部分中,将给出以 LAD 为背景的这些研究成果的分类,例如,自开创性论文(见文献[102]),并强调通过消息传递的定量和减少测量复杂性的当前进展。

考虑到调度算法的巨大景观,图 16.3 的"问题树"充当分类的表示,而我们将在本章的剩余部分对这些分类进行跟进。

L1. 在本地竞争领域,传送者和发送者位于相互的一跳之内,然而在端到端的竞争中,拥塞控制和多跳路由需要进行联合调度。16.3 节描述了 LAD 的方法,而在本节将只关注本地竞争领域。

L2. K 跳干扰模型声明在 K 跳之内的传送者和发送者相互之间的两个链接不可能同时传输而没有冲突,然而基于 SINR(信号与干扰噪声比)的干扰模型声明只有在接收的 SINR 低于阈值时,冲突才会发生。我们在这里只关注 K 跳干扰模型。基于 SINR 的模型会导致调度问题,而在目前的著作中这些问题往往更具有挑战性并且理解得更少。

L3. 在不饱和的系统中,每个节点都存在有限负载通信量的到达,并且(队列

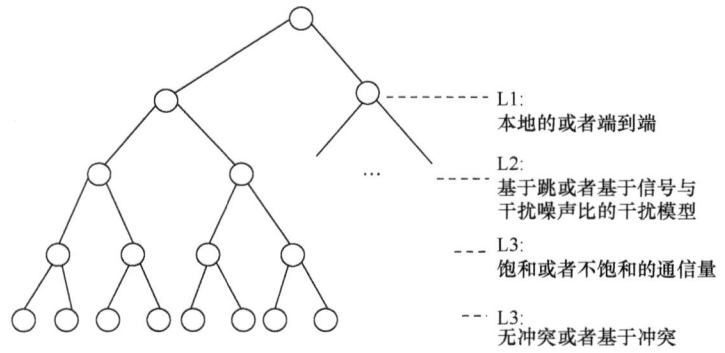

图 16.3　无线调度的树形问题公式

或速率)稳定性是一个关键指标。在饱和的系统中,每个节点后都有无限的积压,并且平衡速率的效用函数通常是目标函数的最大化。

L4. 无冲突调度可以通过集中调度程序或消息传递来实现,而基于冲突的随机访问可能会也可能不会涉及消息传递。

我们将首先根据算法的类型,其次根据数据量到达模型来组织这一部分,并集中在本地竞争领域和 K 跳干扰模型。

在本节的剩余部分中,无线网络表示为 $G(V,L)$,其中 V 和 L 分别表示节点和链路的集合(也可以是数量)。时间离散为片,即 $t=0,1,\cdots$。对于基于调度的算法,我们用 $\mathcal{S}\subset\{0,1\}^L$ 表示所有的调度。调度 $S=(S_l\in\{0,1\}:l=1,\cdots,L)\in\mathcal{S}$,是代表这个调度的一个二进制向量,其中如果链路 l 被调度,那么 $S_l=1$,否则 $S_l=0$。我们用 $I(l)$ 表示链路 l 干涉链路的集合。最大的链路层速率范围 $\Lambda\subset\mathbb{R}_+^L$(也称为吞吐量范围)也是 $\mathcal{S}$ 的最小坐标凸集。对于随机存取算法,我们用 $(p_l:l\in L)$ 表示链路的接入概率。

16.4.1　无冲突算法

1. MW(最大权值)

正如 16.3 节提到的,多跳网络的调度与为不饱和到达的吞吐量保证的目标可以追溯到 Tassiulas 和 Ephremides 在文献[102]中的原创工作,其提出了一个称为最大权值的算法,以尽可能稳定系统(即吞吐量最优)。

在每个槽 t 中,$\mathbf{S}^*(t)$ 的链路计算如下所示的激活传输:

$$\mathbf{S}^*(t) = \arg\max_{S\in\mathcal{S}}\mathbf{W}(\mathbf{S}),\mathbf{W}(\mathbf{S})\stackrel{\Delta}{=}\sum_{l\in L}\mathbf{Q}_l(t)\,\mathbf{S}_l \tag{16.8}$$

$W(S)$ 表示调度 S 的权值,对应 S 中链路队列长度的总和。最大权值选择在每个槽中具有最大权值(可能不是唯一的)的调度。MW 的求解可以简化为 NP-hard 的 WMIS(加权的最大独立集)[①],因此其在计算上是棘手的,通常需要集中式计算。

MW 的力量在于其应用的普遍性与未察觉的到达统计(如基于瞬时队列长度的调度决策)。对于单跳、不饱和的会话,通过 MW 证明任何平均到达向量 $\lambda \in \Lambda$ 可以是稳定的,因此是吞吐量最优的。这被扩展到饱和的[16]和非饱和的[102]端到端会话,甚至是时变的通道[15,74]。

最大权值调度也是复杂的:集中调度的指数计算复杂性。随机化和近似法一直是用于减少多项式的计算复杂性,并通过消息传递将集中计算转向分布式计算的两个主要思想。

2. RPC(随机挑选和比较)

RPC 算法[101]使得在多项式复杂性下完成吞吐量最优成为可能。RPC 的广义版本,γ-RPC,$\gamma > 0$,首先描述如下:

在每个槽 t 中,γ-RPC 首先产生随机调度 $S'(t)$ 并满足 C1,然后调度 C2 定义的 $S(t)$。

C1(挑选)。$\exists \, 0 < \delta \leqslant 1, s.t. \, \mathbb{P}\left(\left[S'(t) = S \mid Q(t)\right] \geqslant \delta\right)$,对于一些调度 S,其中 $W(S) \geqslant \gamma W^*(t)$。

C2(比较)。$S(t) = \arg \max_{S\{S(t-1), S'(t)\}} W(S)$。

当 $\gamma = 1$ 时,我们解释了 RPC 的判断。不同于在每个槽中找到最大权值调度,它足以找到一个调度具有找到 MW 调度的概率保证(**挑选**),并通过选择调度来维持良好的调度品质,这个调度在随机选择这个槽的调度和在以前槽的调度之间具有较大的权值(**比较**)。由于稀少的调度计算,在不牺牲吞吐量的情况下减少复杂性是可能的。对于 $0 < \gamma < 1$,按照挑选操作中的权值,所有的操作都用 γ 最优调度替换 MW 调度,结果是使任何 $\gamma\Lambda$ 中的到达向量稳定[83,111]。

文献[70]的作者使用"gossip"算法提出一个分布的、吞吐量最优的方案。其关键思想是为了稳定范围的最大化,**挑选**和**比较**的步骤甚至都不需要精确。在文献[26]中,端到端的会话认为对于选择操作,每个节点为介质访问投掷硬币并通过 RTS-CTS 类型信号解决竞争;对于比较操作,它使用之前调度和当前随机调度的"冲突图",并且为分布的比较两个调度的权值以分布式的方式构建一个生成树。

---

① 对于 S 的特殊结构,多项式时间的解决方案是有可能的,例如,单跳干扰模型上 $O(L^3)$ 的复杂性,在这种情况下,MW 仅是 WMW(加权最大匹配)问题。

在文献[83]中,对于单跳干扰模型下不饱和的单跳通信量,每个节点随机决定成为一个种子,然后这个种子找到最大长度的随机增加,对于分布式选择操作,这称为k(系统参数)。一个增加基本上是之前调度和当前随机调度中链路的交错序列。然后,网络为分布式比较操作,通过选择每个增加中"老的"或"新的"链路来配置最终的调度。参数 k 权衡吞吐量和复杂性。更加通用的干扰模型已经在文献[110]中研究过了。文献[41]的作者应用了图分割技术,以至于整个网络被划分为多个集群,而这些集群之间不存在干扰。然后,每个集群平行运行 RPC,由于有足够的分区数量,从而使复杂度是多项式的。对于多项式增长的网络,提出的算法也可以以任意的方式权衡吞吐量和复杂性,例如,面向最优吞吐量的 ε 间隙引起随着 ε 增长的复杂性增长,ε>0。

3. 最大/贪婪算法

减少 MW 复杂性的一个自然方法是采用更加简单的、多项式时间可解决的算法,其根据每个槽的权值可以"大概地"接近 MW。三个基本算法——最大的,贪婪的,本地贪婪的——首先描述如下:

步骤 1. 开始一个空的调度和一个集合 $\mathcal{N}=\mathcal{L}$;

步骤 2. 以下面的方式选择一个链路 $l\in\mathcal{N}$,并从 $\mathcal{N}$ 中移除干扰链路 l 的链路,

(1) 最大的:随机链路 l;

(2) 贪婪的:具有最大队列长度的链路 l;

(3) 本地贪婪的:具有本地最长队列长度的随机链路 l[①]。

步骤 3. 重复步骤 2 直到 $\mathcal{N}$ 为空。

对于单跳干扰模型[80],目前所知的最大算法、贪婪算法和本地贪婪算法的最好复杂度分别为 $O((\log_{10}L)^4),O(L)$ 和 $O(L\log_{10}V)$。

一般来说,最大权值调度不允许 PTAS(多项式时间近似法方案),即不存在可以以任意小的性能差距接近 WMIS 的多项式时间算法。因此,对于一般的网络拓扑,只有特定比例的局部吞吐量可以保证实现(更多讨论见 16.4.3 节的第 1 部分)。初步研究被管理用于单跳、不饱和的会话和一跳干扰模型。研究最大调度的第一篇论文是交换系统中的文献[21]和针对无线调度的文献[14],其中最大调度只随机地选择最大的调度,并完成最坏情况下 1/2 的吞吐量范围。贪婪和局部贪婪算法保证来自 MW 每个槽 1/2 的权值,而这不同于最大调度。然而,按照最差吞吐量性能来说这三个算法是等价的[54,111]。这进一步表明,随着

---

① 如果一个链路的队列长度比 $\mathcal{N}$ 中任何其干扰链路的都大,那么这个链路在 $\mathcal{N}$ 中具有本地最长队列

端到端的饱和会话与贪婪算法,最大链路级吞吐量范围可以运用端到端会话的吞吐量连同特定的路由和拥塞控制方案。对于一般的 K 跳干扰模型,文献[90]和文献[107]已经表明其最坏性能并非那么坏:吞吐量的下限通过 $1/\theta$ 获得,其中 θ 是任何干扰集合中互不干扰链路的最大数量。

根据上述研究这里有两个扩展方向:①更好的近似方法;②针对重要的特殊类型网络拓扑的贪婪算法研究。

对于方向①,在文献[85]中顺序最大调度用于为树实现 2/3 的吞吐量范围并且 $K=1$。在文献[84]中,最大调度合理范围内的最大、最小公平速率可以获得并且吞吐量的损耗通过"干扰度"表示。在文献[32]中,最大调度进一步放宽考虑包括收集本地邻居队列信息与独立于网络大小或拓扑的复杂性,以及取决于最大度的那些复杂性。

方向②的动机来自文献[24],它表明如果满足本地池条件的概念,吞吐量最优可以通过贪婪调度实现。包含链路 $\mathcal{L}$ 集合图的本地池条件意味着每个子集 $\mathcal{L}^{\cdot} \subset \mathcal{L}$ 应该满足下面的条件:对于所有的 $\mu, v \in \mathcal{L}^{\cdot}$ 中所有最大链路调度集合的凸包,必须存在一些链路 $k \in \mathcal{L}^{\cdot}$ 使得 $\mu_k < v_k$。然后,文献[12]将其应用到无线网状网络,而文献[117]扩展本地池的思想到一般的多跳网络。在文献[39]中,本地池因素用于计算各种图形,并且本地池条件显示适用树形结构上和 K 跳干扰模型下的贪婪最大匹配。

16.4.2　基于冲突的算法

1. 基于时隙 aloha 的随机访问

我们首先考虑时隙 Aloha(S-Aloha)。MAC 层的算法可以简单描述为:如果被积压的话,则每个链路以概率 p_l 访问通道。这里的关键问题是为良好的吞吐量在时间片上改变 $p_l(t)$ 的方法。

使 $\mu_l(\boldsymbol{p})$ 表示为接入概率向量 $\boldsymbol{p} = (p_l : l \in L)$ 的(平均)速率。然后,当链接 l 接入而其干扰链接没有接入时,链接 l 上的平均速率给定,即

$$\mu_l(\boldsymbol{p}) = p_l \prod_{l \in I(l)} (1 - p_l) \tag{16.9}$$

$\boldsymbol{\mu}(\boldsymbol{p}) = (\mu_l(\boldsymbol{p}) : l \in L)$ 表示速率向量。对于 $\boldsymbol{p}$ 的所有组合,S-Aloha 的链路层吞吐量范围假设的队列是饱和的由所有可行速率集合给定,即

$$\Lambda_{\text{sat}} = \{\boldsymbol{v} \in [0,1]^L \mid \exists \, \boldsymbol{p} \in \mathcal{P}, \text{使得 } \boldsymbol{v} \leqslant \boldsymbol{\mu}(\boldsymbol{p})\} \tag{16.10}$$

很明显 $\Lambda_{\text{sat}} \subset \Lambda$,其中回想一下 Λ 是由 MW 实现的最大吞吐量范围。具有两个干扰链接的简单网络中 Λ 和 Λ_{sat} 的不同如图 16.4 所示。

基于决定 $p_l(t)$ 的消息传递,文献[42]的作者考虑单跳、饱和的会话,并研究如何适应 $p_l(t)$ 以实现日志效用(即比例公平)最优点。它遵循标准的 NUM 框架,但是效用函数的参数如同式(16.9)中的平均速率。α 效用函数的一般化已经在文

献[51]中完成。目前基于随机访问的回退机制(本质上与有槽的 α 算法一样)也有反向工程与非合作对策[100]。上述单跳会话的工作已经扩展到比例公平[105]和 α 公平[50]在固定路由下的多跳会话,以便联合拥塞控制盒随机访问的开发,其中消息传递与干扰链接仍然需要确定访问概率。文献[71]和文献[72]中的最近工作表明对于某些拓扑利用冲突历史的分布式学习,我们可以避免步长调整和明显地减少消息传递,甚至具有零复杂性。

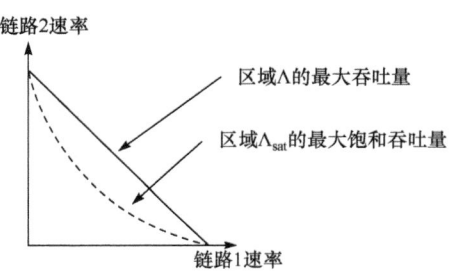

图 16.4　Λ 和 Λ_{sat}

以上研究使用了基于优化的框架,其中基于方法的对偶适用于饱和用户。对于不饱和和/或多跳会话,队列长度无论对于决定数据包的下一跳路由还是稳定系统来说都是必要的。事实上,基于优化的框架中的价格或者拉格朗日乘子基本上对应基于队列框架的队列长度。文献[34]和文献[95]处理单跳会话,其中单跳会话利用背压机制扩展到多跳会话与文献[56]中的变量路由。

2. 基于常数时间控制阶段的随机访问

这项工作研究非饱和到达,而时隙现在被分成两个部分:控制槽和数据槽,其中控制槽具有 M 个迷你槽(M 是系统参数)。M 个迷你槽用于感知邻域活动,并决定数据传输的调度。$A(v)$ 表示节点 v 易发生的链接。我们假设一个单跳干扰模型,其可以很容易地扩展到 K-跳模型。

在每个槽 t 中,每个链接 l 表现如下。

步骤 1. 利用经过消息传递干扰邻域的队列长度比较标准化的队列长度 $0 \leqslant x_l(t) \leqslant 1$:

$$x_l(t) \stackrel{\Delta}{=} \frac{Q_l(t)}{\max[\sum_{k \in A(tx(l))} Q_k(t), \sum_{k \in A(rx(l))} Q_k(t)]} \tag{16.11}$$

步骤 2. 如果来自链接 l 干扰链接的竞争信号在迷你槽 m 之前没有被感知,那么链接 l 将以某些函数 f 的概率 $p_l = f(x_l(t), M)$ 与每个迷你槽 m 竞争。

我们称函数 $f(\cdot)$ 为访问函数,控制介质访问的进取性,并且必须适当地选择

打击冲突（由于进取性）和介质利用不足之间较好的平衡。文献中的算法按照访问
函数的形状分类。目前竞争函数的两种类型已经考虑，其中 $g(M)$ 是 M 的递增
函数：

$$类型\ I: f(x_l(t), M) = g(M)\frac{x_l(t)}{M}$$

$$类型\ II: f(x_l(t), M) = 1 - \exp\left(-g(M)\frac{x_l(t)}{M}\right) \quad (16.12)$$

在类型 I 算法中，文献[40]认为 $g(M) = 1$，这表明最坏情况的吞吐量速率为
$1/3 - 1/M$[①]。文献[40]的作者进一步表明 $g(M) = (\sqrt{M} - 1)/2$ 导致 $1/2 - 1/\sqrt{M}$
的吞吐量速率。在类型 II 算法中，文献[32]的作者表明当 $g(M) = \log_{10}(2M)/2$
时，吞吐量速率至少为 $1/2 - \log_{10}(2M)/2M$，而这提高了类型 I 算法的范围，并被
认为是迄今为止最好的吞吐量速率。

基于适当地设置访问概率，以上的所有算法本质上都是试图利用邻域的队列
长度找到最大调度。这就是为什么最坏情况的最好的吞吐量性能与足够大 M 的
最大调度的吞吐量性能大致相同。

3. 自适应的 CSMA（A-CSMA）

尽管在之前部分讨论的基于算法的随机访问具有许多很好的属性，但是它们
仍然在消息传递（16.4.2 节的第 2 部分）或小的吞吐量范围（16.4.2 节的第 1 部
分）上有一些限制。我们自然会问以下问题：我们可以利用基于不需要任何消息传
递的随机访问方案而实现最优吗？这里的最优指在饱和流量的情况下的效用最优
或者在不饱和流量下的速率稳定（比队列稳定较弱的概念）。这个问题似乎具有挑
战性，但是答案却是积极性的，并且关键思想是只根据本地队列长度来采用 CS-
MA（冲突感知多重访问）方案和自适应地控制访问概率和链接的通道占用时间。
我们提出用于饱和流量的单跳会话算法，其他的情况将在稍后讨论。

考虑一个简单的 CSMA 机制，其中每个链接 $l \in L$ 具有两个参数 λ_l 和 μ_l，通过
CSMA(λ_l, μ_l) 表示：在成功传输之后，$tx(l)$ 根据一些平均分布 λ_l 挑选回退机制计数
器；只有当通道感觉空闲时，它才缩减计数器；并且当回退机制达到 0 并且仍然活
跃一段时间 μ_l 时它才开始传输。

A-CSMA 的关键部分是控制 λ_l 和 μ_l 的方法，而 λ_l 和 μ_l 基于随时间演化的队列长
度。时间分为槽并且传送者在每个槽开始之前更新它们的参数，形式描述如下：

----

① 根据实现的吞吐量，文献[52]的作者提出了一个稍微不同的算法，其相当于类型 I 访问函数的
$g(M) = 1$。

在每个槽 t 中,$tx(l)$,$l\in L$ 运行 CSMA$(\lambda_l[t],\mu)$,其中

$$q_l[t+1]=\left[q_l[t]+\frac{b[t]}{W'(q_l[t])}\left(U'^{-1}\left(\frac{W(q_l[t])}{V}\right)-S_l[t]\right)\right]_{q^{\min}}^{q^{\max}} \quad (16.13)$$

$$\lambda_l[t+1]=\mu^{-1}\exp(W(q_l[t+1])) \quad (16.14)$$

对于减少步长 $b[t]$,系统设计者选择一些递增函数 $W(\cdot)$ 和正参数 $V>0$,并且 $S_l[t]$ 对应服务在链接 l 上的数据包总量。

式(16.13)仅表现虚拟队列动力学(一些常量的下限和上限)。CSMA 参数的自适应选择已经完成,如式(16.14)。对于 A-CSMA 没有消息传递是必要的,并且只有来自邻居测量冲突的感知能力,通常是自发的,且是实现所需的。

按照针对不饱和流量的速率稳定或饱和流量的效用,以上自适应 CSMA 可以表明任意地接近最优。我们首先考虑一种理想情况,在这种情况下回退机制计时器和占用时间是连续的,以便不存在任何冲突。A-CSMA 接近最优的关键思想如下:对于固定的 (λ_l,μ_l),$l\in L$,系统根据可逆的马尔可夫过程(可参阅文献[25]及其参考文献)进化其状态成为时刻 t 上的调度,也可以说 $\boldsymbol{m}(t)\in\mathcal{S}$。然后,一个可逆马尔可夫过程 $\boldsymbol{m}(t)$ 的平稳分布作为关键参数与链接强度(即 $\rho_l=\lambda_l\times\mu$)具有乘积形式,并且对占用时间的分布也不敏感,从而允许我们使用常量占用时间 μ 并只控制 λ_l。事实证明根据式(16.14)选择强度可以使系统集中在最大权值和任意高的概率上。然而,用于证明收敛而没有假设时间尺度分离的关键挑战是:队列长度在 CSMA 运行时仍然动态变化(因此 CSMA 的参数也变化)。

从历史上看,固定访问参数$(\lambda_l,\mu_l:l\in L)$的情况通常可以被认为是损耗网络的理论[43]。它已经表明甚至非自适应的 CSMA 也可以实现接近最优吞吐量的强壮吞吐量性能[7,25,81]。

通过转向随机访问与自适应通道访问速率,文献[35]首先提出基于一般分布式调度的模拟退火方法。类似的想法已经在最近的一些论文中应用于无线调度:对于饱和的到达[36,57,58]和不饱和的到达[91]与文献[36]首先为无线网络开发了效用优化的 CSMA 算法。对于不饱和会话与成为吞吐量最优的目标,文献[91]的作者证明当权重函数 $W(\cdot)$ 足够慢时(如文献[91]中的 $\log_{10}\log_{10}(\cdot)$),随机访问算法才会渐渐最优。对于饱和会话,效用最优被表明在文献[36]、[57]和[58]中,其中权重函数 $W(\cdot)$ 是放松的并且不必非常慢,因为减少步长 $b[t]$ 是为了使 $(q_l[t],l\in\mathcal{L})_{t=0}^{\infty}$ 的动力学足够慢,以便链接上的吞吐量最终到达平衡。

证据是基于随机逼近与连续时间控制的马尔可夫噪声,其中当步长 $b[t]$ 足够小并且马尔可夫过程与核心由 $q[t]$ 控制时$(q[t])_{t=0}^{\infty}$ 缓慢地更新。在这种情况下,我们可以证明系统收敛到一个常微分方程与平稳制度下的调度,其收敛点反过来

是原始算法中稍微修改优化问题的一个解决方法。修改的算法与原始的算法之间不同的差异是 V 的一个递减函数,从而通过增加 V 来任意地减少。此外,当没有冲突的理想连续时间算法应用于实际的离散时间设置有冲突时,例如,它们性能的差距、避免冲突、短期公平和效率之间的权衡,所出现的问题已经在文献[57]、[58]和[76]中研究过了。

相关的工作还包括研究吞吐量最优和效用最优的文献[65]和文献[66],在这个意义上,用户数量足够大并且传感周期足够小,从而延长单跳无线网络中 CS-MA 的固定点分析。

16.4.3 性能复杂度的权衡

前面的讨论主要集中在通过稳定范围或效用函数表现的吞吐量。其他的性能问题,尤其是延迟,以及各种复杂度的测量如时间复杂度①,尽管有待进一步研究,但也同样重要。本节我们从 2D 权衡讨论的话题开始。

1. 吞吐量复杂度的二维权衡

这里的第一个目标是开发一组参数化算法,其可以任意地权衡吞吐量和复杂度。问题在于参数化算法能够以多项式复杂度任意地从 0~1 权衡。

我们首先解释为什么在参数化算法中实现任意地权衡需要非凡的研究。一个候选方法是采用计算理论方法为最大权值调度(WMIS 问题)发现近似算法,即发现"ε 最优"算法,其以多项式时间复杂度实现 $(1-ε)W^*$,从而成为 ε 的递减函数(注意,算法保证在每个槽的 $(1-ε)W^*$ 来实现 $(1-ε)$ 的吞吐量范围[54])。这种方法的困难来自于 WMIS 问题不允许 PTAS(多项式时间近似方案),并在一跳干扰模型下只许可特殊的近似比率如贪婪调度的 1/2。我们通过将这个主题分为两种方法来综述其研究进展,这两种方法简要地在之前的 16.4.1 节的第 2 部分和第 3 部分提到。

一种方法只考虑特殊的但是宽类的网络拓扑结构,这些拓扑结构允许 PTAS。文献[82]的作者划分整个图使之成为链接不相交的集群,也称为"剥离",以便每个集群不会干扰其他集群。随着这种"图分区"技术,每个集群内部的调度计算以并行的方式发生,从而使复杂度下降。图分区的类似想法已经在文献[41]中用于联合后面解释的方法。

另一种方法是在 16.4.1 节的第 2 部分中为一般网络使用 $γ$-RPC,这能够使我们在不损失吞吐量的情况下减少复杂度。换句话说,通过 WMIS 近似法不能给定的吞吐率可以由 RPC 相应的 $γ$ "填充"。文献[83]中,作者突出了一组由 k 参数化

---

① 集中调度中操作的次数或者分布式调度中消息传递的频率。

的分布式调度算法,并表明算法 k 在一跳干扰模型下实现 $k/(k+2)$ 的最大吞吐量范围。k 算法作为控制开销需要 $4k+2$ 轮,其中一轮通过发送信息给邻居节点到接收来自邻居节点 ACK 的时间来衡量。文献[83]的工作已经扩展到文献[110]中一般 M 跳干扰模型的情况。

2. 吞吐量-延迟-复杂度的三维权衡

怎样才能任意地减少时间复杂度而不影响吞吐量? 一个简单的答案是吞吐量是与稳定性渐进的概念相关的,并且支付复杂度降低的成本是延迟的。文献[111]的作者量化了吞吐量、复杂度和延迟之间的三维权衡,并披露了在一般设置中随机化技术的利弊,如图 16.5 中的概括的那样。

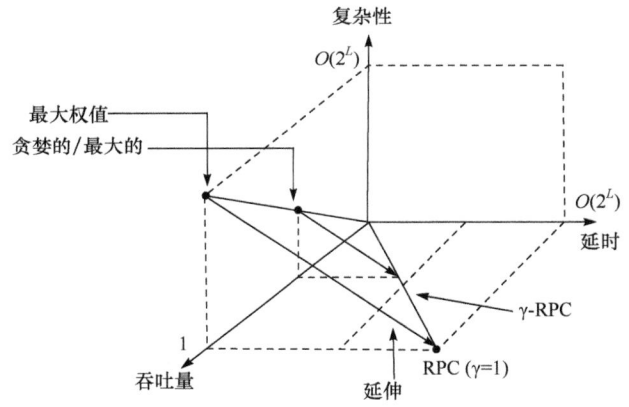

图 16.5 吞吐量、复杂度和延迟之间的三维权衡

关键的直觉如下:考虑以下简单的调度,我们称为 m-拉伸的 MW:在每个 $m<\infty$ 槽上,最优的最大权值调度被计算和更新,并且在最大权值调度的槽之间,之前槽上的调度被使用而没有任何变化。m-拉伸的 MW 可能是吞吐量最优的,因为到达稳定范围测量的吞吐量范围是一个只定义在很长时间内的渐近概念,所以最优调度的不频繁计算不会影响吞吐量。注意,因为最大权值调度在每个 m 槽上都被计算,所以已摊销的复杂度(每个槽)可以减少为 $O(2^L/m)$。然而,不频繁的调度更新对与 m 呈线性增长的延迟有负面影响。复杂度从指数降低到多项式需要延迟的指数增长。

RPC 算法共享了一个与 m-拉伸 MW 类似的方法。通过随机选择一个具有找到最大权值调度的实证概率调度(**选择**),它平均每 $1/\delta$ 槽就可以找到最大权值调度。从**比较**来看,按照它们的权值一个调度跟之前槽中的调度一样被使用,这对于分布式的、随机化的实现来说很有必要。然后,此外为了使复杂度从指数减少到多项式,这需要基于 RPC 所有算法验证的 $\delta=O(1/2^L)$,从而导致指数延迟的增加。

3. 延迟特性和延迟减少

分析性能或进行延迟最优调度是具有挑战性的这是由于链接上棘手的队列耦合。无线调度的排队理论解译是一个约束排队系统的类型，其中调度规则由于干扰在链接之间引起高耦合的队列动力学，并特别为一般网络拓扑结构引入技术困难。因此，文献中的研究工作主要依靠近似法或（顺序方面的）界限技术，我们将其分为四类并解释如下。

（1）李雅普诺夫界限。当由智能控制李雅普诺夫证明的吞吐量的"副产品"转移用于证明稳定性时，界限（链接的总平均队列长度，即 $\sum_l \mathbb{E}[Q_l(t)]$）是易于处理的。界限首先研究不同系统模型和调度规则的非饱和流量[41,75,111]。对于不饱和的（但不是无限的积压）流量，实现效用和队列长度界限之间的权衡已经在文献[15]，[28]，[73]，[74]中研究过了（16.3.3 节），其中文献[73]特别地表明顺序最优权衡是 $O(V)$ 的队列长度界限对比 $O(\log_{10} V)$ 的效用差距，而 V 是权衡系统参数。16.4.3 节研究的三维权衡也是基于这个界限技术，并且这个界限技术也推广到了文献[82]和文献[83]中。李雅普诺夫界限往往非常宽松，因此其很难作为一个真正的延迟性能应用到实际的系统中。

（2）大偏差分析。在基于大偏差的设置中，对算法感兴趣的是对于一些门限 B，由 $\mathbb{P}[\max_i Q_i(0) > B]$ 测量的最大化队列溢出概率的渐近延迟率，以及 $Q_i(0)$ 是链接 i 的固定队列长度[87,98,104,115]。这项研究只在单细胞的无线网络中进行管理，再次由于维度和其他技术困难，证明的技术无法在一般的多跳网络上扩展。在文献[98]中显示一个称为"指数规则"的概念到达了最优的衰减率。

（3）巨大流量的分析。与前两种方法不同，巨大流量的分析集中在网络模型和瓶颈链接（即到达的容量与这些链接的系统能力差不多）。关键的思想是通过考虑系统在时间和空间上一系列适当的扩展并研究限制系统来接近原始系统 $Q(t) = \{Q_l(t)\}$。限制系统通常是一个有趣的系统，其便于数学处理。关键技术的挑战在于为减少维度（从 $L \sim 1$）和许可证明状态空间重叠的一个重要的中间步骤，即多维队列长度向量表示为一维工作负载过程的扩展版本。调度中的巨大流量分析的研究工作已经在文献[86]、[89]和[96]中进行了，从长期平均的工作负载或路径方面来看，其在本质上验证了最大权值调度或其变量的延迟最优。多级队列网络中主要的技术借用了巨大流量的分析，如文献[10]和文献[106]。通过模拟消息传递时间与休假，一个更实际的系统已经在文献[113]中研究，其明确地考虑信号复杂度。信号复杂度的显式考虑导致在延迟、吞吐量和复杂度之间不同的权衡，这反过来依赖于从信号持续时间比率到数据传输比率的各种机制。

（4）系统简化。最后一个方法是修改原始排队系统为一个简单的系统,但是其仍然为延迟分析捕捉有用的特征。例子包括文献[33],其使用了(K,X)-瓶颈思想——一组链接 X 以至于不超过其中的 K 个可以同时传输,根据这个思想一个有效的技术通过来自原始到达过程的精确到达过程开发用于减少这样的瓶颈到单一排队系统。他们证明了简化系统的延迟分析在标准的排队论中是易处理的,并在延迟上提供了很好的下限。

16.4.4　下一步的研究方向

虽然 LAD 和随机动力学在无线调度问题上已经有了实质性的进展,但是仍然有许多开放的问题和有待进一步研究的课题。

（1）对于一般图形,我们应该如何通过推导复杂度的影响来考虑调度算法的“有效性能”?

（2）我们只在大多数三维权衡空间的情况下具有“成就感”曲线。成就感表面或者逆向曲线或者表面怎么样? 我们也可以按照计算、通信、空间复杂度和消息大小来描述性能和复杂度之间的权衡吗?

（3）延迟分析已经应用并主要基于近似法或渐近法。我们可以更加精确地描述延迟并最小化延迟吗?

（4）根据支付的成本以及它们的瞬变性能,我们可以在没有消息传递的情况下（如 A-CSMA）更好地理解算法吗? 在真实的实现和部署中,我们如何转移理论到实践中?

（5）如何在分布式的方法下联合控制调度和功率控制? 由于控制干扰的两种机制,一个在时间轴,而另一个在功率轴,因此针对基于 SIR 干扰模型的调度和功率控制仍然是 LAD 和 SNUM 的一个挑战性锻炼。

致　谢

我们感谢最近在调度算法论文中的合作者,包括 S. Chong, J. Lee, E. Knightly, B. Nardelli, J. Liu, H. V. Poor, A. Proutiere, A. Stolyar 和 J. Zhang 等给予的有用讨论和合作。这项工作由美国总统早期职业授予科学家和工程师奖项目 N00014-09-1-0449, AFOSR 奖项目 FA9550-09-1-0134, MKE/IITA 的 ITR&D 项目[2009-F-045-01]等部分地支持。

参 考 文 献

[1] Baccelli F. , McDonald D. R. , Reynier J. (2002). Amean-field model for multiple TCP connections through a buffer implementing RED. Performance Evaluation 49, 1-4, 77-97.

[2] Bender P. , Black P. , Grob M. , et al. (2000). CDMA/HDR: a bandwidthefficient high-speed wireless data service for nomadic users. IEEE Communications Magazine 38, 4, 70-77.

[3] Bonald T. , Borst S. , Hegde N. , Proutiére A. (2004). Wireless data performance in multi-cell scenarios. In Proceedings of ACM Sigmetrics.

[4] Bonald T. , Massoulie L. (2001). Impact of fairness on internet performance. In Proceedings of ACM Sigmetrics.

[5] Bonald T. , Massoulie L. , Proutiére A. , Virtamo J. (2006). A queueing analysis of max-min fairness, proportional fairness and balanced fairness. Queueing Systems 53, 1-2, 65-84.

[6] Bonald T. , Proutiére A. (2006). Flow-level stability of utility-based allocations for non-convex rate regions. In Proceedings of the 40th Conference on Information Sciences and Systems.

[7] Bordenave C. , McDonald D. , Proutiére A. (2008). Performance of random multi-access algorithms, an asymptotic approach. Proceedings of ACM Sigmetrics.

[8] Borst S. (2003). User-level performance of channel-aware scheduling algorithms in wireless data networks. In Proceedings of IEEE Infocom.

[9] Borst S. , Leskela L. , Jonckheere M. (2008). Stability of parallel queueing systems with coupled rates. Discrete Event Dynamic Systems. In press.

[10] Bramson M. (1998). State space collapse with application to heavy traffic limits for multi-class queueing networks. Queueing Systems 30, 1-2, 89-148.

[11] Bramson M. (2005). Stability of networks for max-min fair routing. In Presentation at IN-FORMS Applied Probability Conference.

[12] Brzesinski A. , Zussman G. , Modiano E. (2006). Enabling distributed throughput maximization in wireless mesh networks: a partitioning approach. In Proceedings of ACM Mobi-com. 352 Y. Yi and M. Chiang.

[13] Chang C. S. , Liu Z. (2004). Abandwidth sharing theory for a large number of http-like connections. IEEE/ACM Transactions on Networking 12, 5, 952-962.

[14] Chaporkar P. , Kar K. , Sarkar S. (2005). Throughput guarantees through maximal scheduling in wireless networks. In Proceedings of the 43rd Annual Allerton Conference on Communication, Control and Computing.

[15] Chen L. , Low S. H. , Chiang M. , Doyle J. C. (2006). Joint optimal congestion control, routing, and scheduling in wireless ad hoc networks. In Proceedings of IEEE Infocom.

[16] Chen L. , Low S. H. , Doyle J. C. (2005). Joint congestion control and medium access control design for wireless ad-hoc networks. In Proceedings of IEEE Infocom.

[17] Chiang M. (2005). Balancing transport and physical layers in wireless multihop networks: jointly optimal congestion control and power control. IEEE Journal on Selected Areas in Communications 23, 1, 104-116.

[18] Chiang M. , Low S. H. , Calderbank A. R. , Doyle J. C. (2007). Layering as optimiza-

tion decomposition. Proceedings of the IEEE 95, 1, 255-312.

[19] Chiang M. , Shah D. , Tang A. (2006). Stochastic stability of network utility maximization: general file size distribution. In Proceedings of Allerton Conference.

[20] Dai J. G. (1995). On positive Harris recurrence of multiclass queueing networks: a unified approach via fluid limit models. Annals of Applied Probability 5, 49-77.

[21] Dai J. G. , Prabhakar B. (2000). The throughput of data switches with and without speed-up. In INFOCOM.

[22] de Veciana G. , Lee T. , Konstantopoulos T. (2001). Stability and performance analysis of networks supporting elastic services. IEEE/ACM Transactions on Networking 1, 2-14.

[23] Deb S. , Shakkottai S. , Srikant R. (2005). Asymptotic behavior of internet congestion controllers in a many-flows regime. Mathematics of Operation Research 30, 2, 420-440.

[24] Dimaki A. , Walrand J. (2006). Sufficient conditions for stability of longest queue first scheduling: second order properties using fluid limits. Advances in Applied Probability 38, 2, 505-521.

[25] Durvy M. , Thiran P. (2006). Packing approach to compare slotted and non-slotted medium access control. In Proceedings of IEEE Infocom.

[26] Eryilmaz A. , Ozdaglar A. , Modiano E. (2007). Polynomial complexity algorithms for full utilization of multi-hop wireless networks. In Proceedings of IEEE InfInfocom.

[27] Eryilmaz A. , Srikant R. (2005). Fair resource allocation in wireless networks using queue-length-based scheduling and congestion control. In Proceedings of IEEE Infocom. Stochastic NUM and wireless scheduling 353.

[28] Eryilmaz A. , Srikant R. (2006). Joint congestion control, routing, and MAC for stability and fairness in wireless networks. IEEE Journal on Selected Areas in Communications 24, 8, 1514-1524.

[29] Floyd S. , Jacobson V. (1993). Random early detection gateways for congestionavoidance. IEEE/ACM Transactions on Networking 1, 4 (August), 397-413.

[30] Griffin T. G. , Shepherd F. B. , Wilfong G. (2002). The stable paths problem and inter-domain routing. IEEE/ACM Transactions on Networking 10, 2, 232-243.

[31] Gromoll H. C. , Williams R. (2007). Fluid limit of a network with fair bandwidth sharing and general document size distribution. Annals of Applied Probability. In press.

[32] Gupta A. , Lin X. , Srikant R. (2007). Low-complexity distributed scheduling algorithms for wireless networks. In Proceedings of IEEE Infocom.

[33] Gupta G. R. , Shroff N. (2009). Delay analysis of multi-hop wireless networks. In Proceedings of IEEE Infocom.

[34] Gupta P. , Stolyar A. (2006). Optimal throughput in general random access networks. In Proceedings of CISS.

[35] Hajek B. (1988). Cooling schedules for optimal annealing. Mathematics of Operations Research 13, 2, 311-329.

[36] Jiang L. , Walrand J. (2008). ACSMAdistributed algorithm for throughput and utility maximization in wireless networks. Technical report, UCB.

[37] Jin C. , Wei D. X. , Low S. H. (2004). Fast TCP: motivation, architecture, algorithms, and performance. In Proceedings of IEEE Infocom.

[38] Jonckheere M. , Borst S. (2006). Stability of multi-class queueing systems with state-dependent service rates. In Proceedings of IEEE Value Tools.

[39] Joo C. , Lin X. , Shroff N. B. (2008). Understanding the capacity region of the greedy maximal scheduling algorithm in multihop wireless networks. In Proceedings of IEEE Infocom.

[40] Joo C. , Shroff N. B. (2007). Performance of random access scheduling schemes in multi-hop wireless networks. In Proceedings of IEEE Infocom.

[41] Jung K. , Shah D. (2007). Low delay scheduling in wireless network. In Proceeding of ISIT.

[42] Kar K. , Sarkar S. , Tassiulas L. (2004). Achieving proportional fairness using local information in Aloha networks. IEEE Transactions on Automatic Control 49, 10, 1858-1862.

[43] Kelly F. (1979). Reversibility and Stochastic Networks. Wiley.

[44] Kelly F. P. (1997). Charging and rate control for elastic traffic. European Transactions on Telecommunications 8, 33-37.

[45] Kelly F. P. , Maulloo A. , Tan D. (1998). Rate control in communication networks: shadow prices, proportional fairness and stability. Journal of the Operational Research Society 49, 237-252. 354 Y. Yi and M. Chiang.

[46] Kelly F. P. , Williams R. J. (2004). Fluid model for a network operating under a fair bandwidth-sharing policy. Annals of Applied Probability 14, 1055-1083.

[47] Kunniyur S. , Srikant R. (2000). End-to-end congestion control: utility functions, random losses and ECN marks. In Proceedings of IEEE Infocom.

[48] La R. J. , Anantharam V. (2002). Utility-based rate control in the internet for elastic traffic. IEEE/ACM Transactions on Networking 10, 2, 272-286.

[49] Lakshmikantha A. , Beck C. L. , Srikant R. (2004). Connection level stability analysis of the internet using the sum of squares (SOS) techniques. In Proceedings of the 38th Conference on Information Sciences and Systems.

[50] Lee J. W. , Chiang M. , Calderbank A. R. (2006a). Jointly optimal congestion and contention control based on network utility maximization. IEEE Communication Letters 10, 3, 216-218.

[51] Lee J. W. , Chiang M. , Calderbank R. A. (2006b). Utility-optimal medium access control: reverse and forward engineering. In Proceedings of IEEE Infocom.

[52] Lin X. , Rasool S. (2006). Constant-time distributed scheduling policies for ad hoc wireless networks. In Proceedings of IEEE CDC.

[53] Lin X. , Shroff N. B. (2004). On the stability region of congestion control. In Proceedings

of the 42nd Annual Allerton Conference on Communication, Control and Computing.

[54] Lin X. , Shroff N. B. (2005). The impact of imperfect scheduling on crosslayer rate control in wireless networks. In Proceedings of IEEE Infocom.

[55] Liu J. , Proutiére A. , Yi Y. , Chiang M. , Poor V. H. (2007). Flow-level stability of data networks with non-convex and time-varying rate regions. In Proceedings of ACM Sigmetrics.

[56] Liu J. , Stolyar A. , Chiang M. , Poor H. V. (2008). Queue backpressure random access in multihop wireless networks: optimality and stability. IEEE Transactions on Information Theory. In submission.

[57] Liu J. , Yi Y. , Proutiére A. , Chiang M. , Poor H. V. (2009a). Adaptive CSMA: approaching optimality without message passing. Wiley Journal of Wireless Communications and Mobile Computing, Special Issue on Recent Advances in Wireless Communications and Networking.

[58] Liu J. , Yi Y. , Proutiére A. , Chiang M. , Poor H. V. (2009b). Maximizing utility via random access without message passing. Technical report, Microsoft Research Labs, UK. September.

[59] Liu X. , Chong E. K. P. , Shroff N. B. (2001). Opportunistic transmission scheduling with resource-sharing constraints in wireless networks. IEEE Journal on Selected Areas in Communications 19, 10, 2053-2064.

[60] Low S. , Srikant R. (2003). Amathematical framework for designing a low-loss low-delay internet. Network and Spatial Economics, Special Issue on Crossovers between Transportation Planning and Telecommunications 4, 75-101. Stochastic NUM and wireless scheduling 355.

[61] Low S. H. (2003). Adualit y model of TCP and queue management algorithms. IEEE/ACM Transactions on Networking 11, 4, 525-536.

[62] Low S. H. , Lapsley D. E. (1999). Optimization flow control, I: Basic algorithm and convergence. IEEE/ACM Transactions on Networking, 861-875.

[63] Low S. H. , Peterson L. , Wang L. (2002). Understanding vegas: a duality model. Journal of ACM 49, 2 (March), 207-235.

[64] Luo W. , Ephremides A. (1999). Stability of n interacting queues in randomaccess systems. IEEE Transactions on Information Theory 45, 5, 1579-1587.

[65] Marbach P. , Eryilmaz A. (2008). A backlog-based CSMA-mechanism to achieve fairness and throughput-optimality in multihop wireless networks. In Proceedings of the 46th Annual Allerton Conference on Communication, Control and Computing.

[66] Marbach P. , Eryilmaz A. , Ozdaglar A. (2007). Achievable rate region of CSMAsc hedulers in wireless networks with primary interference constraints. In Proceedings of IEEE CDC.

[67] Massoulie L. (2007). Structural properties of proportional fairness: stability and insensi-

tivity. Annals of Applied Probability 17, 3, 809-839.

[68] Mehyar M. , Spanos D. , Low S. H. (2004). Optimization flow control with estimation error. In Proceedings of IEEE Infocom.

[69] Mo J. ,Walrand J. (2000). Fair end-to-end window-based congestion control. IEEE/ACM Transactions on Networking 8, 5, 556-567.

[70] Modiano E. , Shah D. , Zussman G. (2006). Maximizing throughput in wireless networks via gossiping. In Proceedings of ACM Sigmetrics.

[71] Mohsenian-Rad A. H. , Huang J. , Chiang M. , Wong V. W. S. (2009a). Utility-optimal random access: optimal performance without frequent explicit message passing. IEEE Transactions on Wireless Communications. To appear.

[72] Mohsenian-Rad A. H. , Huang J. , Chiang M. , Wong V. W. S. (2009b). Utility-optimal random access: reduced complexity, fast convergence, and robust performance. IEEE Transactions on Wireless Communications 8, 2, 898-911.

[73] Neely M. J. (2006). Super-fast delay tradeoffs for utility optimal fair scheduling in wireless networks. IEEE Journal on Selected Areas in Communications 24, 8, 1489-1501.

[74] Neely M. J. , Modiano E. , Li C. (2005). Fairness and optimal stochastic control for heterogeneous networks. In Proceedings of IEEE Infocom.

[75] Neely M. J. , Modiano E. , Rohrs C. E. (2002). Tradeoffs in delay guarantees and computation complexity for $n \times n$ packet switches. In Proceedings of CISS.

[76] Ni J. , Srikant R. (2009). Distributed CSMA/CA algorithms for achieving maximum throughput in wireless networks. In Invited talk in Information Theory and Applications Workshop.

[77] Palomar D. , Chiang M. (2006). Alternative decompositions for distributed maximization of network utility: framework and applications. In Proceedings of IEEE Infocom. 356 Y. Yi and M. Chiang.

[78] Pantelidou A. , Ephremides A. , Tits A. L. (2005). Maximum throughput scheduling in time-varying-topology wireless ad-hoc networks. In Proceedings of Conference on Information Sciences and Systems.

[79] Pantelidou A. , Ephremides A. , Tits A. L. (2009). A cross-layer approach for stable throughput maximization under channel state uncertainty. ACM/Kluwer Journal of Wireless Networks. To appear.

[80] Preis R. (1999). Linear time 1/2-approximation algorithm for maximum weighted matching in general graphs. In Proceedings of STOC.

[81] Proutiére A. , Yi Y. , Chiang M. (2008). Throughput of random access without message passing. In Proceedings of CISS.

[82] Ray S. , Sarkar S. (2007). Arbitrary throughput versus complexity tradeoffs in wireless networks using graph partitioning. In Proceedings of Information Theory and Applications Second Workshop.

[83] Sanghavi S. , Bui L. , Srikant R. (2007). Distributed link scheduling with constant overhead. In Proceedings of ACM Sigmetrics.

[84] Sarkar S. , Chaporkar P. , Kar K. (2006). Fairness and throughput guarantee with maximal scheduling in multihop wireless networks. In Proceedings of Wiopt.

[85] Sarkar S. , Kar K. (2006). Achieving 2/3 throughput approximation with sequential maximal scheduling under primary internference constraints. In Proceedings of Allerton.

[86] Shah D. , Wischik D. J. (2006). Optimal scheduling algorithms for inputqueued switches. In Proceedings of IEEE Infocom.

[87] Shakkottai S. (2008). Effective capacity and QoS for wireless scheduling. IEEE Transactions on Automatic Control 53, 3, 749-761.

[88] Shakkottai S. , Srikant R. (2004). Mean FDE models for Internet congestion control under a many-flows regime. IEEE Transactions on Information Theory 50, 6 (June).

[89] Shakkottai S. , Srikant R. , Stolyar A. (2004). Pathwise optimality of the exponential scheduling rule for wireless channels. Advances in Applied Probability 36, 4, 1021-1045.

[90] Sharma G. , Mazumdar R. R. , Shroff N. B. (2006). On the complexity of scheduling in wireless networks. In Proceedings of ACM Mobicom.

[91] Shin J. , Shah D. , Rajagopalan S. (2009). Network adiabatic theorem: an efficient randomized protocol for contention resolution. In Proceedings of ACM Sigmetrics.

[92] Srikant R. (2004). The Mathematics of Internet Congestion Control. Birkhauser.

[93] Srikant R. (2005). On the positive recurrence of a Markov chain describing file arrivals and departures in a congestion-controlled network. In IEEE Computer Communications Workshop.

[94] Stolyar A. (2006a). Greedy primal-dual algorithm for dynamic resource allocation in complex networks. Queueing Systems 54, 203-220. Stochastic NUM and wireless scheduling 357.

[95] Stolyar A. (2008). Dynamic distributed scheduling in random access network. Journal of Applied Probability 45, 2.

[96] Stolyar A. L. (2004). Maxweight scheduling in a generalized switch: state space collapse and workload minimization in heavy traffic. Annals in Applied Probability 14, 1, 1-53.

[97] Stolyar A. L. (2005). Maximizing queueing network utility subject to statbility: greedy primal-dual algorithm. Queueing Systems 50, 4, 401-457.

[98] Stolyar A. L. (2006b). Large deviations of queues under QoS scheduling algorithms. In Proceedings of Allerton.

[99] Szpankowski W. (1994). Stability conditions for some multi-queue distributed systems: buffered random access systems. Annals of Applied Probability 26, 498-515.

[100] Tang A. , Lee J. W. , Chiang M. , Calderbank A. R. (2006). Reverse engineering MAC. In Proceedings of IEEE Wiopt.

[101] Tassiulas L. (1998). Linear complexity algorithms for maximum throughput in radio net-

works and input queued switches. In Proceedings of IEEE Infocom.

[102] Tassiulas L. , Ephremides A. (1992). Stability properties of constrained queueing systems and scheduling for maximum throughput in multihop radio networks. IEEE Transactions on Automatic Control 37, 12, 1936-1949.

[103] Tinnakornsrisuphap P. , La R. J. (2004). Characterization of queue fluctuationsin probabilistic AQM mechanisms. In Proceedings of ACM Sigmetrics.

[104] Venkataramanan V. J. , Lin X. (2007). Structural properties of LDP for queue-length based wireless scheduling algorithms. In Proceedings of Allerton.

[105] Wang X. , Kar K. (2005). Cross-layer rate optimization for proportional fairness in multihop wireless networks with random access. In Proceedings of ACM Mobihoc.

[106] Williams R. J. (1998). An invariance principle for semimartingale reflecting brownian motions in an orthant. Queueing Systems and Theory Applications 30, 1-2, 5-25.

[107] Wu X. , Srikant R. (2006). Bounds on the capacity region of multi-hop wireless networks under distributed greedy scheduling. In Proceedings of IEEE Infocom.

[108] Yaiche H. , Mazumdar R. R. , Rosenberg C. (2000). Agame theoretic framework for bandwidth allocation and pricing of elastic connections in broadband networks: theory and algorithms. IEEE/ACM Transactions on Networking 8, 5, 667-678.

[109] Ye H. , Ou J. , Yuan X. (2005). Stability of data networks: stationary and bursty models. Operations Research 53, 107-125.

[110] Yi Y. , Chiang M. (2008). Wireless scheduling with O(1) complexity for m-hop interference model. In Proceedings of ICC.

[111] Yi Y. , Proutiére A. , Chiang M. (2008). Complexity in wireless scheduling: Impact and tradeoffs. In Proceedings of ACM Mobihoc. 358 Y. Yi and M. Chiang.

[112] Yi Y. , Shakkottai S. (2008). On the elasticity of marking functions in an integrated network. IEEE Transactions on Automatic Control . In press.

[113] Yi Y. , Zhang J. , Chiang M. (2009). Delay and effective throughput of wireless scheduling in heavy traffic regimes: vacation model for complexity. In Proceedings of ACM Mobihoc.

[114] Ying L. , Shakkottai S. (2009). Scheduling in mobile wireless networks with topology and channel-state uncertainty. In Proceedings of IEEE Infocom.

[115] Ying L. , Srikant R. , Eryilmaz A. , Dullerud G. E. (2006). A large deviations analysis of scheduling in wireless networks. IEEE Transactions on Information Theory, 5088-5098.

[116] Zhang J. , Zheng D. , Chiang M. (2008). The impact of stochastic noisy feedback on distributed network utility maximization. IEEE Transactions on Information Theory 54, 2, 645-665.

[117] Zussman G. , Brzesinski A. , Modiano E. (2008). Multihop local pooling for distributed throughput maximization in wireless networks. In Proceedings of IEEE Infocom.

[118] Lee J. , Lee J. , Yi Y. , Chong S. , Proutiére A. , Chiang M. (2009). Implementing utility-optimal CSMA. In Proceedings of Allerton Conference.

[119] Nardelli B. , Lee J. , Lee K. , Yi Y. , Chong S. , Knightly E. W. , Chiang M. (2010). Technical report，Rice University.

第 17 章 双向网络和对等网络中的网络编码

Zongpeng Li[1], Hong Xu[2], Baochun Li[2]

[1] 卡尔加里大学(University of Calgary),加拿大

[2] 多伦多大学(University of Toronto),加拿大

网络编码已经证明,在已知链路能力的有向网络中有助于实现最佳吞吐量。然而,因为在互联网上真实的网络本质上是双向的,所以在更实际的双向网络和对等(P2P)网络设置中研究网络编码的理论和实践优势是极其重要的。本章首先讨论网络编码在经典的无向网络中提高路由吞吐量和成本的根本限制。限定的绑定2被证明用于单一通信会话。然后把讨论扩展到类似互联网的双向网络和多个通信会话的情况。最后在实际的对等网络设置中探讨网络编码的优势,并提出在P2P内容分发和流媒体中使用网络编码的理论和实验结果。

17.1 网络编码背景

网络编码是一个研究信息理论和数据网络的新型范式。除了正常的转发和复制操作,它本质上允许网络中的每个节点执行信息编码。因此信息流可以在路由期间"混合"。与源编码形成对比,编码和解码操作不只是受限于终端节点(源和目的地),并且可能在网络的所有节点上发生。与信道编码形成对比,网络编码工作超过了单一的通信通道,它包含了一个完整的编码方案规定每个链路的传输朝向一个共同的网络明智目标。网络编码的力量可以通过文献[1]中的两个经典例子来领会:一个是有线网络设置;另一个是无线网络设置,如图 17.1 所示。

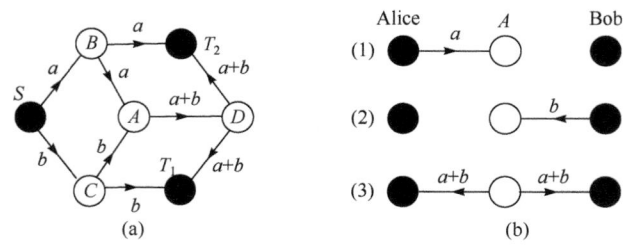

图 17.1 网络编码的力量

((a)在有线网络中网络编码帮助实现 2bit/s 的组播吞吐量;(b)在无线网络中
网络编码帮助提高 Alice 和 Bob 之间的数据交换速率)

图 17.1(a)显示的是一个单一多播传输的有线网络,从发送方 S 同时到两个接收方T_1和T_2。三个终端节点为黑色,而四个白节点为中继节点。网络中的九个链路均具有相同的 1bit/s 单位容量。假设链路延迟可以被忽略,那么就描述了一个网络编码的多播传输方案。其中,a 和 b 是两个速率为 1bit/s 的信息流。当遇到节点 B,C 和 D 时信息流被复制。在中继节点 A 进行编码,也就是对两个进入流 a 和 b 进行逐位逻辑异或,并生成 $a+b$。多播接收方T_1收到两个信息流 b 和 $a+b$,并能通过 $a=b+(a+b)$ 恢复 a。同样地,T_2收到 a 和 $a+b$,并能恢复 b。因此接收方以 2bit/s 收到信息,从而使多播吞吐量为 2bit/s。读者被邀请证实没有网络编码,不可能实现 2bit/s 的吞吐量。

图 17.1(b)显示的是一个无线网络,其中 Alice 和 Bob 每人操作一台便携式计算机并通过一个中继 A(第三台便携式电脑或基站)来相互通信。这三个节点均配备有全向天线,Alice 和 Bob 距离太远以至于不能直接通信,但都可以到达中间的中继 A。假设 Alice 和 Bob 想要交换一对文件。在描述的传输方案中,一对数据包(a 来自 Alice,而 b 来自 Bob)的交换在三个回合中完成,而同时发生的传输之间没有干扰。很容易验证如果没有中继节点 A 的编码,则必须需要四个回合。

在以上的两个例子中,编码操作是逐位逻辑异或,这可以看成在有限域$GF(2)$上编码。一个更大的有限域$GF(2^k)$可以用于通用网络编码,而典型值 k 可以为 8 或 16。由于 Ahlswede 等[2]的开创性工作已经在 2000 年出版,网络编码的好处已经确定出现在相当多样化的应用程序中,例如,提供网络容量和传输速率,有效的多播算法设计,健壮的网络传输,网络安全和 P2P 文件分发和流媒体。本章集中在网络编码在各种网络模型中提高传输吞吐量的可能性。

17.2　双向网络中的网络编码

早期的网络编码研究通常集中在有向网络模型,其中网络中的每个链路都有一个传输前缀方向。对于有向网络中的网络编码,基本原理概括为从一对一的单播到一对多的多播的著名的最大流最小割定理。

定理 17.1[2]　对于网络编码支持的有向网络中一个给定的多播会话,如果一个单播率 x 从发送方到每个接收方均是独立可行的,那么一个同时到所有接收方的多播率也是可行的。

这个结果从树形包装角度(没有编码)到网络流角度(有编码)改变了多播算法设计的底层结构,因此这也从 NP-hard 到多项式时间可解上减少了优化多播的计算复杂性。这两个变化也适用于无向和有向网络。有显示表明,编码的优势,即编码实现的吞吐量与没有编码的比值,在有向网络中可以无限大。本章揭示在无向网络和双向网络中不同的图像,而这接近于现实的互联网拓扑。

17.2.1　无向网络中的单一多播

一个单一的通信会话可以在形式上分为一对一的单播、一对多的多播和一对多的广播。其中多播是最通用的。单播和广播可以看成为多播的特殊情况,其中接收方的数量分别为 1 和网络规模。因此,对于单一通信会话的情况,我们集中在多播。我们使用一个简单的图 $G=(V,E)$ 来表示一个网络的拓扑,并使用函数 C:$E \rightarrow Z^+$ 表示链路容量。多播组是 $M=\{S,T_1,\cdots,T_k\} \subseteq V$,其中 S 是多播的发送方。在我们的图例中,多播组的终端节点为黑色,而中继节点为白色。

我们使用 $\chi(N)$ 表示一个多播网络 N 的最大吞吐量。对于 $\chi(N)$,基于定理 17.1 的一个线性规划模型在下面给出[14]。其中,目标函数是多播吞吐量 χ;$N(u)$ 表示 u 的一组邻居节点;f_i 表示从多播发送方 S 到接收方 T_i 的网络流;c 表示一个用于无向网络的定位的存储链接容量的变向量;而 $\overrightarrow{T_i S}$ 表示一个引自紧凑的 LP 规划的概念性的反馈链接。

$$\chi(N):= \text{Maximize} \chi$$

限制为

$$
\begin{cases}
\chi \leqslant f_i(\overrightarrow{T_i S}), & \forall i \\
f_i(\overrightarrow{uv}) \leqslant c(\overrightarrow{uv}) \ \forall i, & \forall i \ \forall \ \overrightarrow{uv} \neq \overrightarrow{T_i S} \\
\sum_{v \in N(v)} (f_i(\overrightarrow{uv}) - f_i(\overrightarrow{vu})) = 0, & \forall i, \forall u \\
c(\overrightarrow{uv}) + c(\overrightarrow{vu}) \leqslant C(uv), & \forall uv \neq T_i S \\
c(\overrightarrow{uv}), f_i(\overrightarrow{uv}), \chi \geqslant 0, & \forall i, \forall \ \overrightarrow{uv}
\end{cases}
$$

将 $\chi(N)$ 与定义在多播网络中的包装数量和边连接性两个参数相比,并从比较结果中推导出编码优势的约束。

包装是指寻找 G 中成对的边不相交的子树的过程,其中多播组在每个子树中仍然连通。一个多播网络的包装数量表示为 $\pi(N)$,其等于没有编码的最大吞吐量。原因在于每个树可以用来从发送方传输一个单元的信息流到所有的接收方,因此包装数量对应着能够传输单元信息流的最大数。当缓和部分树上的流量速率时,包装数量的定义可以使用下列线性规划。其中,T 表示所有多播树的集合,$f(t)$ 是一个变量表示沿着树 t 的信息流数量。

$$\pi(N):= \text{Maximize} \sum_{t \in T} f(t)$$

限制为

$$
\begin{cases}
\sum_{uv \in t} f(t) \leqslant C(uv), & \forall uv \in E \\
f(t) \geqslant 0, & \forall t \in T
\end{cases}
$$

连通性是指在多播组的一对节点之间最小的边连通性,其表示为 $\lambda(N)$。它也是分割通信组的最小切口。图 17.2 展示了三个参数使用示例网络的概念。接下来证明一个区分它们之间关系的定理。

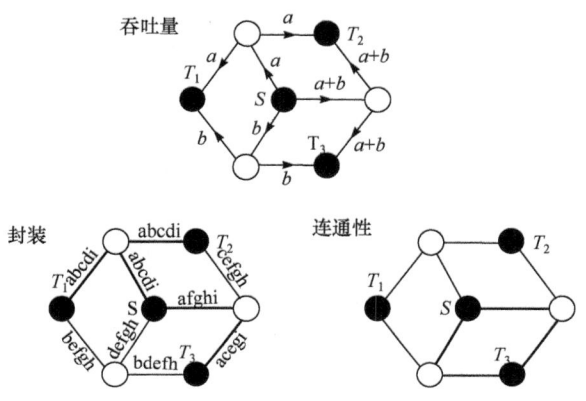

图 17.2　三种网络参数

（这种特定的网络中每个无向链接具有同样能力：$\pi(N)=1.8$，表示九个树（每个通过'a'和'i'之间的信来标记）中的每个速率为 0.2；$\chi(N)=2$ 表示两个单元信息流 a 和 b 可以同时传送到所有的接收方；$\lambda(N)=2$ 表示每对终端节点是 2 个边连接的）

定理 17.2　对于无向网络中的多播传输，

$$N=\{G(V,E),C:E\rightarrow Z^+,M=\{S,T_1,\cdots,T_k\}\subseteq V\},$$

$$\frac{1}{2}\lambda(N)\leqslant\pi(N)\leqslant\chi(N)\leqslant\lambda(N)$$

证明：首先具有额外编码能力的供给节点不会减少可达到的吞吐量，因此 $\pi(N)\leqslant\chi(N)$。进一步，对于一个可行的特定多播吞吐量，从发送方到任何接收方（单播吞吐量）的边连通性必须达到至少相同的值，因此 $\chi(N)\leqslant\lambda(N)$。现在我们已经有 $\pi(N)\leqslant\chi(N)\leqslant\lambda(N)$，并将集中在证明剩余部分 $\frac{1}{2}\lambda(N)\leqslant\pi(N)$ 的正确性上。首先把多播网络转换成一个没有对 $\frac{1}{2}\lambda(N)\leqslant\pi(N)$ 正确性造成伤害的广播网络，然后证明 $\frac{1}{2}\lambda(N)\leqslant\pi(N)$ 在产生的多播网络中是正确的。

转换依赖马德尔的无向分解定理[3]：使 $G(V+z,E)$ 成为一个无向图，以便 (V,E) 是连接的并且度 $d(z)$ 是偶数。然后，在 z 上存在一个完全的断开，同时保留 V 中所有节点对之间边连接。

在节点 z 的分解操作是指通过 u 和 v 之间的直连来替换 2 跳路径 u-z-v，如图 17.3 所示。z 的完全分解是反复应用在 z 上的分解操作直到 z 隔离为止的过程。

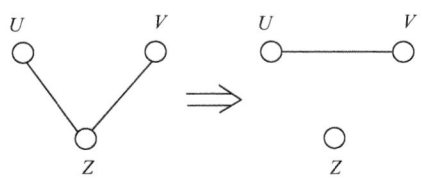

图 17.3　节点 z 的分解

无向分解定理指出,如果图有一个偶数度并且没有切口的节点,那么在这个节点上存在分解操作,且在分解之后其他节点之间成对的连接保持不变。同时,在这个节点上重复应用分解操作,最终节点可以从图的剩余部分中隔离开,而不影响图剩余部分的任何节点对的边连通性。

现在,考虑在多播网络中反复应用下面两个操作之一:①在一个没有切口的中继节点应用完全分解,同时在 M 中保存终端节点之间的成对边连通性;②增加一个 M 切口的中继节点到组播组 M 中,也就是改变它的角色从中继节点到接收方。其中,一个 M 切口的节点是指它的移动会把多播组分成不止一个分离的组件。图 17.4 给出了这两种操作的具体实例。

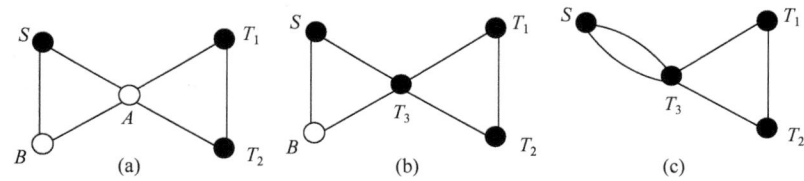

图 17.4　一个多播网络转换成一个广播网络

(其中 $\frac{1}{2}\lambda(N)\leqslant\pi(N)$ 的正确性可追溯(a)原始多播网络,每个链路具有相同能力;(b)在执行②之后,网络移动 M 切口节点 A 到多播组。节点 A 变成接收方 T_3;(c)执行①之后的网络;(b)中继节点 B 完成分解,从而获得广播网络)

为了满足无向分解定理中偶数节点度的要求,我们首先在输入网络中加倍每个链接能力,然后最后测量解决方案的 1/2。在加倍链路能力之后,每个节点具有偶数度,并且分解操作不会影响网络中任何节点度的奇偶性。因此,无向分解定理保证只要有不能切割节点的中继节点,执行①是有可能的。进一步,执行①不会增加 $\pi(N)$。因此,如果在执行①之后,$\frac{1}{2}\lambda(N)\leqslant\pi(N)$ 成立,那么在执行①之前它也成立。同样地我们可以对执行②宣称,如果在执行②之后,$\frac{1}{2}\lambda(N)\leqslant\pi(N)$ 成立,那么在执行②之前它也成立。

只要多播网络中有中继节点,那么至少可以应用一个操作。如果两个操作都是可能的,则操作①需要优先。因为每个操作减少一个中继节点,最终我们得到只有终端节点的广播网络。

在广播网络中 $\frac{1}{2}\lambda(N)\leqslant\pi(N)$ 的成立可以应用 Nash-Willams 的弱图取向定

理[3]来证明:一个图 G 有 α 个边连接定位当且仅当它是 2α 边连接时。通过弱图取向定理,我们可以使带有连通性 $\lambda(N)$ 的无向组播确定为有向组播,以使网络流量速率从任何节点到其他节点(特别地包括从多播发送方到任何多播接收方)至少为 $\frac{1}{2}\lambda(N)$。然后根据定理 17.1,在网络编码下一个 $\frac{1}{2}\lambda(N)$ 的组播速率是可行的。因此,我们得到 $\chi(N) \geqslant \frac{1}{2}\lambda(N)$。此外,Tutte-Nash-Williams 在生成树包装的定理[20]意味着在任何广播网络下 $\pi(N) = \chi(N)$,因此我们也可以得到 $\pi(N) \geqslant \frac{1}{2}\lambda(N)$。

最后在加倍每个链路能力之后,我们获得一个整体传播策略。因此,在缩小解决方案的 1/2 之后,传输策略是半整数的。

推论 17.1 对于无向网络中的多播传输,编码优势对于分级路由或半整数路由的上限是常数因子 2。

证明 根据定理 17.3,只要允许半整数路由,则 $\frac{1}{2}\lambda(N) \leqslant \pi(N),\chi(N) \leqslant \pi(N)$。因此,我们推断出 $\frac{1}{2}\chi(N) \leqslant \pi(N)$,即编码优势 $\chi(N)/\pi(N) \leqslant 2$。

17.2.2 线性规划视角

刚刚通过图论的方式推导出编码优势的范围为 2。研究编码优势的线性规划视角也证明是令人关注的,并能引起同样的证明范围以及其他见解。

表 17.1 中左边部分显示的是最小 Steiner 树问题的线性整数规划,其中 f 表示变量向量;w 表示常数链路代价向量;Γ 表示一个切口,或者一组链接,这些链接的离开至少从发送方分离出一个接收方;流量 $f(e)$ 可以假设为来自于发送方组件的方向。表的右边部分是具有网络编码的最小代价多播的线性规划,其中目标吞吐量为 1。这个线性规划的有效性基于定律 17.1。对于优化具有网络编码的多播,不同的线性规划公式是可能的和已知的,包括基于链路的、基于路径的和基于切口的。第一个有一个多项式大小并用来解决实际问题,而后面两个通常便于理论分析。

表 17.1 最小 Steiner 树 IP 和最小代价多播 LP

Minimize $\quad \sum_e w(e)f(e)$	Minimize $\quad \sum_e w(e)f(e)$
Subject to:	Subject to:
$\begin{cases} \sum_{e \in \Gamma} f(e) \geqslant 1, & \forall \, \mathrm{cut} \, \Gamma \\ f(e) \in \{0,1\}, & \forall \, e \end{cases}$	$\begin{cases} \sum_{e \in \Gamma} f(e) \geqslant 1, & \forall \, \mathrm{cut} \, \Gamma \\ f(e) \geqslant 0, & \forall \, e \end{cases}$

　　有意思的是最小代价多播线性规划正好是最小 Steiner 树整数规划的线性规划调和。因此,在成本上的编码优势相当于 Steiner 树整数规划的整性间隙。Agarwal 和 Charikar[1] 进一步应用线性规划的对偶来证明在吞吐量上的最大编码优势相当于最小 Steiner 树整数规划的最大整性间隙。这反映出编码优势在减少成本和提高吞吐量之间潜在的等价性,并且还从线性规划角度提供了网络编码力量的解释:灵活地允许任意分相流动速率。此外,因为已经证明 Steiner 树整数规划的最大整性间隙为 2[1],所以对于编码优势的范围 2 可以获得可选择的证明,尽管这个证明是否也用在半整数流不是直接的。

17.2.3　类似互联网的双向网络中的单一多播

　　考虑到编码优势在无向网络中是有限的界限而在有向网络中却没有,很自然地会问到哪个模型更接近现实生活的网络,以及编码优势是否在这样的网络中有界限。一个真实的计算机网络,例如,当前的互联网,通常是双向的而不是无向的。如果 u 和 v 是互联网上的两个邻居路由器,那么从 u 到 v 和从 v 到 u 的可用带宽量是固定的、独立的。在某一时刻,如果 $u \rightarrow v$ 的链路是拥挤的,而 $v \rightarrow u$ 是空闲的,但由于缺乏动态带宽分配模块,所以也不可能从 $v \rightarrow u$ 方向"借"带宽给 $u \rightarrow v$ 方向。因此,互联网就像一个无向网络在其中通信是双向的,也像一个有向网络在其中每个链路有固定的带宽量。

　　对于互联网来说,更好的模型是平衡的有向网络。在平衡的有向网络中,每个链路有固定的方向。然而,一对邻居节点 u 和 v 总是通过直接连接可相互到达,并且 $c(\overrightarrow{uv})$ 和 $c(\overrightarrow{vu})$ 之间的比率是一个常数比率 $\alpha \geqslant 1$ 的上限。当 $\alpha = 1$ 时,我们有一个绝对平衡的有向网络。这更接近现实互联网的骨干网,虽然连接到互联网的最后一跳显示上行/下行能力的高度不对称。基于前面的常数限制,我们可以说明在这样一个 α 公平的网络中编码优势也是有界限的。

　　定理 17.3　对于在 α 公平的双向网络中的多播会话,编码优势的上限是 $2(a+1)$。

　　证明　我们首先定义一些新符号。$N_{1,a}$ 表示 α 公平的网络;N_1 表示 $N_{1,a}$ 与有同样拓扑的无向网络,其中 N_1 的 $c(uv)$ 等于 $N_{1,a}$ 中 $c(\overrightarrow{uv})$ 和 $c(\overrightarrow{vu})$ 中最小的那个;N_{a+1} 表示 N_1 上每个链路的容量乘以 $a+1$ 后的无向网络。因此,我们有

$$\pi(N_{1,a}) \geqslant \pi(N_1) \geqslant \frac{1}{a+1}\pi(N_{a+1}) \geqslant \frac{1}{a+1}\frac{1}{2}\chi(N_{a+1}) \geqslant \frac{1}{2(a+1)}\chi(N_{1,a})$$

　　在上面的推导中,第三个不等式是定理 17.1 的一个应用,其他的不等式是基于这些定义。

　　从定理 17.3 可以看出,一个有向网络越"平衡",那么编码优势界限就可以要求得越小。对于绝对平衡的网络,界限为 4。在任意的有向网络中,α 可能接近 ∞,

相应地编码优势上的有限界限并不存在。

17.2.4 更严格的界限

对于在无向网络中的编码优势来说,常量限制 2 不算太紧。目前,在相对较小的网络中[14]观察到的编码优势的最大值为 9/8,而在增长到无限大的网络中则是 8/7。接近 2 和 8/7 之间的差距是一个重要的公开研究方向。这里的意义是双重的。首先,它可以为网络编码提供一个更好的理解和更深入的见解。其次,它可能引起 Steiner 树算法设计的进步,这个算法在运筹学、超大规模集成电路系统设计和通信网路中有重要的应用。最小 Steiner 树问题和 Steiner 树装载问题都是 NP-hard,并且众所周知对于任何常数 $\alpha > 1$,多项式时间的 α 近似算法对他们中的一个存在,当且仅当其对另一个也存在。注意,通过代替计算多播吞吐量 $\chi(N)$,可能接近于 Steiner 装载值 $n(N)$。这种方法产生一个多项式时间的近似算法,而对于编码优势,近似比恰好是紧上限。紧界更接近于 8/7 而不是 2 是有可能的。在这种情况下,我们可能为 Steiner 树获得比目前近似比为 1.55 的最佳算法[18]更好的近似算法。初步进展已经做成有助于证明一个更紧的界限。特别地,对于包括无限网络实例的一组特殊的组合网络,编码优势界限被证明总是 8/7[19]。值得注意的是,目前大多数已知的编码优势大于 1 的无向网络实例与三层混合网络密切相关。

17.2.5 多个通信会话

当转换内容从单一通信会话到多个通信会话时,这会发生重大变化,其中内部会话和外部会话的网络编码都是可能的并需要共同的考虑。决定最佳网络编码项目或最佳吞吐量的复杂性变成 NP-hard,而且线性编码并不总是足够的。伴随着网络编码之上的会话有一个基本的权衡:网络编码带来能够利用信息流的多样性,与消除在接收方引入网络编码带来"噪声"的责任,其中接收方在信息接收时不再共享相同的兴趣。目前对于这样的权衡理解到只是初步的。从显示更好的编码优势看,没有证据表明多个会话比单一会话展现被认为是更好的范例。

对于每个会话都是单播的特殊情况,众所周知:如果网络是有向的,或者积分路由是必须的,那么编码优势能够大于 1。由于网络是有向的相反方向的节点对之间连通性的任意不对称,差距与网络大小能够呈很高的线性关系[10],并因此无界。形成鲜明对比的是目前,没有任何例子发现具有积分路由的无向网络的编码优势大于 1。在 2004 年有人猜想网络编码在这种情况下没有任何差别[9,13]。基于对偶理论的参数表明,如果猜想是错误的,那么这意味着通过编码可以打破数据通信中吞吐量-距离的乘积这一基本的障碍。这个猜想在今天仍然是没有完全解决的,只在一些特殊情况下得到了解决。值得一提的是这些解决方案,即使是 5 个节点的固定拓扑网络,也是相当复杂的,不仅需要利用图论知识,而且需要利用信息论,如熵微积分和信息不平等[12]。

　　多个多播会话的情况是最一般的,现在也没有人深入理解。此外,大多数现有的结果只是有向网络领域的,并不在本章中讨论。由于篇幅限制,我们也没有选择编码优势在其他模型上的相关研究,如平均吞吐量和无线网络等。

17.2.6　多播的源自主属性

　　源自主属性是指,一旦在给定的网络中终端节点组(包括多播组中的发送方和接收方)固定,那么最大的可达吞吐量是完全可决定的,而不管由哪个终端节点扮演发送方的角色。这样的属性在有向网络中是不正确的,因为其邻居节点之间的带宽不能随意地摆动。对于没有网络编码的多播,即树装载,它限制在无向网络。装载树 $\pi(N)$ 的定义没有指定哪个终端是“发送方”或者“树的根节点”。对于具有网络编码的多播,源自主也限制在无向网络是不太明显的,但已在文献[14]中证明。证明是基于这样的观察:源自一个终端节点的有效多播流可以被控制去重建源自另一个终端节点的吞吐量未变的有效多播流。更具体地说,需要在旧的发送方和新的发送方之间颠倒网络流,如图 17.5 所示,不需要改变每个链路上的信息流内容。有趣的是,我们观察到 $\chi(N)$ 的定义依赖作为多播发送方的特殊终端节点的选择,而这不应该是源自主属性所必需的。$\chi(N)$ 没有隔离单一终端节点和特殊角色,其等价的、对称的定义是开放的。

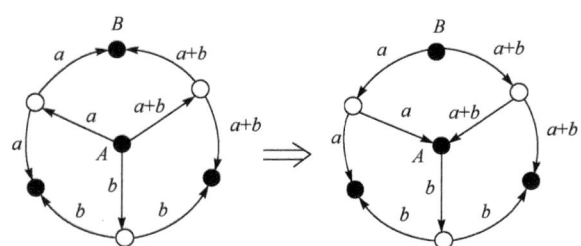

图 17.5　具有网络编码的多播的源自主属性:切换源从终端节点 A 到另一个终端节点 B
(A 和 B 之间的信息流只是简单的翻转)

　　我们注意到在编码优势上的有限界限和源自主属性都在无向网络上有约束,而在有向网络上却没有。我们也显示了有限界限在平衡的有向网络上有所约束。那么现在就有一个有趣的问题:是否源自主属性在绝对平衡的有向网络上也会有所约束?我们将这个作为练习留给读者。

17.3　对等网络中的网络编码

　　在理论研究之外,很自然地假设一个更加实际的角色并探索在互联网上应用网络编码给数据通信的可行性。直观地看,对等(P2P)网络代表最有希望应用网络编码的平台之一,因为互联网上的端主机(称为"点")具有执行网络编码的计算能力,并且不再受限于现有的在互联网的核心管理下大多数网络交换机的互联网标准。现在我们将注意力转向对等网络使用网络编码的优势(和可能的陷阱),其主要集中在两个应用程序:内容分发和流媒体。

17.3.1　网络编码下的节点辅助内容分发

如果互联网是以平衡的有向网络为模型,那么我们已经表明编码优势在理论上是有上限的。然而,当我们考虑多播会话的基本问题时,在现实中更加实际的因素开始起作用:链接能力不知道一个先验的、最佳的传输策略——包括应用的线性代码——而必须去计算。在互联网中,一个多播会话自然地符合内容分发的一个会话,其中信息(如一个文件)需要传播到一组接收方。

尽管使用专用服务器专门地服务内容是可行的,但是组织接收方成为一个拓扑以便它们互相服务却是明智的,这抓住了在对等网络中节点辅助分发内容的本质。当节点通过交换文件缺失的片互相辅助时,它们贡献了整个内容分发系统的上传带宽,从而缓解了专用的内容分发服务器的带宽负载(和随之而来的成本)。

在节点辅助内容分发会话中,传播的内容被分为块。每个节点从其他节点处下载它没有的块,反过来,同时上传它拥有的块给其他节点。一个节点应该从哪儿下载哪个块? 称为块调度问题,这个问题通过设计一个去中心化,并只有局部知识的协议来解决。糟糕的协议设计可能会导致在对等网络中个别块不容易可用的问题:这些有个别块的节点没有上传带宽来满足它们的需求。

为了在节点辅助内容分发上利用网络编码,第一个障碍是需要分配线性码给网络节点。在文献[11]中首次提出的随机网络编码主张使用随机线性码,其通过分配随机生成编码系数到输入符中。根据随机网络编码,接收方能够以高可靠性来解码,并且假定网络拓扑没有先验知识。

Gkantidis 和 Rodriguez[8] 提出了应用随机网络编码的原理到节点辅助内容分发系统。图 17.6 的例子很好地诠释了基本概念。分发的文件被分为 n 个块 $b_1, b_2, \cdots, b_n$。源点首先产生随机系数 c_1, $c_2, \cdots, c_n$,然后使用这些系数在原始块 b_i 上执行随机线性编码。所有其他的节点跟着这样做,通过随机线性编码产生编码块,目前已经收到的编码块上

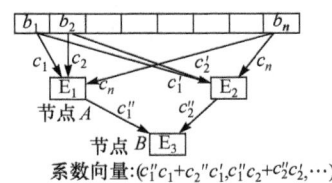

图 17.6　网络编码下的节点
辅助内容分发

使用随机系数。所有的操作都发生在大小合理的伽罗华(Galois)域(如 2^{16})以确保解码块的线性无关[11]。

文献[8]中已经表明网络编码的使用带来大量的性能增益。我们使用图 17.7

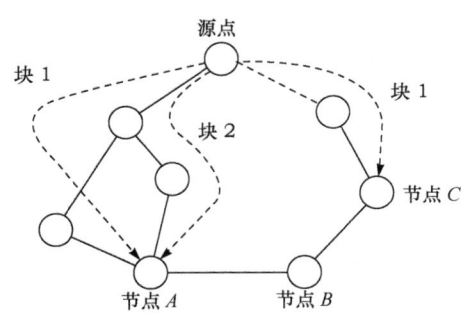

图 17.7　网络编码的优势

中的例子直观地显示这种可能性。假设节点 A 已经从源点收到了块 1 和块 2。如果不使用网络编码,则节点 B 可以从 A 以相同的概率下载块 1 或者块 2。同时,假设 C 独自下载块 1。如果 B 决定从 A 取得块 1,那么 B 和 C 将有相同的块,而它们之间的链接不能被利用。在网络编码的情况下,A 盲目地传送两个块的线性组合给 B,对于 C 来说这总是有用的,因为组合中也包含块 2。

很容易看到,随机网络编码通过三个独特的优势来提高节点辅助内容分发的性能。

(1) 当它传输一个包含文件中每个块信息的随机线性方程时,它极大地提高了包含在每个块中的信息。这样对于所有现有的块,在接收方有很高的线性无关概率,从而导致更高效的内容分发过程。

(2) 通过盲目地分发所有现有块的线性组合给下游节点,编码也大大简化了选择下载最合适(也许是全局最稀少的)块的问题。

(3) 理论上显示,网络编码能够提高节点的到来和离开的高动态场景的弹性。这可以直观地解释为由于网络编码消除了寻找稀有块的需求,所以当节点离开系统而"失去"这些稀有块的风险也不再被关心。

为了使用高概率的 n 个线性无关编码块恢复所有 n 个原始块,接收方需要计算系数矩阵的倒数,其复杂度为 $O(n^3)$。随着块的数量跟着大的文件成比例的增加,Chou 等[4]提出划分文件为不同的代,并在相同代中执行网络编码。基于网络编码的这样代的性能已经在文献[7]中以经验为主进行了评估,并在文献[16]中进行了理论分析,其中网络编码显示出对节点辅助内容分发的高度地实用性。此外,文献[17]中显示基于代的网络编码仍然能够为节点的动态变化提供弹性,即使在每个代中只有很少的块。

17.3.2　网络编码下的节点辅助流媒体

与内容分发相比,节点辅助流媒体增加了一个额外的要求,也就是当媒体流正在接收时,分发的媒体内容需要实时回放。类似于内容分发,我们希望通过最大限度地利用节点上传带宽来保持专用服务器上的带宽。不同于内容分发,我们也希望在没有干扰的情况下保持一个令人满意的回放质量,尤其是在同一时间有大量用户想加入的"瞬间拥塞"期间。

为了有效地使流媒体内容有满意的实时回放质量,部署最适合的节点拓扑是非常重要的。一些人认为基于树形的推协议,即把节点拓扑为一个或多个树,有从源点到接收方的最小延迟(如文献[21])。然而,当节点频繁地加入和离开时,树形结构可能很难去构建和维持。与此相反,大多数现实的节点辅助流媒体协议使用基于网状的拉协议,即把节点组织成网状拓扑,其中每个节点将任意数量的其他节点作为它的邻居(如文献[24])。这样简单的结构提供更好的灵活性:只要有足够数量的邻居总是可用,就不需要去维护拓扑。

特别地,基于网状的拉协议工作方式如下。对于每个流媒体会话,一个节点上有限的缓冲区被维持着,其中段根据回放顺序排列。在回放之后,过期的段立即从缓冲区中删除。一个新的节点加入系统之后,它等待积累一定数量的段以开始回放,其中的延迟称为初始缓冲延迟。在回放期间,节点同时为缓冲区中缺失的段发送请求,并从拥有这些段的节点上下载(或者"拉")这些段。为了更新哪些邻居有缺失段的知识,节点需要与邻居节点交换其缓存区的可用位图,而这称为缓冲位图交换。

网络编码将有助于节点辅助流媒体? Wang 和 Li[22]首先在具有严格的时间和带宽要求的实时节点辅助流媒体会话中评估应用网络编码的可行性和有效性。基于代的随机网络编码已经作为一个"插件"组件应用到传统的基于拉的流媒体协议中而没有任何改变。对于节点来说,Gauss-Jordan 消元法的使用使解码代中正在接收的块成为可能,这些块适合自然地进入流媒体系统中。已经发现当节点的到来和离开造成节点不稳定和整个带宽供应几乎超过需求时,网络编码可以提供一些边际效益。

在这样温和的消极结果反对使用网络编码下,一些人认为网络编码的优势可能没有在传统的基于拉的协议上被完全探索出来。在文献[23]中,Wang 和 Li 提出R^2,其使用随机推和随机网络编码,并从头开始设计以充分利用网络编码的优势。

在R^2中,媒体流分为代,在每个代中进一步又分为块。在传统的基于网状的拉协议中,缺失的段会被下游节点明确地请求。由于缓冲位图交换周期性的性质,这样的请求只能送到在以前交换的回合中具有缺失段的那些邻居节点上。然而,由于在R^2中的网络编码使用大量的代,所以描述代状态的缓冲位图——而不是块——可以更小。此外,较大的代超过块,每个代需要更长的时间才被接受。同样地,由于没有额外的开销,一旦缺失段已经完全收到,缓冲位图就可以被推到所有的邻居节点,而不需要以周期性的方式执行交换。

因为在R^2中所有的缓冲位图都是最新的,所以发送方可以简单地选择其中的一个代——任意的——仍然在接收方缺失。然后它在这个代上生成编码块,并盲目地将其推到接收方。网络编码的一个重要优势是"完美协作":因为在一个代内所有的编码块是同样有用的,所以多个发送方能够在同一缺失代上服务编码块给同一接收方,而不需要明确的协调与和解。图 17.8 显示的是 R^2 和传统的基于拉的协议之间的对比。

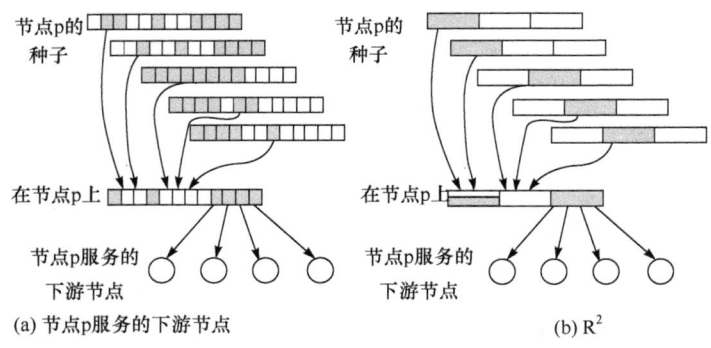

(a) 节点p服务的下游节点　　　　　　　　　　　(b) R^2

图 17.8　传统的基于拉的协议和 R^2 之间的对比

自然地,R^2 表现了一个简单的设计原则,而不是一个严格的协议设计。对于更多的调整协议,它允许一个灵活的设计空间。例如,为了确保及时回放,可以制定随机推策略以便接近回放期限的代拥有更高的优先级来提供服务。定义和利用优先域的一种可能是在回放点后立即包含紧急段。其他的优先级和随机策略也可以被包含。在这个意义上,对于常用的算法设计空间,例如,块选择策略和邻居选择策略,R^2 是补充的。

使用基于代的网络编码,R^2 具有两个独特的优点。

(1) 它减少了缓冲位图交换中较多的信息开销,从而在回放质量和弹性上有更好的性能。由于当缓冲位图改变时其会被实时推送出去,所以邻居节点能够及时接收到反馈,并以最小的延迟继续服务缺失段。事实上,Feng 等[6]已经从理论上证实 R^2 的有效性,并指出缺乏及时的缓冲位图交换可能是基于拉的协议的实际性能不是最佳性能的一个主要因素。

(2) 配备随机推送和随机网络编码的 R^2,能够提供较短的初始化缓冲延迟,并缩减在专用流媒体服务器上的带宽成本。这是由于这样的事实,即出于明确的协调目的,多个发送者可以在没有信息开销的情况下服务同一接收方。通过一个随机分析框架,Feng 和 Li[5]已经分析了瞬间拥塞和节点高动态性的场景,并显示在 R^2 中使用网络编码的设计原理会引起较短的初始缓冲延迟、较小的服务器带宽成本,以及节点离开后更好的恢复力。

17.4　总　　结

随着网络节点在收到的信息上执行编码操作,网络编码在理论上显示具有提高有向网络中多个会话吞吐量的能力。当我们想要应用网络编码理论到互联网时,最可能的场景是在对等网络范围内,因为终端主机具有执行这样编码操作的计算能力,并且不受严格的互联网标准的支配。对于网络编码,在对等网络中如何实现理论上的改进?

本章以一个理论的视角开始:通过延伸有向网络到无向网络和双向网络,我们注解编码优势——与不使用网络编码相比吞吐量的增加——在无向网络和双向网络是有限界限的。取代提高吞吐量,网络编码使计算最优策略用于完成最优吞吐量变得可行:它从树装载视角(没有编码)到网络流视角(带有编码)改变了多播算法设计的底层结构,从而从 NP-hard 到多项式时间可解,降低了最优多播的计算复杂性。

假设一个更实际的角色,我们已经在对等网络的两个应用程序中提出已知的结果:节点辅助内容分发和节点辅助流媒体。在节点辅助内容分发中,我们已经表明网络编码大大地简化了选择最合适的块去下载的问题(称为"块选择问题"),并提高了节点加入和离开的高动态场景的恢复力。在节点辅助流媒体中,我们已经表明协议需要从头开始设计以充分利用网络编码的优势。结合网络编码的一组协议设计准则 R^2,已经导致较少的根据交换缓冲可用信息的消息开销,以及较短的初始缓冲延迟。

看起来全部的信息都是非常乐观的。尽管网络编码具有计算的复杂度(即使使用代),但是人们还是想象网络编码能够应用到短期内未来的对等网络,因为对等网络已经消耗了当今互联网上相当比重的可用带宽。只在服务器上节省的大量带宽成本可以证明终端主机上的额外计算复杂度。与摩尔定律预测的日益增加的丰富的计算能力相比,作为一种资源的带宽自然会更加稀缺,并需要小心使用。网络编码很有可能成为一个有用的工具,以实现在互联网上更有效地利用带宽。

参 考 文 献

[1] Agarwal, A. and Charikar, M. (2004). On the Advantage of Network Coding for Improving Network Throughput. Proc. IEEE Inform. Theory Workshop, 2004.

[2] Ahlswede, R., Cai, N., Li, S. Y. R., and Yeung, R. W. (2000). Network Information Flow. IEEE Trans. Inform. Theory, 46(4):1204-1216, July 2000.

[3] Bang-Jensen, J. and Gutin G. (2009). Digraphs: Theory, Algorithms and Applications, 2nd edn., Springer.

[4] Chou, P. A., Wu, Y. and Jain, K. (2003). Practical Network Coding. Proc. 42nd Annual Allerton Conference on Communication, Control and Computing, 2003.

[5] Feng, C. and Li, B. (2008). On Large Scale Peer-to-Peer Streaming Systems with Network Coding. Proc. ACM Multimedia, 2008.

[6] Feng, C., Li, B., and Li, B. (2009). Understanding the Performance Gap between Pull-

based Mesh Streaming Protocols and Fundamental Limits. Proc. IEEE INFOCOM, 2009.

[7] Gkantsidis, C., Miller, J., and Rodriguez, P. (2006). Comprehensive View of a Live Network Coding P2P System. Proc. Internet Measurement Conference (IMC), 2006. 376 Z. Li, H. Xu, and B. Li.

[8] Gkantsidis, C. and Rodriguez, P. (2005). Network Coding for Large Scale Content Distribution. Proc. IEEE INFOCOM, 2005.

[9] Harvey, N. J. A., Kleinberg, R. and Lehman, A. R. (2004). Comparing Network Coding with Multicommodity Flow for the k-Pairs Communication Problem. Technical Report, MIT CSAIL, November 2004.

[10] Harvey, N. J. A., Kleinberg, R., and Lehman, A. R. (2006). On the Capacity of Information Networks. IEEE Trans. Inform. Theory, 52(6):2345-2364, June 2006.

[11] Ho, T., Medard, M., Shi, J., Effros, M., and Karger, D. (2003). On Randomized Network Coding. Proc. 41st Allerton Conference on Communication, Control, and Computing, 2003.

[12] Jain, K., Vazirani, V. V., and Yuval, G. (2006) On The Capacity of Multiple Unicast Sessions in Undirected Graphs. IEEE Trans. Inform. Theory, 52(6):2805-2809, 2006.

[13] Li, Z. and Li, B. (2004). Network Coding: The Case of Multiple Unicast Sessions. Proc. 42nd Annual Allerton Conference on Communication, Control, and Computing, 2004.

[14] Li, Z., Li, B., and Lau, L. C. (2006). On Achieving Maximum Multicast Throughput in Undirected Networks. IEEE/ACM Trans. Networking, 14(SI):2467-2485, June 2006.

[15] Li, Z., Li, B., and Lau, L. C. (2009). AConstan t Bound on Throughput Improvement of Multicast Network Coding in Undirected Networks. IEEE Trans. Inform. Theory, 55(3):997-1015, March 2009.

[16] Maymounkov, P., Harvey, N. J. A., and Lun D. S. (2006). Methods for Efficient Network Coding. Proc. 44th Annual Allerton Conference on Communication, Control and Computing, 2006.

[17] Niu, D. and Li, B. (2007). On the Resilience-Complexity Tradeoff of Network Coding in Dynamic P2P Networks. Proc. International Workshop on Quality of Service (IWQoS), 2007.

[18] Robins, G. and Zelikovsky A. (2000). Improved Steiner Tree Approximation in Graphs. Proc. 11th ACM-SIAM Symposium on Discrete Algorithms, 2000.

[19] Smith, A., Evans, B., Li, Z., and Li, B. (2008). The Cost Advantage of Network Coding in Uniform Combinatorial Networks. Proc. 1st IEEE Workshop on Wireless Network Coding, 2008.

[20] Tutte, W. T. (1961). On the Problem of Decomposing a Graph into n Connected Factors. Journal of London Math. Soc., 36:221-230, 1961.

[21] Venkataraman, V., Yoshida, K., and Francis, P. (2006). Chunkyspread: Heterogeneous Unstructured Tree-based Peer-to-Peer Muticast. Proc. IEEE International Conference

on Network Protocols (ICNP), 2006.

[22] Wang, M. and Li, B. (2007). Lava: ARealit y Check of Network Coding in Peer-to-Peer Live Streaming. Proc. IEEE INFOCOM, 2007. Network coding in bi-directed and peer-to-peer networks 377.

[23] Wang, M. and Li, B. (2007). R2: Random Push with Random Network Coding in Live Peer-to-Peer Streaming. IEEE J. Sel. Areas Commun., 25 (9): 1655-1667, December 2007.

[24] Zhang, X., Liu, J., Li, B., and Yum, T.-S. P. (2005). CoolStreaming/ DONet: AData-Driv en Overlay Network for Efficient Live Media Streaming. Proc. IEEE INFOCOM, 2005.

第 18 章　网络经济:中立性、竞争和服务差异化

John Musacchio[1]，Galina Schwartz[2]，and Jean Walrand[2]
[1]加州大学圣克鲁斯分校(University of California，Santa Cruz)，美国
[2]加州大学伯克利分校(University of California，Berkeley)，美国

　　在 2007 年 Comcast,美国的一家有线电视和互联网服务提供商,开始对 P2P 应用 Bit Torrent 的用户选择性地进行速率限制或流量控制。Comcast 使用的接入技术在它的能力中是非对称的,来自用户的“上行链路”比“下行链路”慢得多。对于像 Web 这样的客户端-服务器应用,这种非对称性是好的,但是对于 P2P,终端用户上传巨量文件给其他人下载,上行链路很快被拥塞。Comcast 感觉到相对小数量的 P2P 重度用户使用的系统能力不成比例,于是它需要保护其余的用户。换句话说,P2P 用户通过制造危害其他用户的拥塞而造成了负面的外部效应。

　　负面的外部效应减少了系统的福利,这是因为用户行为的自私。P2P 用户会继续交换电影,即使这个行为中断了邻居的重要的工作相关的视频会议。Comcast 认为通过挑选出 P2P 应用的用户,可以限制这种外部效应的负面影响,并使其余的用户(他们大多不使用 P2P)高兴。Comcast 的决定反而使他们处于正在进行的网络中立性争论的中心。网络中立性概念的支持者认为,互联网服务提供商不该被允许在不同用户或不同应用的流量之间产生“歧视”。也就是说,网络层服务的提供商不应该对产生流量的应用层的信息采取行动。网络中立性的一些支持者认为,这种非歧视原则不仅是一个好的体系原则,由于一些社会原因,它也是至关重要的,包括维护言论自由,以及能够让新的创造性的内容提供商进入市场,并且和拥有更多资源的固有在位者达到同样的潜在范围。

　　关于 ISP 是否应该被允许区别地对待来自不同应用的流量这个问题,有一些服务差异化和服务质量(QoS)的观点。服务差异化在通信网络中不是一个新概念。例如,十多年以前异步传输模式(Asynchronous Transfer Mode,ATM)组网技术的设计者懂得,来自交互应用如电话的流量比来自更具突发性的文件传输的流量对延迟更敏感。所以通过损害交互应用的用户,将两种类型的流量混合在一起,有潜力来大幅减少对整个系统的利用。许多人认为随着网络链路容量指数增长,这些问题应该消失。其观点是网络速度很快以至于所有类型流量的延迟都可以忽略不计,所以对流量的要求的区别也没关系。然而随着网络容量增长,被新的应用消耗的流量也增长,像 P2P 和流视频。当 Comcast 最近在其网络中部署了一

种新的网络语音电话（Voice over IP, VoIP）服务，其确实选择保护那些流量不受其他互联网流量的拥塞，并且非巧合地也不受其他 VoIP 服务提供商如 Skype 的影响。互联网是否应该包括服务差异化这个问题仍在争论中，但是现实是今天它正在被部署。危险的是它将被不同的 ISP 以 ad-hoc 的方式被部署，而且将会失去在 ISP 间建设一种相关的体系方法的可能的益处。例如，可能失去独立选择应用服务提供商和互联网服务提供商的能力。例如，Skype/Comcast 组合对于 VoIP，比起 Comcast/Comcast 组合可能处于严重劣势。

　　另一套直接相关的问题是在这种组合的提供商之间收入应当怎样分享。什么是在内容提供商和 ISP 之间分享收入的正确方式？特别地，像 Comcast 这样的 ISP 应该被允许向 Skype 索取费用，因为其向 Comcast 用户提供了服务吗？这是将在本章研究的问题之一。

　　更好的互联网的潜力是巨大的。今天，互联网为许多应用提供的服务质量不充分或不连续。例如，公司花费数千美元来接入私有网络为了商业级视频会议，因为在许多情况下公共网络上的质量太不可靠了。随着能源消耗上升，不难想象某天当大多数的劳动者都不能每天乘车去工作。如果那将要发生，那么我们经济继续的生产力将依赖于接入高质量、可靠、交互的应用的劳动人群。他们将甚至愿意花钱购买——例如，几美元与同事进行一个可靠的 HDTV 视频会议是值得的，如果它节省了 100 美元的汽油费的话。不幸的是，今天的互联网没有给用户一个多花一点钱来获得质量的选项。

　　除了交互应用重要性的可能增长，另一个重要趋势是朝着云计算前进和相关的面向服务的架构的趋势。采用这些方法，一个组织可以将他们部分的计算和 IT 基础设施从他们自己的设施中分出来，并外包给专门的提供商。这就会大大降低管理成本的潜力，并使一个组织的 IT 系统更适于变化的需求。然而，这个方法需要一个可靠、快速和低时延的网络，以使这些分布式服务对用户的响应速度像大多数现场的基础设施上的更传统的方法一样。

　　像我们所暗示的，互联网有大量的经济问题有待解决，而对这些解决方案的论证，正是互联网未来演进背后的驱动力。本章不可能深入地解决所有这些问题，我们将讨论限制在三个问题上：首先将看一下内容提供商与 ISP 之间收入分享的问题；这是我们讨论的对于网络中立性争论来说的一个核心问题。接着将讨论当多个互连的 ISP 竞争价格，而且用户寻找更低价格和更低延迟时导致的经济效率方面的一些基础的建模工作。最后讨论服务差异化背后的一些基本问题。

　　经济建模也是体系研究的中心，这些体系使用了显式的拥塞通知和计费，为了使在一个网络的用户中达到公平性和效用最大化，并具有费用依赖的效用功能。这些观点对于理解已有协议如 TCP 的行为和设计新的组网技术都极其有用。在这本书中，由 Kelly 和 Raina 执笔的 4.3 节讨论了显式拥塞通知背后的问题，由 Yi

和 Chiang 执笔的 3.2 节讨论了对于无线网络的网络效用最大化的方法。

18.1　中　立　性

今天,互联网服务提供商(ISP)既对使用该 ISP 的"最后一英里"互联网接入的终端用户收费,也对与该 ISP 直接相连的内容提供商收费。然而,ISP 通常不向那些不直接与之相连的却提供内容给其终端用户的内容提供商收费。网络中立性政策争论的焦点问题之一是,现在这些收费管理是否应该继续并被法律授权,或者 ISP 是否应该被允许向所有那些给该 ISP 的终端用户提供内容的内容提供商收费。实际上,当 AT&T 的 CEO 建议这些收费被允许时,现在的网络中立性争论开始了[1]。

为了解决这个问题,我们对 ISP、终端用户和内容提供商的交互开发了一个双边市场模型。文献[2]中有对这项工作的更完整的描述。这个模型与我们在本节后续要详细描述的已有的双边市场具有紧密联系。我们模拟了一个"中立"网络,其中 ISP 只能向购买他们的互联网接入的那些内容提供商收费。我们认为在这样一个收费结构里面,ISP 为了吸引内容提供商来购买他们的接入而竞争价格,驱使价格向 ISP 的成本靠近。为了简便,将内容提供商付给 ISP 的价格扣除 ISP 连接的成本进行归一化,所以在一个"中立"网络中只有终端用户(而不是内容提供商)向 ISP 支付正数价格。在一个"非中立"网络中,所有 ISP 被允许向所有的内容提供商收费,因而 ISP 同时从内容提供商和终端用户赚取收入。

我们在这项工作中处理的问题是网络中立性更大的争论的一部分,包括了多种问题如服务差异化是否应该被允许,或者内容收费是否构成了对言论自由的影响(文献[3]和文献[4])。在 2006 年,网络中立性的主题上有一个相当大的观点分歧。实际上这个问题被法律和政策制定者激烈地争论,而且为了达到网络中立性而对 ISP 的限制性网络条例看起来是可能的。在 2007 年情况开始变化,当年 6 月,联邦贸易委员会(Federal Trade Commission,FTC)发布一个报告,强力地陈述了 FTC 缺乏对网络中立性规定性约束的支持,并警示了"规定潜在的不利的和意外的影响"[5]。类似地,在 2007 年 9 月 7 日,司法部(Department of Justice)发表评论"对早产的互联网规章"的警告[6]。然而,2008 年当选的美国总统奥巴马,声援了网络中立性,于是这场争论远未结束。我们在网络中立性争论中并不试图处理所有问题。我们只研究 ISP 是否应该被允许因内容提供商接触终端用户而对其收费。

我们的模型基于双边市场的观点,在这个主题上有很多文献。对于双边市场的调查,如 Rochet 和 Tirole[7]、Armstrong[8]的工作。其他的工作使用双边市场来研究网络中立性。例如,Hermalin 和 Katz[9]将网络中立性建模成产品空间上的一个约束，并考虑 ISP 是否应该被允许提供超过一个等级的服务。Hogendorn[10]研究了双边市场，这里中间人坐在"导管"和内容提供商之间。在他的文章中，网络中立性意味着内容有对导管的开放接入，这里"开放接入"制度承担对中间人的接入。Weiser[11]讨论了与双边市场相关的政策问题。这里描述的工作与网络中立性的其他研究相比是独特的，我们开发了一个对策论（game-theoretic）模型来研究在每种网络制度下提供商的投资激励。

18.1.1 模型

图 18.1 描绘了我们的设置。在这个模型中，有 M 个内容提供商和 N 个 ISP。
每个 ISP T_n 连接终端用户 $U_n(n=1,2,\cdots,N)$ 并每次点击向他们收费 p_n。ISP T_n 对它的终端用户基础 U_n 有一个垄断。所以，终端用户在 ISP 之间被划分开，每个 ISP 具有 $1/N$ 的市场份额。这个假设反映了本地 ISP 的市场势力。每个 ISP T_n 向每个内容提供商 C_m 收取每次点击 q_n 的费用。内容提供商 C_m 投资 c_m，而 ISP 投资 t_n。）

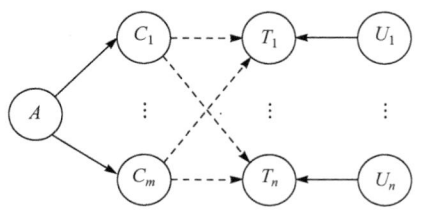

图 18.1 模型中支付的方向

（每个 C_m 是一个内容提供商；每个 T_n 是一个 ISP；每个 U_n 是订阅 ISP T_n 的一群用户。A 块表示向内容提供商支付费用的广告商集合。点状线表示仅用双边定价而产生的支付（"非中立"））

回想一下本节开始时，我们测量了 q 扣除内容提供商的接入支付费用，由于 ISP 之间的竞争，这个费用被设置为边际成本。相应地，我们测量了内容提供商向广告商每户收取费用（表示为 a）扣除内容提供商的接入支付费用。

我们用终端用户 U_n 产生的"点击"数量 B_n 来描述终端用户的使用特征。由于互联网广告最常用每次点击计价，点击率是表达广告收入的一个自然的测度。对于表达 ISP 从终端用户获取的收入，点击率不是一个很自然的测度，因为 ISP 向用户收费不是基于每次点击，而是基于流量。然而，只使用一种测度是方便的，而且可以通过使用合适的缩放因子用一个测度的知识来估计另一个测度。终端用户 U_n 的点击率 B_n 依赖于价格 p_n，但也依赖于网络的质量，而网络质量是由提供商投资决定的。点击率 B_n 描述了终端用户需求特征，它取决于终端用户接入价格 p_n 和投资：

$$B_n = (1/N^{1-w})(c_1^v + \cdots + c_M^v) \times [(1-\rho)t_n^w + (\rho/N)(t_1^w + \cdots + t_N^w)]e^{-p_n/\theta}$$

(18.1)

式中，$\rho \in (0,1)$，$\theta > 0$，并且 $v, w \geq 0$，$v + w < 1$。对于一个给定的网络质量（方括号内的表达式），点击率随着价格 p_n 指数下降。

$c_1^v+\cdots+c_M^v$这项是一个典型用户看到的内容提供商的投资值。对于单个提供商的投资这个表达式是凹的,解释是每个内容提供商向网络添加价值。也请注意一下表达式的结构说明,终端用户对于由许多内容提供商提供内容的网络的评价,比由具有相同累积投资的单个提供商提供内容的网络更高。我们的终端用户对于内容多样化的偏好与 Dixit 和 Stiglitz 提出的经典垄断竞争模型[12]的偏好类似。在表达式(18.1)中,方括号中的项反映了 ISP 为终端用户投资的值。显然,用户U_n评价他们的 ISP 的投资,但也可以评价其他 ISP 的投资。例如,一个 ISP 的某个用户通过与另一个 ISP 的用户建立更好的连接可能得到更多价值。在我们的模型中参数 ρ 捕捉这个溢出(spill-over)效应。当 $\rho=1$ 时,终端用户U_n对所有 ISP 投资相同地评价;而当 $\rho=0$ 时,用户只评价他们自己的 ISP 的投资。当 $\rho\in(0,1)$ 时,终端用户U_n评价他们自己的 ISP T_n 的投资多于其他 ISP $T_k\neq T_n$的投资。项 ρ 反映了 ISP 对终端用户的直接网络效应(而不是在他们和内容提供商之间)。这个效应捕捉一个典型的网络外部效应(文献[13]关于投资溢出效应的讨论)。因子 $1/N^{1-w}$ 是一个方便的归一化。它反映了终端用户池在 N 个提供商之间的划分,论证如下。假设没有溢出效应,而且每个 ISP 将会投资 t/N。总点击率应该与 N 无关。在我们的模型中,总点击率与 $(1/N^{1-w})(N(t/N)^w)$ 成比例,事实上也与 N 无关。

从终端用户U_n到C_m的点击率R_{mn}为

$$R_{mn}=\frac{c_m^v}{c_1^v+\cdots+c_M^v}B_n \qquad (18.2)$$

所以,对于内容提供商C_m的总点击率为

$$D_m=\sum_n R_{mn}$$

假设内容提供商向广告商收取每次点击一个固定数量费用 a。每个内容提供商的目标是最大化它的利润,其等于从终端用户点击的收入扣除投资成本。因此

$$\Pi_{C_m}=\sum_{n=1}^N (a-q_n)R_{mn}-\beta c_m$$

式中,项 $\beta>1$ 是外部选择(替代资金c_m)。

互联网服务提供商T_n的利润为

$$\Pi_{T_n}=(p_n+q_n)B_n-\alpha t_n$$

式中,$\alpha>1$ 是 ISP 的外部选择。假设每种类型的提供商是相同的,将关注如何找到对单边和双边定价的对称的平衡。

18.1.2　单边和双边定价的分析

为了比较单边和双边定价(中立和非中立网络),我们进行如下假设。

(1) 单边定价(中立网络):在阶段 1 中每个 T_n 同时选择 (t_n, p_n)。向内容提供商收取的价格 q_n 被限制在 0(回想 18.1 节中的讨论)。在阶段 2 中每个 C_m 选择 c_m。

(2) 双边定价(非中立网络):在阶段 1 中每个 T_n 同时地选择 (t_n, p_n, q_n)。在阶段 2 中每个 C_m 选择 c_m。

在两种情况下,我们假设内容提供商看到了 ISP 的投资,并能够随后基于 ISP 的选择调整他们自己的投资。通过时间差和需求的初始投资的缩放来论证这一假设。ISP 的投资倾向于在基础设施上的长期投资,如光纤光缆网络的部署。相反地,内容提供商的投资倾向于较短期和本质上更持续,例如,内容的开发、对一种搜索算法的持续改进,或者添加/替换服务器场上的服务器。

1. 双边定价

在一个双边定价的网络中(非中立网络),每个 ISP 选择 (t_n, p_n, q_n),而每个内容提供商选择 c_m。为了分析这个博弈我们使用逆推归纳原理——首先分析博弈的最后阶段,然后逆推假设博弈者在早些阶段将会预期后面的阶段。在从博弈中前一个阶段看到了 (t_n, p_n, q_n) 的动作之后,在博弈最后阶段的一个内容提供商 C_m 应该选择最优 c_m。由于消项,内容提供商 C_m 的利润 Π_{C_m} 与其他内容提供商的投资 c_j,$j \neq m$。所以,每个内容提供商的优化不受其他内容提供商同时做出的(但在均衡中正确地预见)投资决定的影响。因此我们可以发现最优 c_m 作为 (t_n, p_n, q_n) 的方程,而且因为 ISP 应该预期内容提供商将提供最佳响应,我们可以将方程 $c_m(t_n, p_n, q_n)$ 代入表达式对于每个 ISP T_n 的利润 Π_{T_n}。每个 ISP T_n 开始选择将他们的利润 Π_{T_n} 最大化的投资和价格 (t_n, p_n, q_n)。由于每个 ISP 同时的决定互相影响,为了找到一个纳什均衡(Nash equilibrium),需要确定最佳响应方程交叉的一个点。通过进行这个分析,我们可以找到对于内容和传输提供商的纳什均衡封闭式表达式(详细推导见我们的工作稿[14]):

$$p_n = p = \theta - a \tag{18.3}$$

$$q_n = q = a - \theta \frac{v}{N(1-v)+v}$$

$$t_n = t \text{ 且 } (Nt)^{1-v-w} = x^{1-v} y^v e^{-(\theta-a)/\theta}$$

$$c_m = c \text{ 且 } c^{1-v-w} = x^w y^{1-w} e^{-(\theta-a)/\theta}$$

$$\Pi_{C_m} = \Pi_C := \left(\frac{\theta v(1-v)}{N(1-v)+v} \right) \left[x^w y^v e^{-(\theta-a)/\theta} \right]^{\frac{1}{1-v-w}} \tag{18.4}$$

$$\Pi_{T_n} = \Pi_T := \left(\frac{M\theta(N(1-v)(1-w\phi)-wv)}{N(N(1-v)+v)} \right) \left[x^w y^v e^{-(\theta-a)/\theta} \right]^{\frac{1}{1-v-w}}$$

式中

$$x := \frac{M\theta w}{\alpha} \frac{N\phi(1-v)+v}{N(1-v)+v}; y := \frac{\theta}{\beta} \frac{v^2}{N(1-v)+v} \tag{18.5}$$

2. 单边定价

对单边情况的分析与双边定价(非中立)的分析类似,除了像在 18.1.1 节中讨论到的对于 $n=1,\cdots,N$ 的 $q_n=0$。我们使用与为分析双边情况而描述的相同的逆推归纳法,得到了内容提供商的和 ISP 的动作与利润的平衡状态的解如下(推导见文献[14]):

$$p_n=p_0:=\frac{\theta N(1-v)}{N(1-v)+v}$$

$$q_m=0$$

$$t_n=t_0,\text{其中}(Nt_0)^{1-v-w}=x^{1-v}y_0^v e^{-p_0/\theta}$$

$$c_m=c_0,\text{其中}c_0^{1-v-w}=x^w y_0^{1-w}e^{-p_0/\theta}$$

$$\Pi_{C_m}=\Pi_{C_0}:=a(1-v)\left[x^w y_0^v e^{-p_0/\theta}\right]^{\frac{1}{1-v-w}} \tag{18.6}$$

$$\Pi_{T_n}=\Pi_{T_0}:=\left(\frac{M\theta(N(1-v)(1-w\phi)-wv)}{N(N(1-v)+v)}\right)\left[x^w y_0^v e^{-p_0/\theta}\right]^{\frac{1}{1-v-w}}$$

式中,x 在式(18.5)中给出,而且 $y_0=av/\beta$。

在 18.1.4 节中我们比较了对于一个范围的参数,两种制度的利润和社会福利。

18.1.3　用户福利和社会福利

为了比较单边和双边制度,我们想要找到每个制度的社会福利的表达式。社会福利是所有参与者(内容提供商、ISP、用户)的净收益的简单加和。每个内容提供商和 ISP 的福利是他们的利润,但对于用户,我们需要定义他们的福利。因此,将使用消费者剩余(customer surplus)的概念,它是消费者愿意为他们所消费的服务支付的费用与他们实际必须支付的费用之间差值的总和。为了进行计算,我们需要将终端用户价格与消费的数量联系起来的一个需求函数,对于我们的模型,这是一个将总点击率与价格关联的表达式。通过对需求函数从平衡价格到无穷进行积分来计算消费者剩余。进行这个积分时,内容提供商和 ISP 的投资水平是固定的。有

$$W_U(\text{双边})=M\theta x^{w/(1-v-w)}y^{v/(1-v-w)}e^{-\frac{\theta-a}{\theta(1-v-w)}}$$

单边的表达式是相同的,除了把 y 替换为 y_0,幂指数中的 $\theta-a$ 替换为 p_0。带有单边与双边定价的社会福利的比率有这种形式

$$\frac{W_U(\text{单边})+N\Pi_T(\text{单边})+M\Pi_C(\text{单边})}{W_U(\text{双边})+N\Pi_T(\text{双边})+M\Pi_C(\text{双边})}$$

18.1.4　比较

为了比较单边和双边情况中的收入,我们定义了比率

$$r(\Pi_C): = \left(\frac{\Pi_C(单边)}{\Pi_C(双边)}\right)^{1-v-w}$$

式中,Π_C(双边)是式(18.4)双边情况下的每个内容提供商的利润,Π_C(单边)是式(18.6)单边定价中每个内容提供商的利润。类似地,我们定义 $r(\Pi_T)$。有

$$r(\Pi_T) = \left(\frac{\delta}{\pi}\right)^v e^{\pi-\delta}, r(\Pi_C) = \left(\frac{\delta}{\pi}\right)^{1-w} e^{\pi-\delta} \qquad (18.7)$$

式中

$$\pi: = \frac{v}{N(1-v)+v} 而且 \delta: = \frac{a}{\theta}$$

图 18.2 展示了内容提供商与 ISP 的单边定价和双边定价收入的比率。显示出对于 a/θ 的较小值和较大值,这是每次点击的广告收入与用以描述终端用户价格敏感度的常量的比率,双边定价对于内容提供商和 ISP 来说都是更可取的。(这里我们说"更可取的",因为收入较大,虽然我们看到投资回报率是相同的)。对于 a/θ 的中间值,单边定价对两者都更可取,然而从单边定价更可取向双边定价更可取的转变时,a/θ 的值对于内容提供商与 ISP 来说并不完全相同。进一步讲,随着 ISP 的数量 N 的增加,单边定价优先的 a/θ 值的范围也增加,而且它的优先程度(在内容提供商和 ISP 的收入方面)也增加。

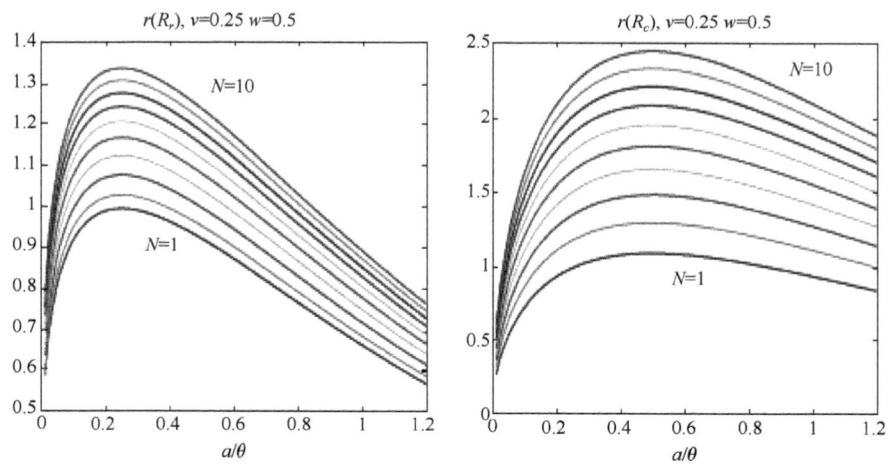

图 18.2 对于不同的 N 值利润的比率($v=0.25$,$w=0.5$)

这些结果可以通过以下的论证来解释。当 a/θ 较大时,内容提供商从广告商获得的收入相对高,而 ISP 从终端用户获得的收入相对低。因为这样,ISP 投资的激励是次优的(与社会上最优激励相比太低了),除非他们通过向内容提供商收费而吸收内容提供商部分的广告收入。因此在单边定价的情况下,ISP 投资不足,导致他们和内容提供商获得的回报比他们用双边定价能够获得得更少。非常需要注意的是,当 a/θ 比 1 大时,给终端用户的价格 p 在双边情况中变为负值,可以从

式(18.3)中看出。如果为了点击而付给终端用户实际的报酬,则直觉上可以认为他们会无限地点击,因此我们的需求指数模型(式(18.1))在这个 a/θ 区域将会失效。然而,价格 p 可以解释为对扣除了终端用户的任何变化成本 v——类似我们定义 q 那样。这样解释的话,价格 p 可以是负值而用户看到的实际的价格是正值,只要 $|p| < v$。因而我们在图中展示对于 a/θ 为 1.2 时的数值结果。

当 a/θ 非常小时,内容提供商的广告收入相对低,而 ISP 的终端用户收入相对高。为了使内容提供商投资充分,ISP 需要向内容提供商付费。那就是为什么对于足够小的 a/θ 价格 p 实际上变为负值,其代表了 ISP 付给内容提供商的每点击费用。

当 a/θ 在两个极值之间的中间范围时,内容提供商和 ISP 都有充分的激励去投资。然而另一种效应浮现出来——当 N 值大时 ISP 搭便车变为一个重要因素。随着双边定价情况中 N 值的增加,更多的 ISP 向每个内容提供商收费。随着 ISP 向内容提供商收费的价格提高,对内容提供商投资的吸引力会减弱。因此 ISP 选择向内容提供商收费的价格,在从内容提供商赚取更多的每点击收入的正面效应,以及由于内容提供商减少投资而点击率减少的负面效应之间进行权衡。但是每个 ISP 看到了提高价格的整体收益,而损失却要所有的 N 个 ISP 承担。结果是 ISP 在纳什均衡中向内容提供商要价过高,而且要价过高的程度随着 N 而增加。这与平民百姓中人们过度开采一个公共资源的灾难类似。另一个可能更直接的类比是"莱茵河上的城堡效应",其中每个城堡主人都被激励过度提高向过路交通的过境费,却忽视了导致的交通量减少的事实不仅损害了他自己,也损害了其他的城堡主人。当所有城堡都这样做时,莱茵河上的交通量下降[15]。这个负外部性的程度和过分要价的程度,随着 N 值而增加。

图 18.3 显示了单边对双边定价的社会福利比率的一个三维图。图中显示对

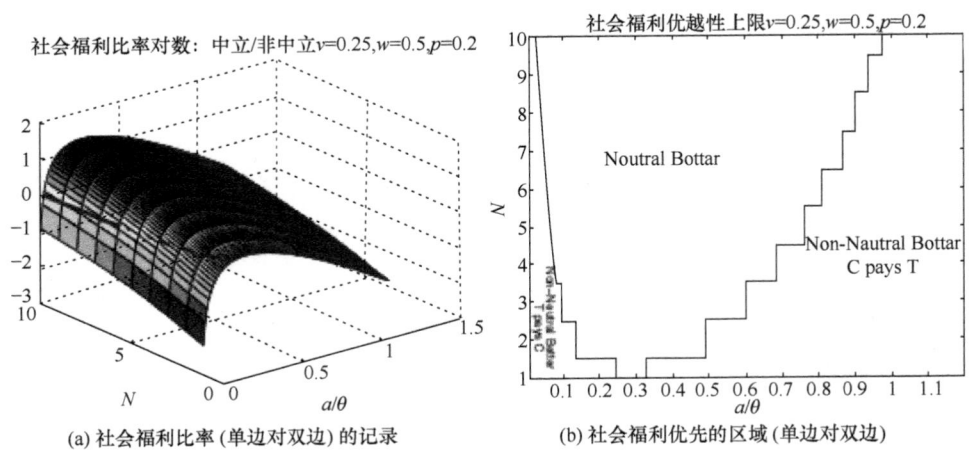

(a) 社会福利比率(单边对双边)的记录   (b) 社会福利优先的区域(单边对双边)

图 18.3   单边对双边定价的社会福利比率的一个三维图

不同的 N 和 a/θ 值,比率是怎样变化的。

图 18.3 的第二部分是第一部分的简化版。它仅描绘了参数空间中与单边定价对双边定价更占优情形相反的两种情况的边界。同时值得注意的是,溢出参数 ρ 和内容提供商的数量 M 没有出现在两种情况下内容提供商的收入比率表达式中,也没有出现在 ISP 的收入比率表达式(18.7)中。这是因为 ρ 和 M 在单边和双边定价平衡的表达式中都已经出现。这表明,溢出效应和内容提供商数量对两种制度下的比较福利只有很少或没有影响。

18.1.5 结论

我们的模型显示了每种定价制度如何影响传输和内容提供商的投资激励。特别地,模型揭示了如广告率、终端用户价格敏感度和 ISP 数量这样的参数如何影响单边定价或双边定价来达到一个更高的社会福利。从结果看出,当广告率对用以描述价格敏感度特征的常量的比率是一个极值时,无论极大值还是极小值,双边定价都是更可取的。如果广告率对用以描述价格敏感度特征的常量的比率不是一个极值,则像"莱茵河上的城堡"[①]这样的效应就变得更重要了。双边定价制度中的互联网服务提供商有潜力来向内容提供商过分要价,这种效应随着 ISP 数量的增加而变得更强烈。

我们的模型进行了许多简化。其中一个简化是假设 ISP 对他们的用户在局部范围内垄断。我们认为,如果我们研究的模型中每个 ISP 是一个双寡头,它更好地模拟了今天多数终端用户的选择程度,我们的结果将会是定性相似的。然而,这种模型可能引入一些竞争效应。第一,这种情况将会减少 ISP 对终端用户的市场势力,因此减少了 ISP 从用户处可以获得的收入。因为双边定价给 ISP 提供了另一个收入来源来证明他们的投资,这个效应将会增加双边定价在社会福利中占优的参数区域。第二,在产品质量上竞争的一个双寡头比单个垄断者投资更多,所以这会提高单边定价的效率。第三,如果这个模型 ISP 数量从 N 变化为 2N,则搭便车或"莱茵河城堡"效应会增长,继而减少双边定价情况的福利。所有这些个体效应的净效应当然会依赖于这样一个模型的详细规范。

我们的双边定价模型暗含这样的假设:为了使 ISP 向内容提供商征收合适的费用流向一个本地 ISP 的拨入流量可以在一个特别的内容提供商处发源时就被识别。如果内容提供商有某种方法接触到 ISP 的用户而不向 ISP 支付这些终端用户流量的费用,也可以不用这个假设。例如,如果有第二个 ISP 与第一个 ISP 有免费对等连接,则内容提供商会使其流量通过第二个 ISP 寻路,从而避免第一个 ISP 收

---

① 译者注:这是一个关于收费的典故。莱茵河是欧洲最古老的交通要道。很久以前,顶着贵族头衔的强盗们在河两岸建成了很多城堡,向过往船只收取通行费。

取终端用户接入费。事实上两个 ISP 的终端用户彼此发送流量,使得这个策略变得容易,而且也许来自内容提供商的流量可以用某种方式掩饰起来,使其看起来像源于第二个 ISP 的终端用户的流量。然而,互联网通信协议要求数据包要标识有源(IP)地址。看起来今天一个大型内容提供商不太可能使它流量的源地址以某种方式伪造,达到既避免 ISP 向内容提供商收费又仍然能够让终端用户在相反的方向将流量发回内容提供商。然而,也可能技术发展使这样一个策略在将来得以实现,特别是如果有经济激励技术开发的情况下。

18.2　竞　　争

通信网络经济的主题从根本上比较复杂,主要是因为有这么多的交互。例如,互联网由许多不同的提供商建立并运营,这些提供商中大部分为了增进他们的商业利益而做出定价、资本投资、和路线决策。用户也自私地行动——选择他们的 ISP、何时和多少钱来使用网络,有时候甚至他们流量的路径,为了最大化他们的报酬——他们从网络享有的效用减去他们需要支付的费用的差值。研究这样一个复杂市场系统可以理解怎样高效地运营是非常重要的,因为通过这个理解,我们才能够评估可能改变这个市场的代理之间的交互结构的新型网络架构的潜力。对通信网络经济基础有大量的研究,而与我们基本的理解有很大的差距。例如,过去的研究关注用户的自私路径选择的影响、ISP 之间自私的域间路径选择、拥塞效应、ISP 价格竞争和 ISP 资本投资决策。(这些领域每个都有大量的文献。例如,对于用户的自私路径选择见文献[16]~文献[18];对于自私域间路径选择见文献[19];对于价格竞争见文献[20]~文献[23])。当研究这类模型时,许多性质比较有趣,但特别重要的是与一个假想的、完美的、做所有决策的中央代理相比,由于代理的自私交互而引发的系统的效率损失。一个量化效率损失的方法是"无政府状态的代价(Price of Anarchy,PoA)",由 Koutsoupias 和 Papadimitriou 引入[24]。PoA 是系统的最优总效用除以在纳什均衡中达到的最坏效用所得的比率。

对于包含一些上面列举的特性的各种组合的一般模型,有大量 PoA 的结果显示。然而,当考虑更多这些特性时很少有通用的结果(PoA 作为一类模型的边界),甚至当为每个特性使用可能最简单的模型时。如果考虑具有自私路径选择、弹性需求(如果网络太贵或太慢,则用户会发送较少流量)和 ISP 间价格竞争的模型,则对于有限的几种情况有 PoA 的结果,但仍没有一个对问题的完整理解。本节剩下的部分,我们看一下这类问题,并描述最近一些推进获得更通用的理解的结果。

我们考虑的模型是基于由 Acemoglu 和 Ozdaglar 首先提出并研究的一个模型[20],后来由 Hayrapetyan 等进行了扩展[22]。模型研究了一些提供商的定价行为,竞相为用户提供两个节点之间的连接,它有如下的特性:①提供商的一个链路在变得拥塞时会不具吸引力;②用户需求是弹性的——如果可用链路的价格和延迟之和太高,则用户会选择不使用任何链路。在 Acemoglu 和 Ozdaglar 研究的模型的第一个版本中,修改了用户弹性,假设所有用户只有一个预留效用,而且如果可用的最好价格加上延迟超过了这个水平,则用户不使用任何服务。在这个设置中,作者发现 PoA——最坏情况下由一个社会规划者选择价格来达到的社会福利与当提供商策略地选择价格时产生的社会福利之间的比率——$(\sqrt{2}+1)/2$。(或者用另一种方式表示,纳什均衡中的福利与社会最优之间的比率是 $2\sqrt{2}-2$)。在后来的工作中,Acemoglu 和 Ozdaglar[25] 扩展了模型,考虑并串联组合的提供商。流量在几个并联的支路中选择,然后对于每个支路,流量遍历串联的几个提供商的链路。

Hayrapetyan 等[22] 考虑一种用户需求是弹性的模型,它是将要研究的需求模型的类型。他们考虑的拓扑只是两节点间简单的竞争情况。他们推导出这个模型的 PoA 的第一个宽松边界。后来 Ozdaglar 显示这个边界实际上是 1.5,而且这个边界是紧界[21]。Ozdaglar 的推导使用数学规划的技巧,而且与文献[20]中用到的技巧类似。在文献[23]中,Musacchio 和 Wu 通过使用与电路类比,其中每个支路代表一个提供商链路、电流代表流,得出了具有相同结果的一种独立推导。

我们接下来描述的工作将文献[23]的工作一般化,通过考虑并串联组合连接的提供商的一种更一般的拓扑。文献[26]中有对这个工作的更具体的描述。在之前的工作中,使用电路类比来推导 PoA 的边界。进一步地,我们的边界依赖于对于网络中市场势力何种程度上的集中的一种测度。这个测度是把具有最小斜率的网络分支的时延函数的斜率的倒数,除以所有分支的斜率的调和平均数。关于电路类比,这个测度是最导电分支的电导系数与整个系统的电导系数的比率。

18.2.1　模型

我们考虑一个模型,其中用户需要从一个单个源发送流量给一个单个目标节点,但是用户可以选择几种不同路径。路径由 ISP 的并串联组合组成,如图 18.4(a)所示的例子。当流量穿过每个 ISP **i** 的时候会引发延迟,延迟与穿过那个 ISP 的流量大小是呈线性的。因此如果穿过 ISP **i** 的流是 f_i,则假设延迟是 $a_i f_i$,其中 a_i 是常量。如图 18.4 所示,沿着每个主分支有一个固定的时延。注意我们表示指数 **i** 是用粗体,因为它代表了网络中决定 ISP 位置的指数矢量。

用户控制他们的流量通过哪些路径。一个用户为了他的流量自私地选择一条路径,而且他关心他流量引发的延迟和他支付的价格。为了解释这两个偏好,假设用户力图使用具有最小的价格和延迟之和的路径(就像在文献[20]和其他的模型中)。我们将价格与延迟之和的这种测度称为"负效用(disutility)",就像在文献[22]中那样。我们做进一步的假设,来自每个用户的流量代表了总流量的微不足道的部分,因此当一个单个用户交换线路,那个用户的交换并不显著地改变延迟。当用户不能通过改变路径改变他们的负效用时,一个均衡发生了,所以在这样一个均衡中所有被使用的路径都必须具有相同的负效用,而且所有没被使用的路径都必须有一个更大的(而不是更小的)负效用。这种均衡称为 Wardrop 均衡[27],其中用户选择路线是基于一个假设,假设他们个体的选择对他们所选路线的拥塞只有微不足道的改变。

像在文献[22]的模型中,假设需求是弹性的,所以如果负效用太高,则一些用户不会连接任何网络或者减少他们发送的流量大小。如果 d 是被使用的路径上的负效用,则假设愿意接受这个负效用的流量的总量是 $f=U^{-1}(d)$,其中 $U(\cdot)$ 是一个减函数。进一步地,我们假设 $U(\cdot)$ 是凹的。

概括起来,假设给定一套来自 ISP 的价格(一份价格资料),用户自私地选择要发送的线路和流量大小。结果是网络达到一个 Wardrop 均衡并且发送的流量大小满足 $f=U^{-1}(d)$。这表明对于一套给定的价格,有一个唯一的 Wardrop 均衡满足这些性质(将 $U(\cdot)$ 认为是"反需求"函数或负效用曲线)。

给出了这个用户行为,现在转向 ISP。ISP 进行一场博弈,其中每个 ISP i 选择他们的价格 p_i,而且由价格资料引发的 Wardrop 均衡决定了每个 ISP 携带的流量大小。反过来,每个 ISP 获得的利润是他们的价格与他们携带的流量的乘积。我们有兴趣比较这个博弈的纳什均衡中的社会福利,如果一个中央代理将要选择价格资料,则将这个社会福利与可达到的最大社会福利比较。当然我们也感兴趣于一个纳什均衡甚至是否存在,如果它是唯一的话。这个博弈的社会福利包括 ISP 利润之和,以及用户的福利。

我们使用消费者剩余的标准概念作为我们对用户福利的测度。如果 Web 总流量是 f,则消费者剩余是简单地进行积分 $\int_0^f U(z)\mathrm{d}z - fU(f)$。这个积分有如下解释:从负效用曲线 $U(\cdot)$,我们看到开始的 ε 个单位流量会愿意支付每个单位 $k-\varepsilon$ 的价格,接下来的 ε 个单位流量愿意支付每个单位 $k-2\varepsilon$ 的价格,以此类推。因此对负效用曲线从 0 到 f 积分得到流量愿意支付的总数,然后减去它的实际支付的数量 $fU(f)$,得到流量(用户)的剩余。

18.2.2　电路类比

为了分析这个博弈,将在这个博弈与一个电路之间进行一个类比,见图 18.4。可以看出我们的模型中价格与流的关系类似于基尔霍夫(Kirchoff)电压电流定律的电压与电流之间的关系,如图 18.4 中所画的电路。

开始分析这个系统,首先决定引起社会最优流的价格。著名的庇古税

(Pigovian taxes)理论表明,使个体的目标与社会的目标协调一致作为一个整体的一种方法是,使个人支付他们对他人的外部成本[28]。根据这个概念,社会最优定价应该这样定价,使得每个用户承受每个增加的单位的新流的社会边际成本。

通过每个 ISP 的时延是 $a_i f_i^*$。然而,社会成本是这个时延乘以承受那个时延的流量大小。因此成本是 $a_i f_i^{*2}$,边际成本是 $2a_i f_i^*$,用户承受的时延是 $a_i f_i^*$。所以为了使用户承受的负效用反映边际成本,他们支付的价格应该是 $a_i f_i^*$。由于这样的价格,每个用户会看到他们动作的真实社会成本,所以每个用户的自私决定实际上会致力于最大化社会福利。这些价格的最优性的正式证明由文献[26]提供。

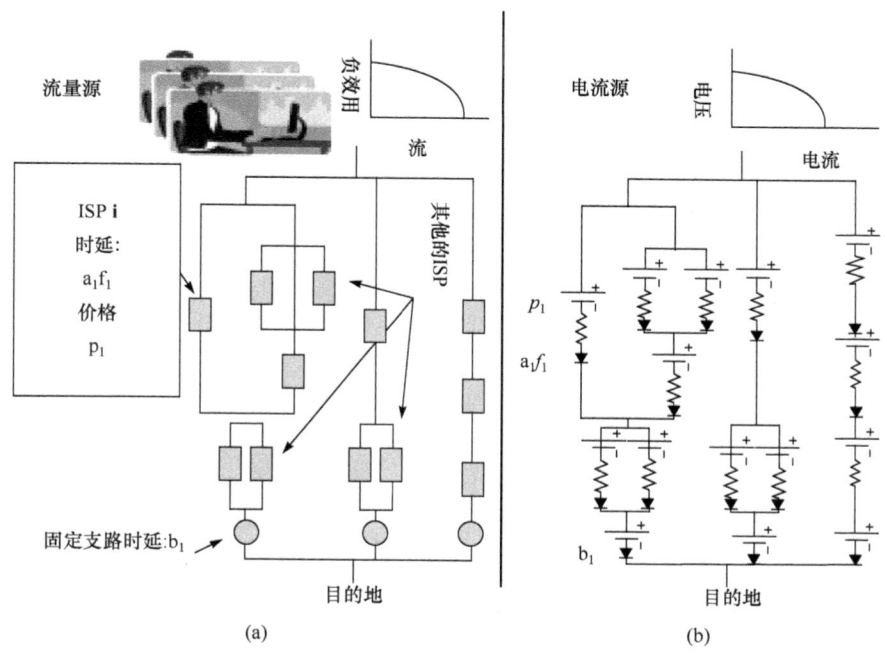

图 18.4　为了分析网络所画的类比电路

既然我们对每个 ISP i 的最优价格有一个表达式作为通过那个 ISP 的流的函数,显然流的最优分配应该满足对于每个 ISP i 有 $p_i = a_i f_i^*$ 的约束,除了 Wardrop 均衡和流与负效用之间的反需求关系之外。如果我们现在用图 18.4(b)所画的电路,并且用一个 a_i 大小的电阻替代每个代表价格 p_i 的电压源,则得到一个电路,它的解给了为所有 ISP 找到流(和价格)的最优分配这个问题的解。将这种有了电阻替换的电路称为"最优电路(optimal circuit)"。

现在去理解这个博弈的纳什均衡。首先,重要的是认识到串联的提供商会有非常低效的均衡。只考虑两个提供商串联,其中每个在负效用曲线的最高点上方收取一个价格。通过这些提供商的流量将是零,而且这些提供商收取这些价格是一个纳什均衡。这是因为每个博弈者不能通过降低价格使流变为正值，所以每个博弈者对其他博弈者的价格做出最好的反应。在每条分支都有超过一个串联的提供商的例子中，可以建立一个不携带任何流的纳什均衡，因此通过所有纳什均衡的 PoA 是无穷的。

然而，无穷 PoA 纳什均衡在现实情况下不太可能出现。一个提供商想要收取一个足够低的价格，使得如果分支上其他提供商也有一个足够低的价格，他可以携带一些流至少是可能的。考虑到这一点，我们想要发现一套更受限的看起来更"合理的"纳什均衡，并且有一个可以具有边界的 PoA。为了那个目标，我们定义了"零流量零价格均衡（zero-flow zero-price equilibrium）"的概念。一个零流量零价格均衡是携带零流量的博弈者必须收取零价格的一个纳什均衡。提出这个定义的直觉动机是不吸引人和流的博弈者至少会试图尽可能地降低价格来吸引一些流。确实表明了对于这套受限的均衡，PoA 有边界。

我们得到了社会最优解，将试图以纳什均衡表达价格对流的比率。一个试图将他的利润最大化的 ISP 必须考虑当他提高价格的时候他的流会减少多少。在复杂网络中计算它会是非常复杂的，但有幸我们可以使用电路类比来简化这个问题。电路理论的一个基本结果是从一个端口看去的一个电阻电路，例如，ISP i 连接的两个电路节点，可以简化为包含一个电阻和电压源的等效电路[29]。这种等效称为戴维南等效（Thevenin equivalent）。因此我们可以将 ISP i 的"竞争环境"抽象为一个电阻和电压源。戴维南等效阻抗通过将串联电阻的阻抗相加，将并联的倒数之和再取倒数得到。

有一些细节需要考虑，因为戴维南等效支队线性电路有效，而我们有一些非线性的——每个分支中用来保持 ISP 的流非负的二极管和反需求函数。表明反需求函数可以在纳什均衡中线性化，而它的斜率 s 在计算戴维南等效时可以用作一个"电阻"。二极管可以通过只包括纳什均衡中"开"状态的分支的电阻来考虑进来。

考虑到这些，假设博弈者 i 看到的戴维南等效阻抗是 δ_i。如果 i 单方面地将他的价格提高 $+\varepsilon$，他携带的流将会减少 $\varepsilon/(\delta_i+a_i)-o(\varepsilon^2)$（$-o(\varepsilon^2)$ 这项是负值是因为反需求函数的凹性）。因此有

$$(p_i+\varepsilon)(f_i-\varepsilon/(\delta_i+a_i)-o(\varepsilon^2))=p_if_i+[-p_i(\delta_i+a_i)^{-1}+f_i]\varepsilon-o(\varepsilon^2)$$

上面的表达式对于所有非零 ε，小于原始利润 p_if_i，当且仅当

$$\frac{p_i}{f_i}=\delta_i+a_i \tag{18.8}$$

我们在这一点已经证明了纳什均衡流与价格的一个性质，但我们没有证明一个均衡实际存在。实际上一个纳什均衡是存在的，而且在文献[26]中得到证明。另一个技术细节是在一些情况下，戴维南等效对于价格小幅增长与对价格小幅下降是不同的。这是因为价格小幅增长可能在一些分支中引发流，否则这些分支是关闭的。对于这些情况，可以证明一个最好的反应必须满足

$$\frac{p_{\mathrm{i}}}{f_{\mathrm{i}}}\in\left[\delta_{\mathrm{i}}^{+}+a_{\mathrm{i}},\delta_{\mathrm{i}}^{-}+a_{\mathrm{i}}\right]$$

式中,δ_{i}^{+}和δ_{i}^{-}是两种不同的戴维南等效。

从式(18.8)看到,纳什均衡中价格对流的比率比对于社会最优价格的要高。如同我们构造"最优电路"那样,通过用大小为$\delta_{\mathrm{i}}+a_{\mathrm{i}}$的电阻代替代表每个 ISP **i** 的价格$p_{\mathrm{i}}$的电压源,可以构造并称为"纳什电路(Nash circuit)"。这个电路的解给了纳什均衡的流和价格。

既然我们有了对线性电路所描述的系统的社会最优与纳什均衡的配置,是有可能推导出导致 PoA 边界的闭式表达式的。对于称为"简单并串联"的类型的网络,它是并联分支组成的网络且每个分支包含一个或多个串联提供商,可以以矩阵形式写出基尔霍夫电压定律,然后从它推导社会最优与纳什情况下提供商的总利润的二次形式。文献[26]中有详细的解决过程。

事实证明,对于任何具有纳什均衡流 f 和负效用函数斜率$-s=U'(f)$的问题(由一个负效用函数、一个拓扑和 ISP 时延$\{a_i\}$),我们可以使用至少与如下方法中一样高的一个 PoA 构造一个新的问题。我们修改负效用函数使其在$0\sim f$是平坦的,然后对于更高的流使其以斜率$-s$仿射下降(这是采用文献[22]中的一个论证)。基本上是因为新问题与旧问题有相同的纳什均衡,但是现在用户福利是零。这个论证在图 18.5 中描绘说明。由于这个论证,可以将我们的注意力限制在图中

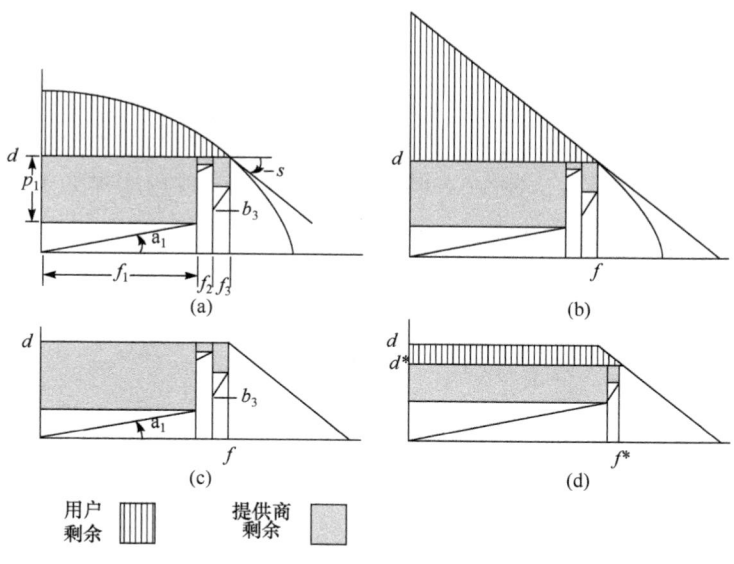

图 18.5

(a) 博弈 G 的纳什均衡;(b) 博弈G_t的纳什均衡,其中 G 的负效用函数已经线性化;(c) 博弈G_i的纳什均衡,其中 G 的负效用函数已经线性化并"缩短了";(d) 博弈G_i的社会最优配置。注意流$f^{*}>f$而且链路 2 在本例的社会最优配置中没有使用

较低的部分显示的形状的负效用函数。在调用这个论证后,对于这种负效用的形状,可以使用二次形式表达社会最优中的用户福利。

事实证明代数解决了问题,因此我们的边界被发现是参数 y 的函数,我们称为"电导率(conductance ratio)"。这个电导率是最导电的分支的电导除以网络作为一个整体的电导。因此电导率衡量在单个分支中网络的能力有多么集中。电导率接近 1 以为这系统电导大多数集中在一个单个分支。电导率越小,系统整体电导越分散在多个分支。因此,在某种意义上,电导率反映了市场势力或系统的集中度。如预想的一样,我们发现的 PoA 的边界随着电导率接近 1 而增加。下面的定理来自并证明于文献[26]。

定理 18.1 考虑具有一个简单并串联拓扑的博弈。考虑如下的比率

$$y = \frac{\max_i 1/a_i}{\sum_i 1/a_i}$$

它是最导电的分支的电导除以整体的电导。零流量零价格纳什均衡的 PoA 不会超过

$$\begin{cases} \dfrac{1}{4} \dfrac{m^2 + 2m(1+y) + (y-1)^2}{m}, & y \leqslant 1 - m/3 \\[2ex] \dfrac{m^2(2-y) + m(4-y^2-y) + 2(y-1)^2}{8m - 6my}, & y \geqslant 1 - m/3 \end{cases} \tag{18.9}$$

式中,m 是串联提供商的最大数量,而且上述边界的最大值产生于当 $y=1$ 时,所以 PoA 不超过

$$1 + m/2 \tag{18.10}$$

图 18.6 中描绘了定理 18.1 中给出的边界。注意 PoA 怎样随着电导率下降而下降,即垄断性下降,也注意 PoA 随着串联提供商的数量增加而上升。这是著名的"双重边际效应(doublemarginalization effect)"的一个例子,其中串联提供商

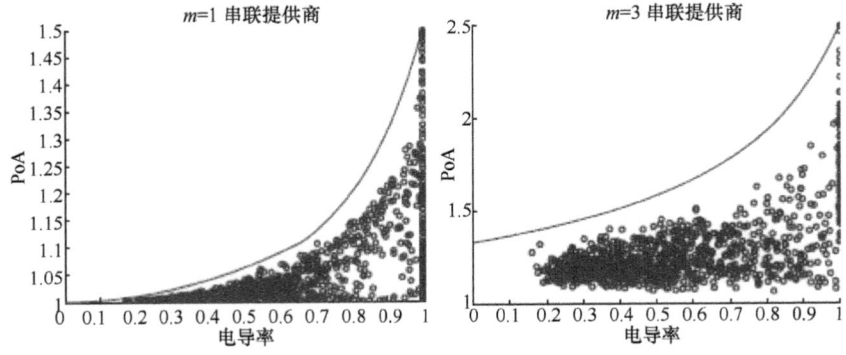

图 18.6 对于 $m=1$ 或 3 个串联提供商的情况下简单并串联 PoA 边界

(边界被描绘为电导率的函数——最导电分支的电导与整个电路的电导的比率。那些点是随机生成的样例拓扑的 PoA)

倾向于过度要价(与社会最优相比)，因为他们不考虑价格增长会怎样损害其他串联提供商的利润。

定理 18.1 是简单并串联拓扑的结果。对于一般性的并串联拓扑(具有并联和串联 ISP 的任意分组)，事实证明具有同样的边界，多了一个因数 2。论证在文献[26]中给出。我们确信带有因数 2 的边界不是紧的，但是如何得到一个更紧的边界仍然有待进一步研究。

18.3　服务差异化

如在本章引言中所讲到的，服务差异化对于改进互联网来说是一种重要的工具，通过向那些最需要质量的部分提供质量，而且对于将高优先级流量与低优先级流量分离开的架构，这种分离可以通过避免是不会很好混合的(即视频会议和 P2P 文件共享)不同类型的流量混合，增加系统的效用。除了增加用户效用，服务差异化有潜力增加提供商的收入。Walrand[30]用一个简单模型证明了这个结论，而且其他工作也用不同的模型证明了这个结论。

当考虑服务差异化和 ISP 竞争的组合时，出现了另一套有趣的问题。Musacchio 和 Wu[31]考虑了这样一个组合并证明了，通过给延迟敏感流量提供一个优先队列来支持服务差异化的架构，会导致比使用共享队列、无差异架构的同样的 ISP 具有更低 PoA 的 ISP 之间的竞争博弈。这个工作假设延迟敏感流量来自接近恒定比特率的应用(简称为"voice")，而延迟非敏感应用产生更突发的流量(简称为"web")。

Musacchio 和 Wu[31]模拟了具有一个简单排队模型的网络，并为每个 ISP 假设了一个容量约束。通过使用这种方法，对于共享的和差异化的架构情况，我们推导出 web 和 voice 流量矢量的一个可行区域空间。主要用一个共享架构，随着 web 流量部分的增加，ISP 需要运行在更低的使用程度来满足延迟约束。然而，如果 ISP 选择不向 voice 流量提供好的服务，那么 ISP 可以运行在更高的使用程度。用一个优先架构，ISP 可以运行在一个高的使用程度，不管 web 与 voice 的混合，因为 voice 流量一直是受保护的。通过这种方法，我们证明了 PoA 对于一个共享架构可以达到 2，但对于一个优先架构只有 1.5。这个研究中的模型仍然是非常简单化的，因此仍然有关于差异化服务竞争中的 PoA 的许多重要的开放问题。

尽管服务差异化有巨大潜力的优势，仍然有许多挑战。一个挑战是开发技术架构来可扩展地支持服务差异化。这个领域进行了大量工作，提出了许多协议和架构，我们这里不会列举调查。另一个挑战是一个协调问题——如果一个 ISP 采用了一个新架构，那么由于这个采用所产生的全部收益可能直到其他 ISP 也采用它的时候才能实现。还有一些研究工作关注了在一个正在使用的架构存在的情况下，采用新架构的问题(如文献[32]和文献[33])。

　　还有一个挑战是从单个服务类到多个服务类的转移,它实际上有潜力导致一些用户的情况恶化,即使在用户群体收益聚集方面。这是因为想要中间范围的质量并喜欢单个服务类的用户,在一个分化系统中可能被强制在一个低质量服务或一个高价高质量服务之间进行选择。Schwartz、Shetty 和 Walrand 研究了这个问题,他们建议[34]可以减少落入这个类的用户数量,但仍然获得服务差异化的大多数收益。

　　另一个挑战是在提供服务差异化的系统中可能有一个潜在的不稳定性。考虑具有一个优先队列和一个尽力而为(best effort)队列的系统。用来服务优先队列的任何"周期"是以尽力而为队列为代价的,所以如果大量流量使用优先队列,则尽力而为队列会出现较低的质量。现在考虑如下动态:假设一些用户从尽力而为队列转移到更昂贵的优先队列,为了获得更好的服务,这个转移会降低尽力而为队列的质量,导致更多用户转移到优先队列,这反过来再次降低尽力而为队列的质量。依赖于用户的精确效用函数,这个过程可能直到所有用户使用优先队列时才会停止。其他例子中,混合队列可能通过使用尽力而为来向每个人倾斜,或者可能使用两种途径来向一些正片段倾斜。总之,情况非常"易倾斜",因此建模假设中的一个小变化可能导致非常不同的预测结果。

　　这个现象由其他研究者长期确认。这个现象是 Odlyzko[35]为互联网服务类提出一个巴黎地铁定价(Paris Metro Pricing,PMP)的原因之一。如同巴黎地铁之前所做的,Odlyzko 的 PMP 方案将会向不同的类提供资源的一个预先决定的部分,但是以不同的价格。这个方案固有地比优先方案更稳定,因为每个类的质量仅取决于那个类的拥塞。然而,缺点是失去了一些统计复用增益。例如,如果对于下层类而不是上层类有瞬时需求,则这样一个系统将不会向下层类流量提供它全部的容量。

　　尽管有些方案中一个类的拥塞影响另一个类的质量,而这些方案的"倾斜性"问题使得它们难以分析,但却不是不可能的。Schwartz、Shetty 和 Walrand 的一个最近的模型(手稿于 2009 年提交)包括了这些效应。由 Gibbens 等所做的另一项工作[36]证明了 ISP 之间的竞争导致的一个不同的效应,会致使市场向一个单一服务类倾斜。显然,这个领域今后的工作有潜力来更好地理解这些现象。

致　　谢

　　作者向国家科学基金会(National Science Foundation)致谢,他们在 NeTS-FIND 0626397 和 0627161 号基金下支持了这项工作。

参 考 文 献

[1] E. Whitacre, At SBC, it's all about 'scale and scope.' Business Week, Interview by R. O. Crockett,(November 7, 2005).

[2] J. Musacchio, G. Schwartz, and J. Walrand, At wo-sided market analysis of provider investment incentives with an application to the net neutrality issue. Review of Network Economics, 8:1 (2009), 22-39.

[3] A. Odlyzko, Network neutrality, search neutrality, and the never-ending conflict between efficiency and fairness in markets. Review of Network Economics, 8 (2009), 40-60.

[4] R. B. Chong, The 31 flavors of the net neutrality debate: Beware the trojan horse. Advanced Communications Law and Policy Institute, Scholarship Series, New York Law School, (December 2007).

[5] Federal Trade Commission, Broadband connectivity competition policy. Report (June 2007).

[6] Department of Justice, Comments on network neutrality in federal communications commission proceeding. Press Release, (September 7, 2007).

[7] J.-C. Rochet and J. Tirole, Two-sided markets: Aprogress report. RAND Journal of Economics, 37:3 (2006), 655-667.

[8] M. Armstrong, Competition in two sided markets. RAND Journal of Economics, 37:3 (2006), 668-691.

[9] B. Hermalin and M. Katz, The economics of product-line restrictions with an application to the network neutrality controversy. Information Economics and Policy, 19 (2007), 215-248. Network economics 401.

[10] C. Hogendorn, Broadband internet: Net neutrality versus open access. International Economics and Economic Policy, 4 (2007), 185-208.

[11] P. Weiser, Report from the Center for the New West putting network neutrality in perspective. Center for the New West discussion paper (January 2007).

[12] A. Dixit and J. Stiglitz, Monopolistic competition and optimum product diversity. The American Economic Review, 67:3 (1977), 297-308.

[13] J. Thijssen, Investment Under Uncertainty, Coalition Spillovers and Market Evolution in a Game Theoretic Perspective, (Springer, 2004).

[14] J. Musacchio, G. Schwartz, and J. Walrand, A Two-Sided Market Analysis of Provider Investment Incentives With an Application to the Net-Neutrality Issue, School of Engineering, Universitiy of California, Santa Cruz, UCSCSOE- 09-08 (2009).

[15] J. A. Kay, Tax policy: A survey. The Economic Journal, 100:399 (1990), 18-75.

[16] T. Roughgarden, Stackelberg scheduling strategies. In Proceedings of the 33rd Annual Symposium ACM Symposium on Theory of Computing, (2001), 104-13.

[17] T. Roughgarden, How bad is selfish routing? Journal of ACM, 49:2 (2002), 236-259.

[18] T. Roughgarden, The price of anarchy is independent of the network topology. Journal of Computer and System Sciences, 67:2 (2003), 341-364.

[19] J. Feigenbaum, R. Sami, and S. Shenker, Mechanism design for policy routing. Distributed Computing, 18 (2006), 293-305.

[20] D. Acemoglu and A. Ozdaglar, Competition and efficiency in congested markets. Mathe-

matics of Operations Research, 32:1 (2007), 1-31.

[21] A. Ozdaglar, Price competition with elastic traffic. Networks, 52:3 (2008), 141-155.

[22] A. Hayrapetyan, E. Tardos, and T. Wexler, A network pricing game for selfish traffic. Distributed Computing, 19:4 (2007), 255-266.

[23] J. Musacchio and S. Wu, The price of anarchy in a network pricing game. In Proceedings of the 45th Annual Allerton Conference on Communication, Control, and Computing, Monticello, IL, (2007), 882-891.

[24] E. Koutsoupias and C. H. Papadimitriou, Worst-case equilibria. In Proceedings of the 16th Annual Symposium on Theoretical Aspects of Computer Science, Trier, Germany, (1999), 404-413.

[25] D. Acemoglu and A. Ozdaglar, Competition in parallel-serial networks. IEEE Journal on Selected Areas in Communications, 25:6 (2007), 1180-1192.

[26] J. Musacchio, The Price of Anarchy in Parallel-Serial Competition with Elastic Demand, School of Engineering, University of California, Santa Cruz, UCSC-SOE-09-20 (2009).

[27] J. Wardrop, Some theoretical aspects of road traffic research. Proceedings of the Institute of Civil Engineers, Part II, 1:36 (1952), 352-362. 402 J. Musacchio, G. Schwartz, and J. Walrand.

[28] A. C. Pigou, The Economics of Welfare, (Macmillan, 1920).

[29] L. Chua, C. Desoer, and E. Kuh, Linear and Nonlinear Circuits, (McGraw- Hill, 1987).

[30] J. Walrand, Economic models of communication networks. In Performance Modeling and Engineering, ed. Xia and Liu. (Springer, 2008), pp. 57-90.

[31] J. Musacchio and S. Wu, The price of anarchy in differentiated services networks. In Proceedings of the 46th Annual Allerton Conference on Communication, Control, and Computing, Monticello, IL, (2008), 615-622.

[32] J. Musacchio, J. Walrand, and S. Wu, Agame theoretic model for network upgrade decisions. In Proceedings of the 44th Annual Allerton Conference on Communication, Control, and Computing, Monticello, IL, (2006), 191-200.

[33] Y. Jin, S. Sen, R. Guerin, K. Hosanagar, and Z. -L. Zhang, Dynamics of competition between incumbent and emerging network technologies. In Proceedings of the ACM NetEcon08: The Workshop on the Economics of Networks, Systems, and Computation, Seattle, WA, (2008), 49-54.

[34] G. Schwartz, N. Shetty, and J. Walrand, Network neutrality: Avoiding the extremes. In Proceedings of the 46th Annual Allerton Conference on Communication, Control, and Computing, Monticello, IL, (2008), 1086-1093.

[35] A. Odlyzko, Paris metro pricing for the internet. In Proceedings of the 1st ACM conference on Electronic Commerce, Denver, CO, (1999), 140-147.

[36] R. Gibbens, R. Mason, and R. Steinberg, Internet service classes under competition. IEEE Journal on Selected Areas in Communications, 18:12 (2000), 2490-2498.

索　　引